U0197570

传统村落景观的地方性知识图谱研究

国家自然科学基金面上项目『陕西传统村落景观的地方性知识图谱研究』（项目批准号：51978552）

张中华　张沛　等◎著

科学出版社
北京

内 容 简 介

传统村落是乡土空间中一类特殊的聚落类型，传统村落景观蕴含着丰富的地方性知识，彰显出先民营建传统村落人居环境的技术方法和地方智慧。在乡村振兴的背景下，提取、分析、优化、传承传统村落景观地方性知识，不但有利于推动传统村落保护与振兴，而且对于普通乡村的演化发展以及规划设计也具有重要的借鉴意义和参考价值。本书从地方性知识的视角出发，在系统阐释地方性知识内涵的基础上，梳理传统村落景观与地方性知识之间的内在关系，构建由传统村落景观地方性知识点、地方性知识链、地方性知识集组成的传统村落景观地方性知识体系。其中，地方性知识点和地方性知识链分别表征了传统村落景观营建的技术方法和逻辑思路，地方性知识集揭示了传统村落景观地方性知识的形成机制。基于此，本书对陕西省关中、陕北、陕南三大地理单元中传统村落景观地方性知识体系特征进行挖掘与整理，并以点带面，选择区域传统村落集群发展、生态治理、乡村振兴等专题构建相对应的传统村落景观地方性知识体系。

本书适合高等院校及科研机构中的城乡规划、风景园林专业研究人员阅读，也可供广大城乡规划设计工作者、社会研究工作者等参考。

图书在版编目（CIP）数据

传统村落景观的地方性知识图谱研究 / 张中华等著. —北京：科学出版社，2023.9

ISBN 978-7-03-076372-3

Ⅰ. ①传… Ⅱ. ①张… Ⅲ. ①村落–景观生态环境–环境保护–研究–陕西–图谱 Ⅳ. ①X21-64

中国国家版本馆CIP数据核字（2023）第181421号

责任编辑：张 文 高丽丽 / 责任校对：何艳萍
责任印制：徐晓晨 / 封面设计：润一文化

科学出版社 出版
北京东黄城根北街16号
邮政编码：100717
http://www.sciencep.com
北京建宏印刷有限公司印刷
科学出版社发行 各地新华书店经销
*
2023年9月第 一 版 开本：720×1000 1/16
2024年9月第二次印刷 印张：24 1/2
字数：439 000

定价：188.00元

（如有印装质量问题，我社负责调换）

前　言

近年来，传统村落景观成为建筑学、城乡规划学、风景园林学等领域的研究热点。传统村落景观是物质空间形态层面的行为文化产物，反映的是地区人居环境体系中的基本单元构成，表达的是一个地方与其他地方的空间格局、景观风貌方面的根本差异，能够揭示传统人居环境营建文化在地域空间上的表达形态。传统村落景观往往与当地的气候条件、地理环境、人物事件、生活行为、土地条件等有着紧密的关系。历史先贤们把承载山川人物、贯通古今往事、展现吾土吾民的智慧等熔铸到古村落景观的地方营建当中，形成一种与生俱来的“地方性知识”，成为宝贵的历史文化遗产和记忆。

传统村落景观包括以下内容：①具有典型社会意义、历史文化意义的建筑和建筑群落景观；②具有独特规划思想与创意的传统居住区景观；③具有重要艺术价值的建筑物、构筑物及其相关的历史环境；④在历史上起过特殊作用的聚落整体景观；⑤公认的具有独特观赏价值的聚落景观；⑥传统生活中的各种场地景观；等等。其中，有许多景观特质是具有标志性的，如具有典型规划思想的聚落形态、古街、古建筑群落、标志性建筑物的组合（宗祠、戏台、水塘、古塔、门楼、牌坊、青石板街）等。这些标志性的景观是传统村落景观传承设计的重要载体，是开展传统村落景观区系普查、保护及传承的重点，也是研究传统村落景观地方性知识图谱的出发点。

地方性知识理念近年来广受人类生态学家、地理学家、建筑与风景园林学家的重视。国外研究者较早地借用地方性知识理念去解构人居环境聚落的演化过程，并将其应用于对聚落景观形态的单元构成分析上。风景园林学领域长期以来开展的景观研究虽然强调“地域性”“地方性”“地区性”等议题，但多偏重对景观的形成、空间分布及具体设计案例进行分析。实际上，景观的空间特点、表现形式及其形成的深层次原因，除了可借助传统的解释和二维空间表达之外，还可以借助其他学科概念进行研究，如借助于人类生态学、景观地理学与乡土建筑学领域中关于“地方性知识”的概念，可以挖掘不同聚落景观复杂的地方基因，从而建立地方性知识图谱，基于一种崭新的视角，增强研究的科学性与可表达性。

伴随着城市化的快速推进，传统村落正面临着急剧毁坏、同质化改造、地方性消弭的危机。近年来，党中央持续强调要加强传统村落保护，充分发挥传统村落景观在新型城镇化建设和乡村振兴中的积极作用。党的十九大报告强调，要实施乡村振兴战略，加强文物保护利用和文化遗产保护传承。中共中央办公厅、国务院办公厅还印发了《关于实施中华优秀传统文化传承发展工程的意见》，强调要保护传承文化遗产，加强新型城镇化和新农村建设中的文物保护，加强历史文化名城名镇名村管理，实施中国传统村落保护工程，做好传统民居、历史建筑、革命文化纪念地、农业遗产、工业遗产保护工作。党的二十大报告提出，要加大文物和文化遗产保护力度，加强城乡建设中历史文化保护传承。中国传统村落景观的保护传承，强调的是对传统村落所承载的物质和非物质文化景观的系统化传承，而如何实现传统村落的整体性保护和科学保护逐渐成为学术界关注的焦点。近年来，不同学者针对传统村落景观保护提出了“营造景观生态博物馆”“挖掘景观基因原型”“延续景观社会记忆”等多种方法，这些都极大地推动了传统村落景观的保护与传承。

陕西是中华传统文化之源，历史跨度长达千年之久，孕育了中国历史上最辉煌繁荣的周秦汉唐文明，故陕西的地域文化对中华民族乃至世界文化的发展与传承都产生了极为重要的影响。陕西自然地理环境特征的复杂性形成了陕北黄土高原、关中平原和陕南秦巴山地三大自然景观区域，在其与地域人群的相互作用中创造了陕西的主体性地域文化——“三秦文化”。传统村落作为陕西地域文化的“活化石”，承载着陕西的历史文化记忆和人文精神，是研究中国传统村落景观地方性知识特征的重要基地。目前，陕西省的国家级传统村落主要分布在榆林市、安康市和渭南市。传统村落的区域分布特征为：关中地区主要集中分布在渭北地区，以渭南市最多，其次为咸阳市和宝鸡市；陕北地区主要集中分布在榆林市东南部的绥德县、佳县一带；陕南地区的安康市拥有的传统村落数量最多，集中分布在旬阳市、石泉县和汉阴县，其次为商洛市，汉中市最少。

本书将抽象的、难以把握的传统村落景观，通过地方性知识的提取与图谱可视化表达进行系统呈现，从而构建起“人-地”关系语境下传统村落景观的地方性知识网络，提升相关工作者分析和解决“地方性”风景营建问题的能力。通过构建传统村落景观地方性知识图谱，避免传统村落景观地方性知识的消失与断层。同时，景观的地方性知识图谱具有多方位、多角度、形象化、质性化、解构化等多向度方法论的思维特征，可以更加深入系统地挖掘传统村落景观“人-地”关系的深层逻辑与机制，避免地方性知识的消失与断层。传统村落景观地方性知识的类型体系构建是本书的基础与先导，本书通过对传统村落景观地方性知识的系统全要素梳理，构建了地方性知识的类型化图谱，并将这些“知识”“图谱”转化成传统村落景观保护与规划传承的基本依据与核心要素，并结合典型区域、个案村落等进行了应用实证分析研究。

本书为国家自然科学基金面上项目“陕西传统村落景观的地方性知识图谱研究”（51978552）研究成果。从 2020 年课题研究开展以来，课题组成员全面梳理了国内外传统村落景观与地方性知识的相关理论研究文献资料，跟踪了解与实地考察了陕西省传统村落景观保护与传承的实践案例，积极参与国内外相关学术交流活动，重点对陕西省现已公布确认的国家级传统村落，按照关中、陕北和陕南 3 个不同地理单元分阶段多次进村实地调研。本书结合课题研究内容与调研情况，对传统村落景观的“地方性知识”进行挖掘，采集传统村落景观的相关数据，并从环境选址、聚落形态、建筑风貌、绿化种植等视角识别提取传统村落景观的地方性知识及其特征；以自然资源部和陕西省测绘地理信息局绘制的标准地图[审图号 GS（2020）4618 号、陕 S（2021）023 号]为底图，运用计算机信息科学的“知识图谱法”及地学信息的“GIS 分析法”等构建传统村落景观的地方性知识图谱，阐释传统村落景观地方性知识的聚落选址等空间差异规律、地域组合特征及其演变机制，进而科学地探究传统村落景观可持续性保护与传承的地域规划设计策略与导则。本书旨在从地方性知识图谱角度研究传统村落景观的特点和规律，为传统村落景观的数字化保护与传承提供科学决策依据。

在本书的写作过程中，王永帅博士、章墨博士协助笔者完成了大量组织及撰写工作。同时，李稷、高云嵩、贾媛、张佳瑶、李小艺、王雪松、白玉、申海斌、王晨鹏、安松涛、董格、李帅、任月琴、庞娜、李旭升等积极参与配合完成实地调研与相关章节撰写工作。本书撰写过程中，笔者参阅了国内外大量研究文献，在此谨向相关作者致以诚挚的谢意，如有引用疏漏，敬请谅解。项目研究成果得以付梓，尤其要感谢西安建筑科技大学薛立尧老师、张毅老师、王新文老师、李钰老师等在研究过程中提出的宝贵思路与建议；感谢相关政府部门领导及基层干部在实地进村调研及资料收集过程中给予的大力支持。

限于作者水平，书中难免存在不足之处，敬请读者批评指正。

张中华

2023 年 2 月

目　　录

第一章 导 论

为构建起传统村落景观“人-地”关系语境下的地方性知识图谱，推动我国传统村落景观高质量保护传承与发展，提高国家治理能力和增强民族文化自信，挖掘传统村落潜在文化遗产资源，助力传统村落经济社会的振兴与发展，本章主要探讨传统村落景观地方性知识图谱构建的整体研究背景与意义、研究对象与内容、研究思路与方法。

一、研究背景

（一）传统村落景观“无地方性”危机的蔓延

当前，各国之间的交流突破了国家壁垒、民族界限和地方限制，促进了不同地方文化间的对话，展现出文化全球化的态势。世界各国经济、文化发展水平的不平衡，导致一些国家之间的文化交流失去平等性和交互性，在此过程中出现了西方发达国家向发展中国家进行文化传播的不对等和单向度输出，导致一些国家的本土文化知识安全和意识形态面临严峻挑战。用哲学家海德格尔（M. Heidegger）的话来描述，这种现象就是“无家可归成为整个世界的命运”（Heidegger，1962）。

弗兰普敦（K. Frampton）在《走向批判的地域主义——“抵抗建筑学”的六要点》中提出：“全球化的现象，既是人类一大进步，又起了某种微妙的破坏作用……”（Frampton，1983）20 世纪初期，以欧美国家为首掀起了全球标准化“现代建筑”建设思潮。在此之后，我国的一些城乡聚落空间中逐渐体现出“现代建筑”营建理念。之后，这种以“技术至上”为设计手段、以混凝土为标志的现代主义标准化营建模式迅速在我国大量出现，造成本土文化景观新旧混杂、单调乏味、千篇一律、失去个性（张漫宇等，2002），导致聚落营建理念由原来的“天人合一”“人地共生”转型为“技术—人—自然”的一维设计模式。由此产生的结果是对中国本土营建智慧的伤害，对本土历史文化的无视，对地方性的抹杀以及对自然生态环境的破坏。

全球化标准建设模式对我国“地方”“本土”“民族”“家园”“故乡”的景观特征和文化价值产生了强烈的冲击，造成当前乡村聚落景观同质化问题的大量出现。中国传承千年的本土营建知识伴随着全球化的进程变得愈发模糊，集体记忆也在逐渐消失。针对这一系列问题，带有本土化规划与建设思想的地方性聚落景观营建理念再次回归大众视野，不仅折射出全球化标准建设存在的局限性，也反映出人们对传统乡土文明价值的重新审视。

（二）中国传统农耕文化亟须保护与传承

中国自古以农立国，传统农耕生产不仅为中华民族的繁衍生息奠定了坚实的物质基础，也为中华文化的发展提供了多元的精神财富。传统村落是我国农耕文明的重要历史见证，以“渔樵耕读”为代表的传统农耕文化是中华民族先人从采集、游牧的游居生活方式，进化到农耕文明定居生活方式的重要标志。同时传统村落是承载中华民族社会生产实践的空间，也是传统文化繁荣发展的重要精神来源。

2000—2010年，我国自然村由原来的363万个锐减到271万个，共减少90多万个，其中包含大量历史文化悠久的传统村落（央广网，2017)。《中国传统村落蓝皮书：中国传统村落保护调查报告（2017)》指出：截至2010年，中国（长）江（黄）河流域传统村落仅存5709个，比2004年统计的传统村落数量减少3998个，平均每年递减7.3%（胡彬彬等，2017)。

上述研究数据表明，当前中华民族农耕文化亟须保护与传承。党的十八大以来，从国家到地方层面开始站在新的历史角度，从留住地方文化根脉、守住民族文化之魂的战略高度，关心和推动传统村落文化遗产景观的保护工作，并制定了一系列方案和实施政策。2013年12月，习近平总书记在中央农村工作会议上指出：“农耕文化是我国农业的宝贵财富，是中华文化的重要组成部分，不仅不能丢，而且要不断发扬光大。”（中国经济网，2020）著名学者冯骥才说：“五千年历史留给我们的千姿百态的古村落的存亡，到了紧急关头。”（央视网，2012）

为保护传统村落景观，传承和弘扬中华农耕文明，我国先后提出了乡村振兴战略、全面建成小康社会、实现中华民族伟大复兴的中国梦的伟大目标。在此背景下，我国在借鉴国内外遗产聚落保护经验基础上，提出多种保护措施，以实现对现存传统村落景观的保护。2003—2022年，我国先后公布对7批487个国家级历史文化名村，6 批 8171 个中国传统村落予以保护[①]，这些历史文化名村及传统村落覆盖全国 31 个省（自治区、直辖市），类型包括乡土民俗型、传统文化型、革命历史型、民族特色型、商贸交通型等。

同时为进一步加强我国传统农耕文化遗产的保护与传承，推动城乡高质量发展，实现国家治理体系现代化和增强民族文化自信，从2014年开始，我国出台了一系列国家层面的传统村落景观保护文件。例如，2014年4月，住房和城乡建设部、文化部、国家文物局和财政部多部门联合印发《关于切实加强中国传统村落保护的指导意见》，明确提出要对传统村落景观进行真实性、完整性和延续性保护；为落实国家层面下发的《关于切实加强中国传统村落保护的指导意见》，陕西省住房和城乡建设厅编制《陕西省传统村落保护发展规划》，对当前陕西省已被列入的113个国家级传统村落及323个省级传统村落，提出了保护发展的总体思路和具体要求。2021年，中共中央办公厅、国务院办公厅印发《关于在城乡建设中加强历史文化保护传承的意见》，明确提出“保护历史文化名城、名镇、名村（传统村落）的传统格局、历史风貌、人文环境及其所依存的地形地貌、河湖水系等自然景观环境，注重整体保护，传承传统营建智慧”。

（三）应用地方性知识进行地方活化再生

当前，快速城镇化与现代化思维严重破坏了传统村落农耕文明的自然生态环境和文化精神内涵，西方文化和全球性知识霸权以普适的面貌长驱直入，严重破坏了传统村落的传统文化和地方性知识。党的十九大以来，乡村振兴战略作为国家重大战略决策被庄严地写入了党章，为新时代传统村落的振兴发展指明了方向、明确了重点。如何吸取传统村落地方营建智慧和发展经验，应用地方性知识理论，发挥地方性知识在乡村产业振兴、文化振兴及生态振兴中的作用，是当前亟须解决的问题。

传统村落所处地方自然资源多样，地方特色农业资源充沛，依靠地方性知识自力更生，发展地方特色产业，提高经济收入。同时传统村落紧扣区域主题特色，充分利用丰富的土地资源、气候条件等地域优势，发挥传统村落的传统农业资源和自然生态比较优势，因地制宜发展多样化特色种养，积极发展特色食品、制造、手工业等地方特色产业。

在当前城镇化、工业化加速的时代背景下，传统村落文化遗产的社会价值、产

① 根据中华人民共和国住房和城乡建设部官网公布的数据整理。

业价值、精神价值将变得更为重要。传统村落历史文化资源是实现地方文化振兴的核心吸引力，也是区别于其他古村落资源的核心优势与竞争力（李国庆等，2021）。2018 年，中共中央、国务院审议通过的《关于实施乡村振兴战略的意见》中提到，“立足乡村文明，吸取城市文明及外来文化优秀成果，在保护传承的基础上，创造性转化、创新性发展，不断赋予时代内涵、丰富表现形式。切实保护好优秀农耕文化遗产，推动优秀农耕文化遗产合理适度利用。深入挖掘农耕文化蕴含的优秀思想观念、人文精神、道德规范，充分发挥其在凝聚人心、教化群众、淳化民风中的重要作用。划定乡村建设的历史文化保护线，保护好文物古迹、传统村落、民族村寨、传统建筑、农业遗迹、灌溉工程遗产”。因此，结合乡村振兴战略背景，应用地方性知识深入挖掘地方独特的人文历史资源、地方风俗民情，整合乡村自然旅游资源，融合地方特色产业，丰富传统村落旅游内涵，将传统单一的农业产业转向市场导向下多元融合发展的新型业态，充分挖掘传统村落地方性文化景观资源的优势，助力传统村落经济、社会和文化振兴发展，成为本书研究的重要背景，也是本书运用地方性知识进行传统村落经济再生活化的目的及出发点。

（四）陕西传统村落景观同质化及“地方性”特色营建诉求

近年来，陕西省的乡村聚落更新改造、环境整治和生态宜居等建设工程如火如荼地进行，传统村落的保护与开发也位列其中。在此过程中，传统村落整体人居环境虽然得到有效改善，但是各地在建设和发展传统村落过程中依然存在诸多问题，其中传统村落景观的同质化问题及“地方性”特色营建越来越受到学界关注。当前，陕西部分地区传统村落景观濒临消失，而部分保留下来的传统村落景观风貌缺乏地域特征（梁园芳等，2019）。究其原因主要有如下几个方面。在传统建筑保护修复方面，粗犷式地修建仿古建筑，忽略了历史建筑的“原真性”，传统建筑结构、材料装饰和营建技艺都难以体现；在保护与开发方面，部分村落为寻求发展，盲目引入传统村落旅游项目，热衷于重金投资建设仿古步行商业街，在建设过程中陷入了同质化、低水平重复建设“怪圈”，修建完成后非但没有吸引更多游客来此参观，反而造成村落原始肌理的破坏；设计手法片面简单，寻求视觉标新立异，对传统村落景观的地方性缺乏深入挖掘与解读，具体表现在建筑形式复制及规划设计手法的相互模仿，进而导致传统村落景观的日渐趋同。针对传统村落景观严重同质化现象，导致传统村落失去了原有的地方特色，原始村落的历史文化、农耕记忆、田园生境荡然无存这一问题（李晓峰等，2015），当前，无论国家还是地方层面，都需要对传统村落景观的地方性特色营建进行深入思考。

二、研究意义

（一）理论意义

1. 进一步丰富地方性知识理论

本书对人类学中的地方性知识理念的概念认知、类型划分、演化机理及适用语境进行梳理，结合传统村落景观的相关理论，进行传统村落景观地方性知识图谱的构建，从而更好地彰显传统村落地域文化景观特色。

2. 丰富传统村落景观的相关理论

结合地方性知识理论挖掘传统村落景观的区域差异和景观特征知识，有助于丰富传统村落景观相关理论研究。由于受到复杂的自然地理条件和多样性的民族文化的影响，传统村落景观表现出一定的丰富性和多样性。对传统村落景观地方性知识进行知识单元划分及谱系构建，是以往城乡规划学和风景园林学研究很少涉及的内容。因此，进行这样的研究能进一步丰富传统村落景观的相关理论。

3. 为传统村落景观研究提供新的理论视角

通过应用人类学中的地方性知识理论，本书重点阐释了地方性知识在传统村落景观中的挖掘与应用，内容涉及传统村落景观的环境格局景观、空间形态景观、传统建筑景观和民俗文化景观等方面的地方性知识挖掘路径；创建传统村落景观“点-链-集”为一体的地方性知识分析方法；提出传统村落景观地方性知识图谱的构建体系和思路，从流域文明、生态智慧、文本挖掘、乡村振兴四个维度构建传统村落景观地方性知识图谱，为传统村落景观的在地性研究提供新的方法论。

（二）实践意义

1. 提高分析和解决传统村落景观同质化问题的能力

由于传统村落景观涉及内容的复杂多样，在编制传统村落保护与开发相关规划时，如何彰显传统村落景观地域性特色是设计师做方案时的难点。本书以传统村落景观的地方性知识图谱形式，将抽象的、难以把握的传统村落地方性文化景观要素通过图谱可视化方法进行系统呈现，从而构建起传统村落景观“人-地”关系语境下的知识网络，提高相关工作者分析和解决传统村落景观同质化问题的能力。

2. 避免村落景观的地方性知识消失与断层

图谱的可视化具有多方位与多角度相结合、形象性与客观性相结合、定性与定量相结合、图形图像与逻辑推理相结合、模型模式与实际实践相结合的思维特征等，通过这种方式进行传统村落景观地方性知识的挖掘与表达，分析传统村落景观人居环境营建智慧的深层逻辑与内涵，从而保留延续地方传统营建智慧，可以避免传统村落景观的地方性知识消失与断层。

3. 构建“导则”性的基本设计逻辑与语汇

通过传统村落景观的地方性知识图谱构建，从传统村落景观宏观尺度环境格局的地方性知识发掘，到微观尺度传统村落重要历史地方、节点等景观性元素的保护与实践应用，以不同层次的村落空间环境（景观）逻辑为抓手，对传统村落景观的地方性知识进行系统的全要素梳理，最终形成传统村落景观保护与传承设计的基本“知识”语汇和逻辑，为传统村落景观相关规划设计实践研究提供路径参考。

4. 成为传统村落经济产业活化再生的“催化剂”

对传统村落地方性知识的挖掘，可以彰显地方特色、展现传统村落社会及历史价值、培育乡土气息浓厚的特色产业，制定符合本地区发展的模式，发挥地方资源优势，打造具有地方特色的乡村文化品牌，积极推进多种形式的品牌活动，为传统村落的地方振兴发展提供强大支撑。

三、研究对象

陕西省是我国西北地区典型的历史底蕴丰厚、经济发展较快、地形复杂和生态比较脆弱的多民族集聚地，保存了大量颇具民族性、地方性的传统聚落景观。本书以陕西省为例，结合地学信息图谱和符号学的基本方法，探讨并构建多元尺度的传统村落景观地方性知识图谱。

2017年，陕西省共有16 757个行政村、73 692个自然村。截至2022年底，全国陆续公布了六批传统村落名录，全国31个[①]省（自治区、直辖市）共计8155个国家级传统村落入选。其中，陕西省共有国家级传统村落179个（图1-1），其数量在全国的占比约为2%，在31个省（自治区、直辖市）中排第16名。其中，云南省（777个）、贵州省（757个）、湖南省（704个）分列第1、2、3名。与陕西省相邻的8个省（自治区、直辖市）传统村落数量分别为：山西省619个（第5位）、河南省275个（第13位）、湖北省270个（第14位）、重庆市164个（第18位）、四川省396个（第9位）、甘肃省108个（第19位）、宁夏回族自治区26个（第28位）、内蒙古自治区62个（第23位）。本书在具体分析和调查上主要以国家级传统村落为研究对象。

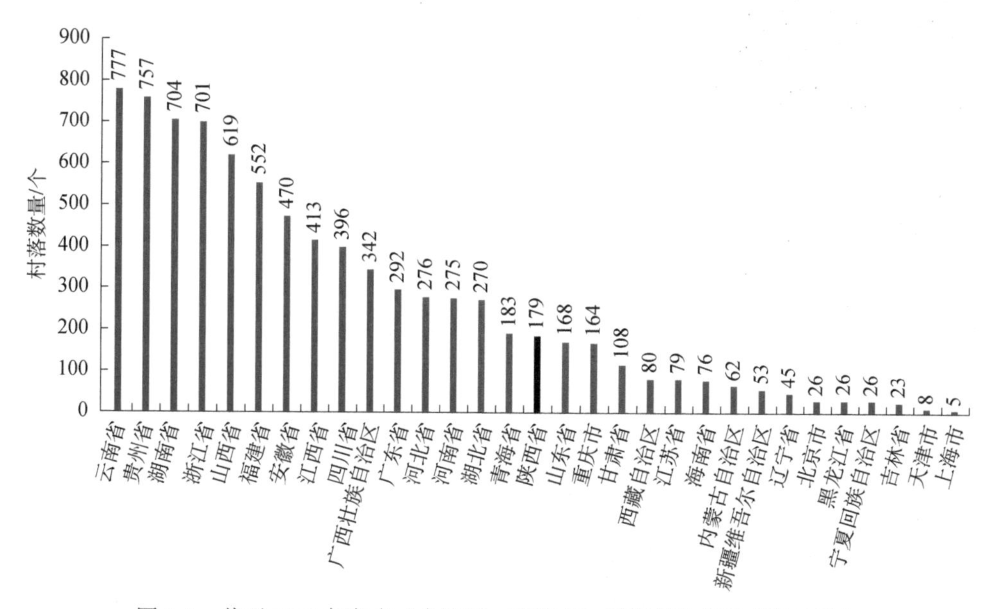

图1-1 截至2022年各省（自治区、直辖市）国家级传统村落数量排名

从陕西省域层面来看，在陕北、关中、陕南三大地理空间单元中，关中和陕南地区国家级传统村落数量略多，而陕北地区略少，整体分布较为均衡。从市域层面来看，陕西省国家级传统村落主要分布于渭南市（43个）、榆林市（41个）、安康市（24个）和汉中市（24个）等地（图1-2—图1-4）。

① 本书数据不包括港澳台。

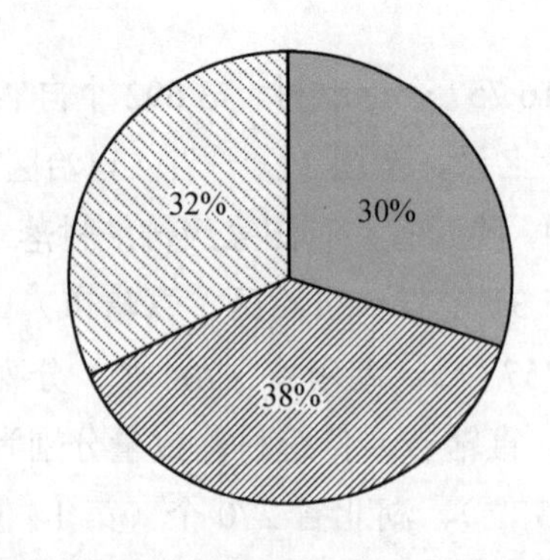

图 1-2　陕西省陕北、关中、陕南地区国家级传统村落占比情况

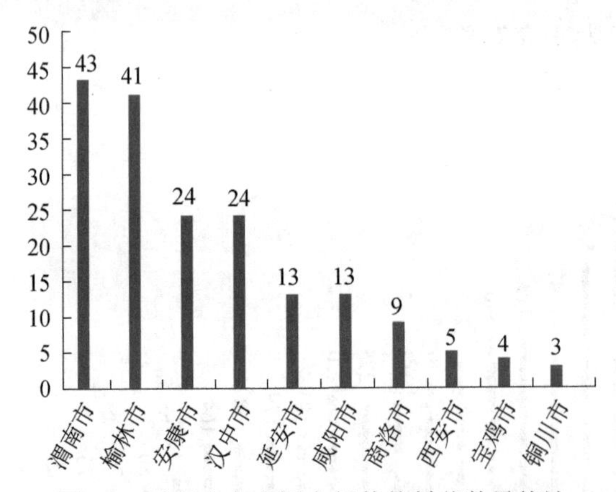

图 1-3　陕西省各市国家级传统村落数量统计

陕西省作为我国传统村落文化遗产资源大省，近年来，陕西省住房和城乡建设厅针对推进传统村落保护工作，编制了一系列保护措施，取得了一定成效。总体来看，由于系统化、规模化保护工作开始较晚，在保护发展观念、保护发展体系、设施条件建设、文化传承等方面仍然存在不足。随着国家和社会对传统村落的持续关注、乡村振兴战略的提出和潜在的文化和旅游市场需求，传统村落景观受到高度重视，也给传统村落景观的保护和发展带来了新的机遇。为深入贯彻落实国家四部委《关于切实加强中国传统村落保护的指导意见》等精神，加强陕西省传统村落景观地方性知识的保护和传承，本书以陕西省国家级传统村落为主要研究对象，运用地方性知识理论进行陕西省传统村落景观的地方性知识图谱构建，从而彰显陕西省不同片区传统村落景观的地方特色，形成地域传统村落景观特色标识，延续中华民族农耕文化景观特色。

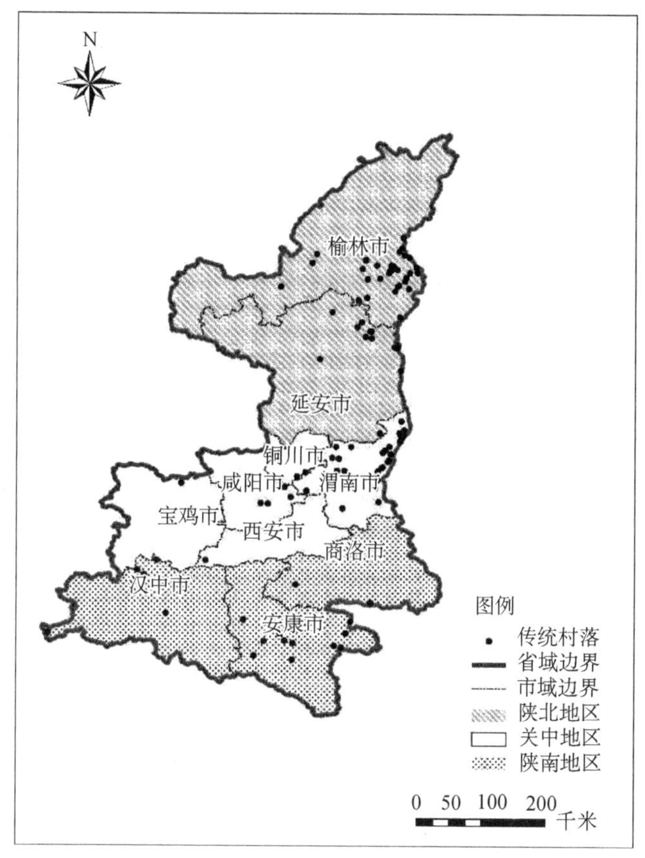

图 1-4 陕北、关中及陕南三大片区传统村落空间分布示意图

四、研究内容

（一）典型传统村落景观地方性知识的选取

尽管不同地区传统村落景观存在众多类型，为明确地域文化景观特色，本书研究主要针对陕西省域内不同片区典型传统村落景观的地方性知识进行识别选取，通过设定以下识别标准进行初步筛选：①典型传统村落景观需要具有与既定研究景观类型一致的基本形态、空间结构或组成特征；②选取对象应该具备较为深厚的历史文化底蕴，村落整体传统风貌保存较为完好，并基于历史文化底蕴的传承形式具有地方独特和稳定的聚居形式、生活方式、生活哲学、宗教礼仪和社会习俗；③典型传统村落景观包含的村落选址、整体形态、街巷格局、功能组合、公共场所、建筑营建、民俗文化等均基于传统形式延续至今；④典型传统村落景观环境往

往具有良好的自然生态本底，这体现在丰富的植被景观以及村落生产生活与自然环境的和谐共生发展；⑤基于可持续的“人-地”关系延续而来的流域遗产廊道、生态智慧、乡村振兴观念都可作为选取典型传统村落景观的依据。综上所述，当传统村落景观满足上述其中一项选择标准时，就可作为典型传统村落景观地方性知识图谱构建的典型样本对象或研究范畴。

（二）传统村落景观地方性知识的提取

由哈蓝·克利夫兰（H. Cleveland）提出，米兰·瑟兰尼（M. Zeleny）及罗素·艾可夫（Russell L. Ackoff）建设完善的DIKW（data-information-knowledge-wisdom）层次体系模型[①]认为，数据（data）经过收集和提取转化为信息（information），信息与信息在行动中的应用之间建立有意义的联系进而产生了知识（knowledge）（王永帅，张中华，2022）。传统村落景观地方性知识提取基于DIKW层次模型，依据地方性知识分类体系，通过目标数据收集、关键信息提取、地方性知识集成3个基本步骤完成。

首先，目标数据集成通过Google Earth、无人机航拍、建筑测绘、口述访谈和文献查阅，包括收集传统村落景观地方性知识访谈提纲、传统村落景观地方性知识基本信息采集表、传统村落保护与发展规划、现状照片及最新遥感影像资料等，并查阅地方小说及《陕西传统村落地域文化探究》（祁嘉华等，2019）、《黄土高原聚落景观与乡土文化》（霍耀中，刘沛林，2013）、《陕西古村落——记忆与乡愁》（陕西省城乡规划设计研究院，2015）等书籍多渠道完成。其次，关键信息提取是将收集的传统村落相关数据经过“要素提取”“结构提取”“文本提取”“口述提取”“影像提取”等方式完成。最终，地方性知识集成是通过各类信息的汇总和提炼形成全要素，分门别类地提取传统村落景观的地方性知识。

（三）传统村落景观的地方性知识图谱表达

传统村落景观的地方性知识图谱构建包括以下步骤：①在对典型村落景观选取范围及尺度进行界定的前提下，按照典型图谱的提取原则，借助Google Earth卫星地图对符合条件的典型传统村落遥感影像进行初步判读后予以下载；②对于传统村落涉及的空间分布、地质、地貌、水系等相关地方性知识，将采集与获取的相

---

① DIKW层级体系模型包括数据（data）、信息（information）、知识（knowledge）、智慧（wisdom）四个层级，揭示了数据、信息、知识、智慧之间由底层至顶层逐级递进、推演的逻辑关系。

关数据录入 arcGIS 中进行空间相关性分析；③利用 CAD 软件对遥感影像中的传统村落景观要素进行分图层、矢量化描绘，图层包括村落周边地形地貌、自然植被、传统建筑、街巷肌理、水系形态、农田肌理、公共空间景观节点等；④利用 Photoshop 软件对图像进行美化表达；⑤在图谱的表达过程中，应对传统村落景观整体形态进行判读，明确主体结构要素构成，强化主要地方性知识要素的提取表达，弱化其他次要地方性知识元素的提取表达。

传统村落景观的地方性知识图谱表达要注意以下几点。首先，图谱以黑白线条为主要表达形式，目的是清楚地表达传统村落景观地方性知识的构成要素及要素之间的关系。传统村落景观中的空间形态、街巷格局等地方性知识的图示化表达，主要依托遥感卫星图及现状航拍图作为参考底图，运用 CAD 中多段线进行地方性知识的提取与表达。其次，传统村落周边及内部水系的表达主要通过多线描绘岸线，整体上要保证水体与村落整体之间的空间关系，同时要体现水体的线性平面形态及水系主次关系的连通性表达。传统村落道路及街巷格局景观中的线性表达主要针对村落内的主干路网进行，整体上需要体现路网结构的完整性；村落周边的耕地、农田主要表现其分布肌理。最后，传统村落周边的山地、高原、丘陵、盆地等自然景观，需要从实际出发，适当用等高线进行地貌的图示化表达，从而体现村落周边地形的变化。

（四）传统村落景观“点-链-集”结构体系构建

本书以传统村落景观地方性知识提取及表达为切入点，对传统村落景观的地方性知识进行科学分类，阐释传统村落景观的地方性特征和发展规律，建构地方性知识的“点-链-集”结构体系，对地方性知识点、地方性知识链和地方性知识集进行挖掘，以陕西省全域的传统村落景观为基础，最终构建由知识集、知识链、知识点组成的传统村落景观地方性知识图谱体系，从而创新传统村落景观地方性知识体系研究内容，为全面认知陕西传统村落景观的地方性知识要义与价值提供理论支撑。

（五）传统村落景观地方性知识图谱的应用

本书通过对陕西省传统村落景观地方性知识的挖掘，构建“点-链-集”地方性知识图谱体系，从而为促进陕西传统村落的可持续发展提供支撑。其内容主要涉及以下几个方面。

第一，流域文明视角下传统村落景观的地方性知识图谱构建及应用。由于地域差异，传统村落地方性知识在区域中既存在共性也存在差异，此部分通过构建黄河流域陕西段传统村落景观的地方性知识图谱，从生态、生活、生产三方面对该区域的地方性知识共性与差异进行梳理和总结。通过挖掘沿黄河流域陕西段沿线传统村落景观的地方性知识，针对流域线性空间范围内传统村落景观的地方性知识开展专题保护与利用研究，寻求地方特色资源的具体保护与利用方式。同时，基于地方性知识，对沿黄河流域不同区段之间及区段内传统村落差异化发展提出引导，避免传统村落区段之间及各区段内部同质化竞争带来的负反馈作用，以此更加精细化地保护沿黄河流域沿线各传统村落。

第二，生态智慧视角下传统村落景观地方性知识图谱构建及应用。此部分结合传统村落景观地方性知识，从生态智慧角度挖掘传统村落蕴含的地方传统生态智慧与生态实践经验，以陕南传统村落堰坪村、茨沟村、东河村为研究对象，从“山川形胜景观”“河流水系景观”“林居共生景观”“梯田生态景观”四个方面进行地方性知识的提取。同时，对村落选址、人地共融、资源利用、林地保护、传统农耕等进行深入解析，探讨地方人居环境的规划建设特点及其生态智慧，为解决当前传统村落人居环境的生态问题、建设绿色生态传统村落提供思路和经验借鉴。

第三，乡村振兴视角下传统村落景观的地方性知识图谱构建及应用。以陕西省国家级传统村落党家村为例，通过对其自然景观、空间形态景观、传统建筑景观及民俗文化景观中蕴藏的地方性知识进行挖掘，并结合乡村振兴战略背景，明确党家村传统村落未来发展的地方化路径，为新时期推进传统村落保护与乡村振兴发展提供思路与政策建议。

第四，文本挖掘视角下传统村落景观的地方性知识图谱构建及应用。以陕西省国家级传统村落青木川镇为研究对象，以小说《青木川》（2021 年修订版）作为文本挖掘对象。通过将文本进行分类编码，梳理人物关系和故事脉络，构建“人-事-物”景观记忆构成要素体系。然后，基于文本预处理获取的人物社会网络、事件情感态度与物质景观载体等，建构相应的地方性知识图谱，并总结出相应的地方性知识体系。最终，针对性地提出整合地方治理资源，重构景观保护主体；提取地方集体记忆，强化景观地方认同；挖掘景观地方特色，明晰景观保护格局的应用策略，为传统村落的地方治理知识和相关地方营建知识的提取及应用提供新的研究视角。

五、研究思路与方法

（一）思路及框架

本书研究聚焦传统村落景观的地方性知识图谱构建及应用，整个研究框架由理论篇、实证篇和专题篇三大部分组成（图 1-5）。

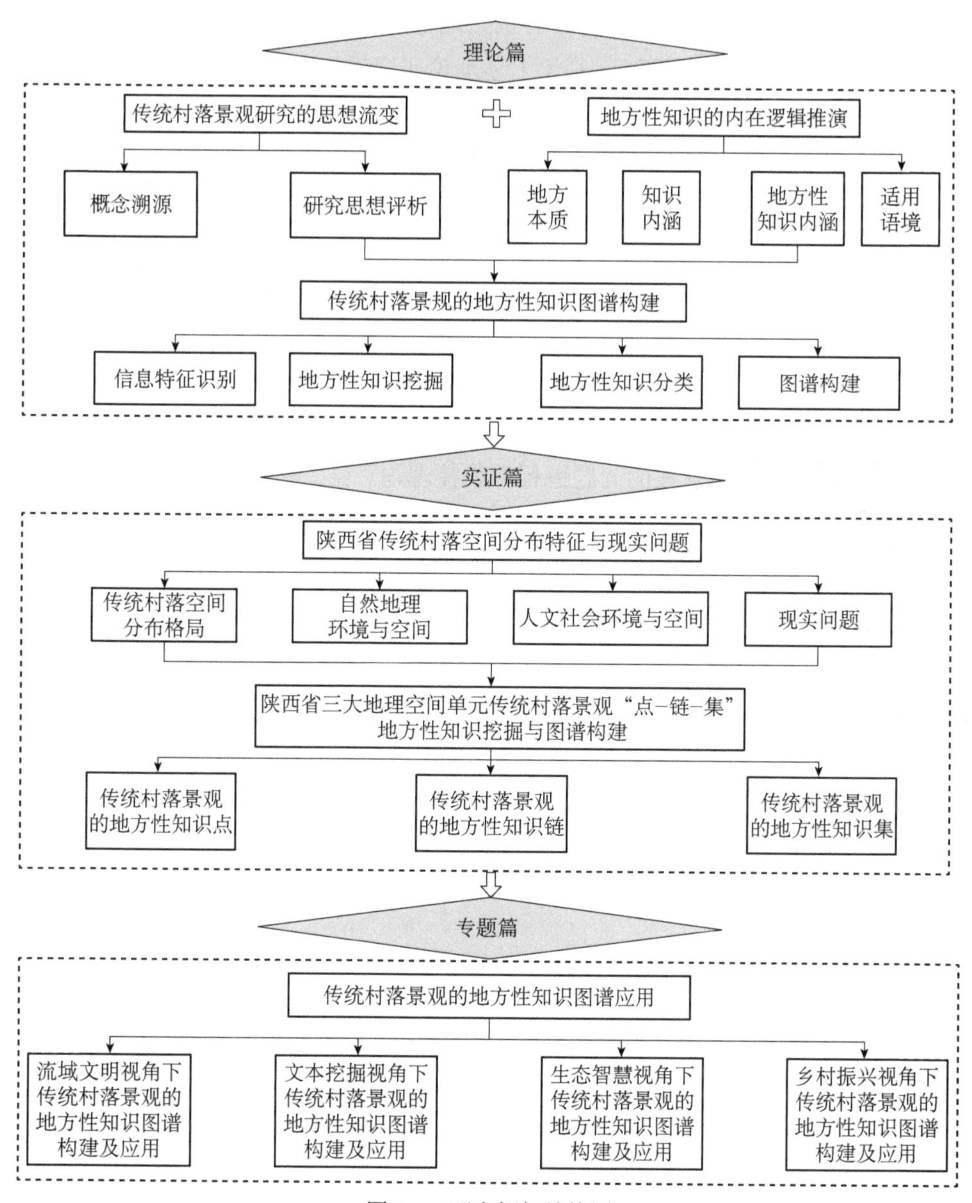

图 1-5 研究框架结构图

第一部分，理论篇。首先，对传统村落景观涉及的“景观”“聚落景观”“乡村景观”等相关概念及其内涵进行溯源；从人类学、社会学、地理学、建筑学、城乡规划学、风景园林学等不同学科视角进行传统村落景观的相关理论解析。其次，对地方性知识的内在逻辑进行推演，内容包括地方的本质、地方性知识的内涵阐释、类型认知、演化机理及适用语境。基于上述理论研究提出传统村落景观地方性知识的基本构成要素、构建流程及提取方法，并提出传统村落景观“点-链-集”一体的地方性知识分析方法，最终构建出传统村落景观的地方性知识图谱。

第二部分，实证篇。基于第一部分传统村落景观的地方性知识图谱构建方法及流程，对陕西省传统村落景观的地方性知识进行提取。首先，从整体层面，对陕西省域范围内的部分国家级传统村落空间分布格局的地方性进行解读，相关分析涉及空间分布特征、分布类型、分布密度等维度。其次，对传统村落周边地形地貌、自然气候、河流水系等地方自然地理环境要素及社会经济、人口、交通等地方人文社会环境要素进行分析，同时通过实地踏勘、问卷调查、深度访谈、文献梳理等方式对传统村落景观当前存在的问题进行系统梳理与总结。最后，基于现状和存在的问题，聚焦传统村落景观的地方性，运用类型分析法、图解分析法及 GIS 空间分析等手段，对陕西省三大地理空间单元（关中、陕北、陕南）传统村落景观的地方性知识分别进行挖掘与提取，最终构建陕西省传统村落景观的地方性知识图谱。

第三部分，专题篇。基于第二部分陕西省传统村落景观的地方性知识图谱构建，分别从流域文明视角、生态智慧视角、乡村振兴视角和文本挖掘视角，结合传统村落片区或个案分析，科学探索地方性知识导向下陕西省传统村落景观的“在地性”模式及规划应用策略，开展理论、方法、实践相结合的地方性知识图谱专题应用实践。

（二）研究方法

1. 田野调查法与深度访谈法

首先，借助人类学中的田野调查法，对传统村落的自然环境、村落内部环境、空间肌理、街巷格局、建筑单体、建筑装饰、公共空间和人文景观等进行细致调查，通过手机拍摄、无人机航拍、遥感技术等途径，掌握陕西省典型国家级传统村落的第一手资料。其次，对地方村民和村委会成员进行深度访谈，获得可靠和翔实的传统村落相关资料。同时，在调研过程中，通过地方政府收集传统村落所属地区的统计年鉴、县志、乡志、村志、地方小说、地方史料文献、历史地图、传统村落申报材料和地方政府编制的相关保护规划文本及说明书等相关资料，从而实现对传统村落景观的系统性调查与资料收集。

2. 多学科交叉应用法

传统村落景观地方性知识是一个综合性很强的研究范畴，必须借助人类学、社会学、地理学、城乡规划学、风景园林学和建筑学的类型学与形态学研究方法，开展传统村落景观地方性知识相关研究，其方法及手段具体包括借助人类学中的田野调查法，对传统村落景观展开系统深入调研；借助社会学的质性化分析手段，对传统村落民俗文化景观的特征进行挖掘；借助地理学中的地理信息系统分析手段，进行传统村落空间分布等相关性分析；借助城乡规划学的环境意向认知和建筑学的历史建筑测绘等方法，进行传统村落景观地方性知识的提取；借助风景园林学的景观图示语言法，加强对陕西传统村落景观地方性知识的特征及规律的辨识。综上所述，对传统村落景观地方性知识的挖掘既要着眼于村落本身，也要放眼于传统村落之外的自然环境、区位交通、历史环境生成要素和区际联系等相关方面。因此，需要从多学科、多尺度、多角度进行传统村落景观地方性知识的提取与表达，从而实现研究目的。

3. 基于 GIS 的空间分析法

本书研究构建陕西省传统村落数据库，利用 GIS 软件强大的空间分析功能对陕西国家级传统村落的空间分布格局，包括空间分布特征、空间分布类型、空间自相关、空间分布密度等分别进行系统的格局化分析，并通过地理空间数据云网站下载陕西省域范围内数字高程模型（digital elevation model，DEM）数据，对传统村落所在区域的地理环境包括地形、地貌、河流、气候、自然资源等与传统村落空间分布的关联性进行分析，从而为陕西传统村落景观地方性知识图谱的构建提供数据支撑。

六、研究创新

本书以传统村落景观为研究对象，对传统村落景观蕴含的地方性知识进行提取和阐释，并通过地方性知识图谱的形式进行可视化表达，创新之处主要体现在以下几个方面。

第一，将人类学中地方性知识的概念应用于城乡规划学研究，实现了地方性知识的跨学科应用，丰富了地方性知识理论体系，拓展了地方性知识的应用范畴，同时也为传统村落研究提供了新的视角。

第二，从系统论的视角出发，基于传统村落景观中地方性知识类型的多样化特征提取地方性知识点；根据传统村落景观中地方性知识相互联系、承接、耦合的作用关系构建地方性知识链；依托传统村落在演化和发展中与周边环境的互动关系以及呈现出的开放性特征形成地方性知识集，最终构建体系化的传统村落景观地方性知识体系。

第三，基于传统村落景观地方性知识体系的“点-链-集”结构特征，针对性地提出地方性知识图谱构建的方法和路径。通过选取典型传统村落景观样本并对其进行可视化处理，进而提取其中的地方性营建知识，总结地方性知识之间的相互关系及其形成机制，通过图谱形式进行可视化表达。

第四，选择典型案例进行实证分析。构建沿黄河流域传统村落景观地方性知识体系，揭示流域文明视角下传统村落集群的地方性知识发展规律；总结生态智慧视角下传统村落在选址格局、生产布局等景观中蕴含的生态地方性知识；运用文本挖掘方法，梳理传统村落景观中体现的地方社会治理和传统文化知识；紧扣乡村振兴这一城乡发展的主旋律，整理乡村发展、乡村治理等乡村振兴实践中彰显的地方性营建知识。以上专题研究共同佐证了传统村落景观地方性知识体系具有较好的适用性，为传统村落乃至乡土聚落研究提供了一种普适性的技术路线和思维范式。

七、本章小结

本章基于当前传统村落景观“无地方性”危机的蔓延、我国传统农耕文化保护与传承的地方性危机、陕西传统村落景观地方特色营建诉求等时代背景，提出本书的研究意义和价值、研究内容和框架、研究技术与方法。在研究对象与内容上，以部分陕西省国家级传统村落为研究对象，开展传统村落景观地方性知识的提取及图谱化表达研究，构建传统村落景观地方性知识“点-链-集”的图谱框架体系，并结合典型实证，提出传统村落景观地方性知识图谱的规划传承与应用实践的思路和范式。

第二章　传统村落景观研究的思想流变

霍斯金斯（W. G. Hoskins）[①]指出，景观是我们所拥有的最丰富的史料，每一个学者和游人都能够从自然景观和人文景观中了解人类社会的发展，抚今追昔、展望未来（W. G. 霍斯金斯，2020）。本章从传统村落景观的基本概念入手，通过分析“景观”“聚落景观”“乡村景观”“传统村落景观”的内涵，以层层递进的解析方式，对其相关研究进行系统认知。在此基础上，基于景观的多学科要义，从人类学、社会学、地理学、风景园林学、城乡规划学和建筑学层面梳理不同学科视角下传统村落景观研究的相关理论及其发展趋势，总结不同学科研究的学术特征，并对相关理论进行归纳。

一、景观

“景观”一词属舶来品。“景观”一词最早由日本植物学家三好学博士在明治三十五年（1902年）前后自德语 landschaft 翻译而来，指代“植物景”（刘悦来，2001）。此后70余年间，“景观”作为一个概念在日本学术界先后被引入地理学、城市社会学及建筑、土木、造园等研究领域。

20世纪30年代，“景观”一词首次出现在中国学者的著作中。陈植先生在《造园学概论》中有文：“……可设喷水，壁泉，以增景观。”（陈植，1935）这里的“景观”意指“景色”“景致”。20世纪80年代，“景观”逐渐发展成为地理学、风景园林学、建筑学、城乡规划学等涉及人居环境营建的相关学科研究的基本概念（李

① 霍斯金斯在其著作《英格兰景观的形成》（The Making of England Landscape）中，通过大量的原始资料，辅以田野考察报告及时人的记述，系统地梳理了从公元前2500年到20世纪中期英格兰景观的发展历史，勾勒出了一条清晰的英格兰景观形成的线索，并说明了人类活动对英格兰景观演进的深刻影响。这本书也被学术界称为英国景观史研究的开山之作。

树华，2004）。

（一）西方哲学思想中的景观

目前，国内学界普遍将英语中的 landscape 译为“景观”，但 landscape 一词来源于荷兰语中的 landschap 和德语中的 landschaft（徐桐，2021）。在荷兰语中，关于 landschap 的文献记载最早可以追溯至 13 世纪初，其被用于描述土地状况，指代土地、环境或一个有边界的领地，如陆地上由一些住房及围绕着住房的一片田地和草场以及作为背景的一片森林组成的集合（Motloch，2000）。在德语中，landschaft 是指传统行政单元（customary administrative unit），包含社区、地区与管辖权的法律和行政概念（Olwig，1996）。因此，在英语中，landscape 一词最初并不具有美学或情感（文化）意义，而是指地表空间要素的组合，特别是乡村聚落土地（约翰·布林克霍夫·杰克逊，2016）。①

16 世纪，意大利文艺复兴时期，在尼德兰地区特别是其所属的荷兰地区出现了一大批风景画家，形成了写实的风景画派。他们使用 landschap 一词来指代区别于海景画和肖像画等画种的陆地自然风景画（林广思，2006），以及描绘风景绘画空间景深的特殊构图方式（张海，2010）。16 世纪末至 17 世纪初，在风景绘画者的影响下，landschap 逐渐指一个地区的外貌，尤其是表示风景（R. J. 约翰斯顿，2004）。与之相对应，英文中的 landscape 也被引申为富于艺术性的风景概念，用于描述自然景色（Clark et al.，1985；Monkhouse et al.，1983）。

随着 18 世纪欧洲城市化进程的开始，欧洲以英国的肯特（Kent）、布朗（Brown）为代表，摆脱了法国、荷兰的规则式园林体系，受到中国自然山水式园林的启发，进而影响了整个欧洲园林面貌，促成了所谓的“浪漫主义转向”（昌切等，2005）。这是世界景观思想的一次碰撞与融合。此后，landscape 从指代客观的、纯自然的大地景观的概念渐渐转换成带有主观性的风景的概念（陈烨，2009）。

18—19 世纪，景观这一概念的含义更加宽泛，指总体环境的空间可见整体或地面及景象的综合体。20 世纪 60 年代后，建筑师、风景设计师和城市规划师逐渐

---

① 美国景观学家杰克逊（J. B. Jackson）在其著作《发现乡土景观》（Discovering the Vernacular Landscape）中，对一份 10 世纪英文档案中出现的 waterscape 一词的含义进行了解读。与我们当代所认为的“水体景观”含义不同，其指的是由水管、下水道、沟渠组成的服务于居住区和工厂的水系统，说明 scape 曾经表示相似物体的组合，或组织、系统的概念。杰克逊由此进一步解释 landscape 一词，在印欧语系原始含义中，仅指小部分乡村环境，并没有证据表明同当代含义中美学或情感（文化）意义相关；美国景观地理学派的麦克赛尔指出，在英国的中世纪时期，该词被用作一个地主控制或一群特殊人居住的土地。

认识到，大尺度的雕塑能为城市开放空间提供很合适的装饰，雕塑家逐渐得到了在城市广场和公园等场地展示景观雕塑作品的机会，景观雕塑在美国、欧洲和日本等地的设计实践中开始产生影响（王向荣等，2002），由此 landscape 从风景素材演变成人工构筑的雕塑形式。1975 年，出现了相对于植物等软质素材的硬质景观概念，如混凝土、石料、砖、金属等材料，landscape 不再仅仅指田野风光，而是变成了人目之所及的视觉环境（M. 盖奇等，1985）。

综上所述，landscape 具有双重含义，既指蕴含空间审美意象的风景、景致，又指作为领地的土地空间管理单元。在 landscape 一词的演化和发展过程中，虽然"领地"的概念是其初始内涵，但随着"风景"内涵的引入，作为"领地"的概念逐渐弱化。landscape 一词作为"领地"的概念符合地理学对空间单元划分、区域特性认知的需求，所以它在 19 世纪初被引入地理学①研究范畴（辻村太郎，1936）。德国地理学家亚历山大·冯·洪堡（Alexander von Humboldt）通过揭示作为风景的"景观"的表象所蕴含的内在逻辑，将其定义为"某个区域内的总体特征"，但仍然与 landscape 一词初始的本意存在一定区别（贾宝全等，1999）。

（二）东方哲学思想中的景观

在汉语中，从"景观"一词的构成来看，其由"景"和"观"两个字组成。"景"最初指日光②，后引申为景色，指代一般性的、无地方特色的、客观存在的景物。因此，"景"的概念不具有任何主观性特征，"景"的属性特征也不以人的意志为转移。"观"是动词，本意指有目的地察看③，后引申为对事物的认识和看法。因此，"观"具有较强的主观性特征，不同个体基于价值观念、内心情感、知识体系等方面的分异，对同一景观的认知也存在差异。

台湾艺术家杨英风认为，景观中的"景"是指"外景"，"观"是指"内观"。"景"是具有审美价值的客观环境中存在的物景，可以是景物、风景或景致。"观"是包括感知与思想的意识，是指人们在观察和感受客观事物时产生的主观看法。实景与心悟合一才是景观的最高境界。他认为应该使地表可见的综合景物和人类感知与思想意识达到"物我合一"。这一观点与中国传统文化思想中的"天人合一"理论不谋而合（闫启文等，2013）。综合来看，在汉语中，景观即生命主题与其承

---

① 地理学是关于地表的科学，地表各处的分布现象不同，那各地当然有各自的个性地理学研究，即将地表适当地区分开来，并从地理学的视角分析有个性的景观。

② 《说文解字》中有文："景，光也……"

③ 《说文解字》中有文："观，谛视也……"

载的客体之间互动的结果（黄昕珮，2009），兼具主观性与客观性，是一个综合性的概念。

（三）景观概念界定

1. 景观的人类学要义

“景观”这一概念具有一定的主观色彩，个体认知方式的差异不但影响了他们对景观的辨识，也间接影响了对景观的塑造和营建，因此，景观受到人类学者的广泛关注，并且对其进行的描述成为人类学民族志写作中不可或缺的元素（葛荣玲，2014）。

人类学对景观的研究可追溯至19世纪末。1881年，路易斯•摩尔根（L. Morgan）通过考察易洛魁人的“长屋”（longhouse）及其聚落环境与易洛魁人的世界观、家庭秩序、宗教信仰等社会组织形式的关系出版的《美洲土著的房屋和家庭生活》（House and House-life of the American Aborigines）一书，成为人类学视角下最早的对景观的专门性研究（Morgan，1965）。但此后人类学界对景观的研究始终是跳跃的、不连贯的，直到20世纪90年代初，景观才正式进入人类学研究者的视野。它不再仅仅被看作撰写民族志的背景性知识，而是作为地方社会的一种书写方式和表达系统被纳入人类学专题研究范围，由此诞生了以人类学整体的视角、比较的方法及细致的田园调查工作，对人类景观的多元形态、样貌、性质、结构、历史等做系统考察的人类学新分支——景观人类学。

景观人类学基于人类学主位（emics）和客位（etics）的视野，将“景观”定义为人类对环境的主观性认知和看法，包含了个人或者集体对自然及建筑环境的文化认知和集体记忆，是人与环境互动的结果（河合洋尚等，2015）。但是，人们在不同的文化背景影响下或在彼此社会层次各异的情况下，对同一自然环境或建筑风格会产生不同的认知，因此人类学视野下的“景观”兼具内与外、地方与空间、形象与概念的双重维度。它既包括从内部视角来看本地人基于文化和传统对本地的认知，以及建设出来的“地方”（place，生活空间）景观，又包括从外部视角进行的对地方的观察、描述和相应景观意象的塑造，从而形成的空间景观（Cosgrove，1998）。

对此，赫希（E. Hirsch）进一步指出，景观是一个特殊的文化概念，与一系列其他的文化概念相关联。分析和研究景观同样需要考虑地方与空间、内与外、形象与表征等很多二元对立又合一的其他相关概念（Hirsh et al.，1995）。所以，在人类学者看来，景观是连接这些观念和介于其间的一种“关系”。因此，景观既是一种地理形态，是一种观看方式和视觉理解，更是一个"文化过程"、一种社会实践方式，经由景观实践，人类将经验世界与意义世界连接起来（Bourdieu，1977）。

2. 景观的地学要义

"景观"一词从开始即蕴含着"土地"的地理空间含义。19世纪初，近代地理学创始人洪堡将德语 landschaft 作为一个科学术语引用到地理学中，并赋予其"自然地域综合体"的含义（俞孔坚，1998）。他希望"景观"成为地理学研究中的一个重要概念，并在此基础上探讨从原始自然景观发展为人文景观的过程（W. G. 霍斯金斯，2020）。

德国地理学家施吕特尔（O. Schluter）[①]最早从地理学角度提出了"景观"这一概念。他认为地理学者首先应该着眼于地球表面可以通过感官觉察到的事物，即整体的、广义的景观。景观的外表、作用与类群以及影响不同等级的景观区域形成的因素等相关问题，应该是地理学研究的中心（晏昌贵等，1996）。施吕特尔指出，广义的景观指地球表面的可见部分，不管地表的景观是完全自然的还是被人类改造过的，或者只是部分地受到人为影响的，都属于景观的范畴。基于此，施吕特尔又提出了文化景观与自然景观的区别，认为景观随着时间的推移已发生了变化，这些变化有的是自然的，但更多的是由于人类活动，如砍伐森林、排水、引进新作物或动物造成的。他还确信，在人类对地球表面施加主要影响之前，植被曾有过一个占优势的时期，施吕特尔将这个时期的景观称为完全自然的景观或原始景观。

此外，施吕特尔还吸收赫特纳（A. Hetther）的区域概念，认为景观是一个小的区域结合的单元，在整体上具有同一性特征，是具有区域意义的自然和人文现象。这样，施吕特尔不仅把地理学的研究对象和主体限定在景观概念上，还试图通过对可感觉的地表整体——景观，来统一和整合地理学中的系统与部门（或称统一性与多样性）、自然与人文。施吕特尔强调景观是可见可感的事物，因而一些非物质因素诸如社会、经济、种族、心理和政治状况都退到了次要地位，都不能作为地理景观的主体，除非它们有助于理解景观的发展和特性（罗伯特·迪金森，1980）。

施吕特尔的景观概念不但对德国地理学产生了深远的影响，而且传入德国等国家，形成了相应的学术流派。

（1）德国流派。与施吕特尔同时代的地理学家帕萨尔格（S. Passarges）进一步

---

① 施吕特尔，德国人文地理学家，景观学说的提出者之一。他发表了《人类地理学的目的》（The purpose of human geography），提出文化景观形态学和景观研究是地理学的主题。他还著有《早期中欧聚落区域》（Early Settlement Region of Central Europo）（3卷，1952年、1953年、1958年）。该书论述了公元6世纪的中欧聚落，指出了文化景观与自然景观的区别，并较早地把人类创造景观的活动提升到方法论原理的高度。

扩大了景观学的研究范畴，将城市纳入景观体系，并且强调了景观对人类心理的影响。在《比较景观学》中，他进一步发展了单元区域和区域等级体系的概念，认为景观要素构成了最小的地面单元，一群邻接的要素组成小区，而邻接的小区则组成区域，邻接的区域组成景观区域，这些景观区域又组成大区，大区组成景观带。后来的一些德国地理学者又把具有一定均质性的地区、最小的可以辨认的区域单元叫作“科雷”（chore）。这种景观分类分级体系对后来的景观生态、景观系统产生了深远的影响。德国景观学说的另一趋势是对文化景观的重视。魏贝尔（Weibel）认为，文化景观的特征既有赖于它的外貌，也有赖于它所处的社会、经济、法律、精神环境及它在历史中的地位（罗伯特·迪金森，1980），他将施吕特尔摒居次要地位的非物质要素纳入景观学的解释体系，从而赋予景观自然格局和文化格局双重内涵。

（2）苏俄流派。苏俄的景观科学虽然是在德国流派的影响下发展起来的，但也有自身的特点。伊萨钦科（A. F. NcaueHKO）认为，景观是一个动态的体系，在这个体系里进行着物质和能量的循环，产生着热量的节奏性（季节性）变化、水分平衡和生物的生产力。格拉西莫夫（Gerasimov）也认为景观是一个客观存在的自然环境实体，其组成成分包括气候、地形、土壤、植物和动物。卡列斯尼克（Kalesnik）又将景观学说引入大地学说，并且将景观壳等同于地理壳。贝尔格（Л. C. Bepr）将景观作为重复出现的自然要素的地域组合单位（杨吾扬，1989）。可以看出，苏俄景观学具有两个特点：一是承认景观是客观存在的实体；二是认为景观是一个动态的系统。从这两点出发，苏俄学者将景观系统纳入实验科学体系，进行模型实验，确定景观单元各组成要素，分析景观组合体的开发潜力和承受能力，利用航片和野外观察绘制景观地图，为区域规划和开发服务，取得了一系列重大成果，并引起了国际地理学界的广泛重视。近年来，更是出现了计量化、动态分析等景观生态学方面的研究（E. 马卓尔，1982）。

（3）美国流派。美国的景观学说由卡尔·索尔（C. O. Sauer）创立，其代表作是《景观的形态》（The Morphology of Landscape）一书。索尔指出，地理学研究的是地球表面按地区联系的各种事物，包括自然事物和人文事物及其在各地的差异。人类按照其文化标准，对自然现象和生物现象施加影响，并把它们改造成文化景观。景观的图案包括自然景观和由于人类活动添加在自然景观之上的形态而形成的文化景观。这样，苏尔的“景观”实际上就与“区域”等同起来了。其观点的创新之处在于，提出了文化景观的概念，并把它作为地理学研究的主要内容（Sauer，1925）。

其他地理学家也从不同视角对景观的概念进行了界定。例如，人文地理学者克莱斯维尔（T. Cresswell）认为，景观的特殊之处在于“观者位居地景之外”，这是景观与“地方”的区别所在。地方是人居其中，因而人对其有着相应的生活记忆、情感和认同（Cresswell，2004）。还有学者认为景观是被人们长期占有并进行改造的土地，彰显了一定地理区域的总体特征，体现了人与自然的平衡。他强调了景观概念中“人”的元素的能动性。

在西方地理学研究的影响下，“景观”一词传入国内后，相关学者也从地理学视角对其进行了正式定义。在《辞海》中，景观被定义为地理学名词，指一种客观事物。①地理学的整体概念：兼容自然与人文景观。②一般概念：泛指地表自然景色。③特定区域概念：特指自然地理区划中起始的或基本的区域单位，是生成条件相对一致、形态结构统一的区域，即自然地理区。④类型概念：类型单位的通称，指相互隔离的地段，按其外部特征的相似性，归为同一类型单位，如荒漠景观、草原景观等（辞海编辑委员会，2019）。

二、聚落景观

（一）聚落的概念

“聚落”一词在中国起源较早，《汉书·沟洫志》中记载，“贾让奏：（黄河水）时至而去，则填淤肥美，民耕田之。或久无害，稍筑室宅，遂成聚落”。这里的“聚”是指聚居，是社会性概念，有居必有聚，无聚不成居；“落”是指落地生根和定居，是环境性概念，有居必有落，无居不成落（雷振东，2005）。

在汉代，《史记·五帝本纪》中记载：“一年而所居成聚，二年成邑，三年成都。”这里的“聚”作名词，单指村落，“聚落”即是村落的早期表现形式（胡彬彬等，2018）。因此，狭义的聚落是指有别于都邑的农村居民点（金其铭，1988），而广义的聚落是指人类聚集居住的地方，既包括初始的村落，也包括随着村落人口增多、占地面积扩展以及功能的变化而演化形成的集镇、城镇和城市（刘沛林，2011）。所以从广义视角看，聚落是指各地区居民长期选择、积淀、营建形成的具有一定历史和传统风格的聚居环境系统，是聚居社会与物质空间环境密切联系、相互耦合的综合体（林志森，2009）。

基于此，不同学科的学者从不同视角对“聚落”进行了进一步界定。例如，威利（G. R. Willey）从社会学视角将聚落定义为人类在居住地面上对房屋等建筑性质的安排和处理方式（张光直，2002）；张光直从考古学视角将聚落定义为一种呈现稳定状态、具有一定地域并延续一定时间的史前文化单位（张光直，1991）；杨大禹、张弛从文化学视角将聚落定义为一个由多种物质要素和自然要素构成的综合系统，是一个十分复杂的文化综合体（杨大禹，1997；张弛，2003）。

综合来看，聚落是指一定区域内由一类人所组成的相对独立的地域生活空间和领域，聚落中具有特定的生活方式和社会活动，形成了密切的社会关系（余英，2001）。它既是一种空间系统，也是一种复杂的经济、文化现象，是在特定的自然地理环境和人文社会环境的影响下，人类活动与自然相互作用的结果（余英等，1996）。

（二）聚落景观的内涵

聚落景观是一定范围内人们的生产生活对大地的改造及其与自然景象共同呈现出的景观，是区域内人类生息繁衍所留下的印记（高瑞，2015）。作为人类文化与自然环境高度融合的景观综合体，聚落景观包含农田、水体、道路、建筑等自然要素和人工要素，是土地利用方式、聚落形态、建筑样式等文化景观在地表的表现（孙艺惠，2009），因此，它不仅具有自然属性，而且承载着一定的人文内涵（李振鹏，2004）。

聚落景观随着聚落的发展而不断变化，主要受到区域气候环境、社会历史等自然或人文因素的影响。其中自然地理环境作为聚落景观中最基本的一个方面，既是聚落景观的一种“基质”，也是构成聚落整体景观风貌的骨架。聚落形态、传统建筑等人文景观则突出表现了建筑技术等诸多文化的差异，后者也是导致聚落景观区域化差异的根本所在。

综上所述，聚落景观是大地景观的一种延伸，是自然地理基础、利用程度和形态结构各组成要素相互联系的复合体（金其铭，1988；王云才，2003）。

（三）聚落景观研究进展

聚落景观是聚落形态的重要表述，也是景观形态学的重要研究内容（R. J. 约翰斯顿，2004）。总体来看，国外关于聚落景观的研究视角较多，主要涉及地理学、建筑学和历史学等。其中，地理学对聚落景观的探索是从探究聚落景观与自然地理环境之间的关系这一角度入手的，这也是国外聚落景观研究的开端。

德国地理学家科尔（J. G. Kohl）于 1841 年发表的人文地理学论文《交通和人

类聚居区对地形的依赖关系》（The dependence of terrain on transportation and human settlements），阐述了地形对交通线和聚落形态的深刻影响，这是早期关于聚落形态的地理学研究，其后以他为代表逐渐创建了完备的聚落景观论（张文奎，1987）。1919 年，德国地理学家施吕特尔发表的《人文地理在地理科学中的地位》（The role of human geography in geographical sciences）涉及聚落形态学的问题，他明确提出了“文化景观”“文化景观生态学”“形成地表的对象”三个术语，认为形态是由土地、聚居区、交通线、地表上的建筑物等要素组成的，并将物质形态与城镇景观作为主要研究对象，认为它是一种独特的文化景观类型。

20 世纪 30 年代左右，聚落地理研究在全世界范围内兴起与成熟，并且各个国家形成了不同的研究角度。其中，德国形成了聚落景观论，德国地理学家科尔提出了“文化景观”（culture landscape）的概念，通过文化发生的方法对聚落类型开展研究，对推动城镇景观的发展具有重大作用。法国关注聚落与历史的联系，法国建筑学家昆西（A. Q. Quincy）从历史学角度入手对聚落形态学进行了研究，认为城镇历史平面图是理解城镇历史的最佳方式（段进等，2008）。美国学者充分认识到了文化景观的重要价值，美国建筑历史学家斯皮罗·科斯托夫（S. Kostof）认为，城市的特色不在于其外在形态，而在于内在的文化意图的展现（斯皮罗·科斯托夫，2008），对于聚落的认知，同样应该充分认识其内在的历史文化。美国地理学家索尔继承与发展了“文化景观”的概念，并于 1925 年发表了《景观的形态》（The morphology of landscape）一文，在区域人文地理的研究过程中采用了文化景观的视角（Leighly，1963）。英国注重历史地理研究，城市地理学家康泽恩（M. R. G. Conzen）提出了基于历史地理分析城镇平面格局的方法，创立了城市形态学领域中的康泽恩学派，为从历史角度解构城镇景观、划分城镇景观形态提供了新思路（康泽恩，2011）。此外，日本的学者也展开了世界范围内的聚落调查研究工作，他们的研究与纯粹的建筑设计研究不同，而是一种关于住居与自然、时间与空间、构建与营造、地理气候与文化信仰等任何聚落中可能涉及的因素间相互作用的哲学。例如，原广司的研究回避了将某个聚落本身看作是生存在地球上的人类居住的记录的观点，这种哲学思考教会我们如何从聚落的启示中设计建筑，而不是了解某一类建筑的历史或者是照着聚落的形态再造一个相同的建筑（玉凯元，1990）。

20 世纪中期，第二次世界大战的爆发打断了乡村聚落地理的发展，面对满目疮痍的城市面貌，城市地理学成为学术研究的热点，尤其是一些学者在外部空间环境方面进行了诸多研究，并成为乡村聚落认知与村落外部环境研究的有力补充（周心琴，2007；王路，1999）。其中有代表性的包括凯文·林奇（K. Lynch）的《城市意象》（凯文·林奇，2001），简·雅各布斯（J. Jacobs）的《美国大城市的死与生》（Jacobs，1992），戈登·卡伦（G. Cullon）的《简明城镇景观设计》（戈登·卡伦，2009），芦原义信的《外部空间设计》《街道的美学》（芦原义信，1985；芦原义信，2006）等，涵盖城市空间认知的意象性要素、城市街道的特殊性、视觉印象的组合关系以及城市空间秩序与类型等诸多方面。

20 世纪 90 年代，乡村聚落景观研究再次回归大众视野，这一时期乡村聚落景观的研究以聚落景观的演变过程为重点。如鲁达（G. Rude）认为，乡村聚落演变的根本动力在于工业化进程，人口集聚引发了原有村落的迁移与消逝（Ruda，1998）。随着景观生态学的不断发展，乡村聚落景观逐渐成为其研究领域之一，欧美发达国家主要关注生态规划与设计、乡村的可持续发展等（Britton，2005），而发展中国家则围绕山区的聚落环境变化与聚居迁移进行了研究（雷凌华，2007）。

在国内研究方面，聚落景观长期以来一直是国内文化地理学研究的重心。相对于一般区域而言，聚落实际上是一种小尺度的区域文化景观综合体。

国内地理学关于聚落景观的研究开始于 20 世纪 80 年代末至 90 年代初对民居建筑和区域聚落单体的描述（刘沛林，1998a，1998b）。彭一刚在《传统村镇聚落景观分析》一书中指出，各地域传统聚落景观的差异主要受到自然环境、人文环境等因素的影响（彭一刚，1992）；刘晖在《珠江三角洲城市边缘传统聚落的城市化》一书中基于全球高度关注低碳发展的时代背景，结合我国现实环境，探讨了生态城市规划与建设的内涵、原则和方法，同时提出重视理论研究与实践领域的有机结合，并在文中引介和剖析了国内外大量的典型案例，为当前我国正在开展的生态聚落发展与保护指明了道路（刘晖，2010）。刘沛林通过引入生物学的基因概念，借鉴聚落类型学的相关方法，对传统聚落景观进行"基因识别"和"基因图谱"建构，有助于从平面形态类型和立面形态结构等方面观察与理解中国传统聚落的规律性特点，为聚落文化景观内在要素的深度挖掘和科学表达提供了更为有效的途径。同时，将历史地理学方法运用于传统聚落类型分析的过程，补充了当前研究聚落（城市和村镇）类型分析方法的不足（刘沛林，2014）。浦欣成在《传统乡村子聚落平面形态的量化方法研究》一书中借鉴景观生态学、分形几何学，利用计算机辅助编程及数理统计方法对聚落平面形态进行了科学量化（浦欣成，2013）。刘红梅和廖邦洪分析了 20 世纪末至 21 世纪初中期的乡村聚落景观格局的研究进展，探讨了乡村聚落格局的美学价值与格局演化，利用生态学理论结构框架与 GIS 新技术的运用探讨了景观格局、生态功能与生态尺度之间的关系，指出了目前研究存在的不足和未来研究方向（刘红梅等，2014）。鲁鹏指出聚落研究作为一项多学科交叉研究，必须通过地理学、考古学、第四纪环境学等诸多相关学科的共同参与，并坚持以人-地关系研究为主线，才能取得长足的进步与发展（鲁鹏，2013）。

三、乡村景观

（一）乡村景观的概念

乡村景观（rural landscape）的定义诞生于人文地理学科，其后在风景园林学科得到快速发展，尤其是景观生态学的出现，使得乡村景观的定义与内涵不断丰富。

美国地理学家索尔认为，乡村景观是附加在自然景观上的人类活动形态，既包含了自然风光，也涵盖了文化、经济、社会、人口等诸多因素，因此他将乡村景观分为乡村文化景观和乡村自然景观两部分（陆叶等，2011）。在国内，著名人文地理学家金其铭先生最早提出，乡村景观是指在乡村地区具有一致的自然地理基础、利用程度和发展过程相似、形态结构及功能相似或共轭、各组成要素相互联系、协调统一的复合体（金其铭，1988）。王云才对乡村景观有不同的界定方式，认为乡村景观有以下四个维度的内涵：①城市景观以外的空间；②包括乡村聚落景观、经济景观、文化景观和自然景观；③人文景观与自然景观的复合体，以自然环境为主；④以农业为主的生产景观和粗放的土地利用景观，以及乡村特有的田园文化和田园生活（王云才，2003）。刘滨谊分析指出，乡村蕴涵丰富的资源，其拥有的生态系统具有极高的开发价值。此种乡村地域范围内，与人类聚居活动有关的景观空间包含了乡村的生活、生产和生态三个层面（刘滨谊，1996）。基于此，他从环境资源学的角度提出乡村景观是一种具有效用、功能、美学、娱乐和生态的价值，蕴含经济功能、自然生态功能、社区文化功能、空间组织功能、资源载体功能与聚居功能的可以开发利用的综合资源（刘滨谊，2010）。刘黎明等认为，乡村景观是人类在自然景观的基础上建立起来的自然生态结构与人为干扰特征的综合体（刘黎明等，2004）。周心琴等认为，乡村景观介于纯自然景观与城市人工景观之间，是一种较为特殊的景观类型，具有自然与人文并蓄的特色（周心琴等，2005）。袁敬等认为，乡村景观即“乡村”地区的“景观”，是历史进程中人们开发自然资源产生的，是由特定的生产技术、生活方式、社会文化不断塑造而形成的复合景观系统（袁敬等，2018）。谢花林等（2003）基于景观生态学的研究，认为乡村景观是指乡村地域范围内不同土地单元镶嵌而成的嵌块体。

乡村景观是由乡村与景观两个名词复合而成，并发展为内涵复杂多样且研究学科众多的学术名词。其中，“乡村”作为包含区域及生态概念的一种类型，体现出在地域范围层面与“城市”互为对立补充的特点（蒋雨婷等，2015）。因此，综合来看，乡村景观是指在城市景观以外的、人与自然之间的相互作用下形成的陆地及水生区域，生活在此区域内的人通过农业、畜牧业、游牧业、渔业、水产业、林业、野生食物采集、狩猎和其他资源开采（如盐）生产食物和其他可再生自然资源。

（二）乡村景观研究进展

1. 国外研究进展

国外乡村景观规划设计始于20世纪50—60年代，欧洲部分国家较早地展开了乡村景观研究，通过长期的理论及设计方法上的探索，逐步形成了乡村规划体系，为乡村规划发展提供了良好的指导。1996年，在“欧洲乡村景观的未来”的会议中，国际景观生态学组织分析了人类活动对乡村景观的影响，围绕景观变化、可持续农业与乡村景观发展、景观恢复等问题进行了讨论（Mander et al.，1998）。1974年，联邦德国地理学家博尔恩（M. Born）在报告《德国乡村景观的发展》（The development of rural landscape in Germany）中，阐述了乡村景观的内涵，并根据聚落形式的不同，划分出乡村景观发展的不同阶段，着重研究了乡村发展与环境、人口密度和土地利用的关系。他认为，经济结构是构成乡村景观的主要内容。20世纪60年代以来，联邦德国乡村环境发生了深刻变化，引起农业地理学家的兴趣。1960—1971年，奥特伦巴（E. O. Otrenba）编写了《德国乡村景观图集》（An Atlas of Rural Landscapes in Germany），重点探讨了土地利用和农业结构布局的方法。日本对文化村落的历史保护研究处于国际领先地位，相关研究者重视景观与传统文化、自然生态保护、生物多样性保护之间的相互关系。1979年，平松守彦倡导“一村一品”运动，该运动引发了一系列改造项目，极大地调动了群众的积极性，改变了乡村景观整体风貌（李乾文，2005）。进士五十八等在《乡土景观设计手法——向乡村学习的城市环境营造》一书中对乡土景观设计进行了详细的阐述，以丰富的实际案例归纳出了针对不同类型乡村空间环境的设计方法（杜佳等，2017）。

2. 国内研究进展

国内学界关于乡村景观的研究主要集中在乡村聚落景观规划与评价、乡村聚落景观个案分析、乡村聚落景观格局、乡村人居环境等方面。乡村聚落景观规划与评价研究侧重于乡村聚落景观的演变过程、类型及聚落形态等方面，并以此构建相应的评价体系（图 2-1）。楼庆西认为，无论是城市还是乡村，人们都离不开四周的由山、水、土地、植物构成的自然环境（楼庆西，2012）。彭一刚在《传统村镇聚落景观分析》一书中，从自然与社会两个层面针对不同地域、气候及文化背景下的村镇聚落景观进行了类型与构成要素的划分，通过分析传统村镇聚落形态的形成，从美学角度分析了其形态景观问题，论述了乡土建筑文化的传承与再生的实践方法，为当下传统村落规划设计提供了理论基础（彭一刚，1992）。刘滨谊等发现了乡村景观规划建设在观念认识、规划设计、生态环境等方面的诸多问题。他对乡村景观园林（rural landscape and garden）的界定是相对于城市化而言的，认为乡村景观园林逐渐从传统景观向现代景观发展演变。同时，提出要研究乡村景观园林的产生、发展和演变过程，以及乡村城市化和现代化对其造成的冲击，关注其与社会形态、乡村经济、乡土文化等方面的内在关系，发掘乡村景观园林的未来发展模式，并在乡村景观、乡村景观评价理论的基础上提出了乡村景观可居度、可达度、相容度、敏感度、美景度“五度”以人居环境为导向的乡村景观评价指标体系（刘滨谊等，2002）。谢花林等从乡村景观资源的角度，初步构建了目标层、项目层、因素层和指标层四个层次的评价指标体系（谢花林等，2003）。此外，还有诸多学者及设计师从规划设计角度进行了相关研究（刘骥等，2019）。

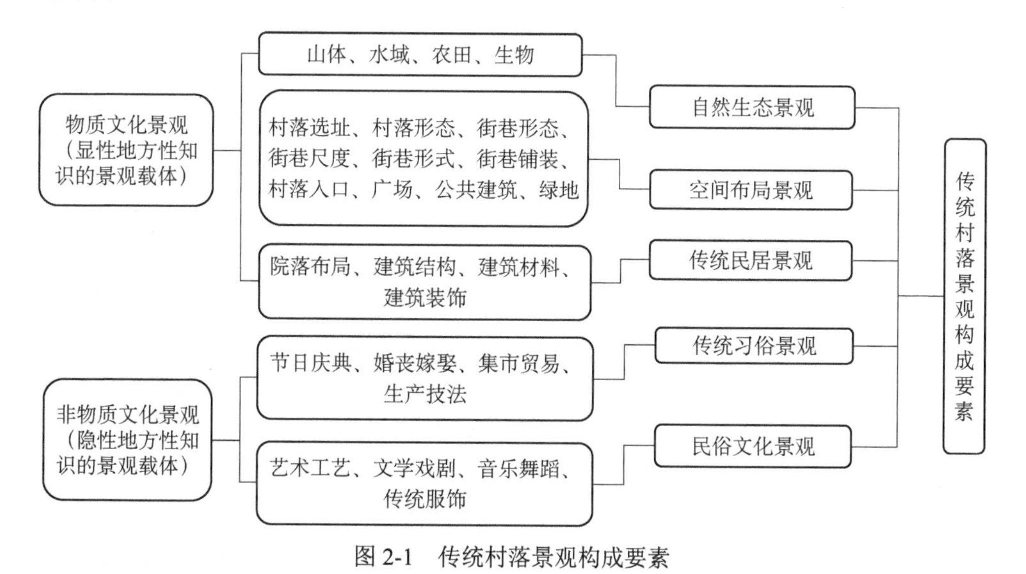

图 2-1　传统村落景观构成要素

乡村聚落景观个案分析是乡村聚落景观研究的重点，尤其集中在景观特征、历史演变、空间形态等方面。宗路平等以红河哈尼梯田文化景观遗产区内的元阳县全福庄中寨村为研究对象，分析了哈尼聚落景观的组成要素与内部结构、景观空间格局及其演变（宗路平等，2014）。陈亚利（2018）将珠江三角洲传统水乡聚落景观特征作为研究对象，剖解了水乡聚落景观的空间层级结构，并探索出珠江三角洲传统水乡聚落景观的自然特色、农业特点、形态特征、人文特质的复合型景观特征。任艳妍（2012）对广东番禺大岭村传统聚落景观空间形态进行研究，并从整体空间结构、空间形态构成元素、空间形态类型、静态空间形态和动态空间形态五个部分进行了分析。韦诗誉从人类学视野以桂北龙脊村和瑞士弗林村为例，探索了乡村聚落景观的自然要素、文化要素、生产要素与空间要素之间的联系（韦诗誉，2018）。此外，还有学者分别对海南（裴保杰等，2015）、永州（伍国正等，2014）等地区进行了个案分析。

随着景观生态学的发展，兴起了乡村聚落景观的景观格局研究，并逐渐成为当前的前沿研究热点之一。刘红梅等从景观格局的美学价值、演化、研究方法等方面对国内外乡村聚落景观格局进行了研究，并指出当前我国的研究在定量研究层面还存在不足（刘红梅等，2014）。金炜鑫（2019）从人居环境及景观格局概念内涵入手，对自然村落景观格局展开了研究；冀亚哲（2013）以江苏省镇江市为研究区域，选取最佳分析粒度对镇江市的乡村聚落景观格局及其空间分异特征进行了分析。此外，郑国华等也进行了乡村聚落景观格局的研究（郑国华等，2019）。

四、传统村落景观

（一）传统村落景观的概念

众多学者从不同视角对传统村落景观的概念进行了界定，例如，单霁翔认为，传统村落景观反映出了在特定的环境条件制约下传统营建技术方法，折射出这些景观所处的自然环境的特点和限制（单霁翔，2010）。杨宇亮认为，传统村落景观作为以农业为基础、以聚居为中心的一种景观类型，其本质是人类改造自然适应生产生活的一种外在显现，包含自然本底、物质环境与精神世界三个相互作用的部分（杨宇亮，2014）。张琳等（2017）认为，传统村落景观是一种具有独特景观风貌和丰富历史文化的特殊乡村景观类型，既具有一般乡村景观的自然性、地域性、演进性，又具有独特的历史遗存性和文化代表性。其特色在于它的“形”与“意”，

“形”包括古民居建筑、寺庙宗祠、文物古迹及其文化艺术形态；“意”包括存在于景观中的文化意识、民风民情和地域氛围（冯淑华，2002）。邹君等（2018）指出，传统村落景观是指村落内部形态、外部形态及其相互作用的村落综合体带给人的具体感受和意象。它是村落自然环境、地域文化、民俗风情等的重要载体，是一种独特的文化景观。文斌进一步将传统村落景观总结为：在传统村落区域范围内，人们的生产、生活及其赖以栖息的自然环境共同组成的地域综合体，由村落外的自然景观、村落内的人工景观、精神崇拜景观及其相互关联的各要素共同构成，其传统风貌、生产方式、生活模式、精神信仰、民族文化至今尚可被识别或感知（文斌，2020）。

基于上述研究，我们可以将传统村落景观定义为：在“以农业经济为基础、以村落为中心”的人类与自然长时间的相互作用中形成的，建立在土地的持续使用之上的一种人与自然的关联。它反映出传统村落内人们的传统生产、生活、生存的实际要求，如体现为耕种、捕猎、放牧等各种广义上的农业活动，以及在此过程中形成的社会意识形态、文化习俗、宗教信仰、乡村社会结构等。

（二）传统村落景观的基本特征

中国地域辽阔，传统村落依托的历史基础、自然资源、社会经济条件也各有不同，形成了丰富多元的传统村落景观类型，具有地方性、系统性、发展性、稳定性、一致性、协调性、典型性、历史性等基本特征。

具体如下：①地方性。地方性暗含着地域性。传统聚落景观以一定的地域空间为载体，聚落本身具有特定的自然和人文环境，具有特定的活动特征和特有的建筑用材、聚落造型，反映了一定区域的文化基因，是一个结构有序且个性鲜明的地域综合开放体。②系统性。传统聚落景观在职能、地域、美学艺术价值和历史文化价值上都是完整的，具有一套相互配合的社会历史自然组合功能，同时聚落的内部景观和外部景观的联系错综复杂，其本身就是一项包含不同大小功能层次的系统工程。③发展性。传统聚落是历史的继承，是传统文化的载体，是人们的劳动和智慧的结晶，是社会发展的产物，本身具有固有的形成发展和变化规律，按其发展阶段，可分为原始型传统聚落、古代型传统聚落、近代型传统聚落等类型。④稳定性。传统聚落景观具有较长的历史，它依赖于稳定的外部环境而演化发展，在人类文明发展过程中，对传统聚落景观的改造需要很长的时间，人类对传统聚落景观的影响无论达到何种程度，仍不能改变其基本的属性。改变后的景观尽管可能具有某些新的属性，但其基本属性仍可在不同程度以不同的方式得到表现（即景观基因）。⑤一致性。传统聚落景观具有较好的区域一致性，内部差异很不明显，但存在一定的地方性分异（即地方差异性）。⑥协调性。传统聚落景观是地理环境、历史文化等多种因素的综合作用而形成的，因此其分布区与自然地理分区（气候区、地貌区、植被区等）和文化分区等界限吻合度较高，是与自然、文化属性相协调的。⑦典型性。景观是集自然属性和文化属性于一体的地域单元，保存有区划单元的各种典型特征，它能够作为一种介质，辅助认识区域的典型自然特征和文化特征，是聚落景观特征的概括，又可作为划分各级区划单位的标志之一。⑧历史性。传统村落景观包含的文化遗存和历史遗迹，是在社会文化不断被建构的过程中产生和发展变化的，具有极强的历史性和时间延续性。对于其生存与发展的文化空间、文化生态，对历史典故、民俗礼仪、传统手艺、地方戏曲以及乡土故事、民间歌谣、民俗谚语等，应在保护历史效益的前提下加以合理、科学、适度地利用，使村落景观在提升村落文化品位的同时，达到"积极保护"与留住村落历史本真的效果。因而传统村落景观研究不能忽略"人观"因素，即要通过景观去发掘人类社会的文化适应与变迁、社会认同的构建、意识形态的表达、权力的叙事等。

（三）传统村落景观的构成

传统村落景观是人类文化与自然环境高度融合的景观综合体，具有生态、经济、文化、历史等属性。传统村落景观与城市景观在构成要素、形态、功能以及生长环境、文化生态等方面存在明显差异。城市体系庞大，景观的规划设计须遵循一定的形制，在规划中需要尽量彰显其地方性和可识别性，以此来凸显空间的地方特色。相反，传统村落的发展自发性较强，不受形制规范的约束，景观的空间布局较为灵活。中国传统村落普遍受"天人合一"哲学理念的影响，讲究神韵、和谐，处处体现着含蓄的性格特质。传统村落景观主要依附于物质要素与非物质要素，基于此本书将其分为物质文化景观和非物质文化景观两部分。

1. 物质文化景观

物质文化景观是传统村落人居环境建设所依托的基本条件，属于显性地方性知识的景观载体（表 2-1）。在传统村落中，物质文化景观作为一类本土设计要素，重在表达传统村落内外的自然环境格局，是一种由自然山水形成的空间结构（颜培，2015），在人居环境的营造过程中，以处理人工环境与自然环境的空间关系为主要目的（张鸽娟等，2012）。从古至今，众多优秀传统村落人居环境的形成，都必然包含着对自然的巧妙利用，蕴含着人与自然和谐相处的人居之道。

表 2-1　传统村落物质文化景观要素构成表

传统村落景观要素分类	详细分类	具体要素构成
物质文化景观	自然生态景观	地形地貌：高原、山地、平原、丘陵、盆地 山形水系：河、泉、溪、涝池、草、耕地、林木、台塬
	空间布局景观	村落：选址、形态 街巷：形态、尺度、形式、铺装 主要节点：村落入口、广场、公共建筑
	传统民居景观	院落布局、建筑：结构、装饰、材料

2. 非物质文化景观

传统村落非物质文化景观主要包括节日庆典、婚丧嫁娶、生产技法、艺术工艺、音乐舞蹈等（表 2-2）。非物质文化景观是隐性地方性知识的景观载体，突出体现了传统村落景观的地方性特征。在传统村落研究中，应当深刻认识非物质文化景观的价值、内涵，将其与物质文化景观紧密结合，推动传统村落文脉延续与发展。

表 2-2　传统村落非物质文化景观要素构成表

传统村落景观要素分类	详细分类	具体要素构成
非物质文化景观	传统习俗景观	节日庆典、婚丧嫁娶、集市贸易、生产技法
	民俗文化景观	艺术工艺、文学戏剧、音乐舞蹈、传统服饰

3. 传统村落景观的互动关系

传统村落的自然生态景观、空间布局景观、传统民居景观、民俗文化景观四者相互融合、相互影响，在传统村落的发展中呈现出多样的互动关系。具体表现如下。①自然生态景观决定空间布局景观，空间布局景观影响自然生态景观。自然生态景观是传统村落所在区域自然资源的有机结合体，是村落得以形成和发展的自然基础，在一定程度上决定了村落的空间形态。②传统民居景观映射自然生态景观，自然生态景观影响传统民居景观。传统民居具有地方性、独特性，是一定区域自然影响下的产物，在一定程度上反映了该区域内的气候、地形地貌、土壤特征。③自然生态景观孕育民俗文化景观，自然生态是村落民俗文化形成和发展的源泉，地域自然生态景观孕育了传统村落的地方文化精神，使得村民对地域内的文化具有认同感。④民俗文化景观指导空间布局景观，空间布局景观集中体现民俗文化景观。民俗文化反映了村落居民的精神、思想和感情，引导村民对传统村落的物质空间进行改造。空间布局是传统村落民俗文化的集合，表现了地方群体的心理、生活态度和生存观念。⑤民俗文化景观影响传统民居景观，传统民居景观承载民俗文化景观。民俗文化景观是民间风俗习惯、文化活动、历史底蕴的总和，影响着村民的行为活动实践。例如，民居建筑装饰是当地传统文化的反映，是民俗文化的物质载体。建筑装饰和布局体现了当地的文化特点。

五、传统村落景观研究的理论争鸣

在农耕文明时期，人们对于景观的认识主要是基于主观感受，更多从美学、艺术学的角度来认知和体会。伴随着工业文明的兴起，人们逐渐认识到景观的重要价值，并开始通过完善立法等方式对其进行保护。工业文明对景观的破坏也直接导致包括地理学、生态学、人类学、社会学、风景园林学、建筑与城乡规划学等众多学科在内的学者和相关工作者投身景观研究，使得景观内涵不断丰富，理论体系不断完善。

2012 年传统村落正式被纳入中国历史文化遗产保护体系以来，在国家层面和地方政府的共同推动下，兴起了一轮传统村落文化遗产保护与活化利用的热潮。同时，围绕传统村落的学术研究和知识生产在 2012 年以后也呈爆发式增长（龙彬等，2019）。近年来，一些研究者围绕传统村落景观构成（龙彬等，2020）、内涵（刘沛林，2003；刘沛林等，2010）、价值（黄华等，2016）、保护措施和管理手段（孙华，2015；熊梅，2014）等展开了丰富的研究。

（一）人类学领域

1. 文化人类学视角下的相关研究

人类学是注重研究“人”本身及其社会文化的综合性学科，分为自然人类学和文化人类学两大类。其中，文化人类学作为研究人类学的一个重要分支学科，将人类在生产实践过程中形成的文化视为核心研究内容。从文化人类学的视角研究传统村落的学者大都从社会内部出发，运用科学哲学、历史学、考古学、民俗学和语言学等学科的理论与方法，研究不同少数民族地区创造的地方文化。同时，通过对不同地区聚落民族的文化形成过程与产生结果进行相应的描述和分析，试图从中找出聚落文化中表现出的特殊现象和通则性规律，从而揭示地方民族或聚落文化的本质。

美国人类学家法兰兹·鲍亚士（F. Boas）认为，近代人类学将研究重点聚焦于人类及其种群文化之间的比较上。传统聚落方面的研究多集中于文化人类学和应用人类学两个领域，涉及人类聚居、建筑文化和地方民俗等方面（黄淑娉等，2004）。

19 世纪初，受达尔文进化论的影响，人类学家泰勒（S. E. B. Tylor）认为，人类社会的发展等同于自然进化论，在此背景下产生了“聚落文化”的定义：“是一个包括经验、知识、智慧、信仰、艺术、道德、伦理、法律、生活习俗以及作为一个聚落组成的人所适应的其他一切能力和习惯的复合整体。”（Kong，2012）

国内学者如朱昕从文化人类学视角出发，对我国湖南湘中地区的传统村落选址与布局、村落空间与乡土精神文化、居住单元、生产生活方式和社会文化的关系进行了研究，揭示了传统村落空间的地域文化特点和深层次文化内涵（朱昕，2019）。窦海萍以文化人类学为理论支撑，对我国藏族地区的藏族传统村落进行了分析与解读，并以典型少数民族传统村落尼巴乡尼巴村为例，对村落内部信仰空间与居住空间的布局联系、藏族传统民风民俗与居住单元空间的文化联系等方面进行了文化人类学视角下的系统梳理与解读（窦海萍，2017）。

2. 景观人类学视角下的相关研究

19 世纪 80 年代以来，人类学者在反思民族志写作的过程中，景观作为地方社会的一种书写方式，一种地方社会的自我表达，进入了人类学家的视野。1989 年 6 月，在伦敦政治经济学院（London School of Economics and Political Science）召开的一次主题为“关于景观的人类学”（The anthropology of landscape）的学术会议上，来自不同领域的专家学者一致认为，关于人类生存环境的景观研究已经来临，景观人类学由此诞生（Hirsch，1995）。

在人类学领域，对景观的探讨长期聚焦于理论思辨，其中也暗含关于地方性景观的描述与思辨。在人类学民族志写作中，对景观的描述一直是不可或缺的元素，因为住所及居住环境是人类生活的基本要素之一。在人类学发展史中，聚落景观并没有像亲属关系、宗教、仪式、交换等人类行为和社会结构那样成为专门的研究对象，多数研究将其视为背景性材料来陈述。20 世纪 80 年代末以来，关于聚落景观的研究受到人类学相关学者的广泛关注，在 20 世纪 90 年代诞生了景观人类学的研究。

景观人类学是文化人类学的分支，是用文化人类学的视角和方法对景观进行系统性分析的学科。基于地理学中景观相关研究的历史脉络梳理，进一步厘清现象学视角下的“景观”本质，并通过景观“知觉认知”的研究主旨，阐释景观人类学作为交叉研究领域的研究范畴，以及未来其应用于景观研究实践的潜力（徐桐，2021）。针对聚落景观的研究多运用人类学整体观的视角，运用比较研究方法以及田野调查法，对聚落景观的多元形态、样貌、性质、结构等进行系统的分析和考察，以探求在人类生活实践中，人对自然的索取、人与环境的互动、本地居民社会行为等。

从景观人类学研究视角来看，传统村落是不同民族或人群为了适应当地的自然环境而创造的具有不同特色的聚落形态，是当地人对当地建筑艺术、空间格局、自然环境的阐释，能够展现村民与该村落周边自然景观、人文景观的和谐关系。这意味着传统村落的景观和非物质文化遗产并不是凭空出现的，而是当地人在适应自然、适应社会过程中创造的，是其民族文化的重要体现。

有学者运用景观人类学方法将中、微观空间尺度的乡土聚落，传统农耕社会产业场所，城市风土景观等作为研究对象，以田野调查、结构功能性框架等人类学研究范式为理论方法，解析传统村落内部族群的精神信仰、社会生活、物质生产等活动对空间及其构成要素的影响，有助于将以获取实在知识、抽象知识为目的的学科研究范式拓展至以“知觉知识”为目标和出发点的、更为广阔的学科研究领域（徐桐，2021）。

周敏以景观人类学为研究视角，并结合人类学中的田野调查法，对湘南地区的金山村、上甘棠村、勾蓝瑶寨和板梁古村等历史村镇进行了实地调研；从景观人类学的整体观、自然生态观和可持续发展观三个方面出发，并结合人类学中的“空间”与“场所”的概念对湘南地区历史村镇的保护提出了相应策略（周敏，2017）。

（二）社会学领域

从社会学层面来看，传统村落的产生、发展和消失是在社会大背景之下发生的一种社会现象，也是一个社会演变的过程。所以传统村落景观不仅仅是单纯的自然或生态现象，也是文化的一部分。传统村落景观是在人类复杂的社会生存过程和生产实践活动中形成的物质实体，是承担多种功能的要素集中的空间载体。当前社会学角度的传统村落景观研究的主要对象多集中于村落的公共空间景观，其核心主要探讨地方人们的日常生活及地区风俗，包括聚落的演变发展、社会组织、社会制度、社会秩序等；族群内部邻里关系、成员的包容与信仰、婚姻家庭特征、聚落内族人的宗族血缘关系和阶级分化，以及村民对自然万物的原始崇拜。

20世纪初，众多中外学者从社会学视角对中国传统村落景观进行了深入解析。在社会学领域，费孝通先生开启了中国乡村聚落的社会人类学研究。20世纪80年代，贺雪峰（2011）提出原子化理论，将中国乡村共同体的现状描述为“社会原子化”现象。20世纪90年代以来，部分乡村社会研究者开始以更为务实的态度和日常的角度去描写乡村景观的变迁，如曹锦清等的《当代浙北乡村的社会文化变迁》、熊培云的《一个村庄里的中国》等。2007年，孙静在硕士论文《人地关系与聚落形态变迁的规律性研究——以徽州聚落为例》中，从人类聚居学及社会学角度对徽州土地自然条件及人-地关系的影响因素进行了综述，分析了不同时代土地制度对聚落形态的影响。朱晓明在《论传统村落中聚居环境的变迁》一文中指出，人类的聚居由自然界、人、社会、建筑物、联系网络5个基本要素组成，并指出家庭模式变化、社会组织变迁与自然关系变迁为影响聚居环境变迁的三大因素（朱晓明，1999）。

我国传统村落景观具有鲜明的整体性特征，这些特征的表象背后蕴含着一定的社会学意义。因此，传统村落景观形式是社会生活和社会意义的一种重要表达方式。传统村落公共中心场所是地方性景观的核心组成部分，不仅是地方景观的视觉中心，而且是村民日常休闲及文化交流的重要载体，其位置、高度和特殊的布局方式有着一定的意义，承担着地方集会议事的重要功能。因此，在物质空间和社会学意义之间可以建立相互承载和表达的关联。社会学视角下传统村落景观的相关研究这一提法并不普遍，但很多村落景观研究及实践涉及运用社会学的理论与方法来观察和理解村落景观的社会属性，即把关注点放在社会行为与人类群体的互动关系上。因此，从社会学视角出发研究传统村落景观，应更好地把握社会活动、人群关系，从而制订“以人为本”的在地性规划实施方案。

（三）地理学领域

按照地理学对景观的分类，景观包括自然景观、城市景观、乡村景观等，传统村落景观只是乡村景观的一个类型。20世纪80年代末至90年代初，国内地理学关于聚落景观的研究是对民居建筑和区域某一聚落单体展开研究。此后的聚落景观研究逐步深入，研究的内容和视角逐步走向多元化。刘沛林（1998）最早引进国外城市“意象”理论分析了中国传统村落景观的空间特征，探讨了中国古村落景观的建构问题，并从人居文化学角度分析了古村落景观空间的基本特点，同时，对广东侨乡聚落景观特点和景观遗产价值进行了分析。金涛等（2002）针对传统村落建造的相关特征及其环境和文化内涵进行了深入研究。

传统村落景观长期以来一直是国内文化地理学研究的重心。传统村落是传统地域文化景观的集中表现，综合反映了区域文化景观的地理特征。相对于一般区域而言，村落景观实际上是一种小尺度的区域文化景观综合体，包括物质文化景观和非物质文化景观。

地理学家科尔提出“文化景观”概念，强调自然地理环境与人文知识的耦合。此后，美国著名地理学家约翰·布林克霍夫·杰克逊对乡土景观（vernacular landscape）进行了系统论述，同时分析了乡土景观的地方性知识（Jackson，1984）。

在地理学领域，从地理空间单元类型划分上看，传统村落景观是一种重要的大地景观类型，它所包含的要素也比较复杂，并且受人为因素的干扰较强。所以说传统村落景观是人类在自然生态景观基础上建立起来的自然生态格局与人文活动的综合体（刘黎明等，2004）。同时，在地理学领域，对乡村聚落景观与城市景观的界定是基于二者行政区划的差异，城市景观由系统的人居生态构成，而乡村聚落景观则由若干个独立而分散的村落系统组成，每个村落一般都是具有独立完整生活与生产的系统。

对传统村落景观的解释和分析离不开多学科理论视角的综合运用，尤其是社会学和文化学理论的广泛运用，这使得传统村落景观研究方向和理论来源趋向多元化。在进行传统村落景观分析时，一是要关注其背后的空间、文化和政治等景观的形成过程，以及人文景观所起的作用；二是要注重“看的方式”，将传统村落景观看作一个空间象征系统或“文本”，继而对其进行多层面、多角度的解读。

在地理学领域，以金其铭、汤茂林、李立、刘沛林等为代表的学者对传统村落文化景观研究的影响较大。其主要从传统村落形态形成的影响因素、村落类型及演化、分布规律、空间形态特征、文化景观基因等方面进行了研究。自20世纪80年代开始，金其铭首先研究了传统村落类型划分的影响因素（自然环境、交通、生活用水、耕作远近），并以江苏传统村落为研究案例，对其村落形态进行了分析。他认为村落的聚与散、规模、结构和土地利用有密切的关系，是人类利用和改造自然的产物（金其铭，1982）。

汤茂林等详细回顾了国内传统村落文化景观的相关研究，提出可根据传统村落人口密集度、建筑物密集度、就业构成、文化构成等将聚落景观划分为农村聚落景观、城市聚落景观、政治景观、语言景观、宗教景观、建筑景观、流行文化景观等类型。传统村落文化景观的构成包括自然景观和人文景观，其中自然景观包括村落周边的山、水、林、田等自然景观，人文景观包括物质文化景观和非物质文化景观（汤茂林等，1998）。

刘沛林等在《中国古村落景观的空间意向研究》中，运用人文地理学研究方法论述了传统村落周边山川地势景观对传统村落空间架构的影响（刘沛林，董双双，1998）。刘之浩等（1999）论述了传统村落文化景观的类型及其演化，认为传统村落文化景观中的农业生产方式、作物种类、农村民居的形式和结构、庭院以及绿化树等，都深受自然景观的制约和影响。刘沛林（2014）结合人文地理学及建筑学相关理论知识，构建了传统聚落景观基因理论，通过对不同聚落文化景观形态特征及价值的研究，进行文化景观基因的识别和提取，并基于以上研究建立区域景观基因图谱，开展文化景观群系划分等相关研究。综上所述，地理学视角下的传统村落景观研究多以大尺度地理空间单元为研究范畴，对区域传统聚落的自然环境、生活方式、社会结构特征和聚落空间景观等地域性特征展开相关研究。

（四）建筑学领域

从人居环境空间视角研究传统村落景观是建筑学的传统研究领域。20 世纪 90 年代起，建筑学领域以乡村聚落为主要研究对象，包括传统堡寨聚落、少数民族村落、地域性民居建筑等，研究的主要内容包括聚落的起源、发展、变迁，聚落的选址布局、空间形态、内部组织等，以及传统建筑结构、装饰等。

传统建筑是传统村落文化景观的一个重要组成部分，建筑学领域相关研究偏重对传统地方性村落民居建筑结构、装饰材料、营造技艺等方面进行分析。同时，一些学者开始从景观艺术的角度切入研究传统建筑，他们视传统建筑为整体性“艺术品”，将传统建筑的实用性和其视觉的审美性结合起来进行综合研究。如王云才等（2003）所著《论中国乡村景观及乡村景观规划》一文，从生态、地理、规划和建筑学的角度系统探讨了传统村落景观的概念、规划原则和大致方向；讨论了新时期我国传统村落景观的意象、功能区、田园风格、艺术审美和人类生存环境等方面。

在建筑学科中，肖竞等（2018）、彭一刚（1992）对传统村落文化景观的研究影响颇大，他们多从传统村落景观审美认知、传统地域文化景观、传统村落空间特征、布局类型、构成要素、演变机制、文化价值、保护与发展规划等方面进行研究。陆元鼎论述了我国不同地区传统民居形成规律及地域性特征，提出了传统民居与地方人文、语言、自然环境相结合的研究方法，并基于民宅、宗祠、寺庙、会馆、书院、庭园等重要传统建筑营造技法的提炼，为现代建筑地域性特色风貌的塑造提供了思路（陆元鼎，2005）。

彭一刚（1992）从自然地理、社会人文以及景观美学的角度分析了不同地区各种类型传统村镇聚落形态形成的影响因素及地方景观特征，并对构成传统村镇聚落的单个景观元素一一进行了对比分析。同时，重点强调了传统村落内部结构关系，以及村落内部与外部自然环境的关联性。综上所述，建筑学领域的传统村落景观研究多运用感性思维的描述性研究方法，侧重对传统村落的空间形态、传统民居建筑、空间建筑等物质实体展开相关研究。

（五）城乡规划学领域

城乡规划学对传统村落景观的研究焦点在于，对传统村落的地理区位、地形地貌、河湖水系、空间形态、选址布局、用地结构、功能分区等展开研究。因此，其研究范畴不仅包括传统村落人工建成区景观，还包括传统村落周边的自然环境景观。

传统村落独特的地域文化景观是实现乡村振兴的重要特色资源，也是一个地区传统村落景观区别于其他地区传统村落景观的根本所在。翟洲燕等从“文化景观”视角建立了陕西省传统村落景观基因识别指标体系，并按照地域文化相对一致原则，将陕西不同片区传统村落景观划分成了不同类型的传统村落景观群系（翟洲燕等，2017，2018）；李军环等从“文化整体论”视角全面剖析了青海省合然村传统村落背后的文化现象构成要素（李军环等，2019）；林祖锐等以“线性文化遗产”视角，从军防、移民、商贸 3 种文化属性对山西省阳泉市岩崖古道上 6 个传统村落的社会文化、产业经济、空间形态等方面进行了系统分析（林祖锐等，2017）；李慧敏等探索了传统村落人居环境构造原型及文化景观营造路径（李慧敏等，2012）；李晓峰等从维系鄂东南地区传统文化内涵生长与发展的研究角度出发，对传统村落宗族公共空间的保护与发展提出了相应的发展策略（李晓峰等，2019）。

传统村落作为文化遗产的重要分支，对其的研究范畴涵盖了传统村落内部与外部、历史与当代、物质与非物质、个体与区域的人文环境和自然环境。各地区传统村落居民生活的自然环境不同，获取生存技能的方式不同，综合利用地理、环境、水文、气候等自然条件创造出的文化景观也各具特色，而传统村落的自然生态环境作为村落文化景观的重要基底，对其的保护与发展有利于保持传统村落文化景观遗产的真实性和完整性，是传统村落文化遗产不可或缺的重要部分。

黎小清等从城乡规划学角度对传统村落文化遗产相关概念的生成、内涵进行了梳理，并提出了基于文化遗产景观的传统村落遗产地相关保护理论（黎小清等，

2012）。孙艺惠等（2008）认为传统村落地域文化景观是在特定地域范围以及文化背景下形成并留存至今的景观类型，是记录村落人类活动印记以及传统地域文化的载体。他们认为传统村落文化遗产的显著特点是留存大量的物质形态景观和非物质民俗文化景观。其中，物质形态景观具有显著的可识别性及地域性，是城乡规划学者重点关注的对象之一。其研究侧重于村落空间形态、传统建筑布局、地方产业发展以及乡村土地利用等方面。

李和平等（2009）将传统村落文化景观归类为聚落景观类型，即由一组历史建筑、构筑物和周边环境共同组成，自发生长形成的建筑群落景观，并将文化景观构成要素划分为物质景观系统及文化景观系统两方面。其中，物质景观系统包括建筑、空间、结构以及环境，文化景观系统包括人居文化、历史文化、产业文化以及精神文化。肖竞等（2016）在对传统村落的认知、分析、保护与发展规划研究中，将文化景观作为一种理论视角，综合、动态地审视了传统村落文化遗产的物质空间与文化之间的内在关系。

（六）风景园林学领域

风景园林学领域对传统村落景观的研究主要集中于村落的文化景观与园林景观、传统山水以及地域文化等方面。从学科性质看，风景园林学科是以生态学、地理学为基础，并与哲学、历史和艺术等学科相结合的综合学科，也是以实践性为导向的应用学科。从研究目的看，该学科的核心词汇是“土地”“营造”，重在探讨基于人地和谐的空间营造方法，而非纯粹的理论与认识层面。这与人类学、地理学等其他学科的研究有明显区别。21世纪初，风景园林学领域的学者开始从人居环境入手，研究乡村景观的发展演变、地位作用以及景观与经济、乡土文化之间的内在关系等，并逐步形成了具有独特学科属性的传统村落景观研究理论与方法。

风景园林视野中的传统村落景观研究，强调村落景观的生产、生活、生态和艺术的综合属性，注重对自然生态系统、农田景观系统以及聚落景观系统的整体化、层次化研究。多年来，学者着重探究了传统村落景观的生成机制，进而针对性地提出相关更新及转化途径，并积极探索传统村落景观与新型城镇空间形态的景观整合策略，有助于拓展当代传统村落景观相关研究理论体系。

风景园林学视角下的传统村落相关研究认为，传统村落景观特征是自然和文化相互作用的结果，是将原始自然转化为可聚居的人工复合性景观。区域层面的传统村落景观是由多个子系统共同组成的，包括反映地区地形地貌环境的自然子系统、农耕生产与自然条件相结合的农业子系统以及以农田水利路网为景观地域表征的农耕水利灌溉子系统（侯晓蕾等，2015）。

王云才（2009）则从地域文化景观视角出发，认为传统村落地域文化景观是体现地方性的具体载体，也是认识和理解地域性的重要途径与手段。他将传统地域文化景观分解为地方性环境、地方性知识和地方性物质空间三个方面，并将建筑与聚落、土地利用类型、水资源利用方式、地方性文化和居住模式五个方面作为解读传统地域文化景观的核心环节，在对比分析不同传统地域文化景观构成的基础上，归纳和提取传统村落地域文化景观的代表性图式语言。同时，王云才和刘滨谊（2003）所著的《论中国乡村景观及乡村景观规划》，运用景观规划学、景观地理学和景观生态学的综合观点，系统探讨了乡村村落景观、乡村村落景观规划的概念，并对乡村村落景观规划的原则和意义进行了剖析，在此基础上，进一步提出了现阶段我国乡村村落景观意象、景观适宜地带、景观功能区、景观和人类聚居环境等乡村村落景观规划的核心内容体系。这些研究有助于进一步推动我国传统村落景观相关研究的发展。

经过长时间的发展演变，传统村落已形成具有一定特征的村落景观格局，其中山、水、田、园是构成传统村落景观的重要元素。俞孔坚等通过研究景观元素、细节和空间关系，提出建立景观安全格局，以此来保障村落的生态、历史和社会文化之间的关系（俞孔坚等，2006）。吴宇凡从北方四合院到皖南乡村，从闽南客家到云贵山村，通过研究各地传统村落的山水环境特色、农田环境构成，以及村落中各具特色的景观空间要素（廊桥、石板、河埠等），将这些独特景观要素与地域人居环境相结合，共同构建出符合地域文化特征的传统村落景观数据库（吴宇凡，2016）。

传统村落的景观特征是前人的生活积淀结合山水自然共同形成的。程俊等从中国传统“风水学”的角度探索了传统村落景观的特征，借助风的元气和场能、水的流动和变化，并基于对村庄各类景观元素的把控，提出整体的自然风水环境是村庄能够繁荣发展的重要依据（程俊等，2009）。任亚鹏等以道法自然等为哲学基础，将其与“山环水抱”“背山面水”“负阴抱阳”的风水思想相结合，从自然、空间的角度研究和分析了西南苗族传统村落的整体景观特征与形成规律，并对传统村落未来发展提出了建议（任亚鹏等，2018）。

同时，还有部分风景园林学领域学者从传统村落园林景观艺术视角展开了相关研究。张纵等以徽州传统村落中的水口园林为例，运用图形分析法分析了水口园林景观的空间布局，并对影响园林艺术发展的地方性因子进行了分层分析，以达到保护和利用水口园林独特历史文化遗产的目的（张纵等，2007）。谢煜林等运用对比法，通过私家古典园林与婺源古村落园林各要素间的对比，总结出乡村园林的主要特点，这对于培育根植于传统文化和自然风土的现代园林有一定意义（谢煜林等，2005）。

六、本章小结

本章论述了景观、聚落景观、乡村景观及传统村落景观的概念与内涵。其中，乡村景观是由聚居景观、经济景观、文化景观和自然景观构成的景观环境综合体，是以农业为主的生产景观和粗放的土地利用景观，承载着特有的田园文化和田园生活。传统村落景观则以当时的社会政治环境、丰富多彩的文化生活和社会的经济状况以及地方特色建筑、文物史迹及民俗风情呈现给世人。因地理位置、气候环境、民俗文化、经济情况和社会元素的不同，每个传统村落景观都具有了各自特定的地域风貌特色，这是人与自然环境和谐共生、互相依存的结果。挖掘不同学科视角下传统村落景观的研究范畴、研究内容、核心观点、主要思想，有助于更加清晰地认知当代传统村落景观研究的现状，总结研究经验，提炼理论研究的关键点，从而为当前传统村落的“地方性”风景营建研究提供理论支撑。

第三章　地方性知识的内在逻辑推演

以克利福德·吉尔兹（C. Geertz）为代表的人类学家认为，地方性知识是一种具有“本土地位”的“固有”知识，即来源于地方文化自然形成的知识体系。同时，其认为地方性知识产生于特定地域，与本土的种族、民族、社区密切相关，并指出地方性知识产生于地方，与当地的人、事、物之间密切联系（克利福德·吉尔兹，2000）。本章对地方知识的理论认知是基于吉尔兹的理解，综合约瑟夫·劳斯（J. Rouse）及国内相关领域学者的研究成果，对地方的本质、知识的本质、地方性知识的内涵及相关概念、地方性知识的衍生、地方性知识的适用语境分别展开论述，最终推导论证得出地方性知识是特定空间范围内在特定自然生境、社会背景和人文历史条件下形成的，具有区域特征属性的知识体系或亚文化群体的价值观。

一、地方的本质

在人类日常生活交往的空间环境中，地方并非一个可以被清晰界定的概念，供人一目了然地用地理位置或文字清晰描述，而应将其置于虚实相间的区域空间范畴之内，也会出现在不同地方的章程仪式和民俗惯例之中。同时，地方也存在于人的经验和人对故土的情感里。约翰·多纳特（J. Donat）认为，地方空间范畴可大可小，大到大洲、国家，小到城市、城镇、社区、街道，涉及不同区域空间层次，且这些区域空间层次之间会相互重叠和渗透。地理现象学认为，地方具有多重属性，诸如空间位置、环境景观，以及人在特定空间的生产生活实践（R. J. 约翰斯顿，1999）。

著名人文地理学者段义孚（Tuan，1971）认为，地方是人类生活行为的空间载体，能给予个人或集体安全感和身份感。拉尔夫（Relph，1976）认为，地方具有客观基础、社会意义和功能价值三重属性。综上所述，本书认为，地方作为人-地关系研究中的一个重要空间概念，是空间媒介和符号的象征，包含空间或环境的基本质量、维度和属性，能够彰显人的价值、意义和经历。

（一）地方与时间

随着时间的流逝，地方的变化可以在景观上体现出来，也能在我们的思想和态度上体现出来。地方具有的恒久特征显然与我们不断变化的经验的连续性有关，也与变化本身的固有本质相关，该本质强化了我们的地方依附感。例如，英国和威尔士地方政府皇家专门调查委员会发现，人们对家园（home area）的依附会随着居住时长的增加而增强，更为普遍的是，人们对一直居住的出生地的依附感较为强烈（爱德华·雷尔夫，2021）。这似乎揭示出，随着使用者地方依附感的增强，故乡的特征也会发生变化：一方面在于居住者不断积累的地理知识、经验知识、专业知识与社会知识；另一方面在于使用者在该地方停留驻足的时间。因此，随着使用者地方依附感的增强，以及对地方持久性的感知，会让其觉得不论周围事物怎样改变，这个地方作为一个与众不同的实体空间环境都会持续地存在下去。

（二）地方与空间

地方与空间是生活世界的基本组成部分。在地方与空间的关系中，空间的意义经常与地方的意义交融在一起。相比地方，空间更为抽象，由初始无差异的空间逐渐变成人们熟识且赋予其意义或价值的地方。

地方是经验的空间。美国著名人文地理学者段义孚认为，空间和地方是一体的，因为具有了经验的作用，才使两者不分你我。正如当人们面对一个陌生环境的时候，空间和地方都是抽象的领域，没有什么本质上的差异，但是当人们在此逐渐生活下来之后，或者经过一些活动体验之后，空间则具有了某种意义，并且具有了价值，这时候地方就形成了。地方形成的过程就是对空间生活的经验过程，人们对所在的地方产生一种安全感，抑或“恋地情结”（topophilia）。个人对其生活的地方所产生的家园感也是这种空间经验作用的结果。段义孚还认为，没有经验的空间，缺乏指向性和稳定性，人们很难在此空间当中发现自我的存在，就不会产生所谓的“安全感”（Tuan，1971）。

因此，地方这个概念使得空间具有意义，地方就是一切能够引发人们感情共鸣的空间。它构成了生活世界的意义，使人、时间和空间在多方面发生了动态的作用，经过不断累积、叠加产生了世界。人在某一城市中生活的时间、行为的方式和态度都会影响一个人对地方的印象和认同。按照海德格尔的“天、地、人、神”

的四位观，段义孚对地方的认识其实就是在无限广阔的空间中找到一个“中心神”，“中心神”将天、地、人凝集在一起，形成了经验的中心，这个经验的中心就是“地方”。人类生活在一个具有熟悉感、温暖感、庇护感的“家”中，这就是我们总把自己的家比喻成“守护神”的原因，家、家园或者居住地、栖居地就是一种“中心神”（Tuan，1971）。

当然，在我们的日常生活领域中，类似的“中心”非常多，也就是说地方类型非常多。当我们去除了地方之后，就会发现整个世界是空旷的、无意义的、无秩序的、无价值的，也就没有了神性。故“神”存在于我们常生活的世界中，“神”就是经验的空间精神。段义孚还认为，地方是需要创造的，而且地方的精神是可以传递的，地方的生成需要人的作用。当人们对某一部分空间熟悉和了解后，这个空间就转变成了地方，受制于人的经验、能力，地方是有范围和大小的，地方精神的传递特性主要表现在地方具有生活经验的属性，是发生各种历史故事的地方，能够让人们产生回忆，人在知识的获取和历史的回忆中能够再造地方的意义（Tuan，1971）。

因此，地方和空间的概念辨析要求两者之间互相定义。从地方的安全性和稳定性来看，我们注意到了空间的开放、自由和威胁，反之亦然（段义孚，2017）。

（三）地方与景观

1953年，苏珊·朗格（S. Lange）在讨论建筑的地方性时认为，若一个“地方”铭刻着人类的生命痕迹，那么它肯定就会有其独特的生命组织形式，即使该地方的建筑被烧毁、破坏或拆除，这个位置依然会是同样的地方，它不会改变。如果一个地方是由建筑师建造出来的，那么它就是短暂的，因为它源于某种情感或所谓氛围的刻意呈现，若建筑被摧毁了，地方也就消失了（苏珊·朗格，1986）。

首先，地方具备某种物质和视觉上的形式，也就是景观。其次，特定的外观不管是建筑物的外观还是自然的特征，都是地方最显而易见的属性之一。这些属性真实且丰富，可以对之展开描述。作为视觉景观，地方还具有明显的中心性或呈现出某种特色，像城墙环绕的小镇、集结成核的村落、小丘顶或河流的交汇处。这样的地方常常能够清晰地被界定出来，能引起大众的注意。但是作为景观而存在的地方，并不是一个简单而单纯的空间。

简而言之，一个地方的特质深藏在它的景观之中。正如勒内·杜博斯（R. Dubos）所言，如果不那么极端的话，地方始终具备持久性。地方的外观与精神始终具有连续性，就像从童年到老年一个人的外貌始终不会发生根本的改变一样。

特定地方的认同也会在外观的多次变化中维持下来，因为它拥有某些内在的、潜藏的力量。这种观点不管是自然的还是人造的，对于界定地方而言都有着十分重要的意义。海德格尔在关于地方、家园，以及天、地、神、人之间关系的本体论阐述中都在极力强调景观的视觉属性（海德格尔，2004）。无论是在直观的感知层面上还是在对人类的价值与意图进行反思的微观层面上，当地方作为景观被人类体验的时候，它的外观始终保留着最基本的特征。同时，人不应该把所有的地方知识都理解为对景观的体验。随着时间的推移，人对地方都会有不同的感受，多年之后再次回到故地时，会发觉所有的东西都改变了，尽管这个地方的外观没有发生较大的变化。无论人与地方景观在过去发生过怎样的互动，随着时间的流逝，人只能凭靠记忆和感知积累去重新捕获故地的重要特质。

二、知识的本质

（一）哲学要义

1. 知识的内涵

知识作为人类从各个途径中获得的经过提升总结与凝练的系统的认识成果，其产生过程包括事实、信息的描述。在哲学中，关于知识的研究叫作认识论，知识的获取涉及一系列复杂的过程，如感觉、交流、推理。

作为现存世界时代精神的精华，知识是已有文明的灵魂。哲学一直是对现有知识前提的追问，从以自然哲学派为代表的泰勒士（Thales）的“水是万物本源”、爱利亚学派的巴门尼德（Parmenides of Elea）的“存在论”、西方客观唯心主义哲学柏拉图的“理念论”，到近代以来西方哲学家逻各斯（Logos）为代表中的“理性”（reason）与黑格尔（G. W. F. Hegel）的唯心论哲学“绝对观念”，都在为知识确立根据。同时，知识是人类对物质世界以及精神世界探索的结果。知识也没有一个统一而明确的界定，但知识是哲学认识论领域最为重要的一个概念，有一个经典的定义来自柏拉图，即一条陈述能称得上是知识必须满足三个条件：一是被实验或实践验证过的；二是在实践或实验过程中反复推敲是正确的；三是被大众普遍相信的。上述条件也是鉴别科学与非科学的重要评判标准。

英国历史学家彼得•伯克（P. Burke）在《知识社会史（上卷）：从古登堡到狄德罗》中运用社会文化的研究方法，对西方近代知识与社会交融史进行了深入研究，书中评述了自卡尔·曼海姆（K. Mannheim）到米歇尔·福柯（M. Foucault）以来的各类知识社会学理论，探讨了关于印刷术发明之后爆炸性增长的知识，以及将欧洲以外世界的地理大发现看作各种知识之间交流、协商的过程（彼得·伯克，2016）。同时，书中系统考察了知识的人类学、地理学、政治学和经济学等不同学科要义，明确将研究视野集中于城市、政府和市场在信息收集、分类、传播等过程中所扮演的角色。最后则讨论了17世纪以来关于知识的准确性问题，以及读者、听者、观察者或消费者眼中的知识。

知识也可以被看成构成人类智慧的最根本的因素，具有一致性、公允性。知识的定义在认识论中仍然是一个争论不止的问题，从知识论的认知角度来看，哲学是一种形而上学的知识，从而将之与物理学、数学、生物、化学等具体学科的知识区别开来，并成为这些知识成立的前提。

基于上述探讨可以发现，知识从属于文化范畴，而文化是个人感性认知总结与知识凝练后的升华，这就是知识与文化之间的内在关系。

2. 经验主义知识论

哲学领域的经验主义知识论持有者认为，感性经验是知识的唯一来源，一切知识都通过经验而获得，并在经验中得到验证，而非借助直觉和推理获得，这表明其理论思维与理性主义知识论相对。

经验主义知识论代表人物有英国不可知论哲学家大卫·休谟（D. Home）、启蒙思想家约翰·洛克（J. Locke）和以著作《人类知识原理》（Principles of Human Knowledge）闻名的乔治·贝克莱（G. Berkeley）。16世纪初，唯物主义经验论的代表性人物弗朗西斯·培根（F. Bacon）提出“知识就是力量”的经验主义知识论，认为知识来源于知觉，只能在对客观事物的认识中通过归纳、分析和比较获得。培根的经验主义知识论对西方近代教育理论的奠基者夸美纽斯（J. A. Comenius）的教学论思想及其著作《大教学论》有重大影响。

唯物主义经验论者约翰·洛克认为，“人内心所拥有的知识”起初像“白纸”一样，到最终“全部知识”的积累，都是靠外在经验获得的，即人类所有的知识都是后天经过经验积累形成的（洛克，1959）。除以约翰·洛克为代表提出的唯物主义的经验主义知识论外，还有以乔治·贝克莱为代表提出的唯心主义的经验主义知识论，其认为知识起源于内部感觉和经验，如著名的“存在即是被感知”。内部经验会通过人的自我反省，即通过内在知觉、自我认知形成知识。

3. 理性主义知识论

哲学领域的理性主义知识论认为知识是通过识别、判断、评估逻辑的推理形成的，并非像经验主义知识论那样通过感官感知和表象而获得。理性主义知识论的持有者认为，人类首先需要本能地掌握一些基本原则（几何和代数等数学逻辑），随后可以依据这些推理出知识。

法国著名的哲学家勒内·笛卡儿（R. Descartes）作为近代西欧哲学理性主义知识论的代表性人物，提出了认识论观点“我思，故我在”。除哲学家笛卡儿外，持有理性主义知识论的典型代表人物还有荷兰哲学家巴鲁赫·德·斯宾诺莎（B. de Spinoza）和德国数学家、哲学家戈特弗里德·威廉·莱布尼茨（G. W. Leibniz），在他们试图解决由笛卡儿提出的认知及形而上学问题的过程中，认为所有知识（包括科学知识）都可以通过单纯的推理得到，他们也承认现实中除了数学之外，人类不能做到单纯用推理得到别的知识。

（二）社会学要义

20 世纪晚期，随着知识在社会学领域的广泛应用和传播，科学知识社会学（sociology of scientific knowledge，SSK）应运而生，该学派确立了科学史研究的社会学转向。爱丁堡学派代表性学者布鲁尔（D. Bloor）提出，“存在于知识之外”的东西，即比知识更加伟大的且为知识“生存”提供“环境”的东西就是社会本身。在社会文化、利益、权力等要素的影响下，科学知识社会学提出空间及社会因素在知识实践和知识行动中有重要意义，其鲜明的空间意识消解了实证主义科学史线性、均质的历史空间观。科学知识社会学认为知识社会学应从均质空间转向生产空间。

法国著名的科学知识社会学代表学者布鲁诺·拉图尔（B. Latour）和史蒂夫·伍尔伽（S. Woolgar）撰写的《实验室生活——科学事实的建构过程》一书，提出知识的功能由原本简单的“作为表象的科学”进而转向“作为实践的科学”（布鲁诺·拉图尔，史蒂夫·伍尔加，2004）。之后，科学知识社会学建构主义的代表人物卡林·诺尔-塞蒂纳（K. Knorr-Cetina）的代表性著作《制造知识：建构主义与科学的与境性》（The Manufacture of Knowledge：An Essay on the Constructivist and Contextual Nature of Science）指出，科学知识的建构过程包括实验室中科学事实的建构与科学论文的建构（卡林·诺尔-塞蒂纳，2001）。同时，明确了社会空间对于知识的生产性意义。

随后，科学知识社会学明确了知识的“强纲领性”。布鲁尔在《知识和社会意象》一书中认为，某些社会因素在科学知识的产生过程中是起决定性作用且永远无法忽略的，并提出了科学知识研究的两个方向：一是实验室研究；二是地方性知识理论（大卫·布鲁尔，2014）。其中，实验室研究应是科学知识社会学研究的主要内容，而地方性知识理论则是哲学实践研究的重要理论组成部分，这一观点在劳斯的著作《当代科学技术论译丛——涉入科学》中得到了明确，即地方性是科学知识的本性。

总体上，科学知识社会学消解了实证主义科学史线性的、均质的科学空间知识观，更加明确地提出将知识的生成放到实践中，形成了知识生产的空间辩证法。

（三）地理学要义

20世纪初，知识的地理学要义在地理学界中开始发展。知识地理学（geography of knowledge）的3位引导者赖特（J. Wright）、索尔和利文斯敦（D. Livingstone）对知识地理学的认知值得重新深入探讨。

1. 赖特对知识地理学的认知解析

赖特的《未知领域：构想在地理学中的地位》出自其美国地理学家协会（Association of American Geographers，AAG）主席离任演讲，后来国内学者蔡运龙等在主编的《地理学思想经典解读》中对赖特的《未知领域：构想在地理学中的地位》（Terrae incognitae：The place of the imagination in geography）进行了重新解读。赖特认为知识地理学具有系统地理学的形态，研究涉及所有类型的知识和信仰，包括宗教的、科学的、哲学的、美学的、实用的等（蔡运龙，Wyckoff，2011）。

在学科定位方面，赖特认为知识地理学与文化地理学两个研究领域之间的关系非常紧密，知识更具流动性，通常能够从一个文化区迅速地传播到另一个文化区。赖特认为地理学在英文文献中以“geographies”出现，从而强调了地理空间单元的区域差异，这种差异性也就是知识本身。这种对知识概念的认知对赖特的知识地理学在当代语境下的定位具有重要价值。

在研究方法方面，赖特主张关注“知识”的区域关系和地理空间分布。在知识性质方面，赖特认为知识能够从一个文化区迅速地传播到另一个文化区而基本不用改变其原有模式是存在问题的。科学的文化研究，以及后来利文斯敦关于科学的区域研究和流通性研究指出，科学知识的传播是充满冲突的（Wright，1926）。

2. 索尔对知识地理学的认知解析

索尔对知识地理学最重要的贡献在于，对本土知识的有效性进行了深入研究。作为文化地理学家，索尔对人类生存方式与知识的关系更加关注，在地理学层面上，科学知识与本土知识的有效性在他的思想中首次得到了体现（孙俊，2016）。索尔通过了解土著人如何生活及其生活的环境，进而认识到土著人是如何与自然相处的。也就是说，在索尔看来，“人”具有两面性，即建设性或者破坏性。

19 世纪中叶，地理学家似乎愿意佩戴欧洲地理学的“紧箍咒”，认为非欧洲缺乏真正或能够称为科学的地理学知识。索尔（Sauer，1941）除了给予欧洲地理学高度评价外，同时也认识到，随着人们兴趣的改变，“原始人”和土著人都具有丰富的地理知识。

3. 利文斯敦对知识地理学的认知解析

1991 年，美国科学史家多恩（Dorn）的《科学地理学》（Scientific Geography）声称由“地理–气候”条件决定的科学知识具有双重作用（Bauer，2015）。英国地理考察家利文斯敦认为，多恩的《科学地理学》超越了传统的知识叙事模式，将对知识内部的关注转向了对空间、自然环境和物质场所的关注，其坚信知识地理学的核心内容包括土壤、气候、水文、地形等自然因素（大卫·利文斯通，2017）。

利文斯敦在其《科学知识的地理》中认为，知识与空间相互影响，分别从不同的知识来源地，如实验室、博物馆、教室等描述了空间对不同类型科学知识的生成产生的影响。关于知识地方性与普遍性之间的冲突，他认为知识的普遍性是为了保证传播的可靠性，从而必须将知识置于地理空间中进行实践（大卫·利文斯通，2017）。

（四）地方性要义

在哲学领域，知识本来就具有地方性，是指特性情景（包括实践条件、特定文化背景、价值观等）及其对这种生境的地方依赖在其生成和辩护中所形成的立场或观点，并且这些立场或观点仍然带有这一情境性。同时，在社会生产实践过程中，知识的普遍性会在特定环境中长时间传承与发展，进而转化成为知识的地方性，因此两者不存在对立关系（吴彤，2020）。

利文斯敦认为，在充分认识人类学中知识整合的前景与局限性的条件下，整合一个地区独有的地方性知识和西方全球性知识不仅是可能的而且也是可取的，不仅能为人类学提供更为丰富的实践指导，还能为超越文化的相对主义与普遍主义、推动跨文化研究提供可能（Livingstone，2013）。马佰莲（2009）认为单纯地强调科学知识的地方性或普遍性，会陷入对科学理解的误区，应当承认科学的直接目的是扩展对物质世界运行规律的认知，要认同具体科学实践的语境性和地方性，有机结合来看待城市正确的科学观。

知识的地方性正如“此处”与“他处”的差异，是在不同地理环境、社会环境、文化环境等要素制约下形成的一种地区差异性规律和知识的凝练总结。人-地关系论认为，生活在地球上的人类的生产生活都会被周围地理环境影响，同时人类在适应自然和社会环境的过程中，不断利用、改造和适应周围环境，增强了自我适应所处生存空间环境的能力。因而，在此过程中，不同地方产生了明显的地区特征与地区差异，如陕西省黄土高原地区窑居聚落自适应生存智慧中蕴藏知识的“地方性”和关中平原地区传统农耕体系蕴藏知识的“地方性”有着明显的区域差异。

（五）文化景观要义

当前景观已成了具有多种学科含义的研究对象。以索尔为代表的传统文化地理学认为，知识的文化景观要义是附加在自然景观上的人类活动形态描述及特征总结。从其论述观点可知，索尔认为景观知识包括山川、地貌、江河水系、动植物、气候环境等自然景观知识，以及人类在对自然环境的反应与适应性改造中形成的人工景观知识（Sauer，1941）。

在文化地理学及景观生态学界，有学者认为文化景观的知识要义研究侧重景观作为文化的载体，以文化知识的区别为标准，探究景观类型、景观形态、景观特征、景观分布等问题，对文化景观研究产生了深远的影响。为了进一步丰富知识的文化景观概念，丹尼斯·克斯格洛夫（D. Cosgrove）认为，文化景观是一种描绘、组织或代表文化环境的图形表达方式，强调景观是众多具有特定意识形态的符号集合，对景观的分析应涉及文化观念与文化过程（Gregory et al.，2009）。

现代人文地理学者李旭旦认为，文化景观是地球表面文化现象的复合体，反映了一个地方的地理知识特征（李旭旦，1985）。因此，从知识的广义内涵上看，景观就是不同区域知识的反映及表达。不同地方景观之所以具有不同的特征，究其原因在于地域环境的差异性影响会造成地方景观的不同。

约翰·克莱尔（J. Clare）在《乡村生活和自然景色的描写》（Poems Descriptive of Rural Life and Scenery）中认为，景观系统具有多重地方属性特征，蕴含着区域发展过程中的地理环境、历史文化、民俗信仰、营造智慧等多种文化景观知识。结合文化景观知识理论，本书认为文化景观知识特指那些经历较长历史时期但依然保持地方原有属性特征不发生根本性变化的地方性文化景观，其方法论意义在于透过复杂的文化信息寻找地方景观独有的、典型的知识或知识单元，从而表达该村落的景观意象（张中华等，2018）。

三、地方性知识的内涵

1960年，美国人类学家克利福德·吉尔兹在著作《地方性知识：阐释人类学论文集》中首次提出"地方性知识"这一重要概念，用以倡导人类应重视人类文化形态的差异性（克利福德·吉尔兹，2000）。他还明确指出存在于西方原有文化认知体系外的本土文化知识与普遍性知识是有区别的，这类知识体系就是地方性知识。

（一）地方性知识的概念

地方性知识的英文为local knowledge，《牛津高阶英汉双解词典》从词性上对local进行了解释：一是作为形容词，意为"当地的""地方的""局部的"；二是作为名词，意为"当地人""本地人""本地新闻""局部"（霍恩比，1997）。knowledge为名词，意为"知识""学问""学识""知晓""知悉""了解"。

以劳斯为代表的科学实践哲学研究者认为，地方性知识与普遍性知识不存在对立关系，普遍性知识只是地方性知识传播转移的结果。地方性知识是一种哲学规范性意义上的概念，指的是知识本来就具有地方性，特别是科学知识的地方性主要体现在知识形成与发展中所产生的特定场所和环境，诸如场所文化、人持有的价值观、利益链条等（吴彤，2007）。

同时，地方性知识受到学科背景、地域文化、社会环境等诸多因素的影响，其内涵越来越丰富。有学者认为地方性知识是地方居民与长期居住的环境亲密互动形成的改造和管理地方景观的独特文化与特色经验，并得以长期延续的生存方式（王志芳等，2018）。张永宏则从知识、权力与发展相互关联的视角出发，认为本土知识包含地方性知识、被压迫的知识和传统知识三方面的内涵（张永宏，2009）。

建筑学领域的吴良镛先生提出的人居环境科学中关于知识的地域性研究认为，知识的发现与空间、场所有密切相关性，这更进一步证明了研究地方性知识需要正确认识其产生的场所、空间以及其他情境性条件（单军等，2010）。

综合吉尔兹和劳斯及国内相关领域学者的研究成果，本书认为地方性知识是特定空间范围内，在特定自然生境、社会背景和人文历史条件下形成的，具有区域特征属性的知识体系或亚文化群体的价值观。

（二）地方性知识的特征

地方性知识的流行源于吉尔兹在《文化的解释》（The Interpretation of Cultures）中提出的“深度描绘”（thick description）的贡献，同时地方性知识开始被应用于对土著居民的田野考察，之后地方性知识中的“地方性”不仅有了三维空间属性，更多强调的是知识产生过程中特定空间，包含特定历史时期形成的文化与亚文化群体的价值观，以及由特定的利益关系决定的立场和观点（盛晓明，2000）。地方性主要是指在知识生成和辩护中形成的特定情境，诸如地方文化、核心价值观、利益链条。因此，地方性知识具有不可替代的可靠性、地域性与针对性、低廉性与有效性、灵活性与开放性和科学性与稳定性等特征（图 3-1）。

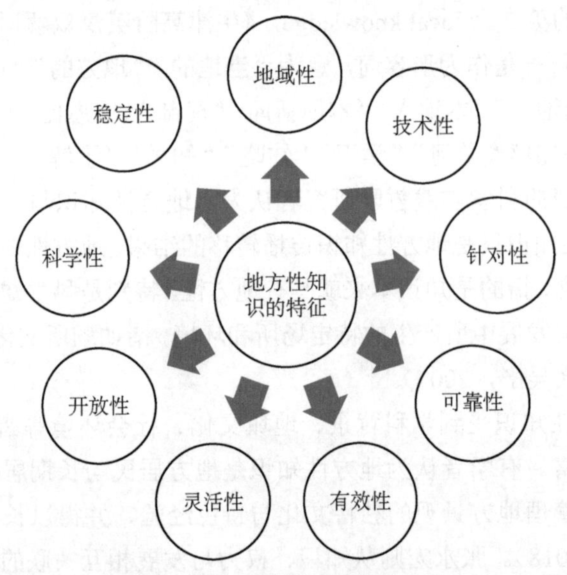

图 3-1 地方性知识的特征维度

1. 不可替代的可靠性

地方性知识是在特定地理区域内原住民经过长期历史验证沉淀下来的，甚至是超长期自然与人类社会互动的结果，是地方人生产生活实践经验的结晶，具有明显的实践经验性、系统性和理论性。同时经过在实践中的不断积累与改进，一旦成效不佳，人们就会直接放弃对其的传承与延续，或者对地方性知识加以改进，从而适应社会环境的变化，因此地方性知识具有不可替代的可靠性。

2. 地域性与针对性

地方性知识是通过地方人在特定地区和环境经过长期生产实践加以传承和付诸应用的，是在特定的地方自然生态、社会环境和政治因素共同影响下形成的独特的生活工具、建筑与饮食、传统服饰、宗教与信仰、民俗文化、审美观念、哲学思想、社会思想伦理等地方性知识，这些地方性知识是地方人创造的特有产物，也是地方独有的知识体系，因此地方性知识具有地域性特征。

地方性知识关于场地的理解和认识比普通性知识更为深入，是当地居民独有的，并且是地方居民认可的知识体系，应用地方性知识后产生的效果也较为满意，然而全球性知识很难就细微差别做出针对性的适应。

3. 低廉性与有效性

地方性知识是从人与自然和谐关系中逐渐发展而来的。一些民族地区社会经济发展水平不高，人力、物力、资金和技术往往难以得到保障，在应对自然灾害、建筑营建材料积累方面存在不足，因此那些材料易得、成本低廉、效果立见、适应面广、流传至今的地方性知识必然具有低廉、有效的特征。

4. 灵活性与开放性

地方性知识不是呆板陈旧、一成不变的。相反，地方性知识总是以一种开放性和包容性的姿态不断适应外在的自然生态环境、社会人文环境和地方人思想认知观念的变化。海德格尔（2004）认为，从地方性意义上来说，随着时间的推移，知识内涵及要义永远处在正在进行时的状态，即它始终在地方环境的影响下不断完善、不断改变。正是由于地方性知识具有这种灵活性与开放性特征，才使其在全球化背景下始终保持本土地域优势，在不断调整与建构的过程中得以传承和延续。

5. 科学性与稳定性

地方性知识是一种具体知识系统，这种地方性知识的主体生长在乡土社会中，通过乡民或农民口头、书本记录进行传播。当前，我国部分地区传承下来的一些地方性知识已成为优秀的艺术、工艺和技术源泉。特别是在农业耕种技术、传统医药、地方酿酒、丝织、瓷器制作等领域，传统地方性技术日益成为国家名片，同时产生了很多相关的专利。这些地方性知识体系往往是随着生产力的发展，在人们与自然界的斗争中逐渐积累的，并在社会经济发展中发挥重要作用，因此地方性知识具有独特的科学性和更强的实用性、再生性。

相对于当前社会主流的现代科学知识，地方性知识常处于从属的地位，受现代知识和技术的支配与影响，并存在被现代知识和技术随时取代的可能。同时，在全球化背景下，受外来文化的影响，地方性知识与现代知识时而产生冲突排斥，时而表现为相互吸纳，但整体上地方性知识能在吸纳现代科学知识的同时，体现本土文化内涵。在这一过程中，本土的地方性知识体系能对本土发生的事件给予“合理的解释”。这说明地方性知识具有稳定性特征，承担着认识本土文化、解读乡村社会和地方文化的重要功能。

（三）地方性知识的属性

1. 地方性知识是一个科学知识体系

许多科学哲学家都明确指出，科学无疑是组织化的知识体系，分门别类地划分和组织材料是科学的一项必不可少的功能。《辞海》中对“科学”的定义是：科学是关于自然界、社会和思维的知识体是实践经验的结晶（辞海编辑委员会，2019）。这一观点强调科学不是零散的知识，而是这些知识单元的内在逻辑特征和知识单元之间的本质联系被揭示后建立起来的一个完整的、静态的知识体系。零散的知识不能形成科学，只有当有目的地搜集事实或描述事件达到了能把它们纳入概念的系统这一理论高度时，知识才能变成科学的知识。

2. 地方性知识是一种本土知识

本土是一个地域性的概念，是相对于空间维度的一个名词，其空间范围大指一个国家，小指一个社区或村落。更确切地说，由本土人民在长期的生存和发展中自主生产、享用和传递的知识体系，可称为“地方性知识”。对此，有学者早已下结论说，世界上有多少种“亚文化”或“亚亚文化”，便会有多少种放之彼地而皆准的“地方性知识”；有多少个不同经验和个性的个体，就会有多少种微妙难言的“体验性知识”（叶舒宪，2002）。对本土知识进行研究其实就是对地方性知识的研究，地方性知识的获得与研究能够切实帮助本土人民更好地认识自己所面临的问题，增强自力更生的能力，降低对外部机构或专家的依赖性。

（四）地方性知识的分类

英国哲学家迈克尔·波兰尼（M. Polanyi）认为，人类的知识有两种：一种是言传知识（explicit knowledge）；另一种是意会知识（tacit knowledge）。前者通常指用书面的文字、图表或数学公式表达出来的知识，又被称为“可言说的知识”（verbal knowledge）或“清晰的知识”（articulate knowledge）；后者则指非系统阐述的知识，例如，我们行为中的某些东西，无法言传或不清楚的知识，波兰尼又称之为“前语言的知识”（pre-verbal knowledge）或“不清晰的知识”（inarticulate knowledge）（石中英，2001）。言传知识和意会知识既相互联系，又相互区别。虽然从概念界定来看，两者是一对对立的概念，但是由于人对事物的感知觉察分为“集中觉察”“附带觉察”两类，言传知识仅仅是知识的一种形式，意会知识是知识的另一种形式，因而每一种知识形式也是言传和意会因素的混合物，言传知识与意会知识不能截然分开（刘植惠，2000）。

综合来看，显性知识是“明确的”“清楚的”“可以明白表示的”，隐性知识是“沉默的”“不明说的”“心照不宣的”（刘仲林，1983）。例如，在传统村落中，地方性知识植根于传统村落景观空间中，景观是地方性知识的载体，因此景观特征的异质性彰显了地方性知识的差异，表达了地方性知识的内涵。所以，传统村落景观地方性知识同样兼具显性和隐性的特征，其中，山水格局景观、村落整体形态格局景观、传统民居建筑景观等物质空间蕴含的地方性知识属于显性地方性知识，而民俗文化景观、传统技艺等非物质文化景观承载的地方性知识则属于隐性地方性知识。

四、地方性知识的衍生

随着地方性知识概念在不同学科领域的延展，国内外学者也依据自身的研究需求对其有不同解译。国际城市规划大师梁鹤年（2001）认为，地方性知识既包括系统化的、正规的知识，也包括来自社会交往、社会经验的“普通常识”“实用思维”以及寓言、隐语等。

20世纪80年代以来，地方性知识受到学科背景、地域文化、社会环境等诸多因素的影响，其内涵越来越丰富。有学者认为，地方性知识也称为乡土知识（indigenous knowledge）、土著遗产（indigenous heritage）、土著知识产权（indigenous intellectual property）、社区知识（community knowledge）、无形文化遗产（intangible cultural heritage）等（朱雪忠，2004）。在哲学意义上，地方性知识则成为结构普遍主义的重要哲学概念（杨念群，2004）。

（一）本土知识

本土知识中的“本土”（indigenous）是以祖先领地（ancestral territory）和共同文化（common culture）为核心内涵，植入了“本土”复杂的历史性和文化多样性背景（张永宏，2009）。第二次世界大战后，随着世界各地殖民体系的瓦解，新独立的国家开始关注本国发展。此时，人们发现，以西方科学知识为基础的现代化并没有对前殖民地国家经济发展产生积极的推动作用，反而在文化上严重依附发达国家。新独立的国家本土知识和文化体系受到西方现代工业文明的强烈冲击，从而导致地方本土原住民对本国事业发展丧失了自信心。在此背景下，20 世纪 80 年代，联合国教育、科学及文化组织（United Nations Educational，Scientific and Cultural Organization）在对多边发展过程进行认真反思之后，提出内在发展模式，用以区别过去过分依赖于外部环境的发展模式，此时本土知识的概念应运而生（石中英，2001）。

与此同时，不同国际组织对“本土知识”概念进行了重新界定，联合国教科文组织对本土知识的定义如下：特定区域边界范围的乡村社区在农业生产、健康教育、自然资源管理等方面以非规范性或口传的方式留存下来的生存技能（McCorkle，1989）。世界银行认为本土知识，也称传统知识（traditional knowledge）或地方性知识（local knowledge），是指本土知识作为穷人生存的基本技能，以非规范的教育方式发展起来的知识或技术体系（张永宏，2009）。

综上所述，可以将本土知识基本的特征归纳为以下几个方面：①本土知识具有地方性特征，是特定地理区域内原住民经长时间适应“人-地”关系，积累和创造的本土性自适应生存知识。②本土知识根植于地方的社会思想、风俗礼仪、传统社会生产实践及地方制度和习惯，是地方传统文化的重要组成部分。③本土知识特指与传统农业生产、农村地区人畜健康、本土人民实现独立自主、原住民生存技能等密切相关的本土人民精神文化层面的财产。

（二）传统知识

传统知识在英文中有两种解释：一方面是指传统的、惯例的、因袭的知识；另一方面是指口传的、传说的知识（邢启顺，2006）。传统知识以长期演化的传统实践为基础，通过观察、试验和信息的代际传递，成为某一地区或民族所特有的传统知识体系，其在解决当地食品安全、地方农业发展和医疗卫生等方面的问题上能发挥积极作用。

在对传统知识内涵的认知上，世界知识产权组织（World Intellectual Property Organization，WIPO）认为传统知识是指传统的或民族的文学作品如表演，民族或地域艺术作品如文学艺术领域的智力活动，以及和特定民族或地域有关的科技成果，如地方科学发现、外观设计、商标、专利、名称、符号及标记等，并且此类知识世代相传，为适应环境的变化而不断发展。联合国环境规划署（United Nations Environment Programme，UNEP）发布的《生物多样性公约》（Convention on Biological Diversity，CBD）从生物资源多样性保护及持续利用的视角对传统知识的内涵进行了阐释，认为传统知识与土著或地方聚落联系，并经过长期积累和发展由土著和地方社区创造与维系（薛达元等，2009）。

综上所述，本书认为传统知识的特征主要包括以下几个方面：①在特定民族或区域世代相传的背景下产生、发展、保存和延续；②传统知识与本地社区和人民有特殊的紧密联系；③传统知识与本土或传统社区组织、个人和文化体系及其相关的知识传承系统特性基本保持一致。

（三）乡土知识

中国人素有“乡风”“家风”“乡情”“乡愁”等情感记忆，这些根植于乡土生活的经验积累，成为乡土知识传承与延续的重要体现。一个经历乡土生活经验和接受乡土知识的地方人，当身在异乡之时总会产生思乡情绪，庄子云：“旧国旧都，望之怅然。”（《庄子·杂篇·则阳第二十五》）乡土知识作为乡土聚落居民基于生产生活和智慧实践总结出的关于自然、人文及社会实践的经验智慧和认知体系，因其独特的具有多种显在或潜在的实践利用价值，而成为人类知识体系非常重要的组成部分。

乡土知识（indigenous knowledge）在英文中有两种解释：一是指本土的、土生土长的知识；二是指固有的知识。我国城市兴起之前，“乡土”无疑是一个整体的、绝对的概念。在城市兴起之后，特别是在城市化程度越来越高的当下，城乡二元结构分割现象使“乡土”成为一个有别于都市的相对概念。乡土隐含“农村”“乡村”两方面的内涵，反映出我国城市之外地区乡村聚落空间的基层社会特质。费孝通先生曾在《乡土中国》中认为，从基层上看，中国社会是乡土性的。

因此，在这种独特的乡土社会背景下，乡土知识应运而生，形成独有的、相对稳定的乡土文化和知识系统，维系着乡村社会族群自身文化的传承与发展，与其他文化知识系统相区别。这些乡土知识既包括源远流长的物质文化，如农耕生产器具、乡土建筑、特色饮食、技艺服饰等，也包括聚落非物质文化知识，如哲学思想、信仰与礼制、文学艺术、社会思想伦理、价值与审美、传统思维意识等，这些乡土知识经过不断的传承，成为不可替代的乡村聚落特有产物。

综上所述，关于乡土知识的研究主要从空间维度探讨与城市文化知识体系相对的具有独特性的乡土文化知识。乡土知识的突出性特征在于，它是当地的、本土的，主要依靠口头传承，是乡村聚落生产生活实践中积累的经验知识，具有明显的实践经验性、系统性和传承性。同时，这些知识具有平民性，为大多数乡村居民所认知，在乡村聚落内由个体所掌握和拥有，并具有差异性。

（四）土著知识

“土著”在《现代汉语词典》中的释义如下：原住民（中国社会科学院语言研究所词典编辑室，2019）。相对于外来殖民者而言，土著人是指世代居住在某一个地方的原住民，新来者特指通过征服、占领、殖民等手段征服殖民者从而占领该土地的人。

《辞海》将游牧时期定居某一地方后，不再迁徙的游牧民族称为土著（辞海编辑委员会，2019）。多数研究将“土著”和“知识”两个词语的解释联系在一起，称为“土著知识”，意为以血缘关系组成，成员群体凝聚力很强，世代居住在本土的居民创造并积累的知识。这同国外学术界关于“土著知识”一词的理解基本相同。国外“土著知识”一词用英文 indigenous knowledge 表示，意为本土的、本地产的、土生土长的知识。

1990 年，第 45 届联合国大会通过决议，将 1993 年定为“世界土著人国际年”，意在通过举办各种活动增加国际社会对土著人权利和文化的了解。土著知识产生于复杂多元的生存环境及文化背景下，因此这些知识涉及农业生产、环境保护、经济发展、教育和医疗等各个方面。

从实际应用角度来看，当前相关研究较多将土著知识应用到农业研究方面，例如，农业生产经验与技术形态，包括地方特殊作物种植方式、管理方法、耕种时令、栽培技术、农副产品加工利用技术、农作物种子保存及病虫害防治、农作物常见病的土药土法治疗等（游承俐等，2000）。土著知识产生于人类的生产生活，是广大劳动者在与大自然和谐相处中积累形成的实际农村实用技术，只要有人类生存活动的地方，就会有土著知识产生、积累和发展（尹铁山，2002）。

（五）与其他衍生知识的区别

地方性知识延伸而来的概念纷繁复杂，由于受到学科背景、地域环境、文化差异、社会阶级等多种因素的影响，都难以脱离传统与现代二元主义，且前置修辞限定词多来自发展需要和时代话语，主要是揭示知识的实践性、情景性和文化嵌入性特征。其中“地方性”不仅有空间属性，更多强调知识产生时的特定场景，包含特定历史条件下形成的文化与亚文化群体的价值观以及由特定的利益关系决定的立场和时域。

从地方性知识的产生与构成来看，其暗含的是人、空间两大要素的协调互动关系，其中知识是主体，人与空间是载体，人的行为与空间形态是表征，人的行为与空间形态在长期的相互作用下促进地方性知识的不断更新与发展（图 3-2）。

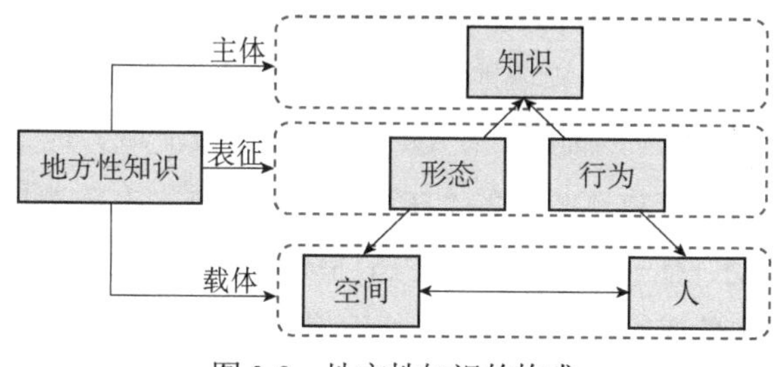

图 3-2　地方性知识的构成

本书对地方性知识的定义基于吉尔兹的理解，综合吉尔兹和劳斯的观点，将地方性知识与本土知识、传统知识、乡土知识和土著知识进行对比。地方性知识基本等同于本土知识，侧重于知识的空间属性，其中乡土知识限定于乡村地区，传统知识则更强调时间维度，是与现代知识相对且包含地方性知识的概念，土著知识则是与农业生产相关的部分（表 3-1）。具体而言，地方性知识是在特定空间环境中，人们在生产生活实践中总结积累起来的经验，并在不断适应自然生态环境与社会经济制度变化中更新发展，具有不可替代的可靠性、技术的低廉有效性、地域性与针对性、灵活性与开放性等特性（李稷等，2022）。

表 3-1　地方性知识及其相关衍生知识概念的区别

衍生概念	历史时序	相对概念	研究维度	属性及特征
地方性知识	不限	普适性知识	空间维度	地方性、适应性、地域性、文化性、动态性、灵活性、稳定性、针对性
本土知识	不限	外来知识	空间维度	本土性、自适应生存
传统知识	历史延续	现代知识（技术）	时间维度	历史性、时间性、延续性、可靠性
乡土知识	不限	“城市”知识	空间维度	乡土性、文化性、技术低廉性
土著知识	不限	“客籍”知识	空间维度	民族性、地区性、方法性（“土办法”）

五、地方性知识的适用语境

（一）应用目标

传统村落景观涉及村落生产、生活及生态等多项内容，也包括从保护规划、发展决策到落地实施的全过程，核心是通过规划统筹实现地方性聚落空间的可持续发展。当前地方性知识仅在规划设计应用时作为前期调研资料出现，规划者也只是对其进行简单了解，未能进行深入的分析与挖掘，导致其在规划实施层面常被忽视。因此，地方性知识在不同领域地方性规划设计应用中意在实现以下四个目标：一是以“人-地”环境适应为前提，统筹考虑区域（或流域）地方性知识系统要素的协调发展。二是以传统村落景观的“在地性”保护与生态智慧挖掘为核心，有效实现传统村落“山-水-林-田-村”自然生态环境的治理与延续。三是以文本提取为手段，挖掘传统村落景观的地方性知识，从而增强地方人对地方空间的文化认同与文化自信。四是以整合地方性特色资源为前提，挖掘地方性知识，为地区传统村落经济产业活化再生提供指导路径。

（二）适用对象

国外关于地方性知识的研究开展得较早，相关理论研究与实践应用成果较为丰富，研究方法也从传统的田野调查与“深度描述”民族志逐渐延伸到文化共识分析、参与式图绘和参与式场景规划等（吴致远，2017），且国家地区文化背景与地域环境的差异也导致研究的侧重点有所不同。但在实践应用层面，基本围绕地方性知识的获取与评价，与现代科学知识的融合与互补，以及有效融入发展策略等方面展开，遵循“现象解释—数据提供—方案完善—参与管理—更新反馈”的应用逻辑。然而，当前随着全球化带来的“无地方性”问题日益凸显以及地方性文化景观保护发展的诉求越发强烈，地方性知识在生态环境、经济社会与文化等领域的应用已有初步探索，包括自然资源保护、生态灾变应对、社会公平保障、循环经济发展与历史文化传承等方面，已引起国内外学者的广泛关注（表 3-2）。

表 3-2　地方性知识的应用领域及内容

应用领域	应用内容	应用思路
国家战略制定与地区社会治理	科技创新体系、教育政策改革、乡村振兴战略制定、乡村民主自治、地方法规制定	提高地方性知识的创新价值，增加地方性知识教育内容，挖掘地方性知识的治理潜力，鼓励地方性知识持有者参与治理
自然生态适应与治理建设	传统农牧业发展、森林植被养护、水资源利用与保护、自然灾害防治、气候变化应对	强化对地方性知识的认知，将地方性知识作为基础数据补充，鼓励地方性知识持有者参与管理，融合地方性知识与现代科学知识
传统聚落保护与文化景观传承	文化遗产保护、乡土建筑营建、地域景观设计、传统聚落规划	尊重地方性知识的发展规律，通过空间更新传承地方性知识，鼓励地方性知识持有者参与行动，强化地方性知识的感知与认同

1. 国家战略制定与地区社会治理

地方性知识作为地方群众的主体意识、文化自觉和集体认同感，其价值在于推动国家或地方治理体系现代化、优化基层治理结构、提升治理效能。党的十九大报告明确提出推进国家治理体系和治理能力现代化。当前关于治理理论的研究，总体以国外治理理论居多，而立足本土地方性的实践研究较少。实践证明，国家现代化治理理念只有和本土地方性文化融合、互补才能实现“特色化”发展（牛丽云，2018）。国家发展历程和社会治理的实践表明，现代理念和制度只有经过与本土文化的交涉和博弈，才能形成具有本土特质的理想类型。

在地区社会治理层面，王乐全（2021）以徽州地区的乡村治理为实践对象，从地方性知识助力基层治理建设视角出发，提出地方优秀传统文化对于实现地方创新发展、地方融合、引导和教化治理有重要作用。在一些社区更新改造过程中，地方性知识共享及公众参与（地方人）使得更新改造效果更加明显。在乡村振兴及乡村治理过程中，地方性知识作为实现村民民主自治的一种重要途径，通过鼓励的方式，让村民自发地参与到地方经济产业振兴中，从而实现地方特色资源及剩余劳动力的有效支配，同时明显降低了社会治理资金和时间成本。部分研究以少数民族地区村庄的治理为目标，阐述了藏族少数民族村落应用地方性知识开展社区治理、地方经济发展、民族事务、治藏之策、社会组织等的积极意义（旦却加等，2021）。

2. 自然生态适应与治理建设

我国国土面积广阔，不同区域地形地貌差异显著，部分地区人居生态环境的脆弱性较为突出，如在地貌崎岖、山岭河谷交错地带，常伴随暴雨洪涝、水土流失、滑坡、泥石流、旱灾等自然灾害，进而导致“人-地”矛盾问题的产生。面对这种自然生存环境的挑战，不同地区居民通过长期的社会生产实践，积累总结出地方独特的生态伦理、生产生活方式和生态智慧生存法则，从而有效减少了部分地区自然环境对人类行为活动的干扰。

当前，国内这一方面的研究成果众多，如汪菊等结合地方性知识理论，对我国西南地区的人-地关系和谐、脆弱生态环境、生存适应法则和地方生态保护等方面展开了研究，并提出地方性知识中的生态适应与治理有助于提升现代人居环境治理体系的文化自信和制度自信（汪菊等，2021）。杨庭硕从生态人类学视角，提出挖掘、整理和利用地方性知识，以此展开地方生态资源利用、生态环境维护，进而维护人类赖以生存的生态系统（杨庭硕，2004）。黎琴（2021）从地方性知识与现代知识协同的视角出发，分别从政策、科技、社会基层等方面提出甘南玛曲草原生态治理应是地方性知识和现代技术的互相补充、协同治理、合作共治。

3. 传统聚落保护与文化景观传承

当前应用地方性知识进行传统聚落相关研究，主要体现在地方性文化景观保护、使用者的地方感营造、传统聚落地方产业活化振兴、地方非物质民俗文化再生等方面的探索及应用策略的提出。笔者针对传统乡村聚落景观进行了地方性知识的确认原则、类型划分以及生成要素的机理分析。

部分研究以地方性知识理论为基础，系统阐释了古镇（古村）聚落景观的地方性知识构成体系，分析了其地方性知识的生成环境、演变过程以及表达形式，从而对传统聚落景观的内在地方性营建规律与本土文化特质进行解析。同时，在传统村落景观的“在地性”营建实践中，部分村落在规划设计阶段经常存在村落总体风貌定位偏差、地方景观特色挖掘不到位等问题，这成为困扰传统聚落可持续发展的核心问题。因此，有学者提出应用地方性知识，挖掘传统村落景观地方性特色，从而精准定位传统村落的整体特色景观风貌；依托传统村落地方性资源，构建地方特色品牌，并积极发展地方性文化旅游产业，从而实现传统村落的振兴发展（韩萌等，2021）。

（三）应用启示

地方性知识作为一种可传承的知识，可作为地方性营建的技术手段。我们可以运用地方性知识理论，对传统村落中蕴藏的环境格局知识、空间形态知识、建筑营建知识、生产生活知识、生态智慧知识进行挖掘，作为传统村落景观风貌特质定位及在地性风景保留与延续的重要参考依据。另外，可以利用地方性知识的交互分析功能进行系统归纳与总结，结合传统村落的实际发展诉求，对与传统村落景观风貌存在显著矛盾的景观采取原貌保留的地方性知识引导；对传统村落发展过程中出现的不合理或破败的空间景观场所，运用地方性知识进行局部场所景观的“修复”引导；对传统村落发展中出现的文化景观消逝或者丧失的重要历史地段，运用地方性知识进行“再生”引导；对与传统村落景观人居环境和现代生活需求相背离的地方性因子，应用相关地方性知识进行景观的“净化”引导；对地方性知识探索及挖掘中发现异常的“外来同质化景观”，运用地方性知识进行“变异”引导。通过上述对传统村落景观地方性知识的挖掘、诊断与运作，采用目标分解及问题分类的方式，可以实现传统村落风貌的改造与优化提升。

作为传承下来的象征体系和生活方式，地方性知识本身具有的这种隐喻的、符号的、解释的知识属性，决定了它的应用实践取决于特定的知识认知规则和价值观。与此相对应，人们已经认识到，把科学仅仅描述为地方性知识体系还不足以刻画科学的本质特征，科学不仅是一种静态知识，也是知识加工的动态过程。地方性知识虽然不是科学，却是科学的产物，科学创造了知识，但又不是知识本身。因而科学的实质也是一个认识过程、创造过程，简单性、精确性等是其特征。

地方性知识是人们认识地方智慧、文化的基本范式，也是解读乡村社会、衡量社会与文化变迁的重要价值准则之一。地方性知识能以各自不同的内容和形式承载于不同的区域文化之中，并与其文化体系融合在一起，在吸纳主流文化和他文化时，也会考虑本土文化内涵。在这一过程中，本土的知识体系为日积月累的心理因素所固守，能对在本土发生的事件给出合理的解释，能对外来的批判给出回答，有自己的东西可以提供，甚至还会对反对它的事件给出令人满意的解释。这说明本土的、地方性的知识对于外来的文化具有某种“免疫力”，它以相对的稳定性和顽强的生命力成为人们认识地方智慧、文化的基本范式，也成为解读乡村社会、衡量社会与文化变迁的重要价值准则之一。

地方性知识的特点是将研究对象视为一个复杂的体系，靠超长期的不断试探与验证来找出最稳妥、高效的解决方法，并以经验的形式世代传承下去。地方性知识实践有赖于与当地环境紧密结合的经验和技能，一般难以大面积推广，甚至换了一种环境就可能无效。

地方性知识作为地方人在社会实践中积累并得到传承的一种知识体系，具有地域性、系统性、时序性、实践性和实用性。地方性知识是由本土生活中的技法、伦理、价值、世界观及行动构成的文化体系，或更确切地说是本土人民在自己长期的生存和发展实践中自主生产、享用和传递的知识体系。对此，有学者早已下结论说，对本土的地方性知识的研究是一种本土性挖掘，本土知识的获得与研究能够切实帮助本土人民更好地认识自己所面临的问题，增强自力更生的能力。

地方性知识为特定地方环境人类群体所独有，折射出了特定环境下人类的生存经验和智慧，使它成为地方的文化符号与标识。地方性知识在相当长的历史时段对特定民族或群体的生存产生了重要的作用与影响，是他们得以发展的智力基础。对地方性知识中的生态伦理与生存智慧予以重新审视，对于缓冲与消解工业和科技导致的“生态暴力”，实现可持续发展，具有十分重要的现实意义。

六、本章小结

地方并非一个可以被清晰界定的物体，地方都是置于虚实相间的区域空间范畴之内，也体现在各种各样的地方仪式和惯例方面。本章首先对地方的本质进行了阐释，从地方与时间、地方与空间和地方与景观三个方面展开探讨。其次，从知识的本源性视角出发，阐释了知识的哲学要义、社会学要义、地理学要义及地方性要义，分析了知识的本质内涵。接下来，对地方性知识涉及的内涵从四个方面进行了阐释：一是地方性知识的哲学要义，即“知识本具地方性”；二是地方性知识的主体构成包括地方人在自然、历史、社会、政治制度等各类因素的制约下形成的涵盖物质文化景观和非物质文化景观的多类型知识体系；三是针对地方性知识的基本概念、特征、属性、分类及相关衍生概念进行扩展性论述；四是对地方性知识的应用目标、适用对象和应用启示进行了论述。

第四章　传统村落景观的地方性知识体系构建——以陕西省为例

美国知名建筑师伊利尔·沙里宁（E. Saarinen）在《城市 它的发展，衰败与未来》中指出，让我看看你的城市，我就能说出这个城市居民在文化上追求的是什么（伊利尔·沙里宁，1986）。其中，城市为具象化的人文景观，而城市居民的文化追求即是情感、价值观念的地方性表现形式。

人文景观营建中的创造性活动是具有地方性的，是在地方性知识的指导下进行的人类活动。在聚落营建过程中，人们最初基于对自然景观的地方性特征认知形成地方性知识，在其指导下营建人文景观，而人文景观彰显出的地方性使得人们形成了地方情感，由此又促成了地方性知识的调整、强化、变异，进而带来景观的变化，如此循环往复，推动聚落的演化与发展。因此，从知识的广义内涵来看，景观就是不同区域地方性知识的反映与表达，而不同聚落景观之所以具有不同的特征，其根本原因在于影响聚落景观生成的各类知识在地理环境上存在差异（张兵，2014）。

传统村落景观是传统村落村民在长期的生产生活中积累并传承至今的地方性知识表达，因此，传统村落景观中蕴含着丰富的地方性知识，传统村落景观特征承载、彰显了地方性知识的特征和内容。本章通过构建传统村落景观的地方性知识体系，系统梳理传统村落景观中的地方性知识类型、知识之间的相互关系及其发生机制和演化规律，从而提供一种认知传统村落景观的新视角。

一、地方性知识体系构建框架

（一）基本构成要素

1. 理论基础

知识管理领域的DIKW层级体系模型指出，数据初步加工形成信息，后者经过个体头脑处理形成知识（叶继元等，2017）。其中数据是人们对事物在感性认识阶段的产物，是通过经验积累直接记录的事物表象特征，也即“第一印象”。感性认识具有形象性、片面性的特征，但其未能触及事物的本质，是认识的低级阶段。信息、知识是人们对事物理性认识阶段产生的结果，通过对事物的抽象、概括揭示其本质属性和演化规律，理性认识是一种认识的高级阶段（荆宁宁等，2005）。但是，无论是简单的数据，还是经过人工“经验”的信息、知识，它们在各个层次中均形成由“点”要素、“链”结构、“集合”组成的具有同一性结构特征的体系。伴随着由数据到信息再到知识的推演，“点-链-集”结构形式由简到繁，结构内涵不断深化。

“点”要素在数据层面是孤立的、分散的、无差别的；在信息层面，它具有了类型化、差异化的属性；在知识层面，它形成了等级化的分异特征，一些知识因具有丰富的内涵，在知识体系中起到统领作用而成为主导知识。“链”结构在数据层面是无逻辑化的，其仅由多个点要素连接构成，不具有特定的意义；在信息层面，基于一定的逻辑关系将“点”要素有序连接构成“链”结构，这种连接关系虽然是简单的、单向度的，但已蕴含逻辑化的思维；在知识层面，“链”结构发展为多维度、多向度的结构关系，知识与知识之间不仅存在线性逻辑，而且形成了多线程、网络化的逻辑构建模式。“集合”在数据层面仅依据数理化类型特征进行分类；在信息层面，“集合”与“集合”之间建立起简单的网络关系；在知识层面，“集合”与“集合”之间形成相互作用的引力和拉力，通过叠置、交叉形成复杂的知识体系。传统村落景观营建过程中，知识体系与传统村落所在地方的自然以及人文因素融合，形成传统村落景观地方性知识体系。

知识的本质是活动或者实践过程的集合（蒙本曼，2016）。柏拉图认为一种知识必须满足以下必要条件：它是被验证过的、正确的，而且是被人们相信的。依据他对知识定义的“三元论”，可以推演出传统村落景观中的地方性知识的内涵及特征：首先，传统村落中的地方性知识具有景观载体，证明其是经过实践验证的；其次，这些景观载体得以不同程度地保留、延续至今，证明与之对应的地方性知识是有效的，或者在一定语境、一定村落发展阶段是有效的，是被村民相信的、认可的；最后，不同层级、不同类型的传统村落景观具有相似性，据此可以划分景观区系、地理单元、建筑类型等，因此传统村落中的地方性知识是为村民群体所接受、拥有的。

传统村落是一个复杂、开放的系统，传统村落营建不但需要统筹考虑地形地貌、气候、水源、土壤、资源等自然因素，还涉及经济、政治、社会、文化等人文因素，特别是村民个人和氏族群体的传统文化、风俗习惯、价值观念等。因此，传统村落景观是多方因素权衡、博弈的结果，与之相对应的地方性知识类型多样、内涵丰富。基于此，为系统梳理传统村落景观地方性知识，笔者根据“点-链-集”知识结构关系，从传统村落景观地方性知识点、传统村落景观地方性知识链、传统村落景观地方性知识集三个层级构建传统村落景观的地方性知识体系（表 4-1）。

表 4-1　“点-链-集”结构的多层级内涵及图示表达

层级	“点”要素		“链”结构		集合	
	图示	特征	图示	特征	图示	特征
数据层面	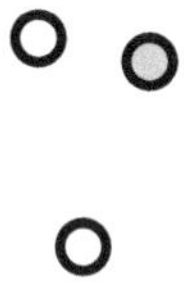	分散的、无差别的	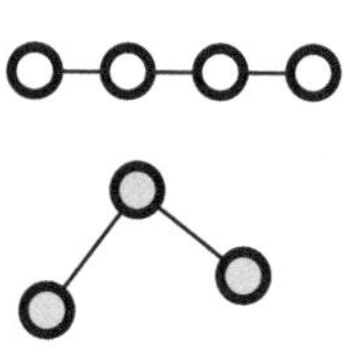	无方向性的	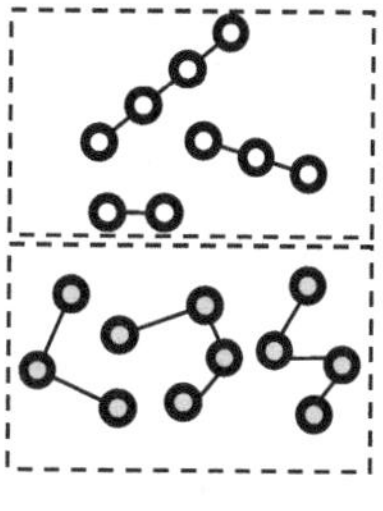	类型化
信息层面		类型化	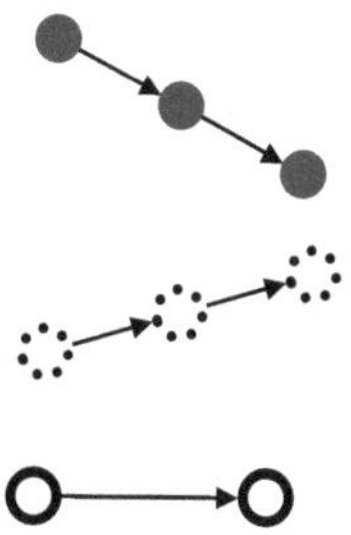	单向度的、逻辑化	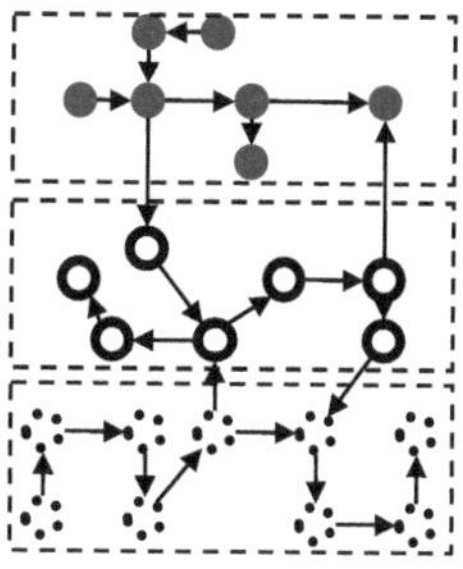	网络化

续表

层级	“点”要素		“链”结构		集合	
	图示	特征	图示	特征	图示	特征
知识层面	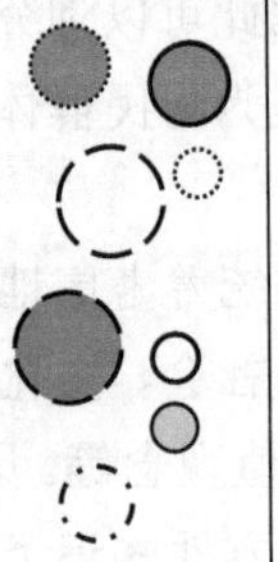	等级化	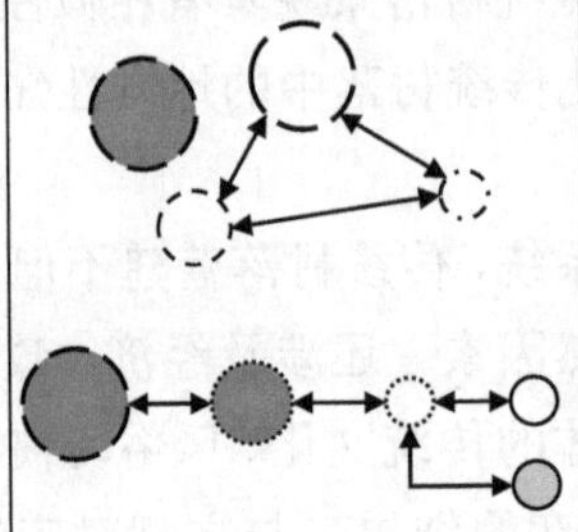	多向度的、网络化	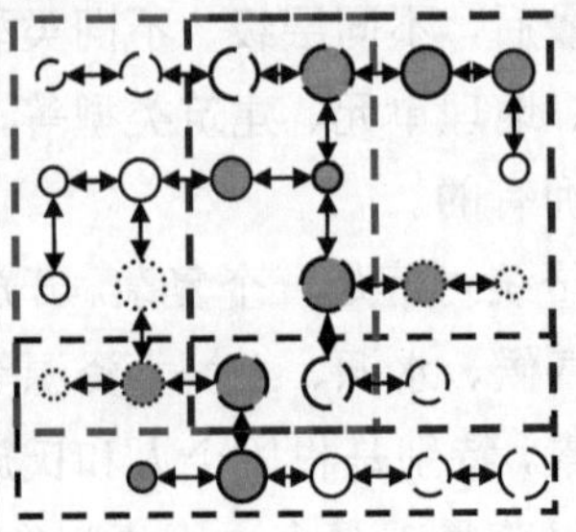	体系化

2. 传统村落景观地方性知识点

传统村落景观地方性知识点是一类景观营建的技术方法，表征了该类景观的特征和内涵，是构成传统村落景观地方性知识体系的最小单元和基本要素。众多零散的地方性知识点通过一定的逻辑关系进行连接、耦合，形成传统村落景观的地方性知识体系。虽然多数地方性知识点在实践过程中均遵循一定的步骤、逻辑，甚至在传统村落演化发展的不同阶段，对相同知识点有不同的表达、利用方式，但这些内容均属于同一种类型的知识，不能被进一步拆分成独立的知识点。因此，知识点基于自身作用对象的属性具有唯一性的特征。根据传统村落景观与地方性知识一一对应的关系，本书从各类传统村落景观中分别提取地方性知识，包括传统村落选址知识、村落形态知识、街巷格局知识等。

3. 传统村落景观地方性知识链

传统村落景观地方性知识链是由多个地方性知识点遵循一定的逻辑关系，相互连接组成的“链”状知识结构。虽然传统村落景观地方性知识点相对独立，知识内涵具有较为明显的分异，但这些零散、碎片化的知识点之间存在包含、递进、匹配、分化、互补等内在逻辑关系（表 4-2），它们相互连接构成了地方性知识链。因此，地方性知识链通过将地方性知识点中蕴含的知识内涵、特征进行提炼，梳理知识点之间普遍的内在关系，以总结传统村落景观营建方法中的逻辑规律，是构成传统村落景观地方性知识体系的主体。

表 4-2　传统村落景观地方性知识点之间的逻辑关系

地方性知识点之间的逻辑关系类型	内涵	示例
包含关系	一种知识中包含其他多种知识	街巷格局知识包含街巷形态知识、街巷尺度知识等
递进关系	前一种知识为后一种知识的产生与发展创造条件，后一种知识以前一种知识为基础，向更具体、更高级的方向发展	村落选址知识与功能组合知识构成了递进关系
匹配关系	知识与知识之间具有一一对应的关系	建筑材料知识与建筑结构知识之间存在匹配关系
分化关系	一种知识分裂成多种相互并列的知识	村落形态知识分化为街巷格局知识和公共空间布局知识
互补关系	知识与知识相互补充、促进、强化	街巷格局知识与公共空间布局知识形成互补关系

4. 传统村落景观地方性知识集

英国哲学家罗素（Russell）在《人类的知识——其范围与限度》一书中指出，知识集的主体是由共现的知识集合组成的结构（罗素，1983）。因此，传统村落景观地方性知识集是指多种类型的地方性知识基于共同的属性特征，与传统村落内部自组织因素和传统村落外部的他组织因素博弈、调适、融合形成的具有一定序列和结构特征的知识集合。它揭示了传统村落景观地方性知识形成的原因、不同因素对地方性知识的影响以及地方性知识实践的机制。传统村落景观地方性知识点、知识链表达了传统村落景观地方性知识体系的表象特征，知识集则蕴含了传统村落景观地方性知识体系构建的内部因素，代表了传统村落整体景观营建的智慧。

（二）构建流程

传统村落景观地方性知识体系构建流程主要包括两部分：地方性知识识别与提取以及地方性知识体系构建（图 4-1）。

地方性知识识别与提取分为三个步骤：首先，对地方性知识的景观载体进行识别，即确定哪些传统村落景观中蕴含着地方性知识。将传统村落景观分为物质文化景观和非物质文化景观两种类型，与地方性知识分类标准相对应，传统村落物质文化景观中蕴含着显性地方性知识，而非物质文化景观中蕴含着隐性地方性知识。其次，对景观载体信息进行综合分析、横向比对，总结、归纳地方性景观的特征，遵循差异性、唯一性等原则，分别采用结构提取、要素提取、口述提取等方法对物质文化景观中的显性地方性知识和非物质文化景观中的隐性地方性知识进行针对性提取。最后，将提取到的全部地方性知识分为显性地方性知识和隐性地方性知识两大类。

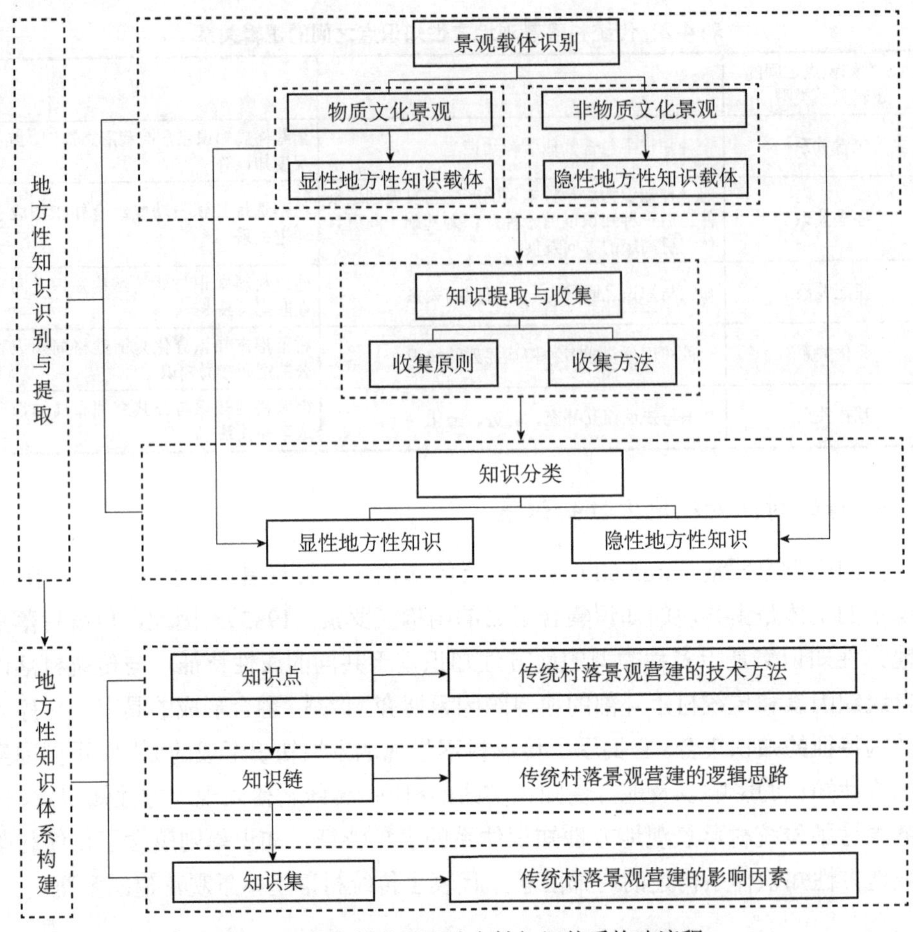

图 4-1 传统村落景观地方性知识体系构建流程

地方性知识体系构建同样分为三个步骤：首先，对传统村落景观地方性知识点的内涵进行分析，揭示传统村落景观地方性知识点包含的主要内容。其次，梳理传统村落景观地方性知识点之间的一般性逻辑关系和普遍规律，搭建传统村落景观地方性知识链。最后，分析不同因素对传统村落景观地方性知识形成、演化产生的影响，总结传统村落景观地方性知识体系构建的机制和动因，形成传统村落景观地方性知识集。

二、景观的知识特征识别

知识是人类经过系统化的经验，因此蕴含着地方性知识的景观必定经过了不同程度的人工建构，是“经验”过的景观。因种种原因没有被“经验”过的景观，人类对其的认知与感知仅停留在情感方面，但无论情感如何加深都无法进入“知识”这一维度。

在传统村落景观营建过程中，人类对于景观的“经验”可以是直接的，也可以是间接的。人文景观均属于在知识指导下直接实践的结果，虽然单纯的自然景观不包含地方性知识，但是人们可以在对其利用的过程中创造新的景观。这些新的景观中蕴含着的地方性知识不但符合知识的基本生成逻辑与规律，同时也体现了传统村落营建过程中尊重自然、依托自然、师法自然、天人合一的中国传统朴素的人地观和聚落营建哲学，形成了一种生态的、有机的、理想的人居环境营建范式。

根据传统村落景观属性特征，可将其分为物质文化景观和非物质文化景观两类（表4-3）。其中物质文化景观分为宏观层面的自然生态景观、中观层面的空间布局景观、微观层面的传统民居景观三个层次。自然生态景观包括山体景观、水域景观、农田景观、生物景观；空间布局景观包括村落选址景观、功能组合景观、村落形态景观、街巷形态景观、街巷尺度景观、街巷形式景观、街巷铺装景观、村落入口景观、广场景观、公共建筑景观和绿地景观；传统民居景观包括院落布局景观、建筑结构景观、建筑材料景观、建筑装饰景观。非物质文化景观主要包括传统习俗景观和民俗文化景观，传统习俗景观包括节日庆典景观、婚丧嫁娶景观、集市贸易景观、生产技法景观，民俗文化景观包括艺术工艺景观、文学戏剧景观、音乐舞蹈景观、传统服饰景观。

表4-3　传统村落景观分类体系

<table>
<tr><th>大类</th><th>中类</th><th>小类</th><th></th></tr>
<tr><td rowspan="10">物质文化景观</td><td rowspan="4">自然生态景观</td><td>山体景观</td><td rowspan="10">显性地方性知识的景观载体</td></tr>
<tr><td>水域景观</td></tr>
<tr><td>农田景观</td></tr>
<tr><td>生物景观</td></tr>
<tr><td rowspan="6">空间布局景观</td><td>村落选址景观</td></tr>
<tr><td>功能组合景观</td></tr>
<tr><td>村落形态景观</td></tr>
<tr><td>街巷形态景观</td></tr>
<tr><td>街巷尺度景观</td></tr>
<tr><td>街巷形式景观</td></tr>
</table>

续表

大类	中类	小类	
物质文化景观	空间布局景观	街巷铺装景观	显性地方性知识的景观载体
		村落入口景观	
		广场景观	
		公共建筑景观	
		绿地景观	
	传统民居景观	院落布局景观	
		建筑结构景观	
		建筑材料景观	
		建筑装饰景观	
非物质文化景观	传统习俗景观	节日庆典景观	隐性地方性知识的景观载体
		婚丧嫁娶景观	
		集市贸易景观	
		生产技法景观	
	民俗文化景观	艺术工艺景观	
		文学戏剧景观	
		音乐舞蹈景观	
		传统服饰景观	

根据地方性知识分类方法，显性知识是能够以一种系统的方法表达的、客观的、有形的知识，而隐性知识是指高度个体化的、难以沟通的、难以与他人共享的知识，通常以个人经验、影响、感悟、团队的默契、技术诀窍、组织文化、风俗等形式存在，而难以用文字、语言、图像等形式表达清楚（赵士英等，2001）。因此，与之相对应，在传统村落中，物质文化景观蕴含着显性地方性知识，是显性地方性知识的景观载体，而非物质文化景观蕴含着隐性地方性知识，是隐性地方性知识的景观载体。

三、地方性知识收集

（一）确认原则

传统村落既是乡土空间中一类具有三维空间属性的人类聚居形式，又因其经历了漫长的演化历程而拥有时间维度的“厚度”，使得自身兼具空间与时间两大属性。传统村落景观的地方性知识是指那些能够“保留”“继承”“适用”的地方性因子，它们是塑造传统村落景观特征的直接动力。因此，确定传统村落景观的地方性知识，需要将其置于时空语境中进行考察，大致可以归纳为如下原则：在空间方面，从宏观层面至微观层面依次遵循同一性原则、差异性原则和唯一性原则；在时间方面，遵循历时性原则（表 4-4）。上述原则是相互联系、顺次承接的关系，在地方性知识的确认过程中需要根据研究范围和景观类型灵活调整与统筹考量。

表 4-4 传统村落景观地方性知识的确认原则及其主要内容

<table>
<tr><th colspan="2">地方性知识的确认维度</th><th>地方性知识的确认原则</th><th>地方性知识的景观载体</th><th>地方性知识的类型及特征</th><th>确认目的</th></tr>
<tr><td rowspan="3">空间维度</td><td>宏观层面</td><td>同一性原则</td><td>国家、省域、特殊地理单元等空间范围宏大的区域中的景观，如传统村落区划景观、传统村落自然生态景观</td><td>涉及生态空间营建以及对自然环境认知的地方性知识</td><td>划分传统村落景观研究分区或划定传统村落集群，对传统村落景观地方性知识形成总体认知</td></tr>
<tr><td>中观层面</td><td>差异性原则</td><td rowspan="2">单个传统村落景观区系内部景观，如传统村落空间形态景观、传统村落民居景观、传统村落民俗文化景观</td><td rowspan="2">生产空间、生活空间营建中的地方性知识，主要表达了村民对于聚居环境的情感、态度</td><td>根据传统村落景观的差异性，确认优势景观表征的地方性知识</td></tr>
<tr><td>微观层面</td><td>唯一性原则</td><td>确认特殊传统村落景观表征的地方性知识</td></tr>
<tr><td colspan="2">时间维度</td><td>历时性原则</td><td>随着传统村落的演变发生明显变化的景观，如传统村落功能景观、传统村落民居景观、传统村落民俗文化景观</td><td>不稳定的、易于随着传统村落所处环境的变化和村民认知水平的变化而变化的地方性知识</td><td>将空间维度中确认的地方性知识置于时间语境中进一步筛选，选择产生时间较早并传承至今且具有活化、更新条件和价值的地方性知识</td></tr>
</table>

1. 同一性原则

著名人文地理学者段义孚认为，当人们初次面对陌生环境时，空间与空间、此处与他处没有什么差异，因而都可以归于抽象的领域。但是当人们通过他人的言说、主观想象、亲身定居生活或经历一些活动体验等直接或间接的方式对一处空间进行一定程度的了解和熟悉之后，该处空间就承载、容纳了人的情感和经验，从而具备了某种意义和价值，这时候地方就形成了，即使得空间转变为地方（Tuan，1979）。因此，地方就是经验的空间。这里的经验依据感知空间时间的长短以及认知程度的不同，可将其具体形式划分为包括对地方的认同和依恋情感以及对地方营建的理念、方法、技术手段等，即地方性知识。

地方与人是密不可分的，地方的概念强调“人”对于空间的认知，强调人的主观感受在空间中的价值。因此，“地方”是一个综合性的概念，指代蕴含丰富人文社会属性的物质空间。从人居环境科学的视角来看，地方既可归属于人类系统、社会系统的范畴，也涉及居住系统、支撑系统的内容，而这些系统均建构在自然系统之上。一类自然地理环境总是分布在一定的空间范围内，因此其中的自然地理条件具有相似性。另外，受制于自身经验、阶级背景、能力的差异，个体对空间的认知是有限的，因而地方也具有相对性，它是有范围和大小的。但是无论地方本身的空间体量如何，在这一空间范围中的景观总是具有同一性特征，属于一种类型的景观，且它所表征的地方性知识在这一空间中也具有同一性，其本质实则揭示了地方性知识在多大范围内有效的问题。例如，根据地形地貌格局及其影响下的传统村落选址、传统村落形态布局、传统民居景观特征所表征的同一类型的地方性知识，可以划分地理景观区系。因此，本书首先在宏观层面的研究中遵循同一性原则，提取在一定空间范围内具有同一性特征的传统村落景观所承载的地方性知识，据此初步划定研究分区。

2. 差异性原则

虽然传统村落景观地方性知识在一定范围具有同一性，但知识对景观的作用过程受到村民自身和外界环境等主、客观因素的影响，使得地方性知识与传统村落景观之间的对应关系呈现“错位”现象，即地方性知识虽无优劣之分，但其在景观的表达过程中表现出不同的景观特征，特别体现在景观要素丰富程度、景观留存数量以及景观质量的差异等方面。

在传统村落中，源于作为个体的村民或集体对同一地方性知识认知水平和应用能力的差异以及不同类型地方性知识的自身属性特征、影响地方性知识作用的因素的差异，在相同空间范围内，地方性知识对传统村落景观特征的影响力不同，这就使得地方性知识影响力强的区域传统村落景观要素类型丰富且相互之间起到了强化的效果，可以较为清晰地表征其内涵及特征，而地方性知识影响力弱的区域传统村落景观多表现出模糊化、分散化，相互之间的联系微弱，景观特征不清晰，较难体现该类地方性知识的主要内容。

另外，村民是传统村落景观地方性知识的载体。虽然乡土社会具有封闭、不流通的基本属性，但通过宗族、宗教等社会关系维持的基本联系仍然使得村民之间存在一定程度的文化交流。当生产力水平提升之后，伴随着商品经济的发展和资本的积累，村民之间的往来更加频繁，活动范围进一步扩大，他们的流动促进了地方性知识的传播。在传播过程中，原先的地方性知识不可避免地会与村民个体知识体系和其他地方性知识产生冲突、博弈、融合，由此形成了新的、混合式的地方性知识，这就使得地方性知识对传统村落景观营建的影响力随之衰减。多数人口的流动总是遵循商道、航线等特定的路径，因此导致地方性知识影响下的传统村落景观也表现出相似的空间分布特征，具体表现为以地方性知识影响力最强的核心区为节点，沿道路呈指状、圈层状相叠加的形态向外递减。因此，遵循差异性原则确认传统村落景观地方性知识即基于如下逻辑：虽然其他传统村落景观含有类似的地方性知识，但是对于某些地方性知识，该传统村落在表达环境、应用等方面具有明显的优势，使得所形成的景观类型较为丰富，总体景观特征较为鲜明，那么该类知识可以确定为传统村落景观地方性知识。

3. 唯一性原则

虽然地方是具有范围的，在单个自然地理景观分区中，传统村落面临的自然地理条件具有相似的特征，但地方也是一个相对性的概念，每个传统村落所处的自然地理环境仍然具有自身的地方性特征，例如，村域范围内微地形、微气候、微空间的自然地理条件的分异，使得传统村落景观营建过程中面对的基础条件存在显著不同，因而生成的地方性知识也会存在差异。

另外，村民个体是承载地方性知识的最基本单位，而个体意识、偏好、经历以及对自然与人文环境的认知与理解千差万别，因而个体的地方性知识不可能完全相同。一些地方性知识虽然可以获得群体甚至更大范围的认同，但其在相同类型的知识集合中仍然是特殊的，突出表现为非物质文化景观遗产蕴含的地方性知识，特别是家族世代传承且赖以为生的传统工艺、生产技术等民俗文化景观中蕴含的地方性知识。这些知识不仅代表了传统村落村民对村落人居环境营建的方法，更是村民的自豪感、归属感等地方情感表达的载体和手段。因此，该类地方性知识的传播、继承往往需要遵循特定的程式，使得拥有该类知识的群体规模小，知识具有唯一性的特征。

遵循唯一性的原则提取地方性知识，即在传统村落景观中寻找其所表征的知识是其他村落所没有的，无论在传统村落景观的外在形态还是内在社会人文景观特质上，都具有独特性和排他性的知识。或在某类知识的影响下，该村落景观在局部结构、设施、场所、遗产上具有重要的价值和意义，也表现出其他地区传统村落景观所没有的特征，那么该类知识也可被确认为传统村落景观的地方性知识。

4. 历时性原则

传统村落之所以具备丰富多元的价值，主要原因在于其悠久的演化历史以及长期传承的物质、非物质文化景观遗产。各种类型的本土景观遗产、乡土景观遗产、土著景观遗产、无形文化景观遗产等代表着一种传统价值和意义，它们均与特定的地方性知识相对应，表达了地方性知识的传统内涵。历时性原则是将传统村落景观及其地方性知识置于演变与发展的视角下进行审视，提取产生时间较早并传承至今，而且可以与当代乡村环境相结合，进一步传承、活化、更新的地方性知识。

在传统村落漫长的演变历程中，传统村落景观也处在不断变化的状态，具体表现为一些传统村落景观逐渐遭到遗弃甚至消失，而另一些传统村落景观则得以保留、利用至今。这种景观现象实则反映了与之相对应的地方性知识的变化。通常，传统村落景观的变化，特别是景观的消失往往是地方性知识消失、弱化的结果。虽然从学科专业的视角看，这一过程背离了传统村落演化的“正规”路径，但从村民群体的角度来看，似乎具有一定的“正当性”。延续至今的传统村落景观则证明与之对应的地方性知识在当前人居环境运行语境中仍然具有适用性。遵循历时性原则确认地方性知识，首先是对这些尚具有一定活性的地方性知识进行归纳整理，建立保护与更新体系，后续可进一步采用专业知识及时引导传统地方性知识的科学演变。其中的原理与国际遗产保护领域的原真性原则殊途同归，目的均是最大限度地保护遗产的原态特征和原生属性。

传统村落是乡土空间中具有代表性的遗产类型。在遗产营建领域，保护与更新是密切结合的两个方面，遗产保护是遗产更新的基础，遗产更新是遗产保护的一种路径。两者之间的关系实则体现了遗产营建的基本目标：传承，即遗产需要通过合理的方式予以活态传承，使之始终保持与自然及人文社会环境的适应关系。村民作为主体长期生活在传统村落中，并主导着传统村落演变与发展的方向，使得传统村落相较于其他遗产本身就具备了可以自主传承的优势条件，因此传统村落遗产兼具物质文化遗产和非物质文化遗产的属性，是一种特殊的遗产类型（冯骥才，2013）。

传统村落景观是在村民地方性知识的指导下形成的村落遗产，表达了地方性知识的内涵及特征。能够在传统村落长期演化和发展过程中通过自发性的、渐进式的微更新使得自身始终适应村民日常生产生活需要并保存至今的传统村落景观，证明与之相对应的地方性知识具有传承的优势，因此，对该类地方性知识予以提取和挖掘，是保护传统村落景观的必然要求。

另外，当前传统村落景观营建面对的种种问题，其根源主要在于村民群体自身的传统文化意识、传统地方性知识的缺失，最终导致传统村落景观遗产难以得到应有保护。因此，充分挖掘质量较好、传承价值较高的地方性知识，可以更好地引导村民群体转变价值观念、思想意识，促进传统地方性知识的普及与传播，从内生动力方面有效缓解传统村落自主更新的无序化现象，维护传统村落景观的基本秩序。

从地方性知识的形成背景来看，虽然地方性知识和普遍性知识的关系是历史特殊主义和普遍主义的差异（吴彤，2007），但知识的地方性并不仅仅针对地域、时间、阶级与各种问题而言，还与情境有关。从广义角度而言，地方性知识也应是一种开放性的知识，地方性并不等于封闭性，相反这种知识要对自己有所超越，能够用于活化或指导社会经济建设。因此，具有传承性特征的地方性知识也具有普适性，而这种知识实则已经通过跨地域、跨文化区的知识交流、混合等方式自主性地产生了。

传统村落景观营建的最终目标是将传统村落遗产保护与当前村落社会发展需要有机结合，创造和谐的人居环境。遵循历时性的原则提取传统村落景观地方性知识，不仅是为了将相应的知识活化成一种本土的营建技术，指导当代村镇规划设计和历史文化村镇保护性规划建设，而且意在使地方性知识能够成为一种可以传播的知识类型，使其蕴含的普适意义法则、生态智慧能在更为广阔的乡土空间得到运用。

（二）提取方法

根据传统村落景观地方性知识的分类体系，可以采用不同方法对传统村落景观地方性知识进行提取：针对传统村落所在地理单元的自然生态景观、传统村落空间形态、传统民居景观表征的显性地方性知识，可以通过谷歌地图、无人机航拍、实地调研测绘等方式分别获取传统村落及其周边的数字高程模型数据、传统村落景观空间分布特征、传统院落及传统民居景观尺度，从景观要素特征、结构、图案等方面提取地方性知识。针对民俗礼仪、传统工艺、民间艺术等隐性地方性知识，主要通过网络检索、查阅地方史书和文献与地方居民访谈录音和笔录方式，广泛整合视觉、听觉、嗅觉等行为感知功能，以传统村落生活参与者的身份从口述史、文本、故事、影像四类基础资料中提取地方性知识。

1. 显性知识的提取方法

在显性地方性知识提取中，综合运用要素提取、结构提取、图案提取的方法对传统村落景观进行空间解构。要素提取、结构提取、图案提取方法之间保持从宏观层面传统村落整体人居环境景观中的地方性知识的提取，到中观层面传统村落空间格局景观中地方性知识的提取，再到微观层面传统建筑景观中的地方性知识提取的顺次承接的逻辑关系。首先，运用要素提取的方法对前期调研过程中收集到的地方性知识基础资料进行分类，明确传统村落景观地方性知识所包含的全部知识类型，例如，涉及传统村落景观区系知识、传统村落自然生态景观知识、传统村落演化发展知识、传统村落空间形态知识、传统村落民居景观知识、传统村落文化景观知识等。其次，运用结构提取的方法提取景观要素的组合结构中蕴含的地方性知识，例如，传统村落农田景观结构中的地方性知识，传统村落选址景观中村落与山水格局结构中的地方性知识，传统村落整体格局、传统村落街巷格局、传统村落功能组合传统院落布局、传统建筑营建结构中的地方性知识等。最后，运用图案提取的方法对传统民居装饰、构筑物等景观中的图腾、图形等符号意象所蕴含的地方性知识进行分析与解译。

2. 隐性知识的提取方法

（1）口述提取

费孝通先生在《乡土中国》中开宗明义，指出中国乡土社会是扎根于土地的，形成了相对静态、封闭、不流通的“乡土本色”，因而导致了乡土社会成为“熟人社会”（费孝通，1985）。在这种社会空间中，用语言可以便捷、准确地表达个人的观点和意图，而使用文字显得“多此一举”。外人眼里村民大都不识字的“愚”，在费孝通看来实则是理所应当的了。因此，口述历史是建构族群集体记忆的重要载体，乡土空间营建的地方性知识也更多蕴含在村民“口耳相传”过程中，而非以文字方式承载。所以，口述提取是传统村落景观地方性知识提取的首要方法。

个体的“人”是知识生产、传播、演变的行使主体，因此知识总是面临在多大范围内有效的问题。个体的知识即个人的知识，具有主观性；集体的知识即在一定范围内取得广泛认同的知识。在乡土空间中，针对个体知识的提取，需要采用半结构访谈的形式，通过深入乡村社会生活，在与村民日常交谈的过程中有意或无意地收集、提取。特别是要针对掌握较多地方性知识的年长者、乡贤等特殊群体进行访谈。原因如下：一方面，随着时间的推移，该类人群数量减少，知识提取具有急迫性；另一方面，由此造成其认知、表达方式退化，给知识获取增加了难度，因此应当在知识口述提取中花费较多精力与这一特殊群体建立广泛联系。针对集体知识的提取，因不同个体对集团类知识的认知可能存在偏差，可通过其他方式如景观的反证进行修正。

（2）文本提取

传统村落具有悠久的发展历史，这一属性成为其蕴含丰富社会、文化、经济、艺术价值的基础。因此，对于传统村落历史脉络的梳理，既是认知传统村落的必然要求，也是开展传统村落研究的先导。这一过程除了借助田野调查和访谈方法外，还需遵循历史学研究的一般逻辑，借鉴历史学中常用的文献法，从文本中提取传统村落景观地方性知识。

“熟人社会”的特质使得大量地方性知识掌握在村民手中，但仍然有部分地方性知识以“正规性”或“非正规性”的文本形式被记录下来。前者包括族谱、石刻、统计年鉴、县志等。该类文本形式正统，往往由相关专业人士或乡贤代表撰写，其中的内容通常已获得广泛认同，具有一定的客观性，可以视为传统村落研究的权威文献。其中族谱一般由本族人合作完成，谱中记载的村落历史起源、选址方法、生产方式、民风民俗等内容是传统村落地方性知识提取的重要依据。“非正规性”文本是相对于“正规性”文本来讲的，包括诗词、散文、游记以及网络APP平台中的博文等，其中记载的内容多带有较强的主观色彩，甚至仅仅代表个人在某种特殊时刻、特殊环境中的认知，因此较多作为从侧面证明传统村落景观地方性特征的依据。

（3）故事提取

民间故事最初是村民口口相传的记录地方性知识的载体，后来一些故事获得广泛认同，流传年代久远，范围广大，转而以文本方式被记录下来。因此故事本身寓于口述史与文献中，前者较多承载流传在小范围的、村落或村落集群空间的故事，后者则在更大区域甚至国家范围内传播。

村民是故事生产、传播的载体，使得故事内容本身带有一定的主观性。故事又是一种文化学、艺术化的表达形式，抽象、夸张与写实、记叙并举，因此在从民间故事中提取地方性知识的过程中，除了遵循口述提取和文本提取的逻辑外，还需要对所获知识的科学性、准确性进行甄别，去伪存真。具体可以以前期口述提取、文本提取的知识内容以及景观特征进行佐证。从这一角度看，故事提取实则更多承担的是对口述提取、文本提取进行补充的作用。例如，口述故事、文本记载故事中的关键词可以作为发散研究思维的节点。综上所述，故事提取属于传统村落景观地方性知识提取的辅助方法。

（4）影像提取

传统村落人居环境空间是立体的三维空间，隐性知识虽然不以形式化的方式直接表现出来，但在物质空间中总能找到与之相对应的景观要素。这些景观要素往往具有时空瞬时性特征，总是在特定的时间、地点表现出来，而且每次出现的形式也可能因村民主体的意愿、状态、知识运用的水平的差异而不尽相同。因此，仅采用语言或文字的形式较难准确描绘知识内容及其内涵。

当前数字影像技术获取、储存和运用的便捷性为破解上述地方性知识提取困境提供了方法。采用影像提取的方式可以对非物质文化中的技艺，歌舞民俗活动过程中表演者的神态、举止、动作流程等不易运用二维平面图像、文字进行记录的地方性知识细节进行捕捉，其所得结果具有真实性、客观性的特点，提取的景观要素可以直观、准确、详尽地反映地方性知识的内涵。因此，影像提取方法可以作为口述提取、文本提取等隐性地方性知识提取方法的重要补充。

3. 地方性知识提取方法的综合运用

对于传统村落相关问题，不仅要知其然，更要知其所以然，即不仅需要基于聚落面临的现状问题，分析总结聚落景观特征，更重要的是要研究景观形成机制和内在影响因素，并以之为参考最终提出传统村落景观营建策略。传统村落景观地方性知识不仅包括传统村落景观营建的技术、流程、方法，而且包括地方性知识形成过程中传统村落村民与自然、经济、社会、技术和文化等影响因素博弈、交互的过程和秩序。采用上述显性地方性知识和隐性地方性知识的提取方法，虽然可以将传统村落地方性知识的基本内容提取出来，但还未涉及传统村落地方性知识的形成逻辑，即仅回应了传统村落景观地方性知识是什么，而并未对为何会形成这种地方性知识给出答案。因此，应进一步引入含义提取的方法，并贯穿于各类显性地方性知识和隐性地方性知识提取过程中，用于考察依据各类方法提取所得的地方性知识蕴含的传统行为逻辑和内在机制。据此，最终形成了综合性的传统村落景观地方性知识提取方法（图 4-2），所得结论能为后续传统村落景观地方性知识保护和延续策略的制定提供科学参考。

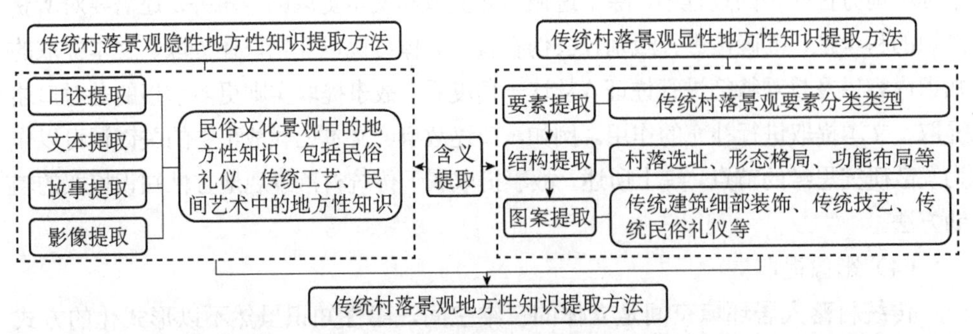

图 4-2　综合性的传统村落景观地方性知识提取方法

四、地方性知识分类

在传统村落中，地方性知识植根于传统村落景观空间中，景观是地方性知识的载体，因此景观特征的异质性彰显了地方性知识的差异，表达了地方性知识的内涵。从系统论视角看，传统村落是一个复杂的、综合的有机体，传统村落景观既蕴含了朴素的人-地关系哲学知识、传统建筑营造知识，又表征了乡土社会理论纲常知识、地方文化知识等。这些知识集合构建起庞大、复杂的地方性知识体系，运用类型学方法对其进行初步解构，是认知传统村落景观地方性知识的先导。基于此，学术界对地方性知识的分类方法进行了广泛探索，形成了不同的分类标准，如按照地方性知识对传统村落景观特征形成的重要性和成分分类、按照地方性知识的功能分类、按照地方性知识的结构分类、按照地方性知识的表达形式分类（表 4-5）。其中按照地方性知识的表达形式将其分为显性知识和隐性知识，也是普遍性知识分类常用的方式（张中华，2017）。

表 4-5　传统村落景观地方性知识的分类

传统村落景观地方性知识的分类依据	传统村落景观地方性知识类型	说明
按照地方性知识对传统村落景观特征形成的重要性和成分分类	主体性知识	该地方性知识塑造了传统村落景观的主要特征
	依附性知识	依附传统村落景观的主体性特征而存在，对传统村落景观的主体性特征起到了强化或点缀的作用
	混合性知识	指传统村落的景观性特征较为复杂、形式较为多样，但总体上所呈现的景观特征仍具有某些地区的知识属性
	变异性知识	由于社会历史及自然环境的限制与影响，在原有地方性知识的基础上形成的新的地方性知识
按照地方性知识的功能分类	传统生产技艺知识	以艺术、技术景观呈现的传统技术、传统工艺，如酿造、编织、纸扎等手工技艺中蕴含的地方性知识
	传统生活习俗知识	在与自然环境长期适应、博弈过程中形成的价值观念和风俗习惯
	传统生态知识	主要包含人类与自然环境、人类与其他生物相处和适应的经验
按照地方性知识的结构分类	地方触摸知识	指代可见、可触、可利用的物质空间景观所体现的地方性知识，是对景观初始的、简单的感知
	地方行为知识	指可视、可听但不可触的精神、行为中蕴含的地方性知识，较多涉及日常活动如交往、婚嫁、消费、休闲等，属于对事物的中级感知
	地方感知知识	主要包括宗教信仰、精神情感等无形的观念、意识形态方面的地方性知识，是一种对事物深层的高级感知
按照地方性知识的表达形式分类	显性知识	主要包含传统村落的外在的景观特征，如传统村落的大小、传统村落的形态构成、传统村落的设施构成等
	隐性知识	主要包括传统村落景观所蕴含的社会历史人文价值，尤其是一些非物质文化遗产，如民俗节庆、图腾信仰、建筑的营建法式等

一些分类方法较为烦琐，且其中各类型地方性知识存在交集，如混合性知识、变异性知识也可在传统村落演化发展的特定阶段作为传统村落景观的主导性知识；或是仅从几个方面划分了传统村落景观地方性知识，如按照地方性知识的功能将其分为传统生产技艺知识、传统生活习俗知识、传统生态知识，缺少与传统村落空间形态景观、传统民居景观营建相关的地方性知识集合，使得其所构建的传统村落景观地方

性知识体系不甚完整；抑或是本质仍然属于显性知识和隐性知识的分类方式，如再按照地方性知识的结构将其分为地方触摸知识、地方行为知识、地方感知知识，地方行为知识属于显性知识的范畴，而地方触摸知识和地方感知知识实则是隐性知识的真子集。因此，为便于对传统村落景观地方性知识类型进行清晰的分类，本书构建的传统村落景观地方性知识体系仍然沿用了普遍性的知识分类方法，即按照地方性知识表达的功能特征差异，首先将传统村落景观地方性知识分为显性知识和隐性知识。

（一）显性知识

传统村落景观显性地方性知识即通过可以目视、触及的物质空间环境直接表征的地方性知识，其主要蕴含了传统村落村民在日常基本生产、生活运行中必须具备的营造智慧、技术方法等，体现在传统村落自然生态景观、传统村落空间形态景观和传统村落民居景观三个层面（图 4-3）。

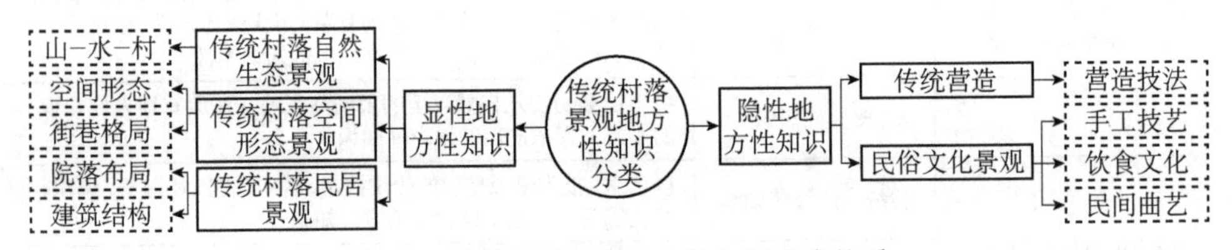

图 4-3　传统村落景观地方性知识分类体系

传统村落自然生态景观中蕴含的显性知识表征了传统村落村民合理利用自然资源、顺应自然环境地方性特征营建传统村落整体人居环境的地方性知识，即回答了村落村民如何看待人、传统村落与自然系统三者之间的关系，如何实现三者的共存、共生、共荣这一哲学问题，具体包括关于山、水、土地、动植物资源的利用方面的知识等。传统村落空间形态景观中蕴含的显性知识则包括传统村落选址知识，即村落空间布局与区域山水形态格局相互依衬、组合的模式和方法；传统村落空间布局的知识，如因地制宜地平衡生产空间、生活空间、生态空间三者的组合关系；传统村落形态格局的知识，如处理传统村落建设用地内部居住空间与地形、水系之间的关系，公共空间与私密空间的关系等；传统村落街巷格局知识；传统村落公共空间布局的知识等，主要回应了采用何种景观布局方式组织传统村落日常运行逻辑的问题。传统村落民居景观中蕴含的地方性知识则包括传统院落布局模式、传统民居建筑结构类型、建筑材料选择与运用、建筑装饰的设计与应用等，体现了村民在私密空间功能需求、布局、设计等营建过程中的地方性知识，是村民个体或家族在一定资本、技术等条件的限定下自身身份、职业、社会地位的体现，以及对内心情感、精神价值追求的表达。

（二）隐性知识

传统村落景观中蕴含的隐性地方性知识即非物质文化遗产景观所表征的地方性知识，体现了传统村落栖居环境中一种更高层级的组织方式和运作逻辑。这些民俗文化景观中的地方性知识反映了传统村落独特的地方社会文化，表达了传统村落村民对美好生活的期盼等精神追求，因此其不同于显性知识可以通过固定的景观要素实时表现出来，而是在特定时间、地点通过行为、举止、神态、演绎等形式体现出来，景观表达具有瞬时性、不可持续性的特征，主要包括传统民俗礼仪、民间艺术等景观中承载的地方性知识。

其中，传统民俗礼仪景观中的地方性知识因为多数被村民所掌握，其应用过程均遵循固定的程式，承载、表达了村民群体共同认同的伦理秩序、精神追求、价值观念等，因此该类地方性知识的内容及景观表达方式较为固定。例如，传统礼仪、庆典景观蕴含了村民对自然环境、自然法则的敬畏与寄托的地方性知识，宣讲、祭拜、祈福、歌舞表演等是其具体的景观表达形式；又如，宗族礼法景观承载了维系传统社会尊卑有序的社会运行秩序的地方性知识，上香、奉献饭羹、祈福、鸣锣击鼓或弦乐伴奏等是其常见的景观表达形式。民间艺术景观中的地方性知识则彰显了村民能动地改造物质空间环境的能力和手段，其实施、运行过程中虽然也遵循一定的逻辑，但因具有即时性、自发性的特点，景观表达范围相对较小，且更多融入了个体意识和思维方法，所以该类地方性知识内容以及景观表达形式有很多变体。例如，在民间绘画艺术知识表达过程中，虽然大多包括选题、构图、起稿、着色、定型、落款等步骤，但即使是面对相同的主题，不同作者的理解角度不同，景观表达细节不同，最后呈现的作品也会有所差异。

五、地方性知识体系

（一）地方性知识点

基于地方性知识景观载体的类型特征对传统村落景观地方性知识点进行初步分类，具体分为传统村落水域景观中的地方性知识点、山体景观中的地方性知识点、农田景观中的地方性知识点、生物景观中的地方性知识点、功能组合景观中的地方性知识点、传统村落形态景观中的地方性知识点、街巷格局景观中的地方性知识点等共计 20 种知识点类型（图 4-4）。

景观类型	地方性知识点
传统村落水域景观中的地方性知识点 传统村落山体景观中的地方性知识点	依山而居、依水而居、山环水绕、平地而起、沿路而起、依“塬”就势、背山面水、林地环绕、负阴抱阳、四象围合等传统村落选址地方性知识点
传统村落农田景观中的地方性知识点 传统村落生物景观中的地方性知识点	方形农田、曲线形农田、多边形农田、圈层式农田、条带形农田、山地梯田等农田布局地方性知识点
传统村落功能组合景观中的地方性知识点	功能嵌套、功能融合、功能分置、功能混杂等传统村落功能布局地方性知识点
传统村落形态景观中的地方性知识点	组团状、条带状、圆环状、块状、散点状、三角形等传统村落形态布局地方性知识点
传统村落街巷格局景观中的地方性知识点	方格网形、环式、鱼骨形、自由式、环形放射状、“一”字形、带状、树枝状、“丁”字形等街巷形态布局地方性知识点。$D/H>1$、$D/H=1$、$D/H<1$等街巷尺度地方性知识。无檐式、挑檐式、骑楼式等街巷形式地方性知识点。青石板、花岗岩、鹅卵石、混凝土等街巷铺装地方性知识点
传统村落公共空间景观中的地方性知识点	交通功能入口、标志功能入口、文化功能入口等村落入口功能布局地方性知识点。入口型广场、中心型广场、节点型广场等不同类型广场布局地方性知识点。标识类建筑、文化类建筑等不同类型公共建筑布局地方性知识点。田园绿地空间、宅间绿地空间、游园绿地空间等不同类型绿地空间布局地方性知识点
传统村落院落布局景观中的地方性知识点	单进式单坡院落、地坑院式窑洞四合院、厢房式窑洞合院；多孔联排式窑洞合院、“口”字形院落、“一”字形院落、L形院落、天井四合院、二进四合院等院落布局知识点
传统村落建筑结构景观中的地方性知识点	抬梁式、穿斗式、下沉式窑洞、独立式窑洞、靠崖式窑洞、下沉式窑洞、砖木结构、土木结构、石木结构等建筑结构地方性知识点
传统村落建筑材料景观中的地方性知识点	黄土、青砖、瓦片、木材、石板、土砖、砌块、竹子等建筑材料运用地方性知识点
传统村落建筑装饰景观中的地方性知识点	砖雕、彩绘、窑檐、女儿墙、门窗、炕、灶、烟道、木雕、石雕、壁画等建筑装饰布局地方性知识点
传统村落节日庆典景观中的地方性知识点	社火表演、祭祀、拜土地、吃坟会、黄帝陵祭典、烧狮子、赛龙舟等节日庆典活动演绎地方性知识点
传统村落婚丧嫁娶景观中的地方性知识点	见面、看屋、扯衣服、坐喝、择吉、先婚、丧礼等婚丧嫁娶活动地方性知识点
传统村落集市贸易景观中的地方性知识点	庙会活动、赶场习俗、高跷表演、舞龙舞狮等集市贸易活动演绎地方性知识点
传统村落生产技法景观中的地方性知识点	金线油塔、臊子馄饨、泡泡油糕、羊肉泡馍、土织布、张家山手工挂面、横山响水豆腐、榆阳柳编、横山炖羊肉、陕北红枣、佳县包头肉、竹编农用具、热面皮、菜豆腐等生产制作技艺地方性知识点
传统村落艺术工艺景观中的地方性知识点	面花、纸扎、剪纸、刺绣、关中皮影、安塞农民画、吴起泥塑、黄陵麦秸画、傩面具、雕刻、罐罐茶、羌绣、木板年画等艺术工艺制作地方性知识点
传统村落文学戏剧景观中的地方性知识点	秦腔、戏偶戏、蒲剧、晋剧、陕北道情戏、陕北匠艺丹青、弦子戏、商洛道情戏、洋县杖头木偶戏、陕西快书、礼泉皮影等文学戏剧地方性知识点
传统村落音乐舞蹈景观中的地方性知识点	秧歌、合阳撂锣、韩城行鼓、榆林小曲、靖边信天游、安塞腰鼓、壶口斗鼓、紫阳民歌社火、旬阳民歌、商洛花鼓等音乐舞蹈表演地方性知识点
传统村落传统服饰景观中的地方性知识点	长襟棉袄、千层底布鞋、白羊肚手巾、羊皮褂、肚兜、大裆裤、门襟、纳纱绣、穿罗绣、包头帕、对襟服饰等传统服装制作地方性知识点

图 4-4　传统村落景观地方性知识点

1. 传统村落选址地方性知识

择地而居是传统村落形成的必要条件，传统村落山水格局景观表征了传统村落选址的地方性知识。

传统村落选址地方性知识包括依山而居、依水而居、山环水绕、平地而起、沿路而起、依“塬”就势、背山面水、林地环绕、负阴抱阳、四象围合等知识类型，蕴含了在传统村落选址过程中村民处理传统村落与山体、水域、道路等景观要素空间布局关系的方法（表 4-6）。

表 4-6 传统村落选址地方性知识

图示	传统村落选址地方性知识：依山而居；依水而居；山环水绕；平地而起；沿路而起；依『塬』就势；背山面水；林地环绕；负阴抱阳；四象围合；……
地方性知识类型	依山而居选址知识、依水而居选址知识、山环水绕选址知识、平地而起选址知识、沿路而起选址知识、依“塬”就势选址知识、背山面水选址知识、林地环绕选址知识、负阴抱阳选址知识、四象围合选址知识等
分类依据及其蕴含的地方性知识内涵	依据传统村落与山体、水域、道路等景观要素的空间组织关系划分村落选址类型。村落选址表征了在区域、自然环境的影响下，村民对于人-地关系的认知和基本地方营造观念

传统村落选址重点是要满足生活与生产两大基本需求。山体和水域因能为此提供丰富的自然资源而成为传统村落选址过程中需要考虑的自然要素。例如，山体既可以抵挡冬季凛冽的寒风，又可以提供丰富的林地资源，而水域不但是农业生产、灌溉的必要条件，更是村落村民日常生活的必需资源。因此，传统村落选址知识多包含对山体景观、水域景观的利用方法，所以在传统村落景观地方性知识点中多见“山”“水”“林”等字。另外，在传统村落形成早期阶段，由于人们对自然环境的认知有限，尚未形成系统化的知识体系，传统村落生产力水平低下，因而不具备大规模改造自然环境的能力。在这种背景下，传统村落选址更多秉承适应自然、顺应自然的原则。因此，传统村落景观地方性知识点又多采用“依”“沿”等动词，表达了人居环境营建的哲学法则。

2. 传统村落功能组合地方性知识

传统村落包含生产空间、生活空间、生态空间，“三生”空间有机融合的空间组合特征是传统村落村民追求“诗意栖居”“天人合一”的地方营造观念的表达，体现了其通过能动地平衡地方生产、生活、生态空间三者之间的布局关系，构建和谐人居环境的地方性知识。

传统村落功能组合地方性知识包括功能嵌套布局知识、功能融合布局知识、功能分置布局知识、功能混杂布局知识等知识类型（表 4-7）。源于山体、水系等自然要素形态的框定作用，传统村落功能组合地方性知识往往遵循随形就势的原则。例如，分布在河谷、台塬、山地地区的传统村落由于两侧山体陡峭，传统村落斑块受到“挤压”，使得生产空间、生活空间布局紧凑，形成了功能融合的地方性知识。分布在平原地区的传统村落则较少受到上述因素的影响，形成了生活空间、生产空间、生态空间由内向外圈层嵌套布局的地方性知识。

表 4-7 传统村落功能组合地方性知识

图示	传统村落功能组合地方性知识 功能嵌套 / 功能融合 / 功能分置 / 功能混杂 / ……
地方性知识类型	功能嵌套布局知识、功能融合布局知识、功能分置布局知识、功能混杂布局知识等
分类依据及其蕴含的地方性知识内涵	根据传统村落生态空间、生产空间、生活空间组合方式特征进行分类，表现了村民认知生态、生产、生活三者之间的相互关系并科学平衡“三生”空间布局的地方性知识

3. 传统村落农田布局地方性知识

农田不但是传统村落村民在农业生产过程中认识自然和利用自然的具体形式，更是农耕文明的直接反映。传统村落农田景观表征了传统村落农田布局的地方性知识。

传统村落农田布局地方性知识包括方形农田布局知识、曲线形农田布局知识、多边形农田布局知识、圈层式农田布局知识、条带形农田布局知识、山地梯田布局知识等地方性知识类型（表 4-8）。传统村落农田布局地方性知识揭示了在气候条件、地形地貌、水体形态、耕作方式、农作物类型、人口规模等因素影响下传统村落村民改造、利用土地的方式方法以及在此过程中对自然规律的认知与应用智慧。

表 4-8　传统村落农田布局地方性知识

图示	传统村落农田布局知识：方形农田、曲线形农田、多边形农田、圈层式农田、条带形农田、山地梯田、……
地方性知识类型	方形农田布局知识、曲线形农田布局知识、多边形农田布局知识、圈层式农田布局知识、条带形农田布局知识、山地梯田布局知识等
分类依据及其蕴含的地方性知识内涵	依据农田形态特征及其与地形地貌、水体形态的空间组织关系进行分类，揭示了传统村落村民改造、利用土地的方式方法

4. 传统村落形态地方性知识

不同于传统村落选址和传统村落空间功能组合兼顾“三生”空间的协调，传统村落形态因与村民生活空间密切结合而更多注重满足日常生活的便利、舒适、安全以及乡土社会的行为逻辑，因此传统村落形态中蕴含的地方性知识既包含了顺应自然的哲学观念，也更多地融入了传统村落村民的意识等人文因素。

传统村落形态地方性知识包括组团状形态知识、条带状形态知识、圆环状形态知识、块状形态知识、散点状形态知识、三角形形态知识等知识类型（表 4-9）。其表征了地形地貌、水系、土壤条件、国家政策、生产方式、交通条件、宗族、宗教以及村民集体的主观意愿等自然因素和人文因素综合影响下的传统村落景观的地方性知识营造逻辑与方法（表 4-10）。

表 4-9　传统村落形态地方性知识

图示	传统村落形态地方性知识：组团状、条带状、圆环状、块状、散点状、三角形、……
地方性知识类型	组团状形态知识、条带状形态知识、圆环状形态知识、块状形态知识、散点状形态知识、三角形形态知识等
分类依据及其蕴含的地方性知识内涵	根据传统村落平面形态特征进行分类。其表征了在地形地貌、水域、土地、防御、戍卫、交通、商业贸易、宗教、宗族等自然与人文因素综合影响下传统村落生活空间布局模式

表 4-10 不同因素影响下传统村落形态地方性知识及其内涵

主导影响因素	自然因素		人文因素				
	地形地貌	水域	防御、戍卫	商业贸易	宗教	宗族	精神情感
分类特征及其蕴含的地方性知识内涵	传统村落形态顺应地形地貌特征，表现出地方性形态格局。例如，在台塬地形区，民居沿沟壑边缘布局，形成不规则形态，表达了顺应地形地貌特征营建传统村落的地方性知识	传统建筑布局与水域形态密切结合，使得传统村落形态顺应水域岸线走向，表现出自由式的整体形态格局，体现了滨水地区传统村落形态布局的基本方式方法和空间组织逻辑	传统村落形态规则，城墙框定了村落范围，城门、衙署、寺庙、石塔等公共建筑物和构筑物构成了村落重要的节点空间，表征了在防御、戍卫等功能导向下传统村落空间形态营造的方法	传统村落整体形态格局沿码头岸线或商道等交通流走向展开，核心商业空间多呈带状，体现了商业贸易、区位交通等因素影响下的传统村落形态特征	传统村落形态围绕寺、庙等宗教类公共建筑布局，或在寺、庙一侧毗邻布局，表现了宗教因素作为传统村落形成与演化主导机制影响下的传统村落整体形态布局方式	围绕祠堂或象征性景观以家族为单位营建大院或城池等次级组团，多个组团拼接形成村落，是宗族礼法、序差格局等中国乡土社会地方性组织方式在传统村落景观中的表征	传统村落形态大致呈现鸟、兽或象征性意象要素的形状且重要公共建筑多布局在关键节点，表达了传统村落村民对抽象事物的精神崇拜和对美好生活愿景的情感寄托

5. 传统村落街巷格局地方性知识

传统村落街巷格局包含街巷形态、街巷尺度、街巷形式、街巷铺装四个方面，与之对应分别形成了街巷形态知识、街巷尺度知识、街巷形式知识、街巷铺装知识（表 4-11）。其中，街巷形态知识包括方格网形、环式、“一”字形、鱼骨形等路网形态地方性知识；街巷尺度知识包括 $D/H>1$ 尺度知识、$D/H=1$ 尺度知识、$D/H<1$ 尺度知识；街巷形式知识包括无檐式形式知识、挑檐式形式知识、骑楼式形式知识等；街巷铺装知识包括青石板铺装知识、花岗岩铺装知识、鹅卵石铺装知识、混凝土铺装知识等。

表 4-11 传统村落街巷格局地方性知识

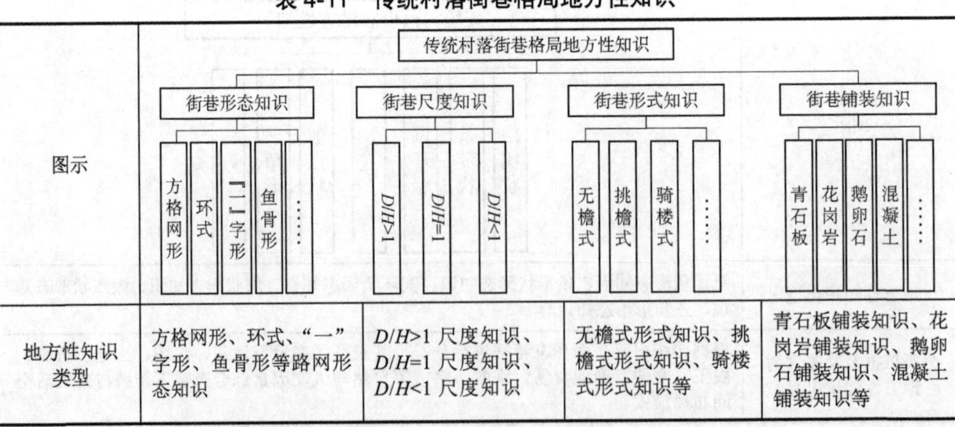

	传统村落街巷格局地方性知识			
图示	街巷形态知识：方格网形、环式、「一」字形、鱼骨形、……	街巷尺度知识：$D/H>1$、$D/H=1$、$D/H<1$	街巷形式知识：无檐式、挑檐式、骑楼式、……	街巷铺装知识：青石板、花岗岩、鹅卵石、混凝土、……
地方性知识类型	方格网形、环式、“一”字形、鱼骨形等路网形态知识	$D/H>1$ 尺度知识、$D/H=1$ 尺度知识、$D/H<1$ 尺度知识	无檐式形式知识、挑檐式形式知识、骑楼式形式知识等	青石板铺装知识、花岗岩铺装知识、鹅卵石铺装知识、混凝土铺装知识等

续表

分类依据及其蕴含的地方性知识内涵	按照街巷平面形态特征划分街巷格局。街巷格局通常与传统村落形态相对应，表征了在平衡众多自然与人文社会因素的基础上，进一步满足传统村落交通空间整体组织中对于功能、安全、秩序等需求进行平衡的地方性知识	依据街巷宽度（D）与两侧建筑物高度（H）的比值确定街巷尺度类型。不同街巷空间尺度比例关系能给人带来不同的空间体验，形成不同的地方情感，其较多地体现了村民对公共空间、半公共空间、半私密空间等不同领域及其安全性的关注	依据街巷两侧传统建筑屋顶是否出檐、檐口出挑尺度以及建筑底层是否后退进行分类。街巷形式差异同样也会使人形成不同的地方体验和地方情感	依据传统街巷地面铺装肌理特征进行分类。地面铺装主要表征了街巷功能、街巷等级、街巷两侧传统民居建筑所属村民身份地位的地方性差异，用于强化由街巷格局、街巷尺度、街巷形式形成的地方性景观特征

传统村落街巷格局知识受到地形地貌特征和功能需求的影响。村民对地形地貌的改造能力较弱，同时也秉承尊重自然的人居环境营建原则，因此街巷格局完全顺应自然因素的形态，表现为街道空间走向多沿地形等高线延伸，对于垂直等高线的交通流线采用台阶、坡道等形式解决。因减少了工程填挖总量，从而更清晰地表达了村落内部“微地形”景观特征。在功能需求方面，传统村落街巷空间更多承担着村落内部简单的交通、社会交往以及保障安全功能。因此传统村落街巷除少量主街较为平直、宽敞外，大量巷道通而不畅且狭窄、复杂，这使得街巷空间形成了领域限定，提升了传统村落的安全性。

6. 传统村落公共空间布局地方性知识

传统村落公共空间包括村落入口、休闲广场、公共建筑、绿地、水域等，因其具有明显区别于传统民居均质化的景观特征而成为村民感知传统村落的景观节点或标志物，这些景观中蕴含了传统村落公共空间布局地方性知识。

传统村落公共空间布局地方性知识包括四个方面的内容：村落入口布局知识、广场布局知识、公共建筑布局知识、绿地空间布局知识（表 4-12）。其中，村落入口布局知识包括交通功能入口布局知识、标志功能入口布局知识、文化功能入口布局知识等；广场布局知识包括入口型广场布局知识、中心型广场布局知识、节点型广场布局知识等；公共建筑布局知识包括标识类建筑布局知识、文化类建筑布局知识等；绿地空间布局知识包括田园绿地空间布局知识、宅间绿地空间布局知识、游园绿地空间布局知识等。

表 4-12 传统村落公共空间布局地方性知识

图示	传统村落公共空间布局地方性知识			
	村落入口布局知识	广场布局知识	公共建筑布局知识	绿地空间布局知识
	交通功能入口 标志功能入口 文化功能入口 ……	入口型广场 中心型广场 节点型广场 ……	标识类建筑 文化类建筑 ……	田园绿地空间 宅间绿地空间 游园绿地空间 ……
地方性知识类型	交通功能入口布局知识、标志功能入口布局知识、文化功能入口布局知识等	入口型广场布局知识、中心型广场布局知识、节点型广场布局知识等	标识类建筑布局知识、文化类建筑布局知识等	田园绿地空间布局知识、宅间绿地空间布局知识、游园绿地空间布局知识等
分类依据及其蕴含的地方性知识内涵	依据公共空间功能、属性及其在村落中的空间布局分类。代表性的公共空间景观彰显出较强的地方性，主要承载了村民集体对于维系地方依恋、地方归属等地方情感的地方性知识			

中国乡土社会的组织机制是以血缘和宗族关系为纽带构建的社会关系网络，在传统村落营建过程中常常通过修建广场、祠堂、议事厅等公共空间作为执行乡规民约、宗族礼法的场所，因此传统村落公共空间布局知识也蕴含了村民集体对于维系地方依恋、地方归属等地方情感的知识。

7. 传统村落院落布局地方性知识

院落是传统村落村民自身可以依据自我认知和当前积累的个体地方性知识随时着手营建、改造的最大范围，是传统村落村民个体或家族院落营造意愿的集中表达，其中蕴含了传统村落院落布局地方性知识。

传统村落院落布局地方性知识包括单进式单坡院落布局知识、厢房式窑洞合院布局知识、多孔联排式窑洞合院布局知识、地坑院式窑洞四合院布局知识、“口”字形院落布局知识、“一”字形院落布局知识、L 形院落布局知识、天井四合院布局知识、二进四合院布局知识等地方性知识类型（表 4-13）。传统村落院落布局地方性知识受到传统村落所处的自然地理环境和传统村落村民个体营造观念的双重影响。一方面，源于相近的气候、地方建筑材料资源等自然环境条件，一定区域范围内传统村落院落布局的地方性知识具有相似性，例如，黄土高原地区传统村落院落布局多为窑洞院落。另一方面，传统村落院落布局知识与村民个体需求和日常生活运行逻辑相结合，彰显了村民生产生活方式、经济水平、伦理秩序等方面的个性化特征。资产雄厚的家族多大兴土木，通过营造华丽的传统民居彰显家族身份和实力，该类院落规模宏大，建筑体量、密度均明显区别于一般院落，甚至会形成多种院落层层嵌套、组合的形式，其中院落布局暗含着家族身份、地位的差异。因此，传统村落院落布局地方性知识虽然在整体形态层面呈现出区域相似性，但在具体规模、开间、密度等方面表现出个性化特征。

表 4-13　传统村落院落布局地方性知识

图示	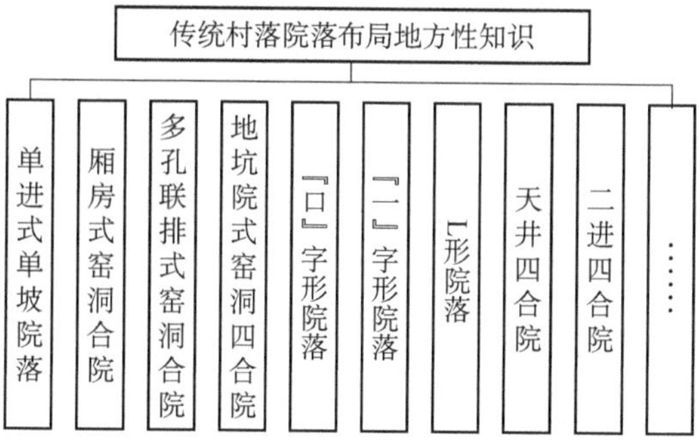 传统村落院落布局地方性知识 单进式单坡院落；厢房式窑洞合院；多孔联排式窑洞合院；地坑院式窑洞四合院；「口」字形院落；「一」字形院落；L形院落；天井四合院；二进四合院；……
地方性知识类型	单进式单坡院落布局知识、厢房式窑洞合院布局知识、多孔联排式窑洞合院布局知识、地坑院式窑洞四合院布局知识、“口”字形院落布局知识、“一”字形院落布局知识、L形院落布局知识、天井四合院布局知识、二进四合院布局知识等
分类依据及其蕴含的地方性知识内涵	依据传统民居院落平面肌理特征及规模划分院落布局知识。院落布局规模的差异多由院落功能需求、家族身份地位、资本积累状况等因素决定，反映了地方民众对于生活质量的诉求

8. 传统村落建筑结构地方性知识

传统村落建筑结构集中体现了中华民族先民的聚落营建智慧和技术工艺，蕴含着传统村落建筑结构知识。

传统村落建筑结构知识包括抬梁式建筑结构知识、穿斗式建筑结构知识、靠崖式窑洞建筑结构知识、独立式窑洞建筑结构知识、下沉式窑洞建筑结构知识等众多地方性知识类型（表 4-14）。建筑材料和建筑等级是影响传统建筑结构知识的两个主要因素。其中，建筑材料作为基础影响因素，其形态、尺度、韧性等属性决定了建筑结构类型所能负载的最大重量，从而将建筑开间、进深、高度等形态限定在一定范围内。如若以相同的建筑材料获得更大的建筑空间，则需变更建筑结构。例如，同为木构架的抬梁式和穿斗式建筑结构，前者因采用跨度较大的梁，可减少柱子数量，从而形成较大的空间，所以寺庙、宫殿等建筑通常采用抬梁式建筑结构。这一现象实则反映了建筑等级因素对传统建筑结构形式的影响，即公共建筑或大户家族建筑通常为了突出其地位，彰显身份或价值，需增加建筑体量，由此带来对建筑结构需求的变化。此外，除直接选择其他建筑结构外，也可对建筑结构进行改良，例如，抬梁式传统民居建筑梁架数量不同，建筑体量就会有差异，通过增加梁架数量可以获得更大的建筑内部空间，从而满足营建需求。

表 4-14 传统村落建筑结构地方性知识

图示	传统村落建筑结构地方性知识：抬梁式、穿斗式、靠崖式窑洞、独立式窑洞、下沉式窑洞、……
地方性知识类型	抬梁式建筑结构知识、穿斗式建筑结构知识、靠崖式窑洞建筑结构知识、独立式窑洞建筑结构知识、下沉式窑洞建筑结构知识等
分类依据及其蕴含的地方性知识内涵	依据传统民居建筑结构组合方式及其空间特征分类。相同建筑结构类型中不同规模形制应用的差异表征了身份地位和资本积累的差异，而不同建筑结构的选择多为地方性环境影响的结果

9. 传统村落民居建筑材料地方性知识

建筑材料主要包括传统建筑营建必需的土、石、砖、木、瓦等建材（表 4-15）。在传统村落形成早期，由于封闭不流通的生活特征，传统村落营建多就地取材，充分利用自然建材资源建设村落，也使得先民在平衡自然建材属性与营建过程中对于建材要求的实践中，逐步形成了以经济、环保、物尽其用为基本原则的地方性营造知识，并以之为依据塑造出传统村落地方性景观。因此，传统村落整体景观风貌特征往往是地方性建筑材料肌理的综合性表达，而建筑材料的纹理、色彩、形态也反映了地方自然环境特征。更重要的是，在地方性知识的指导下，运用地方建筑材料营建的传统建筑可以适应地方气候、水热等自然环境条件，创造出舒适的人居环境，从而体现了先民合理利用自然资源的生态智慧。

表 4-15 传统村落民居建筑材料地方性知识

图示	传统村落民居建筑材料地方性知识：黄土、石板、青砖、木材、瓦片、……
地方性知识类型	黄土建筑材料知识、石板建筑材料知识、青砖建筑材料知识、木材建筑材料知识、瓦片建筑材料知识等
分类依据及其蕴含的地方性知识内涵	根据建筑材料的形态、色彩、质地、纹理、属性等基本特征分类。其蕴含了村民对于传统村落所在自然环境中自然资源的选择、加工、应用方法、应用逻辑等地方性知识，体现了生态环保、物尽其用的营造智慧

在传统村落发展后期，随着生产力水平的逐渐提升，传统建筑材料也随之改良、完善，摆脱了完全依赖自然建筑材料属性、肌理特征营建的状态。人们通过对自然建筑材料进一步加工，创造出材质坚固、实用，形态美观，具有较好抗剪、抗压、导热、透气和保温等效果的新材料，如运用黏土烧制的砖、瓦等。由此，一方面，形成了新的地方性营造知识，即传统建筑营造工艺；另一方面，形成了新的传统村落地方性景观。与其相伴而生的是商品经济的发展、交通运输工具的改良和运输能力的提升，具有普适性的建筑材料的应用不再局限于较小的区域范围，可以沿交通流线传播至更远的地区。

10. 传统村落民居建筑装饰地方性知识

传统村落民居建筑装饰是传统村落建筑营建技术提升的产物，雕刻、绘画工艺的发展使得先民有能力将象征吉祥的动植物图案、符号、意象以及传说故事等保留在建筑材料表面，寄托了人们对于美好生活的期望和理想精神的追求，蕴含着传统民居建筑装饰知识。

传统村落民居建筑装饰地方性知识主要包括雕刻和彩绘两大类型，其中依据原始材料的差异，雕刻又可具体分为木雕、石雕、砖雕、彩绘等类型（表 4-16）。建筑装饰的出现使得传统建筑风貌有所改变，在认知传统建筑的过程中，除却体量因素，建筑装饰是导致一般性建筑与特殊建筑意象差异的关键，因此其所呈现出的复杂建筑细部、多样化的装饰构件等也成为等级区分的表达。例如，在传统民居中，大户家族、富商巨贾等均通过丰富建筑装饰的方式体现自身较高的地位。在公共建筑营造中，人们也通过华丽的装饰使建筑风貌明显区别于一般传统民居，从而突出公共建筑的价值和地位。如若在一定区域内存在多个相同类型的建筑，也常用建筑装饰进行区分，例如，当一个村落中同时存有家族支脉祠堂和家族宗祠时，后者的建筑装饰更为丰富，以凸显其更高的等级。

11. 传统村落生产技法地方性知识

传统村落生产技法地方性知识是指用于满足家庭日常生活所需的各类器物、传统农业生产所需各类工具的制作技艺，追求实用性、经济性和材料可获得性，包括编造技艺、布艺技艺、饮食技艺等，涉及传统村落日常生活的衣、食、用、行多个方面。其中，一些生产技法知识因蕴含着氏族独有的创新性工艺流程，成为彰显传统村落地方特征的重要标志。

表 4-16 传统村落民居建筑装饰地方性知识

图示	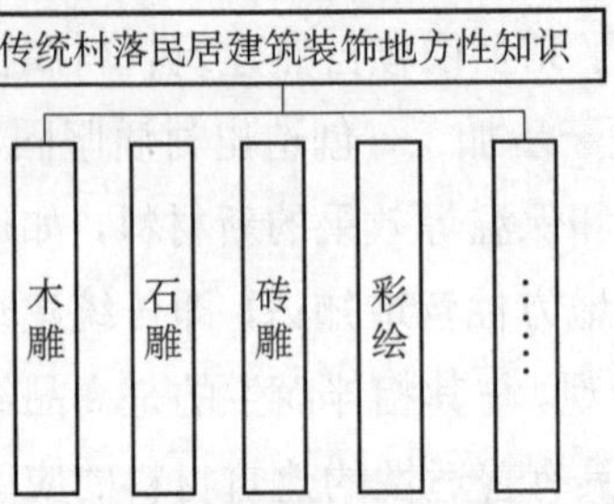 传统村落民居建筑装饰地方性知识：木雕；石雕；砖雕；彩绘；……
地方性知识类型	木雕装饰知识、石雕装饰知识、砖雕装饰知识、彩绘装饰知识等
分类依据及其蕴含的地方性知识内涵	建筑装饰类型主要通过装饰材料、创作方式进行区分。建筑装饰图案选择、装饰位置等综合表达了村民对于装饰图形的认知和理解，较多作为村民身份、社会地位、经济实力等方面的象征符号

依据制作技艺、制作方法、流程、产品类型的差异，可以将传统村落生产技法地方性知识分为金线油塔、臊子馄饨、泡泡油糕、羊肉泡馍、土织布、张家山手工挂面、横山响水豆腐、榆阳柳编、横山炖羊肉、陕北红枣、佳县包头肉、竹编农用具、热面皮、菜豆腐等知识类型（表 4-17）。

表 4-17 传统村落生产技法地方性知识

图示	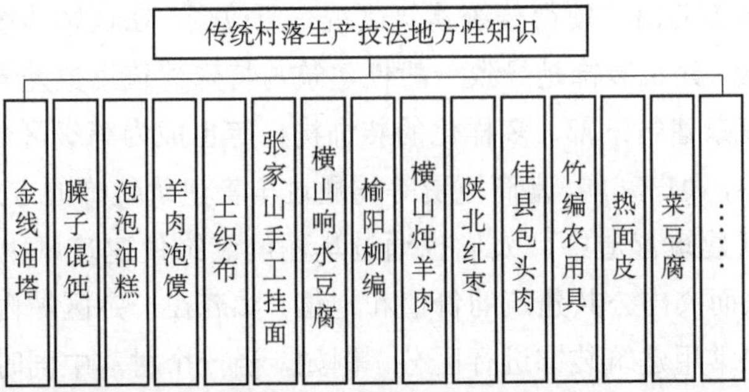 传统村落生产技法地方性知识：金线油塔；臊子馄饨；泡泡油糕；羊肉泡馍；土织布；张家山手工挂面；横山响水豆腐；榆阳柳编；横山炖羊肉；陕北红枣；佳县包头肉；竹编农用具；热面皮；菜豆腐；……
地方性知识类型	金线油塔、臊子馄饨、泡泡油糕、羊肉泡馍、土织布、张家山手工挂面、横山响水豆腐、横山炖羊肉、陕北红枣种植、佳县包头肉、竹编农用具、热面皮、菜豆腐等知识
分类依据及其蕴含的地方性知识内涵	依据制作技艺、制作方法、流程、产品类型进行分类，表达了传统村落村民对待生产生活的态度，承载了民众的生活需求和地方情感

12. 传统村落服饰地方性知识

传统村落服饰地方性知识是指传统服饰制作的技艺、方法。从功能方面看，传统服饰从最初具有御寒保暖、美观的一般性生活功能逐渐演变为具有针对特殊传统节日、庆祝活动、农事劳动的专门性功能。依据传统服饰类型、主要功能、制作方法、制作材料的差异，可以将传统村落服饰地方性知识分为长襟棉袄、千层底布鞋、白羊肚手巾、羊皮褂、肚兜、大裆裤、门襟、纳纱绣、穿罗绣、包头帕、对襟服饰等制作技艺知识类型（表4-18）。

表4-18　传统村落服饰地方性知识

图示	传统村落服饰地方性知识 长襟棉袄 / 千层底布鞋 / 白羊肚手巾 / 羊皮褂 / 肚兜 / 大裆裤 / 门襟 / 纳纱绣 / 穿罗绣 / 包头帕 / 对襟服饰 / ……
地方性知识类型	长襟棉袄、千层底布鞋、白羊肚手巾、羊皮褂、肚兜、大裆裤、门襟、纳纱绣、穿罗绣、包头帕、对襟服饰等制作技艺知识
分类依据及其蕴含的地方性知识内涵	依据传统服饰类型、主要功能、制作方法、制作材料进行分类，表现出传统村落村民职业、身份、地位的差异

13. 传统村落婚丧嫁娶地方性知识

传统村落婚丧嫁娶地方性知识是指在婚丧嫁娶活动中遵循的一般性章程、仪式、话语、行为禁忌和物件的象征意义，综合表现了传统村落日常生活中的社会伦理观念、宗族信仰、价值取向和生活方式。依据婚嫁活动步骤可以将婚丧嫁娶知识分为见面、看屋、扯衣服、坐喝、择吉、完婚等类型（表4-19）。

表4-19　传统村落婚丧嫁娶地方性知识

图示	传统村落婚丧嫁娶地方性知识 见面 / 看屋 / 扯衣服 / 坐喝 / 择吉 / 完婚 / ……
地方性知识类型	见面、看屋、扯衣服、坐喝、择吉、完婚等婚丧嫁娶知识
分类依据及其蕴含的地方性知识内涵	依据婚丧嫁娶活动类型、步骤进行分类，表达了传统村落村民的社会伦理观念、宗族信仰、价值取向

14. 传统村落艺术工艺地方性知识

艺术工艺是人们在满足日常生产生活需求之余出于艺术审美需求所形成的工艺技术，由地方乡土材料、地方历史文化、地方观赏艺术、精湛独到的制作技法等综合构成，是艺术审美与功能的统一。依据传统工艺创造的文化产品类型、制作方式、制作流程、主题内涵差异，可以将传统村落艺术工艺地方性知识分为面花、剪纸、纸扎、刺绣、土布、关中皮影、安塞农民画、吴起泥塑、傩面具、雕刻、罐罐茶、羌绣、木板年画等制作工艺知识类型（表 4-20）。

表 4-20 传统村落艺术工艺地方性知识

图示	传统村落艺术工艺地方性知识：面花、剪纸、纸扎、刺绣、土布、关中皮影、安塞农民画、吴起泥塑、傩面具、雕刻、罐罐茶、羌秀、木板年画、……
地方性知识类型	面花、剪纸、纸扎、刺绣、土布、关中皮影、安塞农民画、吴起泥塑、傩面具、雕刻、罐罐茶、羌绣、木板年画等制作工艺知识
分类依据及其蕴含的地方性知识内涵	依据传统工艺创造的文化产品类型、制作方式、制作流程、主题内涵进行分类。其中制作技法、工艺等地方性知识蕴含了村民对于传统工艺的认知方式特征和情感寄托

15. 传统村落节日庆典地方性知识

节日庆典活动是人们关于特定节日约定俗成的行为准则和既定仪式，是民族情绪和社会心理的体现，具有社会性、民族性和地域性的特点。因参与人数众多，节日庆典活动往往景观宏大且具备系统化的运行流程。依据主题内涵、庆祝方式、表演方式、节庆时间、节庆地点的差异，可以将传统村落节日庆典地方性知识分为社火表演、祭祀、拜土地、吃坟会、黄帝陵祭典、烧狮子、赛龙舟等类型（表 4-21）。

16. 传统村落集市贸易地方性知识

集市贸易是指在农村人口集中地区举办的、时间和地点固定的商品交易活动。集市贸易的主要参加者是集市所在地周围村落的村民、商贩、手工业者等。集市贸易中商品交易、流通形式简单，且有着约定俗成的规矩、秩序、准则，即集市贸易知识。依据举办时间、举办地点、主题内涵、活动方式的差异，可以将传统村落集市贸易地方性知识分为庙会活动、赶场习俗、高跷表演、舞龙舞狮等类型（表 4-22）。

表 4-21　传统村落节日庆典地方性知识

图示	传统村落节日庆典地方性知识：社火表演；祭祀；拜土地；吃坟会；黄帝陵祭典；烧狮子；赛龙舟；……
地方性知识类型	社火表演、祭祀、拜土地、吃坟会、黄帝陵祭典、烧狮子、赛龙舟等知识
分类依据及其蕴含的地方性知识内涵	依据主题内涵、庆祝方式、表演方式、节庆时间、节庆地点等进行分类，表达了传统村落村民的内心情感，寄托了其对于生产生活的期盼

表 4-22　传统村落集市贸易地方性知识

图示	传统村落集市贸易地方性知识：庙会活动；赶场习俗；高跷表演；舞龙舞狮；……
地方性知识类型	庙会活动、赶场习俗、高跷表演、舞龙舞狮等知识
分类依据及其蕴含的地方性知识内涵	依据举办时间、举办地点、主题内涵、活动方式进行分类，是传统村落村民日常生活中一种重要的传统文化风俗

17. 传统村落文学戏剧地方性知识

传统村落文学戏剧地方性知识是指通过文学戏剧表演的方式表达的传统村落中的宗族礼法、传统信仰、道德标准、历史文化等内容。依据题材、主题内涵、表演方式、曲调、唱腔的差异，可以将传统村落文学戏剧地方性知识分为秦腔、木偶戏、蒲剧、晋剧、陕北道情戏、陕北匠艺丹青、弦子戏、商洛道情戏、洋县杖头木偶戏、陕西快书、礼泉皮影等知识类型（表 4-23）。

18. 传统村落音乐舞蹈地方性知识

传统村落音乐舞蹈地方性知识是指通过音乐舞蹈演绎、表演等民间艺术方式表达的传统村落村民的情感、意志、精神寄托，反映了传统村落村民日常生产生活中的劳动场景、民俗风情、节日庆典活动，具有浓厚的生活氛围。依据表演方式、主题内涵、适用场景、演绎工具的差异，可以将传统村落音乐舞蹈地方性知识分为秧歌、合阳撂锣、韩城行鼓、榆林小曲、靖边信天游、安塞腰鼓、壶口斗鼓、紫阳民歌社火、旬阳民歌、商洛花鼓等知识类型（表4-24）。

表4-23 传统村落文学戏剧地方性知识

图示	传统村落文学戏剧地方性知识：秦腔、木偶戏、蒲剧、晋剧、陕北道情戏、陕北匠艺丹青、弦子戏、商洛道情戏、洋县杖头木偶戏、陕西快书、礼泉皮影、……
地方性知识类型	秦腔、木偶戏、蒲剧、晋剧、陕北道情戏、陕北匠艺丹青、弦子戏、商洛道情戏、洋县杖头木偶戏、陕西快书、礼泉皮影等知识
分类依据及其蕴含的地方性知识内涵	依据题材、主题内涵、表演方式、曲调、唱腔进行分类，蕴含着传统村落中关于宗族礼法、传统信仰、道德标准、历史文化等的丰富内涵

表4-24 传统村落音乐舞蹈地方性知识

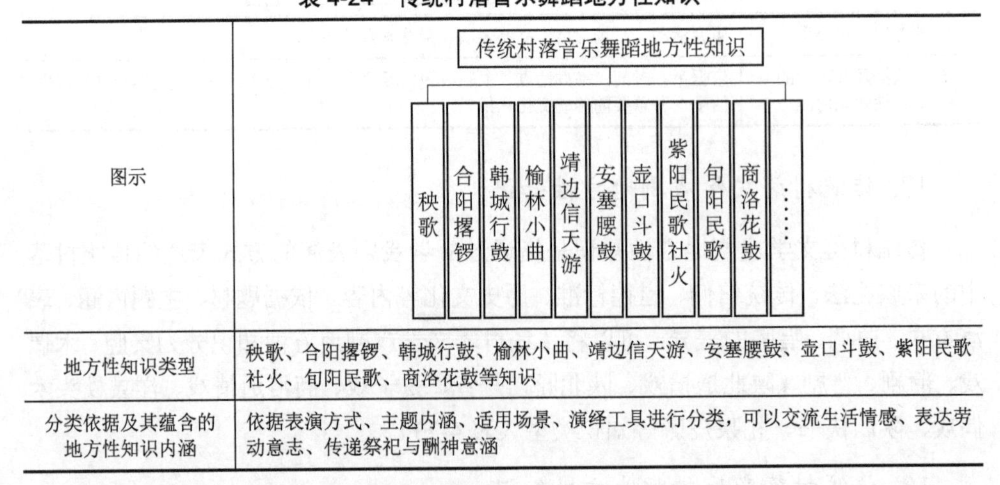

图示	传统村落音乐舞蹈地方性知识：秧歌、合阳撂锣、韩城行鼓、榆林小曲、靖边信天游、安塞腰鼓、壶口斗鼓、紫阳民歌社火、旬阳民歌、商洛花鼓、……
地方性知识类型	秧歌、合阳撂锣、韩城行鼓、榆林小曲、靖边信天游、安塞腰鼓、壶口斗鼓、紫阳民歌社火、旬阳民歌、商洛花鼓等知识
分类依据及其蕴含的地方性知识内涵	依据表演方式、主题内涵、适用场景、演绎工具进行分类，可以交流生活情感、表达劳动意志、传递祭祀与酬神意涵

（二）地方性知识链

根据传统村落景观地方性知识之间存在的包含、递进、匹配、分化等相互关系，遵循逻辑规律对地方性知识进行整合，构建五条传统村落景观地方性知识链，分别为自然生态景观中的地方性知识链、空间形态景观中的地方性知识链、传统民居景观中的地方性知识链、传统习俗景观中的地方性知识链、民俗文化景观中的地方性知识链。

1. 自然生态景观中的地方性知识链

传统村落自然生态景观中的地方性知识链的内容包括传统村落选址知识、功能组合知识、农田布局知识。以传统村落选址知识为起点、农田布局知识为终点，形成了递进式地方性知识链形态（图 4-5）。

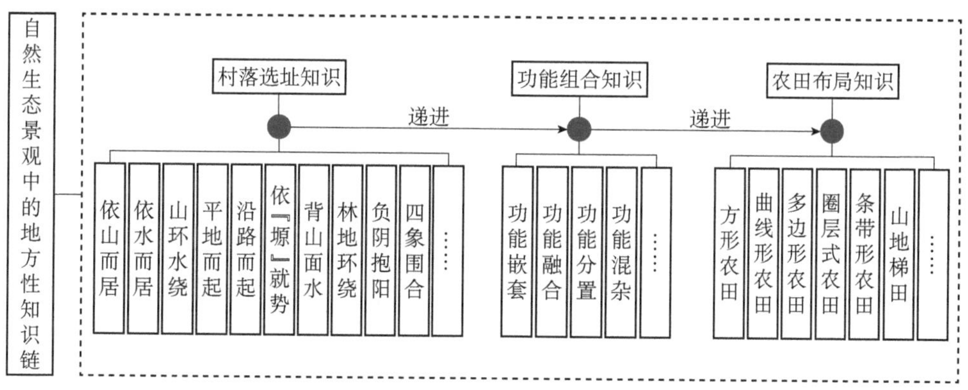

图 4-5　自然生态景观中的递进式地方性知识链

从空间形态看，传统村落选址知识、功能组合知识、农田布局知识依次对应的传统村落大山水格局景观、“三生”空间景观、农田景观呈现自宏观至微观的递进逻辑；从生成机制的逻辑推演规律来看，传统村落选址知识体现了传统村落与所处区域地形地貌、河流水系等自然环境要素的空间关系，进而影响了生产空间、生活空间、生态空间的布局方式，即功能布局知识，其中生产空间内部布局方式包括农田布局知识。因此，村落选址知识、功能组合知识、农田布局知识三者构成了生成机制递进影响的链条化逻辑。

2. 空间形态景观中的地方性知识链

传统村落形态知识、街巷格局知识、公共空间布局知识三种地方性知识点依次对应传统村落形态景观、街巷格局景观和公共空间景观。根据传统村落形态景观的面状特征、街巷格局景观的线状特征和公共空间景观的点状特征，可以构建由传统村落形态知识、街巷格局知识、公共空间布局知识构成的三极共生地方性知识链（图 4-6）。从生成机制的逻辑推演规律来看，传统村落形态知识分化形成街巷格局知识和公共空间布局知识，两者可被分别视为构成传统村落形态知识的骨架和节点，它们相互补充，形成了传统村落形态知识。

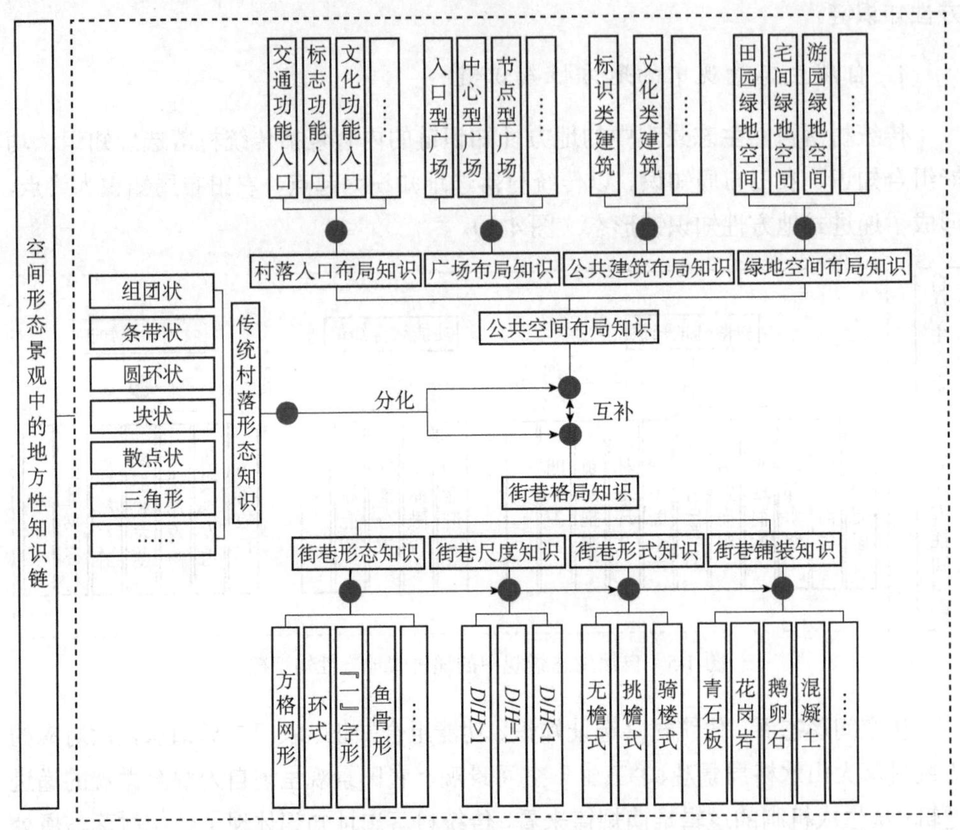

图 4-6 空间形态景观中的三极共生地方性知识链

3. 传统民居景观中的地方性知识链

传统民居景观中的地方性知识链的内容包括传统村落院落布局知识、建筑结构知识、建筑材料知识、建筑装饰知识。以建筑材料知识为起点，院落布局知识、建筑装饰知识为终点，形成了传承式地方性知识链形态（图 4-7）。

从空间景观特征看，院落布局知识、建筑结构知识、建筑材料知识、建筑装饰知识依次对应的院落布局景观、建筑结构景观、建筑材料景观、建筑装饰景观呈现由整体性的院落层级景观到局部性的建筑单体景观，再到微观性的建筑细部装饰层级景观的逻辑，其中各个层级景观均表现出同一性的风貌特征。从生成机制的逻辑推演规律来看，知识与知识之间具有较强的对应关系，其中建筑材料知识与建筑结构知识匹配，建筑结构知识与院落布局知识匹配，经过进一步发展形成建筑装饰

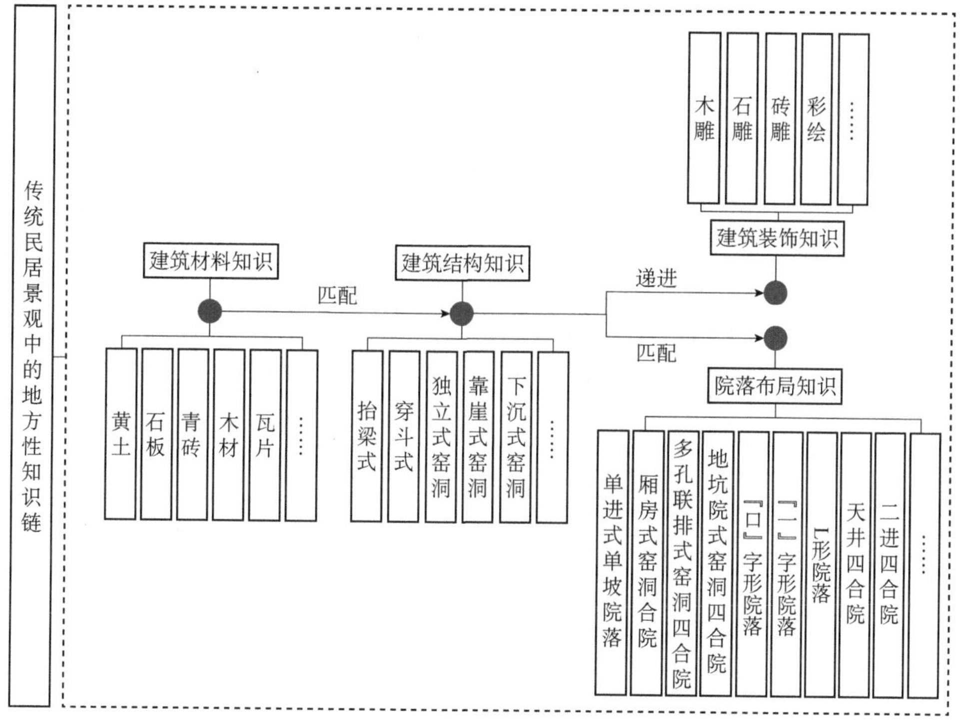

图 4-7　传统民居景观中的传承式地方性知识链

知识，总体呈现程序化的机制模式。以陕北地区典型传统民居窑洞为例，主要采用黄土作为建筑材料，以石板、木材为辅，在搭建下沉式窑洞、独立式窑洞、靠崖式窑洞等建筑结构时，形成厢房式、多孔联排式、地坑院式等窑洞四合院布局方式，在窑洞建筑檐口、女儿墙、烟道等设有细部装饰，形成了传承式的链条化知识形态。

4. 传统习俗景观中的地方性知识链

传统习俗景观中的地方性知识链的内容包括生产技法知识、传统服饰知识、婚丧嫁娶知识、艺术工艺知识，四类知识均属于传统村落村民个体层面开展的非物质文化景观活动中蕴含的地方性知识，知识实践的主要目的是满足村民个体或家庭的基本生活需求和精神文化需求。

从生成机制的逻辑推演规律来看，以生产技法知识为起点，以艺术工艺知识为终点，形成了三级递进式地方性知识链（图 4-8）。其中生产技法知识和传统服饰知识属于第一层级，两类知识在满足传统村落村民“衣、食”基本生活需要的过程中逐渐形成、发展；婚丧嫁娶知识属于第二层级，从知识的实践对象看，它超越了村民个体，是传统村落社会活动层级的地方性知识，其实践目的是满足村民社会交往的需要；艺术工艺知识属于第三层级，是建立在生活富足的基础上，传统村落村民在休闲娱乐活动中形成的地方性知识。艺术工艺知识实践丰富了传统村落生活，寄托了村民对于理想生活的愿景与期望，是传统习俗知识中最高层级的知识类型。

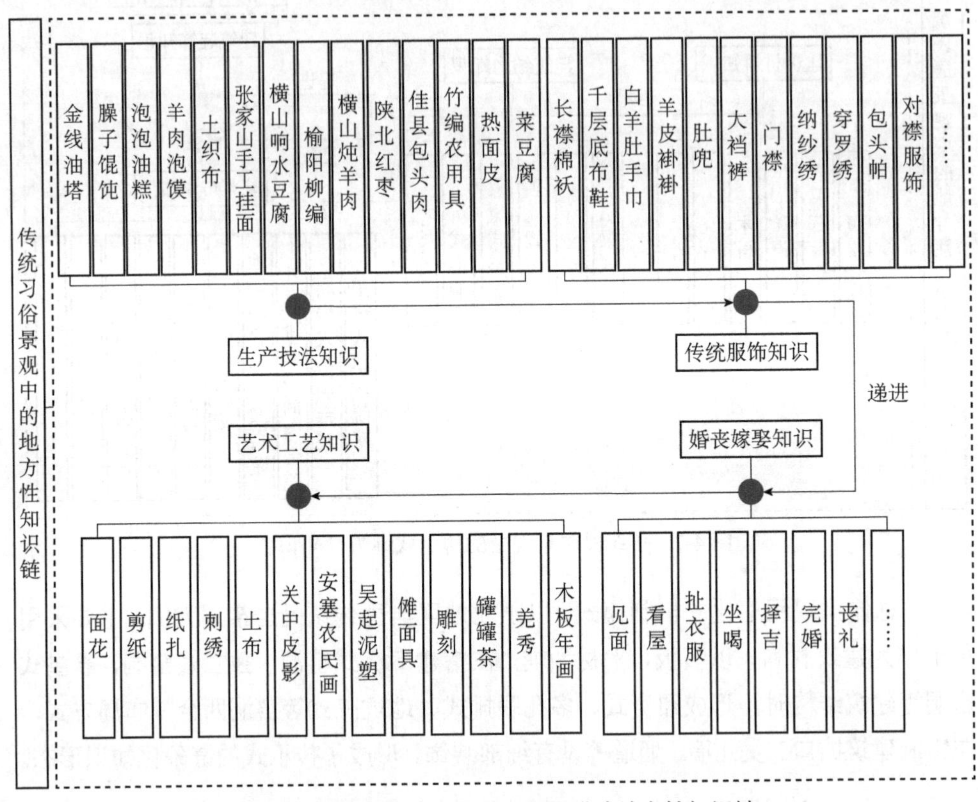

图 4-8 传统习俗景观中的三级递进式地方性知识链

5. 民俗文化景观中的地方性知识链

民俗文化景观中的地方性知识链的内容包括节日庆典知识、集市贸易知识、文学戏剧知识、音乐舞蹈知识。四类知识属于传统村落村民群体层面开展的非物质文化景观活动中蕴含的地方性知识，其所输出的价值观念和景观形象为广大人民群众所喜闻乐见，彰显了对地方性文化的认同，具有共识性、社会性的特征，丰富了村民群体的精神文化生活，寄托了其对于理想生活的愿景与期望。

从生成机制的逻辑推演规律来看，节日庆典知识和集市贸易知识为并列关系，两者均包含了丰富的文学戏剧知识和音乐舞蹈知识，形成两脉交织的地方性知识链（图 4-9）。例如，社火表演作为民间的一种庆典活动，包括秧歌、戏曲等音乐舞蹈表演和文学戏剧表演；庙会活动中也多见有民歌、秦腔、皮影戏等形式的音乐舞蹈和文学戏剧表演。

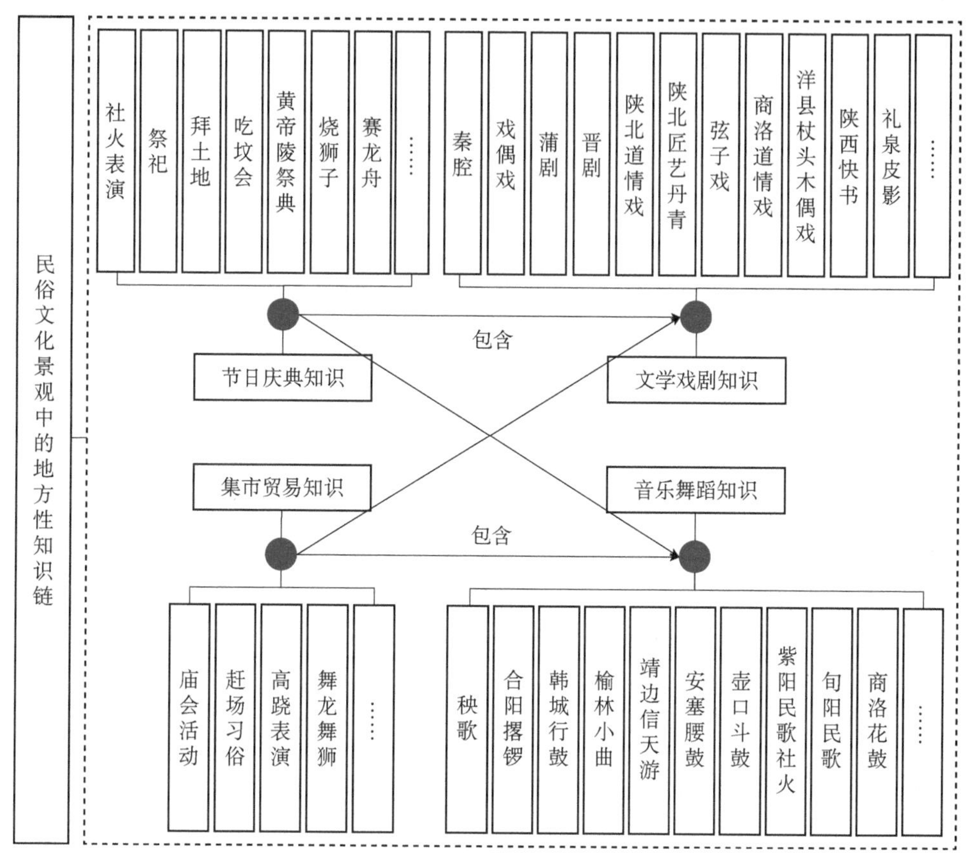

图 4-9　民俗文化景观中的两脉交织地方性知识链

（三）地方性知识集

著名建筑规划学家吴良镛（2001）认为，聚落是一个有机、开放的系统，聚落的形成与演化和聚落内外环境、其他相关的自然与人文社会系统密切关联。自然系统、社会系统、支撑系统、人类系统共同影响了传统村落景观地方性知识的形成、演化、发展，构成了传统村落景观地方性知识集（图 4-10）。其中自然系统包括地形地貌、气候条件、水资源、光热资源、土地资源、动植物资源等，既为传统村落地方性知识的形成提供了基本的物质条件，又对社会系统、支撑系统、人类系统产生了直接或间接的影响。社会系统包括宗族礼法、乡规民约、利益诉求、道德人伦等内容，通过构建社会制度维持传统村落稳定，从而为传统村落景观地方性知识的发展与强化提供支撑和保障。支撑系统包括经济活动、政治结构、政策制度、基础设施等内容，其往往作为一种外部机制介入，对传统村落景观地方性知识形成和演化产生较强的推动与冲击。人类系统包括个人情感、价值观念、文化水平、传统习俗、身份地位等内容，其通过个体行为对传统村落景观地方性知识进行调整，丰富了地方性知识的类型。

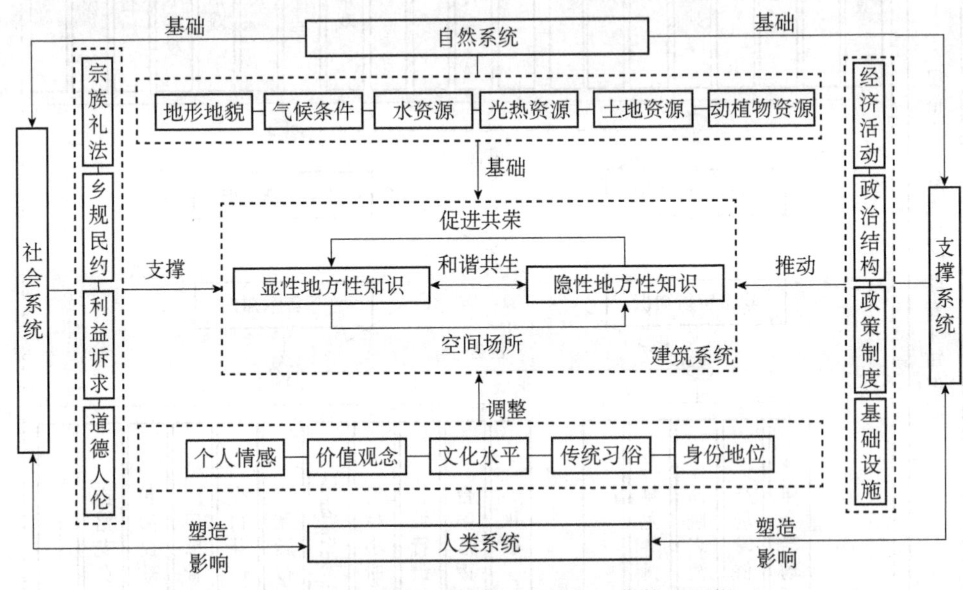

图 4-10 传统村落景观中地方性知识集构建逻辑

不同地域的影响因素具有不同的属性特征，同时这些影响因素之间的组合关系、主次关系、相互制约的机制也存在差异，因此形成了不同类型的传统村落景观地方性知识集，反映了传统村落所在地理单元的地方特征。

传统村落选址需要综合考虑地形地貌、气候条件、水资源、土地资源等自然系统要素。其中水资源和土地资源关乎传统村落人们的基本生产生活，属于核心生存资源，选址地点是否具有清洁、丰沛的淡水资源，以及土质是否肥沃、适宜开垦，都是传统村落选址过程中需要判断的首要问题。其次，地形地貌也是影响传统村落选址的重要因素，适宜的地形地貌条件可为传统村落演化与发展提供积极支撑。例如，山地地形既可以阻挡季风侵袭村落，又可以汇集水汽，形成降水，为传统村落提供充足的水源；平原地形区平坦开阔，便于开展农业生产，同时也为传统村落发展提供了广阔的空间。

功能组合知识、农田布局知识、村落形态知识、街巷格局知识均受到地形地貌因素的影响。传统村落所处的地形地貌特征决定了其生产空间、生活空间和生态空间的组织方式。例如，在平原、盆地地形区，地势平坦，“三生”空间多按秩序排列，形成了功能嵌套布局知识，而在山地、沟壑地形区，地形破碎，地势起伏，“三生”空间相互穿插，形成了功能融合、功能分置布局知识。农田布局、村落布局、街巷格局多与地形地貌形态、尺度、走势相契合，形成顺应自然环境的农田布局、村落形态、街巷格局的地方性知识。因此，农田布局景观、村落形态景观、街巷格局景观往往体现了地形地貌形态特征，例如，在农田布局方面形成曲线状农田布局，在村落形态方面形成条带状村落形态，在街巷形态方面形成自由式街巷形态等。

公共空间布局知识受到宗族礼法、乡规民约、个人情感、政治结构等因素的影响。在传统村落内部，以血缘为主导的宗族关系和以个人行为、情感交流需求为导向的社会关系对公共空间布局知识的形成起到了推动作用。前者表现为传统村落村民产生宗族自治制度管理传统村落的诉求，进而引导其创造以公共建筑、公共广场为代表的公共空间，形成保障、服务自治管理制度的地方性知识。后者对于日常休闲、社交活动空间具有较强的需求，能形成广场、绿地等公共空间布局知识。

传统民居建筑材料知识、建筑结构知识主要受到动植物资源和气候条件的限制。传统民居建筑多就地取材，基于对传统村落所在区域动植物资源及其属性、形态的认知，形成建筑材料选择、利用以及建筑结构搭建的方法。此外，气候条件的分异对建筑结构产生了不同的影响，为了应对湿热、干燥、寒冷、高温等不利气候条件对人居环境的影响，可以通过选择不同建筑材料，搭建相应建筑结构，创造出相对舒适的传统民居建筑环境，即分别形成了建筑材料知识、建筑结构知识。

传统民居院落布局知识反映了传统村落所在地区的经济发展水平以及家庭内部的伦理秩序和身份地位。在商业活动频繁、经济基础优越的传统村落中，传统民居院落布局形制、类型丰富，表现出当地村民对于居住、起居、仓储、餐饮、盥洗等不同功能空间的多样化需求。家庭内部秩序和地位差异即表现为尊卑有序、长幼分明、男女有别的等级关系，不同身份的家庭成员居住在院落中相应方位的房间。例如，在四合院中，长辈居住在北侧正房，晚辈居住在东西两侧厢房。

建筑装饰知识主要受到个人情感、文化水平、价值观念、身份地位等因素的影响。在建筑装饰外在形制方面，装饰的丰富程度代表了建筑所有者的身份和地位，经济实力雄厚、身份地位显赫的家族往往通过修建复杂、华丽的建筑装饰彰显自身的优势。在建筑装饰的内在含义方面，装饰内容蕴含着深刻而丰富的寓意，表达了传统村落村民的价值观念，寄托了个人对于美好生活的愿景和精神追求，因此建筑装饰中多见有吉语文字和具有典型象征意义的鸟兽、植物形象。

生产技法知识主要受到动植物资源分布的影响。传统村落生产的各类器物、工具、食品多就地取材，因此生产技法知识蕴含了利用地方动植物资源的方式方法，生产产品反映了传统村落所在区域动植物资源的属性特征。

传统服饰知识主要受到气候条件和动植物资源分布条件的影响。一方面，动植物资源分布特征决定了传统服饰材料的类型；另一方面，气候条件特征影响了传统服饰功能类型的划分。在气候寒冷的北方地区，传统服饰的主要功能是御寒保暖；在气候湿热的南方地区，传统服饰更多追求轻薄、凉爽。

婚丧嫁娶知识主要受到地方社会宗族礼法、价值观念、个人情感、身份地位等因素的影响。例如，婚姻讲究门当户对，不但注重个人情感、意愿，更讲求夫妻双方身份地位匹配，是传统村落社会文化的综合表现。艺术工艺知识、文学戏剧知识、音乐舞蹈知识主要受到宗族礼法、道德人伦、个人情感、价值观念等因素的影响。艺术工艺、文学戏剧和音乐舞蹈作为民间艺术形式，脱胎于大众日常的生产生活，选材主要表达、传递了人民群众普遍认同的价值观念和伦理纲常，同时也寄托了个人的情感、意愿和审美观念，因此类型繁多，且通过世代传承的方式延续传统村落地方文化特色，濡染、凝聚着传统村落文化的价值。节日庆典知识、集市贸易知识主要受到宗族礼法、传统习俗、经济活动等因素的影响。例如，对于自然、祖先、图腾、鬼神的崇拜催生了节日庆典活动，活动中传统村落村民通过履行约定俗成的行为准则、既定的仪式表达内心的情感寄托，形成了节日庆典知识。商品交换的贸易经济推动了集市贸易的出现，催生出农商结合、亦农亦商的业态类型，形成了集市贸易知识，表现出知识类型多样、流动范围广、构成复杂等特点。传统村落景观地方性知识集如图 4-11 所示。

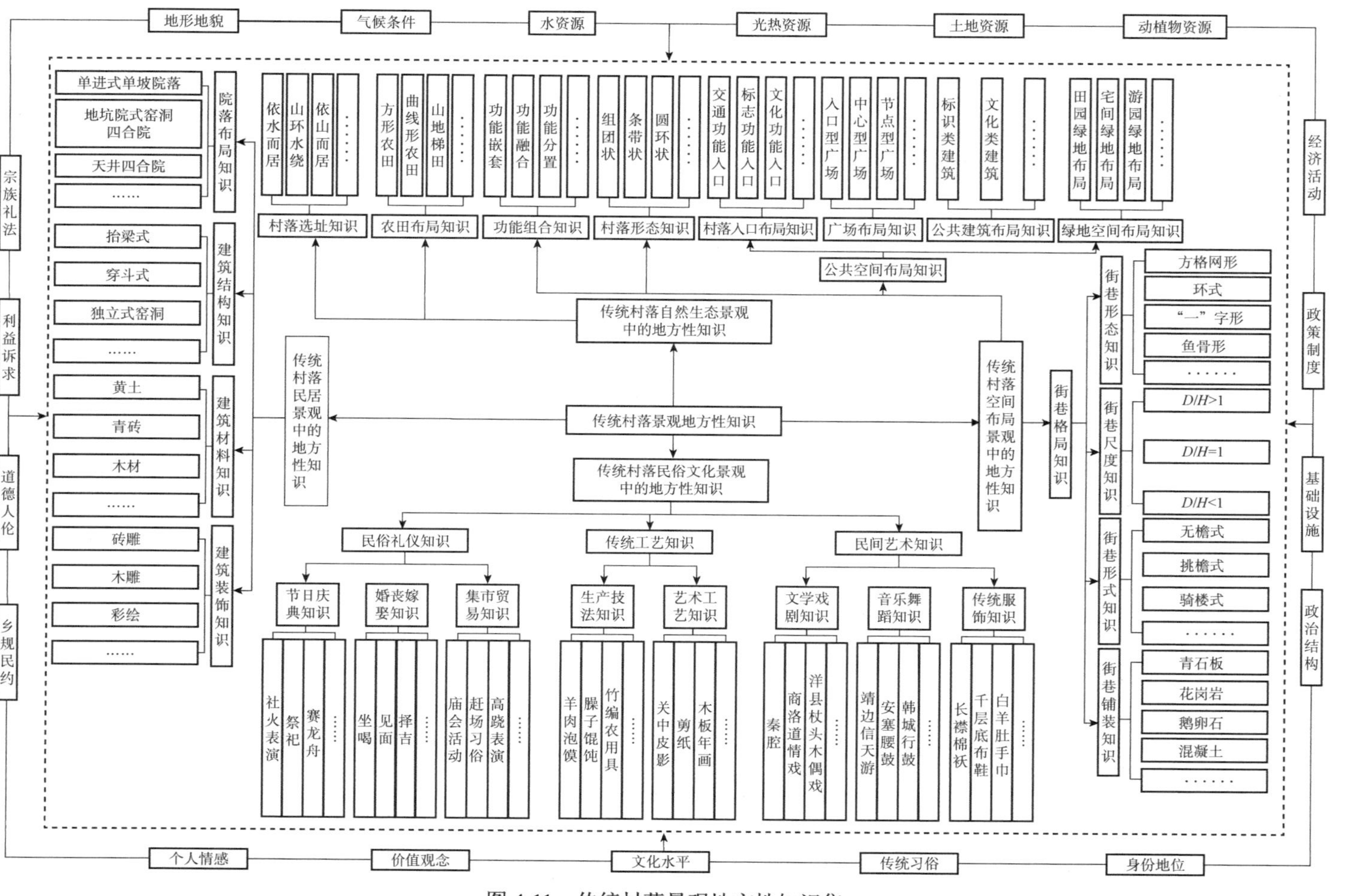

图 4-11　传统村落景观地方性知识集

六、本章小结

传统村落景观地方性知识是传统村落村民在长期的生产生活实践中积累的传统村落营建智慧和经验，较为完整地保留着传统村落的地方性特征，体现了传统村落运行的普遍逻辑和法则，不但可为传统村落人居环境营建提供方法指导和理论支撑，而且对于普通村落营建也具有借鉴意义。

传统村落是一个复杂、开放、不断演变的巨系统，传统村落营建过程中涉及经济、社会、技术、政治、人文等众多方面。因此，传统村落景观地方性知识数量庞大、类型复杂多样。为系统化地梳理传统村落景观地方性知识，本章通过对传统村落物质文化景观和非物质文化景观中蕴含的地方性知识进行全面提取，构建了传统村落景观地方性知识体系。

传统村落景观地方性知识体系分为传统村落景观地方性知识点、传统村落景观地方性知识链、传统村落景观地方性知识集三个层级。其中，传统村落景观地方性知识点蕴含了传统村落景观营建的技术方法，彰显了传统村落景观的地方特征；传统村落景观地方性知识链体现了传统村落景观的构建逻辑，体现了传统村落景观营建过程中的地方性规律；传统村落景观地方性知识集揭示了传统村落景观营建的原理和机制。三者构成了“表征-内因”相关联的传统村落景观地方性知识体系。

第五章　陕西省传统村落空间分布特征及现实问题反思

希腊著名建筑规划学家道萨迪亚斯（C. A. Doxiadis）的人类聚居学理论指出，任何一种聚居形式都是由自然、人、社会、建筑、支撑网络这五个相互关联的要素组成的。依据功能的差异，这五类要素可以分为三个层级，其中自然要素位于第一层，属于基础要素，是其他四类要素生成、演化的基础；人、社会要素位于第二层，是人类在自然要素基础上构建的社会交往体系；建筑、支撑网络要素位于第三层，是自然、人、社会要素的景观表达，在整个要素关系网络中处于被支配地位（Doxiadis，1968）。

传统村落空间分布属于建筑要素范畴，受到传统村落所在区域自然地理环境和人文社会环境的深刻影响，因此传统村落空间分布特征是地方自然地理环境和人文社会环境特征的景观表达。本章运用地理学空间计量的一般方法，将传统村落视为点状要素，通过将传统村落空间分布图与地形高程数据分布图、水系分布图、气温分布规律图、降水分布规律图、人口分布图、国民生产总值分布图等底图叠置分析，测度传统村落空间分布特征及其规律，揭示自然地理环境和人文社会环境与传统村落空间分布的作用机理。

一、传统村落空间分布格局

从 Google Earth 中提取传统村落几何中心点地理坐标值导入 ArcGIS 平台，借助 ArcGIS10.2 空间分析工具，以最邻近点指数、变异系数、全局 Moran’s I 指数、局部 Moran’s I 指数、核密度估计值测度陕西省传统村落空间分布类型、空间分布密度等空间分布格局特征（表 5-1）。

表 5-1 研究模型及其地理意义

研究模型	地理意义
最邻近点指数（R）	表示点状事物在地理空间中的相互邻近程度。当 $R>1$ 时，点要素呈均匀分布；当 $R<1$ 时，点要素呈凝聚分布；当 $R=1$ 时，点要素呈随机分布
变异系数（Cv）	以 Voronoi 图反映点集空间变化程度。若点集均匀分布，Voronoi 图多边形面积变化小，Cv 值为 29%（包括<33%的值）；若点集随机分布，Cv 值为 57%（包括 33%—64%的值）；若点集呈集群分布，多边形面积变化大，Cv 值为 92%（包括>64%的值）
全局 Moran's I 指数	表示研究对象某一属性在整个研究区域内的空间特征，用以衡量区域之间整体的空间关联与差异程度。Moran's I 指数取值范围为[−1，1]，Moran's I 指数>0 表示存在集聚分布特征，即为空间正相关，Moran's I 指数<0 表示存在发散分布特征，即为空间负相关，Moran's I 指数=0 则表示呈随机分布特征，即不存在空间相关性。Moran's I 指数绝对值越大，空间分布的自相关性越高
局部 Moran's I 指数	用于详细探讨空间要素在局部空间上的分布状态，表示聚集中心的具体空间位置。将空间单元与其周边单元在某种属性上的空间相关性划分为高高聚类（high-high，HH），即高值中心且周围被高值区包围；高低聚类（high-low，HL），高值中心且周围被低值区包围；低高聚类（low-high，LH），低值中心且周围被高值区包围；低低聚类（low-low，LL），低值中心且周围被低值区包围；以及没有明显聚类
核密度估计值	表示点要素在空间分布中的集中或离散程度，核密度估计值越高，要素分布集中程度越高，反之离散程度越高

（一）市域分布特征

笔者以陕西省 113 个国家级传统村落为研究对象，对陕西省传统村落在市域行政单元的空间分布特征进行可视化处理，得到陕西省传统村落的区域空间分布图（图 5-1）。由图 5-1 可知，陕西省国家级传统村落在市域分布上存在不均衡性，具体表现为陕西省北部榆林市、中东部渭南市传统村落分布数量较多，分别达到 34 个、33 个，两市传统村落总数占陕西省传统村落总数的 59.3%。此外，陕西省北部的延安市、南部的安康市也有较多传统村落分布，数量分别达到 12 个、15 个。陕西省中部的西安市、商洛市、宝鸡市、铜川市传统村落分布数量较少，各市仅分布有 1—3 个传统村落（表 5-2）。

（二）空间分布类型

运用最邻近点指数和基于 Voronoi 图的变异系数法判别陕西省传统村落空间分布类型，两者的计算原理不同，通过相互印证可以获得更客观的结果。首先，根据最邻近点指数公式，由平均最邻近距离工具计算出陕西省传统村落的理论最邻近距离为 95.1 千米，实际最邻近距离平均值为 71.33 千米，最邻近点

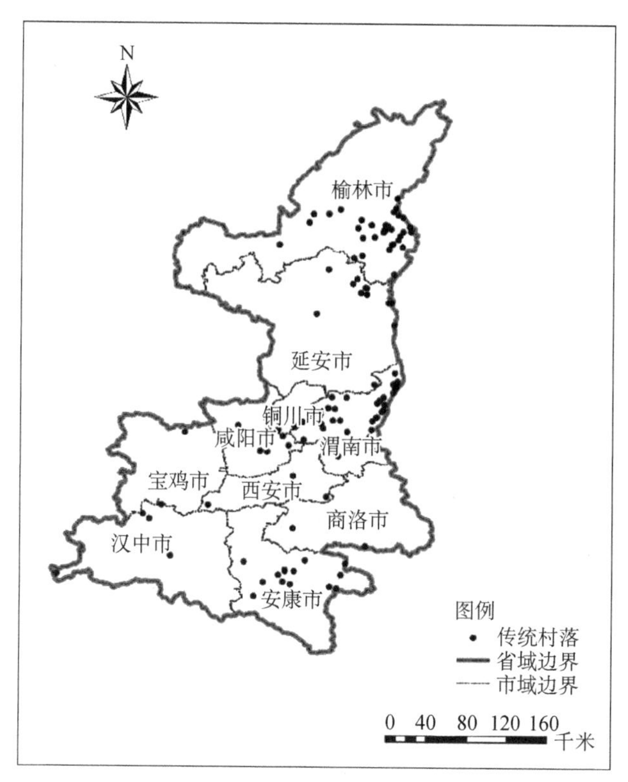

图 5-1　陕西省传统村落的区域空间分布图

表 5-2　陕西省国家级传统村落市域分布数量统计表

城市	榆林市	延安市	铜川市	宝鸡市	咸阳市	西安市	渭南市	汉中市	安康市	商洛市	合计
传统村落数量/个	34	12	3	1	6	2	33	5	15	2	113
占比/%	30.1	10.6	2.7	0.9	5.3	1.8	29.2	4.4	13.3	1.8	

注：因四舍五入，个别数据之和不等于 100。下同

指数 R=0.75＜1。Z 检验计算得到 Z=−11.5，p=0.00。由此可知，陕西省传统村落空间分布呈凝聚型。然后，采用基于 Voronoi 图的变异系数法对上述结果进行检验。由 Create Thiessen Polygons 工具生成传统村落分布 Voronoi 图（图 5-2），计算出 Voronoi 多边形面积平均值为 643.12 平方千米，Voronoi 多边形面积标准差为 873.42 平方千米，变异系数 Cv 值为 135.81%>92%，说明陕西省传统村落空间分布为凝聚型，与最邻近点指数方法计算所得结果一致。

图 5-2 陕西省传统村落分布 Voronoi 图

（三）空间自相关

空间自相关分析用于检验空间中区域之间相互依赖、相互作用的关系，在此分析传统村落分布的空间自相关程度以及其在空间中的具体位置。首先，基于陕西省县级行政单元传统村落分布数量，运用全局 Moran's I 指数测度村落空间分布区域差异的总体特性，用 Spatial Autocorrelation 工具计算得到传统村落空间分布的全局 Moran's I 指数为 0.52，且 Z=7.43>1.96（Z 为标准差的倍数），p<0.01，能够拒绝零假设，证明陕西省传统村落空间分布存在空间正相关，即传统村落分布较多的单元周围的传统村落也较多，反之亦然。

其次，运用局部 Moran's I 指数进一步揭示空间单元与其相邻单元同质或异质的局部特征及分布状况，得到 LISA 图（图 5-3）。由图 5-3 可知，高高（HH）聚类区主要分布在榆林市东南部的佳县、米脂县、吴堡县、子洲县，渭南市北部的白水县、蒲城县、合阳县，安康市中部的汉阴县、汉滨区、旬阳市以及商洛市西南部的镇安县。这些单元及其周边单元传统村落分布数量均较多。高低（HL）聚类区主要分布在榆林市榆阳区，延安市延川县，渭南市北部的韩城市、澄城县、大荔县、富平县以及安康市西南部的紫阳县。这些单元传统村落分布数量较多，但其周边单元村落分布数量少。低低（LL）聚类区主要分布在延安市中西部、宝鸡市、咸阳市、西安市、汉中市以及商洛市中东部。这些单元及其周边单元传统村落分布数量均较少。

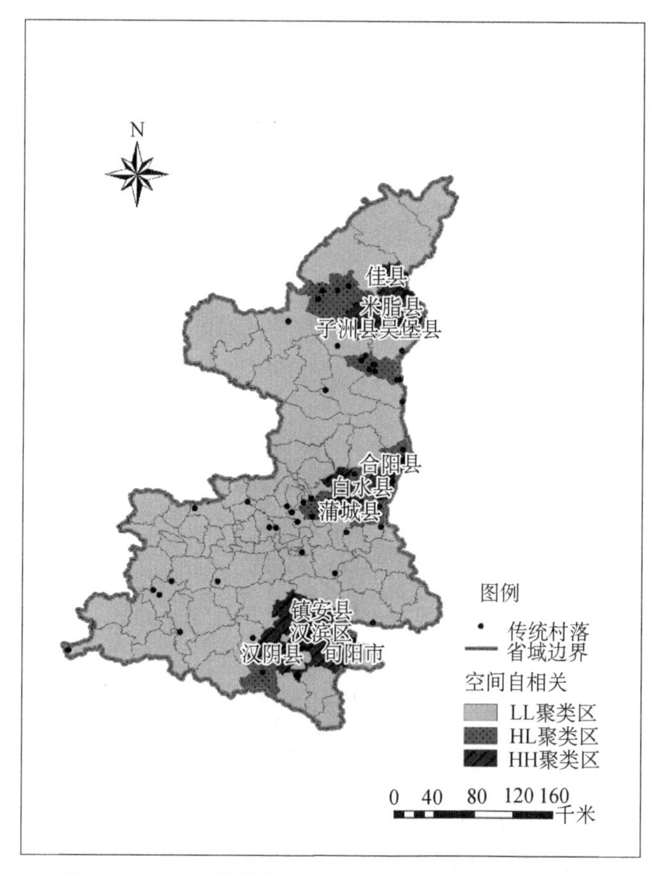

图 5-3　陕西省传统村落分布局部空间自相关 LISA 图

（四）空间分布密度

为了准确测度陕西省传统村落聚集程度，采用核密度估算法，运用核密度工具进行核密度分析。经过反复实验，确定带宽为 90 千米，生成陕西省传统村落核密度分布图（图 5-4）。由图 5-4 可知，陕西省传统村落呈现出“小分散，大集中”的空间格局，共计 89 个，占样本传统村落总数 78.8%的村落集中分布在陕北、关中、陕南三个高密度集聚区。其他 24 个传统村落，占样本传统村落总数的 21.2%，呈分散分布特征。陕北、关中传统村落集聚区在村落总量和村落分布密度两个方面的数值均明显高于陕南传统村落集聚区，因此在省域层面，传统村落集聚区又呈现“两大一小”的空间特征。

具体来看，陕北传统村落集聚区主要位于黄河以西的榆林市东南部佳县、米脂县、绥德县所辖范围内。区域内共包含 34 个传统村落，占陕西省传统村落总数的 30.1%，村落分布密度最高数值达到每万平方千米 28.6 个。这一区域属黄土高原地形区，因此窑洞民居景观是陕北传统村落集聚区的典型景观类型。关中传统村落集聚区位于关中平原东北部的韩城市、合阳县区域，共包含 37 个传统村落，占陕西省传统村落总数的 32.7%，村落分布密度最高数值达到每万平方千米 25 个。

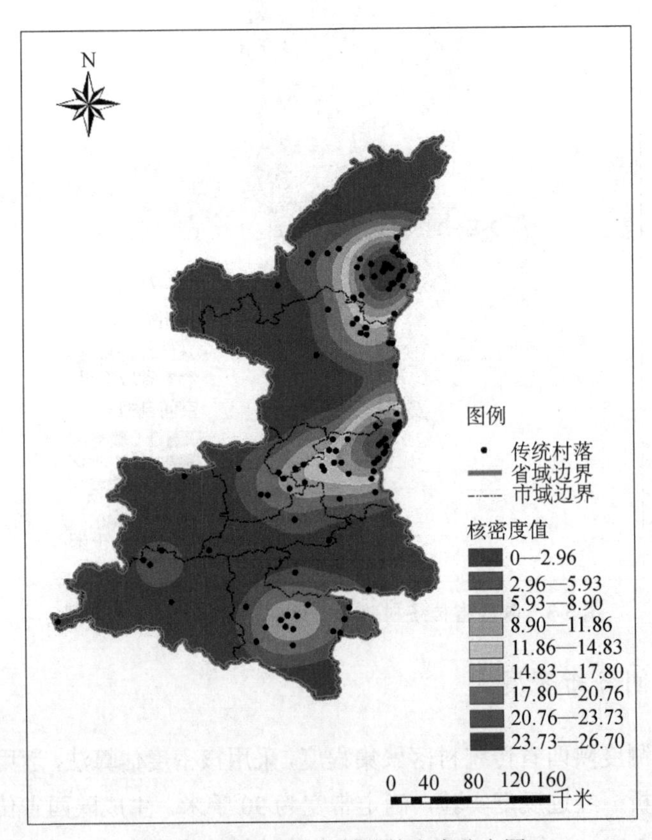

图 5-4 陕西省传统村落核密度分布图

二、传统村落空间分布与自然地理环境的关系

（一）传统村落空间分布与地形地貌

陕西省位于我国第二级地形阶梯，地势南北高、中间低，分布有高原、山地、平原和盆地等多种地形。陕西省南部为陕南秦巴山区，主要分布有秦岭山系和大巴山山系，平均海拔1000—3000米，山区总面积7.4万平方千米，约占全省土地面积的36%。两大山系中间为汉江谷地，与秦岭、大巴山共同构成了“两山夹一川”的地貌特征。陕西省北部为陕北黄土高原区地形区，平均海拔900—1900米，总面积8.22万平方千米，约占全省土地面积的40%，主要分布有黄土峁型、黄土梁型、黄土梁峁型、黄土塬型等多种类型黄土沟壑丘陵地貌。陕西省中部是关中平原区，平均海拔460—850米，总面积4.94万平方千米，约占全省土地面积的24%。关中地区除中部分布有关中平原外，北部地区也有部分黄土塬型等黄土沟壑丘陵地貌分布，南部属于秦岭山脉地区，分布有山地地形（陕西省地方志办公室，2021）。

地形地貌是影响传统村落空间分布的基本因素。将陕西省传统村落空间分布图与省域地形高程图叠置（图5-5），基于DEM数据，运用Extract Values to Point工具提取传统村落高程信息，并进行统计分析。整理后发现，陕西省传统村落主要分布在海拔相对较低的平原、河谷地区。其中陕北地区传统村落多分布在黄土台塬、坡度较缓的丘陵以及河流台地上，高程数值均在海拔2000米以下，相对高差小，地形起伏缓和。关中地区传统村落主要分布在关中平原等海拔较低的平原以及台地地形区，高程数值均在海拔500米以下。陕南地区为秦巴山区，地形破碎，传统村落主要分布在流水侵蚀形成的山谷、盆地地区，相对高差大，地形起伏明显，高程数值范围为200—3000米。

在陕北黄土高原地区和陕南秦巴山区，由于地形险要，对外交通不便，形成了相对独立的地理环境，使得传统村落演化发展过程中较少受到外来因素的干扰，传统村落内部人-地关系长期稳定，并保存至今。在关中平原地区，由于区域内地势平坦开阔，土地肥沃，水源丰沛，光、热等自然生产条件优越，便于开展农业生产。此外，关中平原四周为山地、高原地形区环绕，不但阻挡了西北季风的侵袭，而且形成了相对封闭的空间环境，为村落创造了安稳的发展条件，具备良好的人居环境基础，因此吸引较多人口前来定居，形成了较多传统村落。

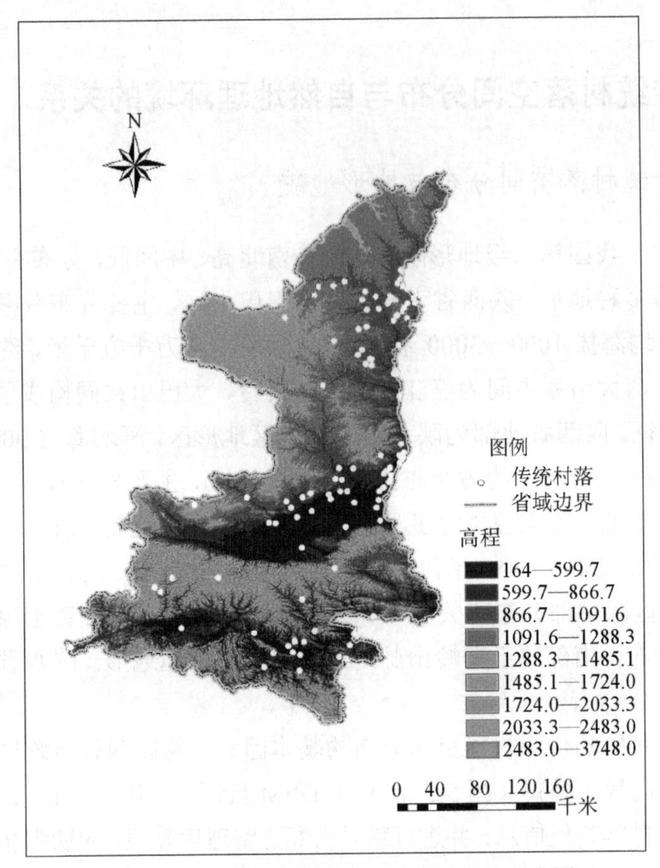

图 5-5 陕西省传统村落在不同高程上的分布图

（二）传统村落空间分布与气候

陕西省位于温带大陆性季风气候影响区，冬冷夏热，四季分明，其中春季温暖干燥，多风沙天气，降水较少，气温回升快且不稳定；夏季炎热多雨，间有伏旱；秋季凉爽，较湿润，气温下降快；冬季寒冷干燥，气温低，雨雪稀少。全省年平均气温为 7—16 摄氏度，由东向西、由南向北逐渐降低；在降水方面，年平均降水量为 340—1240 毫米，也呈现自南向北减少的空间分布特征，但降水量的季节变化明显，尤以夏季为多，可达全年总降水量的 39%—64%（陕西省地方志办公室，2021）。

陕西省南北横贯 800 余公里，纬度地带性分异特征显著。加之区域内南北方向地形分类复杂多样，地势起伏明显，特别是位于陕西省域南部东西走向的秦岭山脉，山体庞大，平均海拔达到 2000 米以上，不但深刻影响了陕西省的气候特征，也是国家南北方地理单元的分界线。在此影响下，以秦岭为界，南北两侧大致形成了十大气候区。其中秦岭以北大陆性较为显著，气候干燥，以温带干旱半干旱气候、南温带半干旱或半湿润气候为主，例如，分布在长城以北的风沙滩地重半干旱气候区、延安—长城高原丘陵沟壑半干旱气候区、关中—渭南平原半湿润气候区等。这些地区年平均气温为7—13摄氏度，最冷月1月平均气温为-10—4摄氏度，最热月7月平均气温为21—27摄氏度，年降水量为400—700毫米（陕西省地方志办公室，2021）。

秦岭以南受东南季风的影响，气候相对湿润，以北亚热带湿润气候、暖温带湿润气候为主，主要有秦岭山地湿润气候区、商洛丹江河谷盆地半湿润气候区、汉中—安康汉江河谷湿润气候区等。区域内年平均气温为14—15摄氏度，其中陕南浅山河谷为全省最温暖的地区。最冷月1月平均气温为0—3摄氏度，最热月7月平均气温为24—27.5摄氏度，年降水量为700—900毫米，其中米仓山、大巴山和秦岭山脉中、西部高山地区年降水量多达900—1250毫米（陕西省地方志办公室，2021）。

笔者运用自然分段法对陕西省年降水量数值和平均气温数值进行分类，进而将陕西省传统村落分布图与年降水量分布图和平均气温数值分布图进行叠置（图5-6），分析不同气候条件下传统村落的分布特征。由图5-6可知，陕西省传统村落主要分布在水热条件适宜的地区。在降水方面，传统村落集中分布在降水量为600—800毫米的地区。由于传统村落生产、生活均离不开淡水资源，陕西省是缺水大省，雨水是地表淡水资源的重要补充，充足的降水可以有效提升农业生产效率。在气温方面，气温数值与海拔高程呈正相关，陕西省传统村落主要分布在平均气温为10摄氏度的地区，这些地区温度适宜，便于开展农业生产，同时居住条件较好，因此传统村落分布数量较多。气温偏低的区域多为高山地区，气候恶劣且不适于人类居住，因而传统村落分布较少。

（三）传统村落空间分布与河流水系

陕西省多数河流为外流河，外流水系面积占全省流域面积的98%。横贯省域东西方向的秦岭山脉将外流水系分为两部分：秦岭以北为黄河水系，流域面积为13.3万平方千米，约占陕西省面积的63%，包含大小河流2500余条，主要支流有无定河、延河、北洛河、泾河、渭河等；秦岭以南属长江水系，流域面积为7.2万平方千米，约占陕西省面积的35%，包含大小河流1700余条，主要支流有嘉陵江、汉江和丹江等（陕西省地方志办公室，2021）。

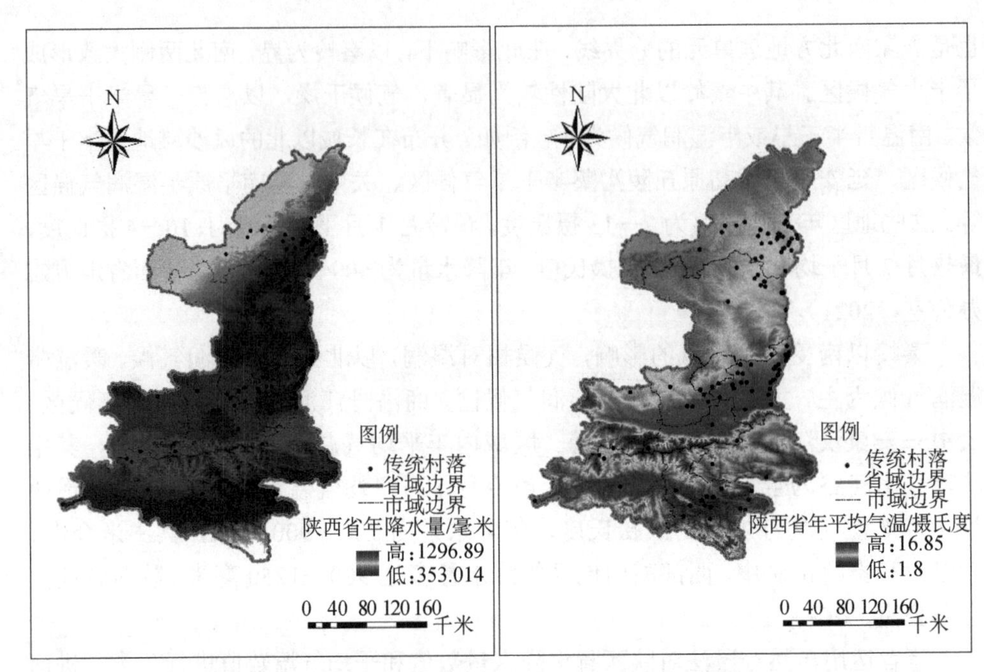

图 5-6 陕西省降水分布图、平均气温分布图

汉族先民以水为生，以农立国。择水而居是传统村落选址的典型理念，其中既体现了一般科学规律与地方性知识，如临水地区方便取水，可满足基本生产灌溉及生活需要，且水体在一定程度上也可以承担交通运输功能，同时反映了先民精神世界中对“聚水生财”等象征意象的追求。笔者运用 Buffer 工具，建立河流 1 千米缓冲区（图 5-7），测度陕西省传统村落空间分布与河流水系的空间关系。通过计算发现共有 77 个传统村落分布在距河流 1 千米的范围内，占陕西省传统村落总数的 68%，而分布在距河流 1 千米以外的传统村落仅有 36 个，占比为 32%。因此，陕西省传统村落空间分布具有较强的河流指向性特征。特别是在黄土高原地区，气候干旱，降水稀少，地表径流成为传统村落生产生活用水的重要来源，因此这一区域传统村落多分布在黄土沟壑、河谷等海拔较低的临水区域。同时，为了应对先天不利的自然条件，先民创造了丰富的生态知识进行应对，如发展节水农业、修建梯田等涵养水源。此外，沿黄河流域也是传统村落分布的高密度区，位于黄河干支流交汇处的村落凭借水路联运的交通便利实现物流中转，逐步发展成为繁华的商业贸易中心和口岸枢纽，形成了大量具有商贸背景的传统村落。

图 5-7　陕西省传统村落与河流水系的空间关系图

三、传统村落空间分布与人文社会环境的关系

（一）传统村落空间分布与社会经济

陕西省是我国中西部经济大省，经济发展水平位于西部省份首位。2020 年，陕西省全年生产总值达到约 2.6 万亿元，其中第一、第二、第三产业产值分别达到 0.22 万亿元、1.13 万亿元和 1.25 万亿元。陕北地区为黄土高原地区，陕南地区为秦巴山区，省域南北两侧自然条件相对恶劣，城镇发展空间范围有限，城镇规模相对较小，因此经济发展受到限制，经济总产值普遍较低。关中地区位于平原地形区，城镇数量多、密度高，形成了以省会西安市为中心、宝鸡市为副中心的关中经济区，经济产值占陕西省生产总值的近 70%。其中西安市是中西部地区重要的经济、文化、交通中心，区位优势显著，产业经济集聚效应显著（陕西省地方志办公室，2021）。

将陕西省传统村落空间分布图与陕西省经济生产总值分布图叠置后可以发现，陕西省传统村落多分布在经济发展水平相对较低的区域（图 5-8），例如，陕北地区的榆林市佳县、米脂县、绥德县，延安市延川县；关中地区渭南市合阳县、蒲城县、白水县；陕南地区汉中市留坝县，安康市旬阳市等地。这些地区社会发展水平滞后，相对较弱的开发强度使得地方人-地关系长期稳定，为传统村落完整保留创造了条件。另外，也有个别传统村落分布在经济发展水平较高的地区，例如，地处西咸半小时经济圈内的咸阳市袁家村，非但没有被湮没在城镇化浪潮中，甚至还以“进城开店”的形式实现了传统村落跨地方的乡村生产。其中的原因在于，传统村落保护、建设、开发利用也需要一定的社会经济条件，在经济发展状况较好的地区，传统村落营建活动可以得到强有力的经济支撑，从而有利于传统村落保存。

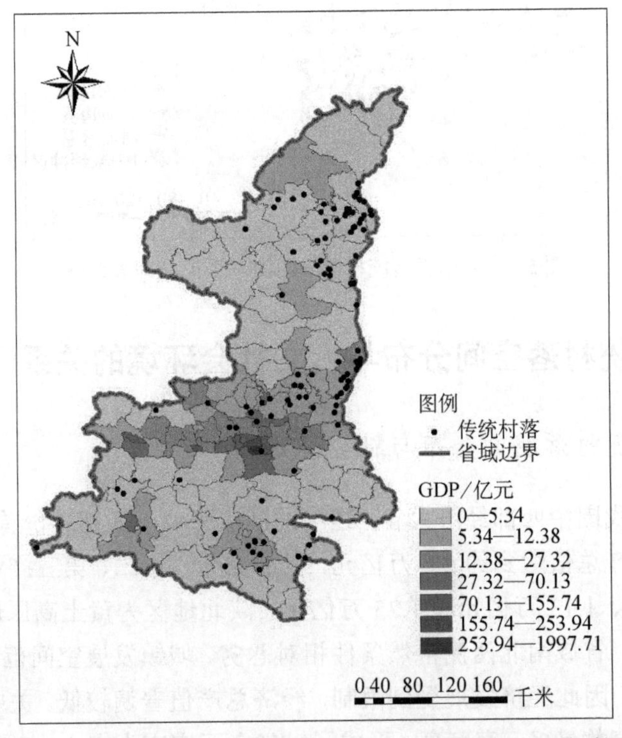

图 5-8 陕西省传统村落空间分布与社会经济发展状况关系图

（二）传统村落空间分布与人口

人作为一种重要的可再生资源，会影响传统村落的空间分布特征。截至 2020

年，陕西省总人口达到约 3952.9 万人，在全国处于中等水平（陕西省地方志办公室，2021）。在自然地理环境显著分异的背景下，陕西省人口空间分布呈现“南北少，中间多”的不均衡空间格局：陕北黄土高原地区、陕南秦巴山区人口稀疏，而关中平原地区人口稠密。

将陕西省传统村落空间分布图与陕西省人口密度分布图叠置后可以发现，陕西省传统村落多分布在人口较为稀疏的地区（图 5-9），例如，陕北地区榆林市佳县、米脂县、绥德县、子洲县、横山区，延安市延川县；陕南地区汉中市留坝县，安康市旬阳市、白河县等地。关中地区虽然人口整体较为稠密，但传统村落仍然分布在人口相对稀疏的城镇，例如，关中地区东部渭南市所辖的韩城市、合阳县、大荔县、白水县、蒲城县、富平县等地。人口稀疏的地区经济发展水平往往较低，且人口流动频率小，使得传统村落长期处于一种与世隔绝、相对独立、封闭的环境中，因此它们受到外来文化入侵的概率低，易于保持传统地方文化与地方特征的独立性和完整性，使得传统村落得以保留至今。

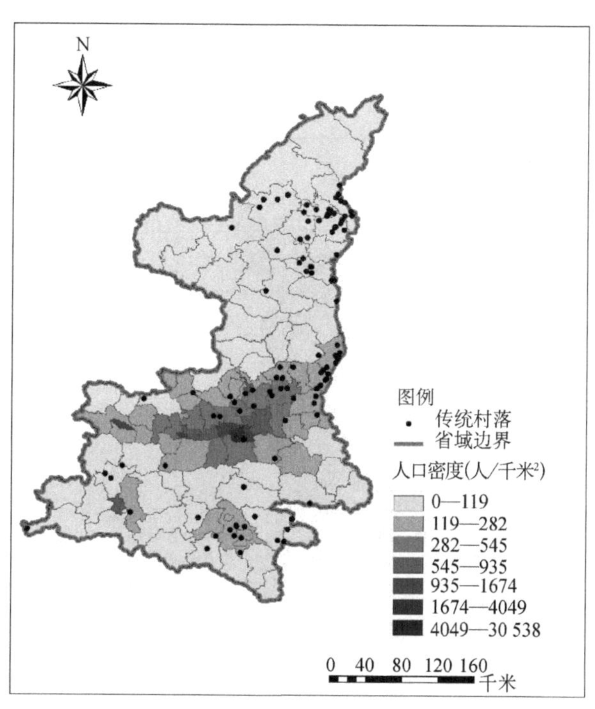

图 5-9　陕西省传统村落空间分布与人口密度分布关系图

（三）传统村落空间分布与交通

交通因素是促进地区之间经济发展和信息交流的重要媒介，道路交通设施深入城乡，不但为推动地区之间互通提供了支撑和保障，也为城乡发展带来了机遇和挑战。因此，道路交通因素对传统村落空间分布特征具有重要影响。陕西省道路交通基础设施建设起步较晚，但近年来发展迅速，道路里程、道路网密度等数值不断增加，道路交通结构日趋优化。

笔者将陕西省传统村落空间分布图与陕西省道路密度分布图叠置（图 5-10），分析传统村落空间分布特征与道路交通之间的关系。可以发现，陕西省传统村落多分布在道路密度较低的地区，包括陕北地区榆林市横山区、子洲县、米脂县、佳县、绥德县，延安市延川县；关中地区渭南市所辖韩城市、合阳县、大荔县、蒲城县；陕南地区商洛市镇安县、山阳县，安康市旬阳市、汉滨区等地。这些地区多位于黄土沟壑区或山区，受到地形地貌条件的影响，交通发展较为滞后，道路密度低，交通可达性较差，因而形成了相对偏僻、独立的地理环境单元，使得区域内传统村落与城镇地区联系的频率和强度较低，受到外界因素的干扰较少，所以较为完好地保留了具有地方特色的传统村落景观，客观上为传统村落的保护提供了有利条件。

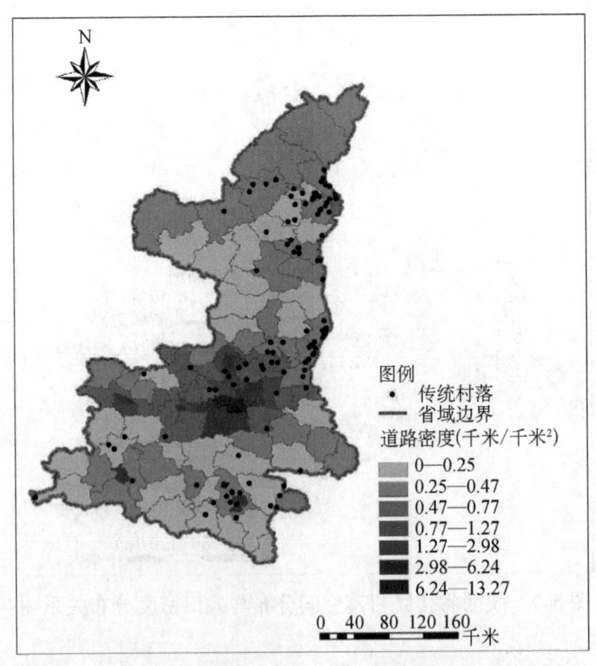

图 5-10　陕西省传统村落空间分布与道路密度关系图

四、现实问题反思

（一）传统村落景观演化发展中的问题

陕西省传统村落物质文化景观和非物质文化景观在演化发展中均存在一些问题，也揭示出传统村落景观管理的不足。导致这些问题的原因既包括传统村落所在区域自然环境和人文社会等外部因素的影响，也包括传统村民组织方式、价值观念、地方情感等内部因素的影响。

1. 物质文化景观呈现无序化、异质化、碎片化

陕西省传统村落物质文化景观存在的突出问题主要体现在景观空间布局无序化、景观特征异质化、景观要素碎片化三个方面。

景观空间布局无序化是指在传统村落景观营建过程中，主观性、随意性较强，缺乏群体意识和统一规划，为了满足个体需要随意搭建建筑物、构筑物，使得新增景观要素与传统景观要素不协调，导致传统村落景观秩序混乱（图 5-11），削弱了传统村落景观的系统性和结构性。例如，村民乱搭乱建民居、随意铺设管线等基础设施，破坏了传统村落整体风貌格局。其中的原因主要有两个方面：一是传统乡土社会具有自组织的属性特征，村民不但是传统村落人居环境的重要组成部分，更是传统村落空间的建设者和管理者。因此，传统村落村民对宅院和周边空间的自发性营建是传统村落空间的普遍现象，这种基本的传统村落营建逻辑本身即具有分散化、无序化的特征。二是传统村落景观承担的功能与当代传统村落村民对于新功能的诉求之间存在矛盾，即部分传统村落空间已经较难满足传统村落村民对现代化生产、生活的需求，村民通过新建、改建传统民居和搭建构筑物等方式解决供需矛盾，传统村落景观整体格局不断受到新增景观要素的干扰和影响。

景观特征异质化是由于传统村落景观的无序化发展，传统村落中出现了与传统景观相异的景观（图 5-12），具体表现在功能异质化、体量异质化、风貌异质化等方面。功能异质化是指在传统村落空间中存在与传统村落生产、生活功能特征不匹配的其他功能类型，不但导致承载该类功能的景观与传统村落景观格局不相适应，而且进一步诱发了景观体量异质化和景观风貌异质化现象。例如，在传统村落中布局规模性生产工业，其生产空间体量、规模较大，与传统村落景观体

量不协调，导致传统村落景观特征分异。又如，传统村落中出现的现代化建筑，其建筑风貌与传统村落建筑存在显著差异，从而割裂了传统村落景观之间的联系，导致传统村落景观特征异质化。现代文明的冲击是导致传统村落景观特征异质化的重要因素。受到工业化、城镇化浪潮的影响，传统村落空间不断重构，改变了传统村落社会的生产、生活方式。为了满足对多样化功能的需要，传统村落景观在体量、风貌上不断突破传统空间尺度的限制，由此导致传统景观异质化现象凸显。

图 5-11 陕西省榆林市佳县峪口村景观空间布局无序化现状

图 5-12 陕西省渭南市合阳县灵泉村景观特征异质化现状

景观要素碎片化是指因长期缺乏必要维护，导致在“面”状形态的传统村落景观中出现“点”状或“团块”状景观缺失，呈现传统村落景观碎片化的现象（图5-13），其属于景观特征异质化的一种特殊类型。景观要素碎片化现象多见于陕北地区传统村落，其产生原因主要有两方面：首先，自然环境长期的侵蚀作用会对传统村落景观产生一定程度的破坏，导致传统村落景观的完整性受到影响。如陕北窑洞式建筑，一方面窑洞属于典型生土建筑，囿于材料属性的不足，生土建筑本身在抗剪、抗折、抗弯、耐水、耐低温等方面存在先天性劣势，相较于传统砖木结构建筑更易受损。另一方面，陕北黄土高原地区气候干旱，风化侵蚀作用显著，对窑洞等生土建筑物、构筑物的耐久性和使用寿命产生了一定影响，由此导致传统村落景观容易受到破坏。其次，由于人口流失，传统村落的建筑空置率高，空置民居建筑长期缺乏必要维护和修缮，加之自然环境侵蚀作用的影响，导致传统村落建筑陆续出现破损和倒塌，传统村落景观因之出现碎片化现象。

图5-13　陕西省榆林市米脂县杨家沟村景观要素碎片化现状

2. 非物质文化景观低质化、稀缺化现象凸显

陕西省传统村落非物质文化景观主要存在景观低质化、景观稀缺化两个方面的问题。景观低质化是指传统村落非物质文化景观内容的丰富度、精彩程度降低，原本具有的演绎流程、形式不能完整、规范地表现出来。景观稀缺化是景观低质化的结果，具体可以分为时间稀缺化和空间稀缺化两个维度。时间稀缺化是指传统村落非物质文化景观出现的频次少、演绎时间短暂，空间稀缺化表现为传统村落非物质文化景观出现的场所、空间数量少，景观演绎空间范围小。

传统村落非物质文化景观出现低质化、稀缺化问题的原因主要有三个方面：一是生产生活方式变化导致非物质文化景观蕴含的意义弱化。例如，节日庆典、音乐舞蹈、文学戏剧等传统民俗景观是特殊历史语境中的产物，它们表达了传统村落村民对于生产活动的期盼、宗族礼法的敬畏、精神生活的寄托。但在现代文明的冲击下，以农业为主的生产方式逐渐被工业、服务业取代，以血缘、地缘为纽带的传统村落管理方式也日渐式微，使得非物质文化遗产所承载的内涵与当代传统村落村民的价值观念不相适应，难以扎根于当代传统村落生活语境。二是非物质文化景观缺少物质空间载体。传统村落物质文化景观是非物质文化景观的空间载体，节日庆典等非物质文化景观的演绎需要特定的场所。近年来，传统村落物质文化出现空间缺失、混乱无序等一些开发建设问题，从而导致传统村落物质文化景观出现无序化、异质化、碎片化的现象，一些非物质文化景观也失去了演绎的空间和场所。非物质文化景观活动频次减少，又进一步导致物质空间维护、经营不善，最终形成恶性循环。三是传统村落经济滞后，非物质文化活动开展缺乏经济支撑。举办较大规模的非物质文化活动往往需要一定资金的支持，而部分传统村落地处贫困地区，经济发展不足，因此没有能力举办大型文化活动，只能依靠团体自筹经费，自发组织小规模的演绎活动（图 5-14），活动内容的丰富程度大大降低，很多经典的环节和形式不能够完整地表达出来。

图 5-14　小规模的社火表演

3. 景观管理机制不完善，保护效果不佳

陕西省传统村落景观空间布局无序化、景观特征异质化、景观要素碎片化现象反映出了传统村落景观管理的一些问题。曾经在相当长的一段时间内，传统村落景观保护没有法定要求，因此面对经济建设诉求，经过长期自主更新，传统村落中传统景观与现代景观混杂，突出表现为传统民居建筑与现代化民居混合，新、旧建筑景观形式混合等，使得传统村落景观异质化、碎片化现象凸显。面对这种现实问题，因尚未建立合理、有效的传统村落景观管理机制，传统村落景观中蕴含的历史文化价值未能得到相应关注，导致传统村落景观往往在“保”与“不保”的矛盾中

让位于宏大的经济建设浪潮，传统村落景观保护的整体性、系统性不足，加速了传统村落景观的衰败。

究其原因主要有三个方面：一是传统村落经济发展水平较低，无力保护传统村落景观。通过前文对陕西省传统村落空间分布特征与社会经济发展水平的关系分析可以看出，陕西省传统村落主要分布在经济发展水平较低的地区，而建立传统村落景观保护体系框架、健全保护机制，需要一定的经济基础支撑。传统村落自身经济发展滞后，使得其在增量开发的背景下成为弱势一方，无力维持自身文化传统和地方特色，阻碍了传统村落保护工作的推进。二是传统村落村民普遍缺乏传统村落景观保护意识。传统村落经济发展水平相对滞后，导致传统村落村民整体文化水平偏低，较难充分认识到传统村落景观中蕴含的经济、文化、社会、艺术等方面的价值，因此并未采取相应举措进行传统村落景观保护。三是传统村落社会组织结构瓦解，传统村落管理向心力不足，难以就传统村落景观保护问题达成共识。传统村落社会的组织方式是以血缘为纽带，以乡规民约、宗族礼法为主要工具。但是由于城镇化进程对传统村落人口产生了强大的引力、拉力，导致传统村落人口流失严重，大量农业人口转为非农业人口，村落宗族结构逐渐瓦解，传统村落的社会组织方式难以有效实施。因此，即使部分乡贤、管理者认识到了传统村落景观保护的问题，并有意建立相关保护机制，但由于多数村民对于传统村落景观营建责任的缺失，较难在村中形成凝聚力和合力。传统村落景观演化发展中的问题表征与影响因素如图 5-15 所示。

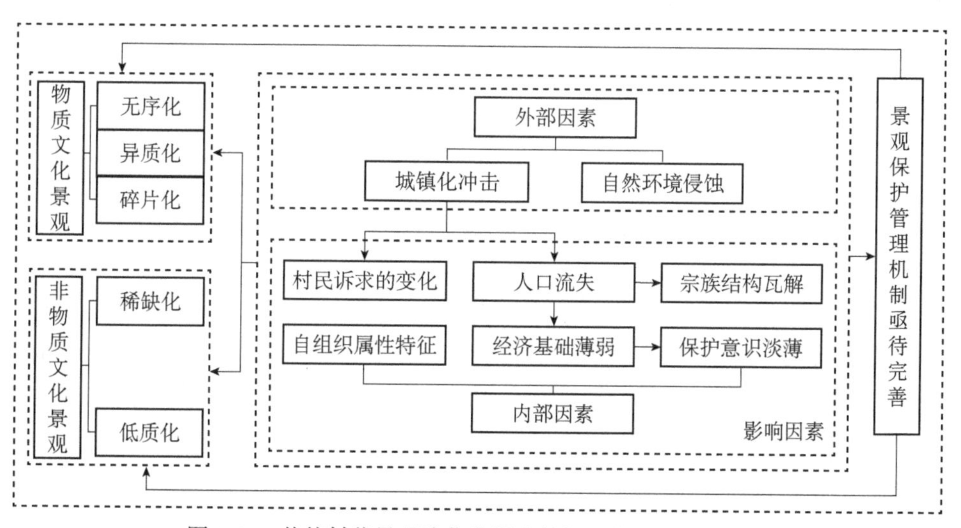

图 5-15　传统村落景观演化发展中的问题表征与影响因素

（二）传统村落景观地方性知识传承问题

传统村落景观彰显了传统村落的地方性特征，是传统村落村民寄托地方情感的主要载体。陕西省传统村落景观在演化发展过程中出现的异质化、碎片化现象不但导致传统村落地方特色逐渐弱化、消失，形成“千村一面”的空间现象，而且使传统村落村民的乡愁无处寄托，其将传统村落作为家乡、故土的地方情感逐渐弱化，表现为由地方依恋感、地方归属感、地方认同感逐渐变为地方了解感甚至地方陌生感。地方感和地方性知识是双向互构的关系，在传统村落中，伴随村民对传统村落地方情感的加深，产生了营建传统村落的地方性知识，而地方性知识付诸实践创造出来的地方景观加深了村民的地方情感。因此，传统村落村民地方情感的弱化实则也是地方性知识传承状况不佳的外在表征。陕西省传统村落景观地方性知识传承问题主要体现在三个方面：一是地方性知识应用范围缩小，知识应用频次减少；二是掌握地方性知识的群体数量逐渐减少；三是对于地方性知识缺乏交流与推广，从而导致地方性知识无法得到有效传承（图 5-16）。

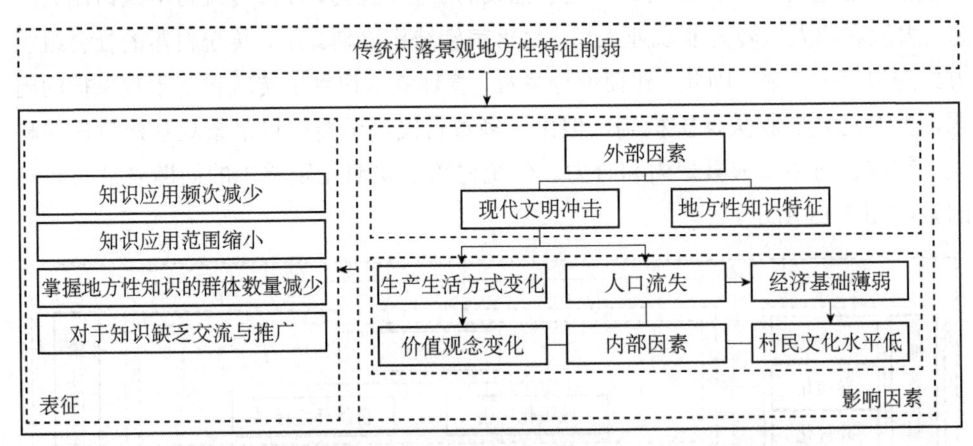

图 5-16 传统村落景观地方性知识传承的问题表征与影响因素

1. 地方性知识应用频次减少、范围缩小

传统村落景观地方性知识产生于传统村落演化发展的历史过程中，在不做任何调整、改变的前提下，以静止的视角看，它是存在于特定历史语境的地方性知识。在现代文明的冲击下，传统村落景观地方性知识的实践环境发生了明显改变：一方面，传统村落村民生产生活诉求发生变化，传统街巷景观、公共空间景观、传统民居景观等因不能对此进行有效回应、满足村民要求而逐渐消失，使得这些物质

文化景观中承载的显性地方性知识逐步消失，取而代之的是当代乡村建设景观中蕴含的非地方性的、普遍性的营建知识。另一方面，民间艺术知识、传统工艺知识等最初从传统农业生产活动、祭祀活动中演化而来，承载了特定的知识内涵和意义，由于生产方式的改变，传统生产活动被现代化的技术取代，这些非物质文化景观中的隐性地方性知识因此失去了传承的“土壤”。

2. 掌握地方性知识的群体数量减少

传统村落景观地方性知识，特别是民俗文化景观中的隐性地方性知识的传承主要采用师徒传承、家族传承、口头传承等形式。因此，传统村落村民不但是传统村落景观地方性知识的创造者，更是地方性知识的继承者和传播者。但是，掌握地方性知识的村民群体数量正在逐年减少，其中的原因主要有两个方面：一是传统村落中人口总量减少。长期以来，在中国城镇化快速发展的背景下，传统村落人口流失严重，村落“空心化”现象普遍存在。根据2020年第七次全国人口普查数据，陕西省除陕北地区的榆林、延安两市，关中地区的西安外，陕南地区的汉中、安康、商洛，关中地区的宝鸡、咸阳、铜川、渭南的人口增长率均为负值，且60岁以上人口占比均达到19.5%以上，人口老龄化问题突出。这些地区包含65个传统村落，占陕西省传统村落总数的57.5%。伴随着大量青年人口进入城镇，传统村落中多剩下留守的年长者，他们虽然掌握着丰富的地方性知识，并且固守着内心的那一份乡愁和地方依恋，但是一方面这些群体的数量正逐年减少，另一方面由于年长者的体力、精力有限，有时甚至难以完成地方性知识实践的全部工作，无形当中也导致地方性知识传承的质量不断降低。传统村落景观地方性知识的传承因之陷入了缺少传承人、缺乏继承者的窘境。

二是现代化的生产生活方式改变了传统村落村民的价值观念和知识体系。在参与城镇化的过程中，传统村落村民接触了丰富的现代化信息，使得群体认知发生改变，由此带来传统村落村民价值观念的转变，并逐渐构建起新的知识体系。这种知识体系呈现传统与现代、乡村性与城镇性、地方性与一般性混杂的特征，并且传统的、乡村的、地方性的知识在其中所占比例逐渐降低。这类群体，特别是青年人群，追求现代化景观的形式，面对传统村落景观中的地方性知识“自持而不自知”，甚至对地方文化产生自卑心理。因此，源于这种价值观念的分异，多数传统村落村民很少有主动学习地方性知识的意愿。另外，加之部分地方性知识较为复杂，本身不易掌握，需要长期的学习才能习得，更增加了知识传承的难度。在多重因素叠加的影响下，地方性知识难以获得有效传承。

3. 对地方性知识缺乏交流与推广

地方性知识产生于特定的时空语境，是在特定情境中的有效知识。地方性知识的传承需要将其置于动态演化、发展的视角下，通过知识交流等方式在保持自身地方特色的同时，实现知识的更新与活化。传统村落景观的地方性知识是在特定历史阶段适应传统村落营建的智慧。面对时代变迁，因长期处于相对封闭的自然地理和人文社会环境中，传统村落景观地方性知识未能适应当前的生产生活语境，导致地方性知识传承暴露出上述诸多问题。

究其原因主要有两个方面：一是从村民的视角看，传统村落景观的地方性知识具有唯一性、排他性的属性特征，部分地方性知识往往只在单个传统村落内部传承，在此过程中虽然容易陷入故步自封、因循守旧的不利情境，但也使得知识始终保持着较强的地方性特征。例如，生产技法知识、艺术工艺知识等地方性知识往往是单个家族世代传承的知识，它们不但是传统村落村民谋生的方式和手段，更是维系宗族纽带关系、寄托家族情感、彰显身份的符号。因此，掌握地方性知识的传统村落村民对于知识交流、进化、更新存在一定抵触心理，这与实现地方性知识的传承，使之适应当前的时空语境的路径和方法存在矛盾与冲突。

二是在传统村落景观的地方性知识管理方面，未能建立推动地方性知识广泛交流、推广的方法和路径指引机制。传统村落管理人员文化水平较低，尚不能够认识到传统村落景观地方性知识的价值、地方性知识传承的紧迫性和重要意义。面对现代性知识、普遍性知识对传统村落景观地方性知识的冲击时，其往往墨守成规，表现为在地方性知识传承方面缺少制度创新和突破，导致地方性知识在传承过程中无法得到相应资金、技术、政策等方面的广泛支撑，最终阻碍了传统村落景观地方性知识的有效传承。

五、本章小结

传统村落空间分布特征研究是认识传统村落的基础，本章通过对陕西省传统村落在不同地理空间中分布特征的研究，梳理了传统村落空间分布的特征与规律。研究发现，陕西省传统村落空间分布特征是自然地理环境和人文社会环境综合作用的结果，并且这些因素之间也存在因果关系，构成了一个相互联系的系统。其中，地形地貌特征、气候分异、河流水系资源等自然因素属于基础因素，因与传统村落生产生活所需密切相关，影响了传统村落空间分布的整体特征。另外，自然地理环境又影响了人文社会环境特征，进而影响了传统村落空间分布。陕北黄土高原地区和陕南秦巴山区地形封闭，导致交通不便，地区经济发展水平相对较低，人口稀疏，形成了闭塞的地理环境，因此传统村落较少受到城镇化的冲击，保留了自身地方文化、地方景观的原真性，所以在黄土高原地区、秦巴山区均分布有一定数量的传统村落。

第六章　关中地区传统村落景观的地方性知识体系特征提取

关中地区川渠纵横，土壤膏腴，物产丰富，素有“天府”“陆海”之称。长期以来，坚实的自然环境本底孕育了厚重、多元的历史文化，自西周起先后有十多个朝代在此定都，使得关中地区成为中华传统文化的发展中心，而这些文化积淀也对关中地区传统村落营建产生了广泛而深刻的影响。本章基于传统村落景观地方性知识体系的“点-链-集”结构特征，综合提取关中地区传统村落景观地方性知识点，进而梳理它们之间的逻辑关系，搭建关中地区传统村落景观地方性知识链。最后，通过总结关中地区传统村落景观地方性知识点的形成机制，构建传统村落景观地方性知识集。

一、关中地区传统村落景观地方性知识点

（一）村落选址知识点

1. 依山而居

依山而居是指传统村落选址在山体一侧，被山体所包围，村落形态大多呈团块状。依据传统村落主要走向与山体等高线的关系，可以进一步将布局方法分为二者相互平行或垂直。为使传统民居建筑获得良好朝向，应因地制宜地选择合适的布局形式。例如，位于山地的村落应坐落于山的阳坡，可以获得避风向阳的良好环境。当传统村落平行于等高线时，其主要街道多为弯曲的带状空间，巷道与等高线垂直；当传统村落与等高线相互垂直时，主要街道高差大，可以通过设置台阶解决竖向交通问题，使街道空间具有明显的节奏感（表 6-1）。关中地区典型的依山而居型传统村落有南长益村、等驾坡村、灵泉村、万家城村、孙塬村等。其中，南长益村南、北、西三面环沟与黄土台塬相连，东北部与山脉相接，形成依山而居的选址景

观。等驾坡村选址于永寿地区的黄土塬坡上，与坡下的天然水库相邻，整个村落从塬下延伸至塬上，地形高差大约几十米。村庄所在区域属于黄土台塬和渭河冲积平原的第二台地上，山崖的稳定性好，纵坡度小，地质构造稳定。灵泉村位于黄河西塬边缘地带，村落三面环沟，一面接壤，因借“福山、禄山、寿山”的生态背景，营造出丰富的景观空间层次，形成三山一河、古树晨光、城门斜照、山峙河横的独特景象，以及“三面环山，东眺黄河”的整体格局。万家城村位于黄土丘陵沟壑区，村庄背后有祖宗山、穴星山，前有案山。两侧有青龙山、白虎山，龙砂、虎砂外护，村庄中部基址开阔，南高北低，地势较为复杂（李明，2018）。

表 6-1　关中地区传统村落选址地方性知识点图谱

类型	依山而居	依水而居	山环水绕	平地而起	沿路而起
图示					
特征	传统村落位于山体一侧，被山体所包围。传统村落布局方向与山体等高线平行或垂直	传统村落位于水系一侧，被水系所环绕。该类村落往往具有方便的交通运输条件，河道航运体系较为发达	传统村落位于背山面水、坐北朝南的河流边台地上，既可躲避寒风侵袭，又可充分利用光热等自然资源	传统村落位于地势平坦、开阔的平原地形区。耕地资源充足，便于发展农业	传统村落位于道路一侧或道路两侧，沿道路建设、发展。村落交通便利，为经济发展提供了良好的基础设施条件
案例	渭南市合阳县灵泉村	渭南市富平县莲湖村	咸阳市三原县柏社村	渭南市大荔县大寨村	铜川市耀州区移村

2. 依水而居

依水而居是指传统村落选址于水系一侧，村落被水系所环绕。传统村落的形态主要受到河道的走向、形状和宽窄变化的影响。通常因河道形态相对自由曲折，村落沿河流一侧或两侧分布，形成带状。依水而居的传统村落具有方便的交通运输条件，河道航运体系较为发达。

关中地区典型的依水而居型传统村落为莲湖村。莲湖村地势中间高而四周略低，三面环水。村落北依温泉河，是莲湖村的母亲河，温泉河有“玉带环流”的美称，有诗赞曰：“湛湛温波远，依流趣不稀。树深莺语细，溪静浪痕微。空翠连巢阁，野烟隐钓矶。秋风芦荻裹，白鹭下还飞。”（惠之介《游温泉》）

3. 山环水绕

山环水绕是指传统村落选址在背山面水、坐北朝南的河流边的台地上。这里既可以利用山体作为屏障以避寒风的侵袭，又临近水岸可方便地获取、利用天然水资源。传统村落形态受山势与水岸走向的共同影响，大多呈条带状，街道走向总体与水岸平行。根据村落的规模和性质，可以仅在临水的一侧建造住房，也可以在临水和靠山的两侧都建造住房。

关中地区典型的山环水绕型传统村落有柏社村、清水村、党家村。其中，柏社村地处关中北部黄土台塬区，北部有高山，东西临河，形成了水村相隔的平原地区村落景观。

清水村坐落于黄河西岸的黄土台塬上，地貌独特。村落三面环塬，分别为北顶塬、西岭、龙庭塬，芝水河自村西环绕村南而过，村落周边林木繁茂，形成了"三塬环抱，四水绕村"的山水格局。

党家村位于南、北有塬的狭长形沟谷中，村南有泌水环绕，形成了依塬傍水、避风向阳的村落山水格局。因村落所在地势低凹，加之塬的土质为黏土，不易起尘，使得村中环境优美。村落南部有泌水河绕行，空气湿润，砖瓦也不会轻易被侵蚀和风化，可谓"绿树掩映中，青瓦千间，不眷尘埃"（高茜，2015）。

4. 平地而起

平地而起是指传统村落选址于地面平坦或起伏较小的平原地区。一方面，广阔的农田为其提供了充足的耕地资源，便于开展农业生产。另一方面，该类传统村落一般具有良好的交通条件，比较普遍的一种选择就是将两条相互交叉的"十"字街作为全村的基本构成，并使住宅建筑分别依附其两侧，这种组合形式使平面变得更加紧凑，从而节省了土地。由于村落自发性的形成过程，村落的布局呈现出不甚严整的关系。

关中地区典型的平地而起型传统村落为大寨村。大寨村位于关中平原东部，村域地势平坦，为村落生产提供了充足的土地资源，能满足种植业发展的要求。黄河、洛河、渭河三河在此交汇，保障了传统村落生产生活用水。

5. 沿路而起

沿路而起是指传统村落选址于道路一侧或两侧，沿道路建设或发展。在村落内部，通常沿着一条主要街道的两侧安排住宅，再每隔一段距离布置巷道。各家各户既可设门直接通向街道，也可通过巷道与街道保持间接联系。其传统村落布局形式一般呈团块状，村落结构、秩序和层次关系较为清晰。

关中地区典型的沿路而起型传统村落为移村。移村位于铜川市耀州区西部塬区，地处照金红色旅游景区沿线，移三公路、耀旬公路穿村而过，民居沿道路两侧布局。

（二）功能组合知识点

1. 功能嵌套型

功能嵌套型是指传统村落的生态空间包围生产空间、生活空间的功能组合形式。功能嵌套型村落布局时，在村落内部自然环境条件最优处紧密布置宅院等生活空间，形成集中式生活空间布局形态，之后围绕生活空间设置生产空间和生态空间（表 6-2）。

例如，咸阳市三原县柏社村为下沉式窑洞村落，传统村落整体位于黄土台塬之上，布局集中。村落建设用地周围为平原地带，土地资源优越，为村落生产空间。平原边缘依靠山脉，为村落生态空间，整体形成了“三生”空间嵌套布局结构。

2. 功能融合型

功能融合型是指传统村落生活空间、生产空间及生态空间相互混杂，无明确分隔与边界的功能组合形式。在功能融合型传统村落，通常因地形地貌等自然条件的限制，居民点散布在山体之间，传统村落村民通过自由支配居民点周边的土地开展农业生产，整体形成了“三生”空间融合布局结构（表 6-2）。

例如，咸阳市永寿县等驾坡村地处二级台地，村落西侧为生态空间，村落东、南、北三侧地势较缓，土地肥沃，是村落的生产空间。村落生活空间被生态空间、生产空间所包围，形成了功能融合型布局模式。又如，渭南市澄城县尧头村整体依塬而建，受地貌限制，聚落形态不连贯，整体布局呈现集中团聚，生活空间的分散使得居民便于自由地支配周边土地，村落的生产空间因而零散地分布于各民居周边，导致“三生”空间相互混杂，无明确的分割与边界。

3. 功能分置型

功能分置型是指传统村落的生活空间、生产空间被生态空间所分隔的功能组合形式。功能分置型村落往往是由于地形因素导致适宜生产的区域与适宜居住的区域存在一定的间隔。例如，西安市蓝田县葛牌镇石船沟村地处秦岭深处，村落“三生”空间分布格局受到地形地貌因素的深刻影响而相互分离，表现为村落一侧为山体，是传统村落生态空间，另一侧为梯田，是传统村落生产空间。村落生活空间聚集在山谷，沿山谷呈南北带状分布，形成“三生”空间分置布局结构（表 6-2）。

表 6-2　关中地区传统村落功能组合地方性知识点图谱

类型	功能嵌套型	功能融合型	功能分置型
图示	生态空间 生产空间 生活空间	生态空间 生活空间 生产空间	生活空间 生产空间 生态空间
特征	传统村落的生活空间、生产空间被生态空间所包围，形成“三生”空间嵌套布局结构	传统村落的生活空间、生产空间、生态空间呈交融布局结构	传统村落的生活空间、生产空间被生态空间所分割，“三生”空间相对独立
案例	咸阳市三原县柏社村	咸阳市永寿县等驾坡村	西安市蓝田县葛牌镇石船沟村

（三）农田布局知识点

1. 方形农田

方形农田主要分布在地势平坦、开阔的平原地形区，整个农田的景观形式整齐，具有严谨的秩序感，主要景观类型有以小麦、玉米构成的耕地景观和杨树、苹果树、柳树、槐树等构成的行道树窄林带景观。例如，渭南市合阳县灵泉村位于山麓之下的平原地区，村落农田景观布局规整，呈现为正方形或者长方形平面形态，田埂间距为 30—40 米。因种植农作物类型分异以及农田的土壤肥力差异，农田景观色彩表现出多样化的特征（表 6-3）。

2. 曲线形农田

曲线形农田主要分布在关中地区台塬之上，农田一般一侧临水或有水域从田间穿过。虽然由于自然地形的限制，农田形态呈现曲线形，但因其所处地区相对平整，土地肥沃，所以可以种植多种类型的农作物。例如，铜川市耀州区水峪村位于地势较高的台地之上，地势平坦，村落农田形态顺应周边地形呈现曲线形，其农田的划分面积适宜，农作物色彩搭配有序（表 6-3）。

3. 多边形农田

多边形农田主要分布在地势起伏、有一定高差的台地等地形区，农田形态呈现多边形和长方形组合布局的特征。由于农作物对光照以及水量的需求程度不同，台地上的农作物长势以及农作物种类有分异，多边形农田往往呈现出鲜明的垂直景观色彩差异。例如，铜川市耀州区孙塬村位于地势起伏的台地，村落农田形态呈现长方形与多边形组合分布的形态特征（表 6-3）。

4. 梯田

梯田主要分布在地势起伏较大的台地之上，虽然每一层台地之间具有一定的高度差，但单层台地地势相对平坦、开阔，适合耕种农业作物。由于台地所处海拔高度不同，在不同季节水热条件有所差异，传统村落村民往往基于农作物生长习性选择适宜的位置播种，梯田景观呈现出丰富的色彩。例如，铜川市印台区立地坡村的农田位于台地之上，根据地势高度差异选择适合的农作物种植，因此农作物类型多样、色彩鲜艳丰富，表现出梯田景观的自然特色美（表 6-3）。

表 6-3　关中地区农田布局地方性知识点图谱

类型	方形农田	曲线形农田	多边形农田	梯田
图示	农田 水体	农田 水体	农田	山体 农田
特征	主要分布在地势平坦、辽阔的平原地形区。区域内通常拥有较为丰富的水资源。主要种植小麦、玉米，杨树、苹果树、柳树、槐树等	主要分布在关中地区台塬之上，一般一侧临水或有河流等水域从农田中间穿过。由于自然地形的限制，其农田形态呈现曲线形，但其所处地区相对平整，土壤肥沃，适宜耕作的农作物种类较多	主要分布在地势起伏、有一定高差的台地。农田景观形态呈现出多边形和长方形的组合形式。拥有较好的垂直景观风貌，形成了较为鲜明的色彩差异	主要分布在地势有很大起伏的台地之上。但每一层台地地势相对平坦、开阔，适合农作物耕种。台地所处高度不同，在不同季节所选择种植的农作物也有所不同，因此形成了较为丰富的色彩景观
案例	渭南市合阳县灵泉村	铜川市耀州区水峪村	铜川市耀州区孙塬村	铜川市印台区立地坡村

（四）村落形态知识点

1. 组团状

组团状传统村落在空间布局上表现为紧凑集中的形式，村落由自然山体、水体阻隔后形成多组团状形式。依据传统村落所在地形区的不同，可将组团状村落形态进一步分为平原型组团状、山谷型组团状、河谷型组团状（表 6-4）。

例如，渭南市大荔县大寨村属于平原型组团状村落，现由大寨子村、南寨子村、北寨子村共同组成，其中大寨子村位于中部，村落形态相对狭长，呈带状，南寨子村和北寨子村分别位于其南北两侧，通过两条夯土将三寨相连，构成一个整体，又因联合体形态神似凤凰，有“凤凰归巢”的美誉（图 6-1）。

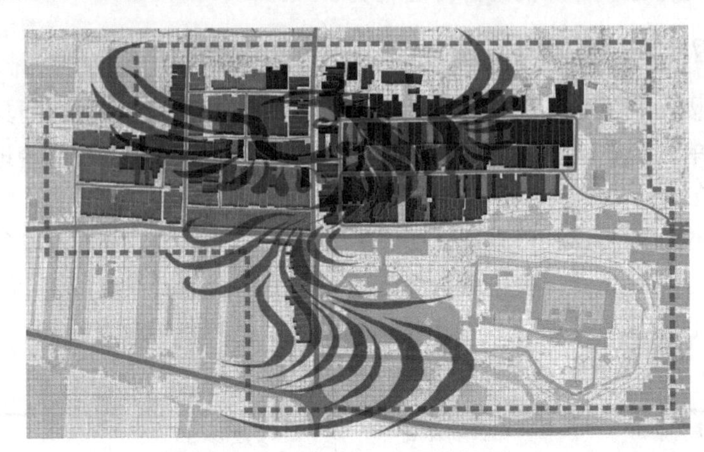

图 6-1　渭南市大荔县大寨村村落形态

渭南市合阳县南长益村属于山谷型组团状村落。村落位于山谷，东北部与山脉相接，南、北、西三面环沟，因此传统村落整体布局相对紧凑，呈现组团状形态特征。

宝鸡市麟游县万家城村属于丘陵沟壑区团状村落。万家城村位于黄土丘陵沟壑区，村落背后有祖宗山、穴星山，前有案山，两侧有青龙山、白虎山，龙砂、虎砂外护。村落中部虽然基址开阔，但地势较为复杂。村民通过地形改造、平整土地，使得传统民居建筑集中、有序地布局在中心地区，形成了组团状形态，但村落边缘因受到地形因素影响，略显不规则。

咸阳市永寿县等驾坡村为河谷型团状村落。村落位于黄土台塬和渭河冲积平原的第二台地上，山崖的稳定性好，地质构造长期稳定。整个村落从塬下延伸至塬上，地形高差大约几十米，纵坡度小，呈现组团状形态（表 6-4）。

2. 条带状

条带状传统村落在空间布局上呈现沿河道、湖岸、干线道路等线状要素展开的条带状传统村落形态特征。通常这些传统村落选址或为满足生产生活用水需求，或为满足交通运输、商业贸易的需要。例如，在水网密集的地区，传统村落沿河岸一侧或两侧修建，形成沿河条带状布局的村落形态；在黄土高原地区，传统村落多依山谷、冲沟伸展扩展，形成沿等高线方向布局的条带状村落形态；在平原地区，传统村落民居建筑则多沿一条主要道路两侧排列，形成沿道路分布的条带状村落形态。

例如，渭南市澄城县尧头村属于丘陵河谷型条带状村落。尧头村位于洛河支流西河与后河的交汇处，村落建筑顺应河流走向布局，村落形态整体呈现东西条带状空间特征。又如，西安市蓝田县葛牌镇石船沟村属于山谷型条带状村落。石船沟村位于秦岭山麓狭长的山谷中，村落两侧被群山环抱，溪流从村落中穿过。村落整体形态特征受到地形地貌、河流水系较大的影响，呈现沿河谷南北条带状布局的空间形态特征（表 6-4）。

3. 圆环状

圆环状传统村落在空间布局上呈现环状形态。因该类村落多依山靠水、环抱山体而建，所以地形地貌、河流水系等地表自然要素的形态对传统村落形态产生了较大影响，根据村落环抱对象差异可分为环水村落和环山村落两类。

例如，咸阳市彬州市程家川村三面环水，四面环山。村落南濒泾河，西临船桷石，东依凤凰山，呈现依山靠水、圆环抱山状村落形态（表 6-4）。

表 6-4　关中地区传统村落形态地方性知识点图谱

类型	组团状			条带状		圆环状
特征	传统村落被山体、水体阻隔后形成紧凑集中组团式布局的形态特征			传统村落沿河道、湖岸、山体走向或干线道路延伸方向布局，呈现条带状空间形态特征		地表形态对传统村落形态产生了较大影响，村落形态呈环状布局的空间特征
分类	平原型	山谷型	河谷型	丘陵河谷型	山谷型	
图示						
分类特征	传统村落规模较大，结构清晰	传统村落位于山谷之间，规模较大，组团而居	传统村落位于河谷之中，依山靠水，功能完善	传统村落规模较小，沿河流走向呈带状布局	传统村落规模较小，顺山势呈条带型布局	传统村落体量较小，呈线状布局，抱山而绕，依山靠水
案例	渭南市大荔县大寨村	渭南市合阳县南长益村	咸阳市永寿县等驾坡村	渭南市澄城县尧头村	西安市蓝田县葛牌镇石船沟村	咸阳市彬州市程家川村

（五）街巷格局知识点

1. 街巷形态知识

（1）方格网形

方格网形街巷是指由相互垂直的平行道路组成的方格网状街巷系统。其中以“十”字形或者“井”字形街巷作为主街巷，将传统村落均匀地划分成大小相近的街坊，在街坊内部通过布置类似“棋盘式”次要的街道或巷道进一步划分街坊空间，形成层次分明、规整有序的街巷形态。方格网形街巷通常出现在地势平坦的平原、盆地地区的传统村落中，具有交通组织简单、利于建筑布置的优势（表 6-5）。例如，渭南市合阳县灵泉村、韩城市相里堡村、韩城市龙门镇西塬村等村落均为方格网形街巷形态。街巷整体较为规整，连通性较好，使得道路系统的公共性较强，营造出轻松舒适的空间感受。

（2）环式

环式街巷是指由于受到地形地貌因素的限制，传统村落被山川河流限制在一定区域范围内发展，村落围绕山体或河流进行建设，形成环绕山体、河流的路网形态。随着传统村落的发展，由村落中心向周围辐射出放射性次要街道。因此，环式街巷形态不规则，划分出的街坊大小不一，不利于建筑布局，但因其具有较强的向心性，可以突出道路中心节点，便于组织节点处公共景观，形成村落中心。例如，咸阳市彬州市程家川村围绕平顶山展开建设，村落被山体台塬限定在一个扇形的盆地中，依托扇形盆地地形形成环式街巷，并向外放射多条支路，串联各个街巷（表 6-5）。

（3）“一”字形

“一”字形道路又称带形路，是指传统村落因受到山川河流、地形地貌的限制，在一个狭长的空间中沿等高线或者河流呈现带状的街巷形态。“一”字形街巷形态的传统村落内往往存在一条主街沿其发展的主要方向贯穿整个村落，并串联其中各个功能分区和节点要素。传统建筑一般沿主街一侧或两侧紧凑布局，这些沿街建筑交通便捷，因而具有较为优越的区位条件，多承担商业功能。例如，西安市蓝田县石船沟村被两侧山体限定在一个狭长的地域空间，由一条主要道路南北贯穿整个村落，串联村落的各个功能要素。此类街巷格局的传统村落还有铜川市耀州区移村、渭南市华州区郭庄等（表 6-5）。

（4）鱼骨形

鱼骨形街巷是指由主街和巷道形成类似鱼骨形的形态。其中主街为整个街巷骨架的支撑，将传统村落中各个主要功能组团单元串联，巷道从主街两侧辐射而出，承担通往各个院落空间的功能。例如，渭南市富平县莲湖村以东起华翔门、西至荆踞门的莲湖正街为主街，串联村落入口空间、公共活动空间和后城门空间等多个空间节点。书院巷和姜米巷等多个巷子与之相交，共同构成了空间序列完整、收放有度的街巷格局。此类街巷格局的传统村落还有渭南市韩城市党家村、韩城市芝阳镇清水村等（表 6-5）。

（5）自由式

自由式街巷是指分布在山地、台塬等有一定坡度起伏地形区的传统村落，因受到地形地貌因素的影响，村落街巷沿等高线自由弯曲，形成无固定方向的街巷形态。这种街巷形态没有统一的布局模式，因其往往与自然地理环境之间存在较好的耦合关系，所以表现出较强的地方性特征，并具有较好的可达性。例如，渭南市澄城县尧头村的主街起于窑神庙遗址，顺时针依次途径宋家祠堂、龙湾窑、古皂角树、周家祠堂、周家洞、清代道光窑，形成自由式环路，巷道以之为骨架呈伞状分布。此类街巷格局的传统村落还有铜川市印台区立地坡村、渭南市华阴市双泉村等（表 6-5）。

表 6-5　关中地区传统村落街巷形态地方性知识点图谱

类型	方格网形	环式	“一”字形	鱼骨形	自由式
图示					
特征	由几近互相垂直和平行的道路组成，以“十”字形或“井”字形为主街巷	传统村落围绕山体或河流进行建设，随着村落中心向外发展逐渐形成放射式道路	传统村落内有一条主街沿村落西北—东南方向贯穿整个村落	由一条主街串联各个组团单元，主街两侧辐射出多条巷道	传统村落街巷沿等高线布置，线路弯曲，无固定方向
案例	渭南市合阳县灵泉村	咸阳市彬州市程家川村	西安市蓝田县石船沟村	渭南市富平县莲湖村	渭南市澄城县尧头村

2. 街巷尺度知识

（1）$D/H>1$

当传统村落街巷尺度 $D/H>1$ 时，街巷两侧建筑高度小于街巷宽度，随着比值的增大，会逐渐产生远离感，空间的限定性随之减弱。在传统村落中，为减小空间的距离感，使此类空间不会太过空旷，往往采用在街巷两侧种植花草树木或搭建构筑物的方法丰富街巷空间环境。例如，咸阳市永寿县等驾坡村的主街宽高比约为

1.5—1.7，通过在街巷两侧种植树木压缩街巷的空间尺度，从而给人更好的空间体验感受。此类街巷尺度还出现在渭南市合阳县灵泉村、渭南市大荔县大寨村等（表 6-6）。

（2）$D/H=1$

当传统村落街巷尺度 $D/H=1$ 时，街巷两侧的建筑外墙高度与街巷宽度基本相等，因此建筑高度与街巷宽度之间有一种匀称感。在该类尺度的街巷空间中，人的视线限制性弱而不会产生压迫感，同时又能够产生明显的内聚力，其总体空间体验感较为舒适。例如，渭南市澄城县尧头村主街尧头老街的宽高比为 1—1.3，空间匀称。在主街入口处、节点处空间收放有序，增强了空间的灵动感、自然感，给人带来较为亲切、舒适的空间体验。此类街巷尺度还出现在宝鸡市麟游县万家城村、咸阳市礼泉县袁家村等（表 6-6）。

（3）$D/H<1$

当传统村落街巷尺度 $D/H<1$ 时，街巷两侧建筑外墙高度大于街巷宽度，使得街巷空间具有一定的封闭性，但并非会产生压迫感，相反在传统村落中，此类空间尺度的街巷更具有亲切感和安全感。例如，渭南市富平县莲湖村顺城巷的宽高比为 0.8—1.1，街巷较窄，具有一定的封闭性，空间围合感较强，给人以安全感及亲切感。此类街巷尺度还出现在渭南市韩城市清水村、铜川市耀州区孙塬村等（表 6-6）。

表 6-6　关中地区传统村落街巷尺度地方性知识点图谱

类型	$D/H>1$	$D/H=1$	$D/H<1$
图示	5.4米 6米 8.7米	5.4米 6米 6.5米	5.4米 5.4米 5.7米
特征	街巷宽度（D）与建筑高度（H）的比值大于 1	街巷宽度（D）与建筑高度（H）的比值等于 1	街巷宽度（D）与建筑高度（H）的比值小于 1
案例	咸阳市永寿县等驾坡村	渭南市澄城县尧头村	渭南市富平县莲湖村

3. 街巷形式知识

（1）无檐式

无檐式街巷是指传统村落街巷两侧建筑屋顶采用不出檐或浅出檐的形式。该类形式的街巷断面呈“U”形且顶部完全敞开，围合感较弱，因此通常采用较小的空间尺度来弥补，主要承担日常生活交通功能。渭南市韩城市党家村、渭南市澄城县尧头村、渭南市富平县莲湖村等传统村落均采用无檐式街巷形式（表 6-7）。

（2）挑檐式

挑檐式街巷是指传统村落街巷两侧建筑屋顶采用出檐的形式且檐口出挑深远，出挑的檐口既解决了建筑屋顶排水的问题，能保护部分墙体免受风雨侵袭，又为檐下空间提供了一定庇护。挑檐式街巷顶面并非完全敞开，而是有一定的围合空间，但是围合感不强，因此街巷尺度总体较为适中。渭南市合阳县灵泉村、渭南市大荔县大寨村、宝鸡市麟游县万家城村等传统村落均采用挑檐式街巷形式（表 6-7）。

（3）骑楼式

骑楼式街巷是指传统村落街巷两侧建筑底层沿街面后退留出公共空间，使得街巷两侧建筑物二层和建筑物屋顶檐口出挑，形成“凸”字形街巷断面。骑楼式街巷的空间围合感较强，檐下空间既可为村民提供荫凉、遮蔽风雨，同时沿街建筑具有较高的商用价值，可布置商店、展览等业态。例如，咸阳市礼泉县袁家村主街两侧底层建筑沿街面后退，采用柱廊承重形成出挑空间，构成了骑楼式街巷（表 6-7）。

表 6-7　关中地区传统村落街巷形式地方性知识点图谱

类型	无檐式	挑檐式	骑楼式
图示			
特征	街巷两侧建筑屋顶采用不出檐或浅出檐的形式，街巷断面形成“U”形，顶面完全敞开	街巷两侧建筑屋顶采用出檐的形式且檐口出挑深远，顶面并非全敞开，空间围合感较弱	建筑物底层沿街面后退，建筑物二层出挑和建筑屋顶檐口出挑，形成“凸”字形断面，空间围合感较强
案例	渭南市韩城市党家村	渭南市合阳县灵泉村	咸阳市礼泉县袁家村

4. 街巷铺装知识

（1）青石板

青石板又名石灰石，因易于劈制成面积不大的薄板，长期以来被广泛应用于传统村落街巷地面铺装。青石板具有天然无污染、质地优良、经久耐用、便于获取的优点，且石板主体颜色典雅庄重，与传统村落整体风貌协调一致。咸阳市礼泉县袁家村街巷多采用青石板铺装，青灰色地面铺装与建筑墙体以及瓦片颜色连成一体，整体凸显出传统村落景观色彩的一致性、整体性，赋予传统村落街巷一种古典美。运用青石板铺装的传统村落还有韩城市西庄镇党家村、渭南市澄城县尧头村等（表 6-8）。

（2）花岗岩

花岗岩因具有质地坚硬致密、强度高、抗风化、耐腐蚀、耐磨损、吸水性弱等特点，长期以来作为街巷铺装材料被广泛使用。例如，渭南市合阳县灵泉村在两街巷相交处和广场铺设花岗岩，利用花岗岩与不同材质铺装拼贴组合成有趣的图案，丰富了地面铺装形式和色彩，增添了街巷空间乐趣，同时也起到了引导空间序列转变的作用。运用花岗岩铺装的传统村落还有咸阳市彬州市程家川村、渭南市合阳县东宫城村等（表 6-8）。

（3）鹅卵石

鹅卵石是一种天然的铺装材料，其表面光滑，颜色各异，可以拼出丰富的图案，起到强化景观节点、美化空间的作用，因此常被用于街巷边界、公共广场的铺装中。因鹅卵石体积较小且形状不规则，为确保铺装面相对平整，一般结合砂石、混凝土铺设。鹅卵石与各材料结合产生的缝隙具有较好的渗水性，提升了传统村落街巷路面的韧性。运用鹅卵石铺装的传统村落包括韩城市清水村、咸阳市三原县柏社村、咸阳市永寿县等驾坡村等（表 6-8）。

（4）混凝土

混凝土是指以水泥为主要胶凝材料，与水、砂、石子、化学外加剂、矿物掺合料等按适当比例配合，经过均匀搅拌、密实成型及养护硬化而成的人造石材。混凝土材料具有原材料易获取、制作成本低、可塑性和耐久性好、强度高等优点，因此用混凝土铺装的街巷可以承载不同形式的交通工具，能较好地满足传统村落村民日常出行需求。运用混凝土铺装的传统村落包括宝鸡市麟游县万家城村、铜川市耀州区孙塬村、西安市蓝田县石船沟村等（表 6-8）。

表 6-8 关中地区传统村落街巷铺装地方性知识点图谱

类型	青石板	花岗岩	鹅卵石	混凝土
图示				

续表

类型	青石板	花岗岩	鹅卵石	混凝土
特征	装饰风格典雅庄重，天然无污染、质地优良、经久耐用、物美价廉	不易风化，质地坚硬致密、强度高、抗风化、耐腐蚀、耐磨损、吸水性弱、色泽可保存百年以上，但它不耐热	表面光滑，颜色各异，是一种天然的铺装材料，与青石板或花岗岩一起铺设于人行道，可以增加街道的美感	铺装成本低，有良好的可塑性，强度高，耐久性好
案例	咸阳市礼泉县袁家村	渭南市合阳县灵泉村	韩城市清水村	宝鸡市麟游县万家城村

（六）公共空间布局知识点

1. 村落入口

村落入口的功能如下：①交通功能。传统村落入口是村落的交通枢纽，承担着重要的交通功能。根据传统村落形态差异和内部街巷结构的不同，有些村落入口是放射型街巷入口，从入口处辐射出多条不同方向的街巷；有些村落入口是主街的起点，从入口处延伸的街道贯穿整个传统村落。例如，渭南市澄城县尧头村入口位于村落东侧，由三条主干道从东侧进入村落，串联村落各个街巷；咸阳市永寿县等驾坡村村落入口位于村落的南端，其主干道由村落南端入口处进入，穿村而过，将其中的各个组团串联起来。②标志功能。传统村落入口是划定村内空间和村外空间的界限，限定了传统村落的领域，是重要的景观节点，具有标志功能。③文化功能。传统村落入口也是传统村落的标志性景观，在一定程度上彰显了传统村落的文化特色和历史传统，承担着文化宣传的功能（表 6-9）。

2. 广场

传统村落广场通常由建筑、公共绿地、凸起的台地或山体等要素围合，形态、大小不一。广场一般有多条道路相连，可达性较好，是传统村落主要的公共空间，往往通过采用不同铺装凸显广场空间的领域性特征，与街巷空间相区别。传统村落休闲广场主要承担村落公共事务管理、祭祀、文化表演、休闲娱乐、社区交往等村民日常的公共性活动，是传统村落村民聚集、相互交流的重要公共空间。

例如，铜川市耀州区孙塬村休闲广场位于村落入口处，作为传统村落对外展示形象的窗口，具有突出的文化特征，表现为广场面积较大，能够满足村民集会、相互交流的需要。同时，运用雕塑、景墙以及景观小品对广场空间进行美化、装饰，丰富了广场景观要素类型，提升了广场的可辨识度，凸显了其作为传统村落公共空间节点的重要功能。又如，渭南市蒲城县山西村分别围绕礼法建筑王氏祠堂和公共管理建筑村委会布置广场，两个休闲广场承担着祭祀、议事、休闲娱乐、交流等功能（表 6-9）。

3. 公共建筑

传统村落公共建筑主要包括祠堂、寺庙、议事厅、学校等，是承载祭祀、节日庆典、礼教、村落事务管理、教育、医疗、仓储、戍卫等传统村落日常生活涉及的公共活动的物质空间。公共建筑通常布局在传统村落中心附近，建筑体量较大且往往与休闲广场、公共绿地等其他形式的公共空间密切结合，构成了传统村落的景观节点，对传统村落空间形态起到了统领作用，在维系传统村落社会秩序、延续传统社会组织方式方面具有重要意义。

例如，渭南市韩城市党家村公共建筑有祠堂、分银院和泌阳堡等。党家村人常年经商，富甲一方，在外地赚取的银两源源不断地运至党家村。为了便于分配这些银两，建造了分银院。泌阳堡则是用来抵御外来入侵的防御式建筑，在泌阳堡前，村民们建造涝池，不仅能够蓄水防洪，还保证了堡内村民的日常用水，使村民们能够在堡内长期生活。又如，渭南市合阳县灵泉村因周边地貌复杂、沟壑纵横，自古以来自然灾害频发，村民为祈求平安、富贵，在村内营建寺庙、祠堂等宗教和宗族类公共建筑，用于祭拜神灵、祖先（表 6-9）。

4. 绿地空间

传统村落绿地空间是指集中绿地、绿地节点等各种类型的绿地空间。绿地空间能改善传统村落村民的生活质量，满足其日常休闲、娱乐、交往等活动所需。同时，丰富的绿地空间也提高了传统村落的绿化率，起到了美化村落景观形象、营造村落景观氛围的重要作用。

例如，渭南市富平县莲湖村在村落边界处依托村北侧的温泉河打造了带状绿地空间；在村落内部则主要沿街巷种植树木，形成了线状绿地空间；或在传统民居院落内部种植树木，形成了点状绿地空间（表 6-9）。

表 6-9　关中地区传统村落公共空间地方性知识点图谱

类型	公共空间类型			
	村落入口	广场	公共建筑	绿地空间
图示	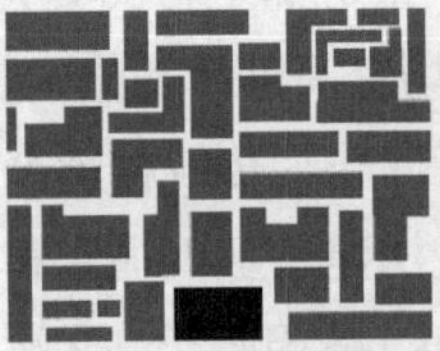	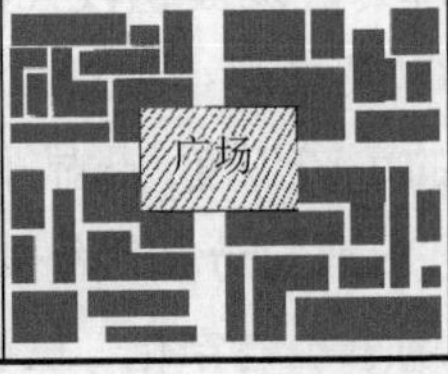 广场	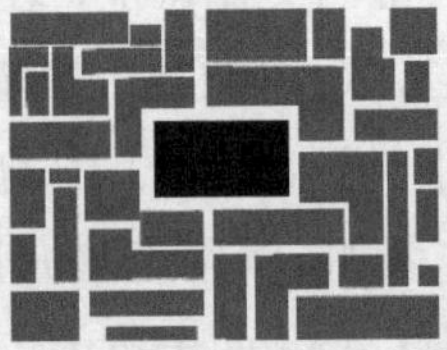	

续表

类型	公共空间类型			
	村落入口	广场	公共建筑	绿地空间
特征	传统村落对外交通枢纽空间，也是传统村落空间结构的重要节点和景观标志物	传统村落内部重要的文化、休闲活动空间，通常由公共建筑、绿色空间、街巷等要素围合而成	传统村落内承担祭祀、礼教、管理、教育、仓储、戍卫等公共职能的建筑，体量较大，具有较好的可达性，能突出景观特征	传统村落内承担满足村民日常休息活动，提升传统村落环境质量，彰显传统村落山水格局特征的功能性的公共绿色空间
案例	咸阳市永寿县等驾坡村	渭南市蒲城县山西村	渭南市韩城市党家村	渭南市富平县莲湖村

（七）院落布局知识点

1. 单进式单坡院落

单进式单坡院落是关中地区典型的传统民居院落布局形式，其以“四合院”式院落布局为原型，结合关中地区地方自然与文化环境特征，形成了具有地方特色的“房子半边盖”的院落布局形式。这种院落布局的特点是院落整体平面形态较为窄长，多呈现狭长矩形，建筑布局紧凑而又轮廓鲜明。其中，正房一般为三间，不做耳房，两侧的厦房①向天井收缩，造成两厢檐端距离较小，狭窄的庭院通常采光不好，但夏季宅院内可形成较大的阴凉区，避暑效果好。建筑外墙一般不开窗，主要靠朝向院内的门窗采光，所以将近一半的厦房终年不见阳光（表 6-10）。

关中地区建设典型的单进式单坡院落的传统村落有韩城市芝阳镇清水村、铜川市孙源镇孙塬村、韩城市西庄镇党家村等。

2. 地坑院式窑洞四合院

地坑院式窑洞四合院也被当地人称作“天井院”“地阴坑”“地窑”，是古代人穴居方式的近代表现形式，被誉为中国北方的“地下四合院”。地坑院式窑洞四合院的形制有方坑四合头、八合头、十合头、十二合头等多种，地窑顶部突出地面多砌有五六十厘米高的沿墙，一是可以防止雨水流入院内，二是可以防止人畜跌入院中，三是可以起到装饰、美化的作用。关中地区采用地坑院式窑洞四合院式院落布局的传统村落有咸阳市三原县柏社村、咸阳市永寿县等驾坡村等（表 6-10）。

3. 厢房式窑洞合院

厢房式窑洞合院是指由房居建筑和窑洞建筑组合布局形成的院落。采用厢房

① 关中地区称“厢房”为“厦房”。

式窑洞合院布局的传统村落多位于台塬等具有一定高程差异的地形区，这些村落的村民充分利用自然地理环境的属性特征，在靠崖一侧挖土建窑，在平地一侧建设房屋建筑，窑洞与厢房配合入口的门房围合而成独特的“前房后窑”的四合院式院落布局形式。关中地区采用厢房式窑洞合院布局的传统村落有韩城市芝阳镇清水村、渭南市椿林镇山西村等（表 6-10）。

4. 多孔联排式窑洞合院

多孔联排式窑洞合院是指以 3 — 10 孔窑洞联排形成一种单排的院落布局形式。该类窑洞院落主要分布在高差相对较大、地势相对陡峭的地形区，在这些区域内处于相同高程的台地形态多为狭长的带形，宽度较窄，无法建设围合式院落。因此，为了满足日常生产生活中多样化的功能需要，沿山体等高线走向建设联排式窑洞院落，顺山势退台即形成多排院落。关中地区采用多孔联排式窑洞合院布局的传统村落有咸阳市礼泉县烽火村等（表 6-10）。

表 6-10　关中地区传统民居院落布局地方性知识点图谱

类型		平面布局			
		单进式单坡院落	地坑院式窑洞四合院	厢房式窑洞合院	多孔联排式窑洞合院
特征	平面形制	院落布局近似窄长矩形，正房面阔三间，不做耳房，两侧厦房向内收缩	以方形或长方形的土炕作为院子，四周挖窑洞，承担其他生活功能	充分利用地形在靠崖一侧挖土建窑，形成房居与窑洞相结合的院落形式	由 3—10 孔窑洞联排形成一个单排院落，顺山势退台形成多排院落
	院落布局	前院后宅	前院后宅	前房后窑	上房下窑

（八）建筑结构知识点

1. 抬梁式

抬梁式建筑结构是传统建筑常采用的一种结构类型，广泛出现在传统民居建筑以及宫殿寺庙等公共建筑中。从词语表面来看，“抬梁”即指抬升梁架，抬梁式建筑的做法与之类似，具体为首先在地面上立柱，柱上放梁，梁上再架梁，使得梁柱作为承重结构，屋面把重量通过椽、檩传递给梁，梁再传递给柱，柱再传递给地面。抬梁式建筑采用框架式结构，墙体并不承担建筑重量，因此其具有较好的抗震性和稳定性，并且墙面开窗尺寸和开窗方位均具有较大的灵活性，建筑内部也可根据需要立墙分割空间（表 6-11）。

关中地区采用抬梁式结构的传统建筑主要分布在咸阳市武功县大寨村、渭南市合阳县灵泉村、韩城市芝阳镇清水村、铜川市孙源镇孙塬村、韩城市西庄镇党家村等传统村落。

2. 穿斗式

穿斗式建筑结构是用穿枋把柱子串联起来形成屋架，再用斗枋把房架串联起来。穿斗式建筑结构整体性能良好，与抬梁式建筑结构相比更加稳定，但是因为布置了更多的柱子，使得这类建筑内部空间略显狭小（表 6-11）。

3. 靠崖式窑洞

靠崖式窑洞是指在黄土坡的边缘，朝山崖里开挖的洞穴形成的窑洞结构建筑。这种结构的窑洞建筑前面有一块比较平整、开阔的平地作为院落空间，便于采光通风，同时能满足传统村落村民日常生产生活的需要（表 6-11）。

依据靠崖式窑洞整体形制的分异，可以将其进一步分为折线型靠崖式窑洞和等高线型靠崖式窑洞两类。折线型靠崖式窑洞是指多口窑洞按“之”字形或 S 形排列，公共道路沿每户窑洞修建，方便居民上下山坡；等高线型靠崖式窑洞是指多口窑洞按照等高线排列，从侧面看整体排列形态像台阶一样层层跌落。该类窑洞的优点是每口窑洞前都有较大面积的平地，可作为公共空间供邻里之间共同使用。

4. 独立式窑洞

独立式窑洞是一种在平地上建起的掩土建筑。它以土坯、版筑或砖头砌成拱券结构，屋顶覆土，窑脸采用木材营建。独立式窑洞不但具有靠崖式窑洞经济实用、易于搭建的优点，而且建设地点更具灵活性（表 6-11）。

5. 下沉式窑洞

下沉式窑洞是一种在地下建造的窑洞建筑。通过从地表向下开挖一个深约 6 米的方形大坑，坑底找平后形成一个下沉到地下的院落空间，然后向院里的四壁横向掏凿形成窑洞。下沉式窑洞院落布局与合院式建筑相似，按照功能布局分为正房、厢房、倒座房三类，院落平面大都为正方形、长方形或“凹”字形。关中地区采用下沉式窑洞结构的传统建筑主要分布在咸阳市三原县柏社村、咸阳市永寿县等驾坡村等传统村落（表 6-11）。

表 6-11 关中地区传统建筑结构地方性知识点图谱

类型	建筑结构				
	抬梁式	穿斗式	靠崖式窑洞	独立式窑洞	下沉式窑洞
特征	经济实用，建造技术简单，具有绿色环保、生态美观的特点	耐久性良好、保温性能好，能满足不同类型建筑结构需求	在黄土坡的边缘朝山崖内开挖洞穴形成窑洞。建筑顶部呈拱形，底部为长方形	利用拱券的结构在平地上建起的窑洞建筑。以土坯、版筑或砖砌成的窑洞，屋顶覆土	在地表向下挖开土层形成一个下沉到地下的院落，然后向院里的四壁横向掏凿而形成的窑洞
案例					

（九）建筑材料知识点

1. 黄土

关中地区雨量较少，气候干燥且水分蒸发量大，地下水位低，因此黄黏土土层厚，可塑性强，是天然的建筑材料。传统村落村民充分利用黄土属性特征和自身优势，结合青砖、石板、木材等建筑材料营建传统民居，主要形成了三种黄土营造技法：其一是墙体内外砌青砖，将黄土坯夹在中间，防止雨水对土坯的冲刷与侵蚀，这种做法俗称“夹心墙”。其二是外墙砌青砖、内砌黄土坯的墙体砌法，俗称“银包金”。这两种青砖与土坯混用的营造技法，极大地降低了建筑营建成本。其三是在窑洞营建中，发挥黄土坚固、可塑的特点，经晾晒蒸发水分之后直立支撑建筑主体，达到保温隔热的效果。此外，采用夯土打造院墙或用草泥做屋面垫层等黄土利用技术方法在小型民居营建过程中的使用也较为普遍（表 6-12）。

关中地区采用黄土为建筑材料营建传统民居的传统村落主要有袁家村、柏社村、等驾坡村、莲湖村、灵泉村、南长益村、孙塬村、万家城村、尧头村等。

2. 石板

石板是以山地岩石为原材料，经过裁切、打磨后形成大小不同、形状不规则的可供利用的营造传统建筑的石块。因石板具有坚硬、耐磨、防水的属性特征，所以其常被使用在建筑地基部分，以达到稳定建筑根基、防潮防虫的目的。此外，石板也被用于建筑外墙，通过与灰浆混合，实现墙体色彩对比，墙体花纹形成类似于老虎皮上的斑纹，这种外墙因而被形象地称为“虎皮墙”。经济条件较好的村民还会利用石材装饰建筑勒脚、檐口并辅之以雕刻，起到丰富建筑形制、彰显屋主身份和地位的作用。关中地区采用石板为建筑材料营建传统民居的传统村落主要有灵泉村、南长益村、清水村等（表 6-12）。

3. 青砖

青砖是利用硅酸盐矿物在地球表面长时间风化之后产生的黏土烧制而成的一种建筑材料。因其制作过程遵循标准化的流程，砖体规则且个体之间的尺寸、样式无明显差异，所以具有较为广泛的适用范围，被用于山墙、院落围墙等建筑结构营建中，从而奠定了传统村落总体古朴、典雅的景观风貌基调。例如，在等驾坡村，传统民居院落院墙多采用青砖、夯土和胡墼材料垒砌夯筑而成，形成了庄重、沉稳的建筑风格特征。关中地区采用青砖为建筑材料营建传统民居的传统村落还有大寨村等（表 6-12）。

4. 木材

木材是传统村落中应用历史最悠久，也是最常见的建筑材料，可作为建筑椽、梁、柱等结构的主要建材。其获取便捷、易于使用，以之建造出的建筑结构韧性强且保温效果好。此外，木材也被广泛应用于建筑细部装饰，例如，建筑门、窗等部位，通过在木材表面雕刻各类具有象征意义的动物、植物、图案、花纹等丰富建筑立面，提升建筑等级。关中地区以木材为建筑材料营建传统民居的传统村落包括莲湖村、等驾坡村、孙塬村等（表 6-12）。

表 6-12　关中地区传统建筑材料地方性知识点图谱

类型	建筑材料			
	黄土	石板	青砖	木材
特征	易于就地获取，造价低廉，建造技术简单，具有绿色、生态的特点	具有坚硬耐磨、防水防潮等特征，主要应用于建筑地基部分	由黏土烧制而成，具有标准化、规范化的特征，易于、便于应用在各类建筑结构中	最方便、实用的建筑材料，应用历史悠久，其取材便利、易于建设，建造出的建筑结构安全稳定
案例	咸阳市礼泉县袁家村	渭南市合阳县灵泉村	韩城市西庄镇党家村	咸阳市永寿县等驾坡村

（十）建筑装饰知识点

关中地区传统村落建筑装饰主要包括木雕、石雕和砖雕，布局在建筑的门头、墀头、门窗、屋顶、影壁、屋顶等部位，装饰内容包括精美的花鸟、竹柏、龙凤和生产、生活场景等，体现出关中地区传统建筑艺术的地方性特征（表 6-13）。

表 6-13　关中地区传统建筑装饰地方性知识点图谱

类型	建筑装饰		
	木雕	石雕	砖雕
特征	以几何形态、动物形态、人物形式、植物花纹为主，多用于门窗、檐部装饰	以动物形态、植物花纹、几何形态为主，多用于柱础、台阶装饰	以植物花纹、几何形态为主，多用于照壁、屋脊装饰
案例	门窗装饰	柱础装饰	照壁装饰
	檐部装饰	台阶装饰	屋脊装饰

例如，灵泉村在传统民居院落外部设有拴马桩和上马石。其中，拴马桩是用石柱雕刻而成，造型精巧，雕刻图案栩栩如生。上马石的侧面雕刻着造型精美的图案，包括象征吉祥的牡丹、龙凤，或神话历史中的人物。又如，清水村传统建筑门窗、家居多有木雕装饰，脊砖及照壁处多见砖雕装饰，柱石、柱础等处则由石雕装饰。这些精美绝伦的雕刻，反映出清水村人崇尚读书、勤俭持家的精神，体现了清水村人对美好生活的期盼。

（十一）节日庆典知识点

1. 社火

“社火”亦称“射虎”，是中国汉族民间一种庆祝春节的传统庆典狂欢活动，随着古老祭祀活动的发展而逐渐形成，在关中地区传统村落中广泛流传。远古时期，生产力极其低下，原始先民们对生死及自然界的许多现象如日月变换、灾荒等既不能抗拒，也不能理解，只能幻想借助于超自然的力量来主宰它，于是创造出各种各样的神。其中，“社”即指土地神，中国百姓祖祖辈辈都离不开土地，特别是当主要生产方式由渔猎转为农耕时，土地便成了人类赖以生存的基础，因此在所有的神仙里，土地神往往受到特殊礼遇；“火”是指火神炎帝，火能驱鬼，因此也深受老百姓的敬畏。“社火”表达了传统村落村民祈求来年风调雨顺、五谷丰登的愿望，主要通过高台、高跷、旱船、舞狮、舞龙、秧歌等具体形式开展庆祝活动（表6-14）。

2. 祭祀

祭祀神灵、祖先是关中地区传统村落重要的节日庆典活动。例如，渭南市澄城县尧头村有祭祀窑神的传统，村民每年的正月二十会在与地面相距约70厘米处供奉窑神神位，将砖窑的窑壁面作为祭祀地点给窑神磕头上香。又如，渭南市韩城市党家村，每年正月初一、正月十五、清明等节日，村里人都会进行祭祖仪式，祭祖时供奉水果，夏至供奉伞，农历十月初一供奉寒衣寒被（表6-14）。

表6-14　关中地区节日庆典地方性知识点图谱

类型	节日庆典	
特征	对于特定节日约定俗成的行为准则和既定仪式，是民族情绪和社会心理的外显	
案例	高台、高跷、旱船、舞狮、舞龙、秧歌等“社火”表演	祭祀窑神、家族祖先

（十二）婚丧嫁娶知识点

1. 婚礼

婚礼属于人生五礼之一，是传承民俗文化的重要仪式，其意义不但在于使新人的夫妻关系获得承认，收获祝福，更在于帮助新婚夫妇适应社会角色，承担社会责任。

关中地区传统村落婚礼摆脱了男女婚事完全依照父母之命、媒妁之言而决定终身的传统习俗，实现了男女平等、婚姻自主，男女青年享有自己决定人生的权利。婚典的陈规陋习、繁文缛节等烦琐程式逐渐淡化，逐渐被新的婚庆仪式所替代。但婚前的彩礼、婚日晚间的“闹房”、婚后第二天的“回门”、婚后第三天的“三日认亲”等习俗仍尚有保留。

例如，在渭南市韩城市党家村，“订婚”时女方到男方家看住的地方，了解家道、家风和经济情况。结婚要“看日子”“择日头”，男方家要送给女方一定数量的彩礼，相约去“取料子”。结婚的前一天，双方都要“祀先”（即祭奠祖宗）。祀先时，男方给女方家送肉，协商迎亲时的具体事宜。娶亲这一天，新郎要戴“披红”。新郎要给祖宗牌位进香祭酒，由祖母或母亲清扫车轿，父亲“燎轿”。新娘娶回来时，还要燎轿、撒五谷、鸣炮，还要给新娘“下轿钱”，给陪送新娘的孩子“押轿钱”，给护送嫁妆的孩子“押嫁妆钱”。当晚，新娘要到五服以内本家中去认门“端茶”，村里的年轻人会前来闹洞房。婚后第二天，娘家兄弟要到男方家给新娘送“壶瓶”。婚后第三天，新娘要“回门”（表 6-15）。

2. 丧礼

丧礼是为哀悼死者、缅怀故人，在民间流传的一种特殊文化传统。丧礼仪式、流程，各个地区之间具有巨大差异，除近现代非宗教性葬礼外，各种丧葬制度与宗教的联系都较大。

党家村的丧葬礼仪分为报丧、打墓、入殓、暖墓窑、送葬、期斋等步骤。逝者一经瞑目，即对其焚香沐浴，换穿特制的葬衣。穿戴好后即通知亲属、五服以内的本家、村邻街坊等。烧完“落炕纸”后，要布置灵堂，摆上纸扎、供桌、帷幔、遗像、香炉和用于化纸的瓦盆。做完这些，便开始烧“纸马”，送逝者前往“天国”。

咸阳市三原县柏社村民风淳厚，村人具有尊老爱幼的优良传统。在老人有生之年，儿女竭尽孝道，老人去世时对丧葬大事非常看重，要极力做好最后一孝。丧葬十分隆重，规模大于婚典，后代孝期长至三年。之后每年的清明及重要节日均要至墓地祭奠。近年来，一些传统封建礼节大为减少，程式也趋于简化，但哀心不止，孝道长在（表 6-15）。

表 6-15　关中地区婚丧嫁娶地方性知识点图谱

类型	婚丧嫁娶
特征	婚丧嫁娶是传统村落中社会伦理观念、宗教信仰、价值取向和日常生活方式的综合表现，不同地区婚丧嫁娶礼仪受地方习俗的影响，表现出不同特色
案例	渭南市韩城市党家村婚礼、咸阳市三原县柏社村婚礼、渭南市韩城市党家村丧礼、咸阳市三原县柏社村丧礼

（十三）集市贸易知识点

1. 庙会

庙会又称“庙市”“节场”，其形成与发展多和宗教相关，是中国民间宗教及岁时风俗，也是集市贸易形式之一。

渭南市澄城县尧头村每逢大型庙会或其他商业性集会时，以尧头老街为中心的集市热闹非凡，人们在商铺窑内及街巷上陈列陶瓷制品等进行售卖。其中，属东岳庙会和窑神庙会规模最大。东岳庙会在每年农历三月二十七日举办，通常持续三天。庙会举办期间，来自不同地区的商贩均会参加。农历三月二十八日午时，举行隆重的大型祭奠活动，活动结束后，由两班剧社表演戏剧等精彩剧目。

窑神庙会在每年正月初一、十五、十六举办。庙会当天，尧头村及周边地区村落的村民都聚集于尧头村老街西南角的窑神庙烧香敬拜神灵，同时会举办打社火、唱戏等文化活动。因适逢春节，与走亲访友习俗相结合，场面极为热闹（表 6-16）。

20 世纪 80—90 年代，尧头村的集市贸易活动在国家培育、发展市场政策的影响下重新焕发生机。在信息化时代背景下，尧头村传统陶瓷制造业也得到复兴并将产品销售市场延伸到国外。除陶瓷销售外，还有各种类型的艺术节在尧头村广泛开展，促进了村落中各类小型自营产业的发展，为尧头村村民生活带来了很大的方便。

2. 集市

集市是指多个传统村落的村民定期聚集进行商品交易活动的形式。在商品经济不甚发达的传统乡村地区，集市是一种普遍存在的贸易组织形式。在关中地区传统村落中，咸阳市三原县柏社村分布有集市农贸，每月 3 日、6 日、9 日开放，市场辐射范围广，交易的主要商品为日用品，参与人员为本村及附近村落村民（表 6-16）。

表 6-16　关中地区集市贸易地方性知识点图谱

类型	集市贸易
特征	关中地区贸易集市形式主要为庙会，形式受习俗的影响
案例	渭南市澄城县尧头村东岳庙会、窑神庙会，咸阳市三原县柏社村集市

（十四）生产技法知识点

1. 金线油塔

金线油塔是陕西三原地区一种有名的传统小吃，它层多丝细、松绵不腻，因其形状“提起似金线，放下像松塔”，故而得名。相传金线油塔制作工艺始于唐代，原名“油塌”，清代时有了改进，选用上等面粉、猪板油等原料，增加油饼层次，把饼状改为塔形，将烙制改为蒸制，名称也由“油塌”改为“金线油塔”，成为上乘美点（吴国栋，2002）。油塔蒸好下笼食用时，用手略加拍打抖松，放在盘里，佐以葱节、甜面酱等，别有一番风味（表 6-17）。

2. 臊子馄饨

臊子馄饨是陕西韩城的特色面食。馄饨有团圆美满之意，是韩城人逢年过节、男婚女嫁、老人祝寿、孩子满月等场合招待亲朋好友和贵宾的待客饭。臊子馄饨在制作时，将事先蒸熟的馄饨用开水泡软，再浇上精心调制的猪肉臊子汤。这种馄饨与其他馄饨比较，有明显不同。一般的馄饨面皮薄而较大，用竹签在面皮上抹点肉泥、对角卷起，然后将另外两端捏合，煮熟，带面汤，调上调料即可（表 6-17）。

3. 泡泡油糕

泡泡油糕是咸阳市三原县柏社村著名的传统小吃，其渊源可上溯至唐代烧尾宴中的名点“见风消”油洁饼。泡泡油糕的馅由白糖、黄桂、玫瑰、桃仁、熟面拌成，面用开水、大油烫熟。制成的油糕色泽乳白，表皮膨松，如轻纱制就、蝉翼捏成（表 6-17）。

4. 羊肉泡馍

羊肉泡馍古称“羊羹”，简称羊肉泡、煮馍，是陕西名食的代表，尤以西安的羊肉泡馍最负盛名。羊肉泡馍的制作原料主要有羊肉、葱末、粉丝（或粉条）、糖蒜等，它烹制精细，料重味醇，肉烂汤浓，肥而不腻，营养丰富，香气四溢，诱人食欲，食后让人回味无穷。北宋著名诗人苏轼有“秦烹惟羊羹，陇馔有熊腊”的诗句。因它暖胃耐饥，素为陕西人民所喜爱，外宾来陕也争先品尝，以饱口福（表 6-17）。

5. 土纺布

土纺布又名老粗布，是世代沿用的纯棉手工纺织品，具有浓郁的乡土气息和地域特色。袁家村出嫁女儿会陪嫁手织布床单。随着时代的发展，一度退出大众视线的织布艺术又悄然兴起，受到大众的青睐，目前土纺布已经被列为国家级非物质文化遗产（表 6-17）。

表 6-17 关中地区生产技法地方性知识点图谱

<table>
<tr><td colspan="2">类型</td><td colspan="5">生产技法</td></tr>
<tr><td colspan="2">特征</td><td colspan="5">关中地区生产技法贴近生活各个方面，出现众多影响深远的传统美食及布艺服饰，是陕西民俗文化传承的象征</td></tr>
<tr><td rowspan="3">案例</td><td>名称</td><td>金线油塔</td><td>臊子馄饨</td><td>泡泡油糕</td><td>羊肉泡馍</td><td>土纺布</td></tr>
<tr><td>原料</td><td>面粉、猪板油、五香粉</td><td>面皮、猪肉</td><td>面粉、糖</td><td>粉丝、羊肉、面粉</td><td>棉花</td></tr>
<tr><td>流程</td><td>调面—拉丝—盘形—蒸笼</td><td>馄饨泡软—浇汁</td><td>烫面—调制糖馅—糕胚制作—油炸</td><td>羊肉烹煮—烙饼馍—饼馍泡汤</td><td>轧花—弹花—纺线—打线—浆染—沌线—落线—经线—刷线等</td></tr>
</table>

（十五）艺术工艺知识点

1. 面花

面花作为馒头的一种升级，集中体现了陕西人的面食文化。据记载，面花最早被用于祭祀，以后逐渐演变被应用到生活中的方方面面，如生日祝寿、婚丧嫁娶、民间送礼等（段改芳，2002）。在陕西传统村落中，至今仍保留着送礼送面花这一习俗，且一年四季不同季节、不同节气、不同节日、不同对象，所送的面花也不相同（表6-18）。

2. 纸扎

柏社村纸扎艺术工艺具有百余年历史，纸扎种类繁多。其中正月多以花灯为主，其内容主要有动物、植物、故事人物。祭品纸扎的品种有花圈、金银山、筒纸、骡马等（表6-18）。

3. 剪纸

大荔县"朝邑剪纸"有上百年的传承历史，已被列入陕西省第三批非物质文化遗产名录。剪纸艺术广泛用于婚礼、丧礼、人生礼仪、祭祀、庙会等传统文化活动之中。剪纸题材多取自皮影戏，造型与皮影极为相近，内容多为戏曲故事，幅面不大，多以"小皮影"式的戏人和神话故事人物为主，制作工艺精巧细腻（表6-18）。

4. 刺绣

等驾坡村拥有丰富的丝绸资源，孕育了历史悠久的刺绣文化。刺绣对事物的刻画生动形象，刺绣图案花色多样，内容多为花鸟鱼虫，被广泛运用到服装、卧具、饰品等各种生活用品上。因此，等驾坡村也被称为"古丝绸之路"第一站（表6-18）。

5. 关中皮影

陕西关中皮影在全国久负盛名，除了表演时豪迈、厚劲、高亢的唱腔引人入胜外，皮影制作技艺亦十分精巧。关中皮影刻绘善于动用洗练的轮廓造型，夸张的装饰纹样，疏密相间、虚实有致的手法，精致缜密的雕镂功夫，以体现剧中人物的相貌、身份、衣着和性格，达到形神兼备、深刻感人的艺术效果（表6-18）。

表 6-18　关中地区艺术工艺地方性知识点图谱

类型	艺术工艺					
特征	艺术工艺是人们在满足日常生产生活需求外，出于满足艺术审美需求所形成的工艺技术，由地方乡土材料、地方历史文化、地方观赏艺术、精湛独到的制作技法等综合构成					
案例	名称	面花	纸扎	剪纸	刺绣	关中皮影
	材料	面粉、面板、面盆、剪刀、颜料	竹、纸、布、宁麻、构皮、铁、木、绸缎、牛胶、明矾、各色颜料和墨汁	剪刀、刻刀、画笔、纸张	针、丝线、纱线、布、剪刀	驴皮、牛皮、桐油
	流程	和面—醒面—揉面—调汁—压模—蒸笼	备料—扎骨架—糊纸—纸张处理—配色—搭配装饰	备料—设计图案—折剪	描图—固定—绣边—完善	选皮—制皮—画稿—过稿—镂刻—敷彩—发汗熨平—缀结合成

（十六）音乐舞蹈知识点

1. 秧歌

秧歌是中国民间广泛流传的一种极具群众性和代表性的民间舞蹈类型，在关中地区传统村落中具有较高的普及率。相传关中地区的秧歌是古代农民在插秧、拔秧等农事劳动过程中，为了减轻面朝黄土、背朝天的劳作之苦，自然而然地歌唱，久而久之演变形成，发展至今已有千年历史（表 6-19）。

2. 合阳撂锣

撂锣又称“抡锣”，是渭南市合阳县传统村落独有的一种音乐舞蹈表演活动，2009年已入选陕西省第二批非物质文化遗产名录。“撂”是当地土语，意为“抛”“扔”。撂锣表演只有一个基本动作，即手持大锣边舞边敲，将大锣抛向空中。数十面大锣随着节奏同时被抛向空中，在阳光的照耀下齐上齐下，形成漂亮的弧度，犹如彩蝶翻飞、金龙飞舞，配合铿锵有力的鼓点和优美的舞姿，给人以新颖、壮观的气势（表 6-19）。

3. 韩城行鼓

渭南市韩城市党家村的行鼓俗称“挎鼓子”，是韩城市社火活动中锣鼓表演的一种。韩城行鼓的起源可追溯到元代初期。元灭金后，蒙古骑兵为欢庆胜利，敲锣打鼓，而成为一种军鼓乐。后来，韩城群众沿袭模仿，使其成为民间鼓乐。传统的表演中，鼓手都头戴战盔，腰束遮鞍战裙，击鼓时仰面朝天，成骑马蹲裆式，模拟蒙古骑士的神姿。鼓阵排开，令旗挥舞，百鼓齐鸣，气势恢宏，酣畅淋漓的鼓姿、强劲刚烈的鼓点，似黄河咆哮，如万马飞奔。在韩城，有十数支民间锣鼓队以其成熟的艺术、不同的流派活跃在韩城市的不同演出场合（表 6-19）。

表 6-19　关中地区音乐舞蹈地方性知识点图谱

类型		音乐舞蹈		
特征		传统音乐以民歌、锣鼓为代表，民歌类型多样，唱词贴合生活，曲调丰富多变，锣鼓节奏有序		
案例	名称	秧歌	合阳撂锣	韩城行鼓
	题材	农事劳动、祭祀农神、祈求丰收	节庆活动、民俗风情	节庆活动

（十七）文学戏剧知识点

1. 秦腔

秦腔是关中地区最具地方特色的戏剧表演活动。秦腔源于秦代，曲调柔腻中见刚劲，激越中见委婉，为最古老的古典宫廷音乐之一，被誉为民族剧种的“活化石”。秦腔以板式变化为主要腔调，艺术特色表现在唱、做、念、打及音乐伴奏等方面，其中以唱腔和音乐最富有特色（表 6-20）。

2. 木偶戏

木偶戏是用木偶来表演故事的戏剧，又称“小戏”“傀儡戏”。演出时，表演者置身于幕后操纵木偶在台前表演，通过采用秦腔等唱法演绎故事情节。依据操纵手法的差异，可以将木偶分为杖头木偶、提线木偶、布袋木偶等类型。其中杖头木偶表演流行于合阳县一带，提线木偶表演主要流行于西安市附近的传统村落（表 6-20）。

3. 蒲州梆子

蒲州梆子因发源于古蒲州而得名，在陕西等西北地区也被称为“晋腔”“蒲戏”“山西梆子”“梆子腔”等。蒲剧唱腔为徵调式，音调高亢激昂，音韵优美，音域宽广，其旋律的跳跃性大，腔高板急，起伏跌宕。演唱时，起调高，大小嗓兼用，素以“慷慨激昂，粗犷豪放”著称。蒲剧的传统剧目有本戏、折戏等 500 多个，题材上至远古，下至明清，有文有武，风格多样。但受其表演特点的影响，薄剧擅长于表现慷慨悲壮的历史题材故事，抒发凄楚的情绪（表 6-20）。

表 6-20　关中地区文学戏剧地方性知识点图谱

类型		文学戏剧		
特征		以会馆建筑群为依托，楹联工整		
案例	名称	秦腔	木偶戏	蒲州梆子
	内容	反侵略战争、忠奸斗争、反压迫斗争	节庆活动、民俗风情	反压迫斗争、历史情节表演

（十八）传统服饰知识点

1. 长襟棉袄

长襟棉袄因胸前有一片长袄襟覆盖整个胸部而得名。棉袄由棉花纺成的线、布织成，棉袄的面子一般是黑色，因为黑色庄重，让人感觉暖和，很符合冬天的特点。棉袄里子一般则是灰色。棉袄中间所装的袄套子讲究要一层新棉花包着一层旧棉花，这样装成的棉袄既暖和又不太虚浮（表 6-21）。

2. 千层底布鞋

千层底布鞋是关中地区特有的传统服饰制作技艺，因布鞋底层较多，似有“千层”而得名。制作千层底布鞋时，先将平日积攒下来的铺层（布片）打浆在案板上粘成厚片，将其晒干后揭下，制成袼褙。再拿事先备好的鞋底、鞋帮纸样，照着剪三五层。鞋底袼褙每层用白布沿边，上下层蒙白布，用麻绳密密地纳成“遍纳”鞋底。因此每一双新布鞋都是底白帮黑（表 6-21）。

表 6-21　关中地区传统服饰地方性知识点图谱

类型		传统服饰	
特征		汉族传统服装有两种基本形制，即上衣下裳制和衣裳连属制	
案例	名称	长襟棉袄	千层底布鞋
	题材	传统节日、庆祝活动、农事劳动	

二、关中地区传统村落景观地方性知识链

（一）自然生态景观中的地方性知识链

关中地区传统村落选址地方性知识分为依山而居、依水而居、山环水绕、平地而起、沿路而起五种类型。其中，在地形起伏较大，或地形破碎的山地、黄土丘陵沟壑区、黄土塬或黄土台塬地形区形成依山而居、依水而居、山环水绕的传统村落选址知识。这些地区生产空间、生活空间、生态空间多被自然要素割裂、阻隔，因此相应地形成了融合型、分置型功能组合知识。在农田布局方面，多顺应地形地貌、河流水系的形态特征，形成了曲线形农田、梯田等农田布局知识。

在地势平坦开阔的平原地区形成平地而起、沿路而起的传统村落选址知识，这些地区的传统村落“三生”空间呈圈层状嵌套布局，因此形成了功能嵌套型布局知

识。在农田布局方面，受到地形地貌的影响较小，相应地形成了方形农田、多边形农田等规整、有序的农田布局知识（图 6-2）。

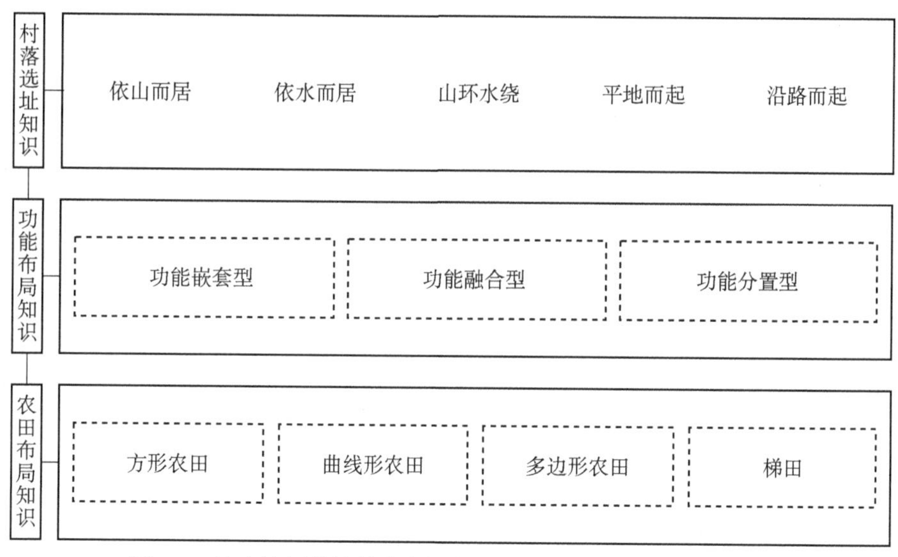

图 6-2　关中地区传统村落自然生态景观中的地方性知识链图谱

（二）空间形态景观中的地方性知识链

关中地区传统村落形态知识分为组团状、条带状、圆环状三种类型。其中组团状形态的传统村落斑块形态规则，相应地形成了方格形街巷形态。条带状形态的传统村落街巷具有较为明确的方向性，因此形成了鱼骨形街巷或“一”字形街巷。圆环状形态的传统村落街巷则与村落形态吻合，形成了环式街巷或自由式路网。

为了满足不同需求，关中地区传统村落街巷空间形成了不同尺度，分为 $D/H>1$、$D/H=1$、$D/H<1$ 三种知识类型。其中，$D/H=1$ 为适宜的尺度，广泛出现在无檐式、挑檐式、骑楼式三种形式的街巷中。此外，由于挑檐式街巷出挑的檐口可以创造出较强的围合感，部分挑檐式街巷也存在 $D/H>1$ 的街巷尺度；而 $D/H<1$ 的街巷尺度多出现在无檐式街巷，街巷两侧被传统民居建筑山墙围合，形成了安全性较高的半私密空间（图 6-3）。

（三）传统民居景观中的地方性知识链

关中地区传统民居建筑材料分为黄土、青砖、石板、木材、瓦片五种类型。传

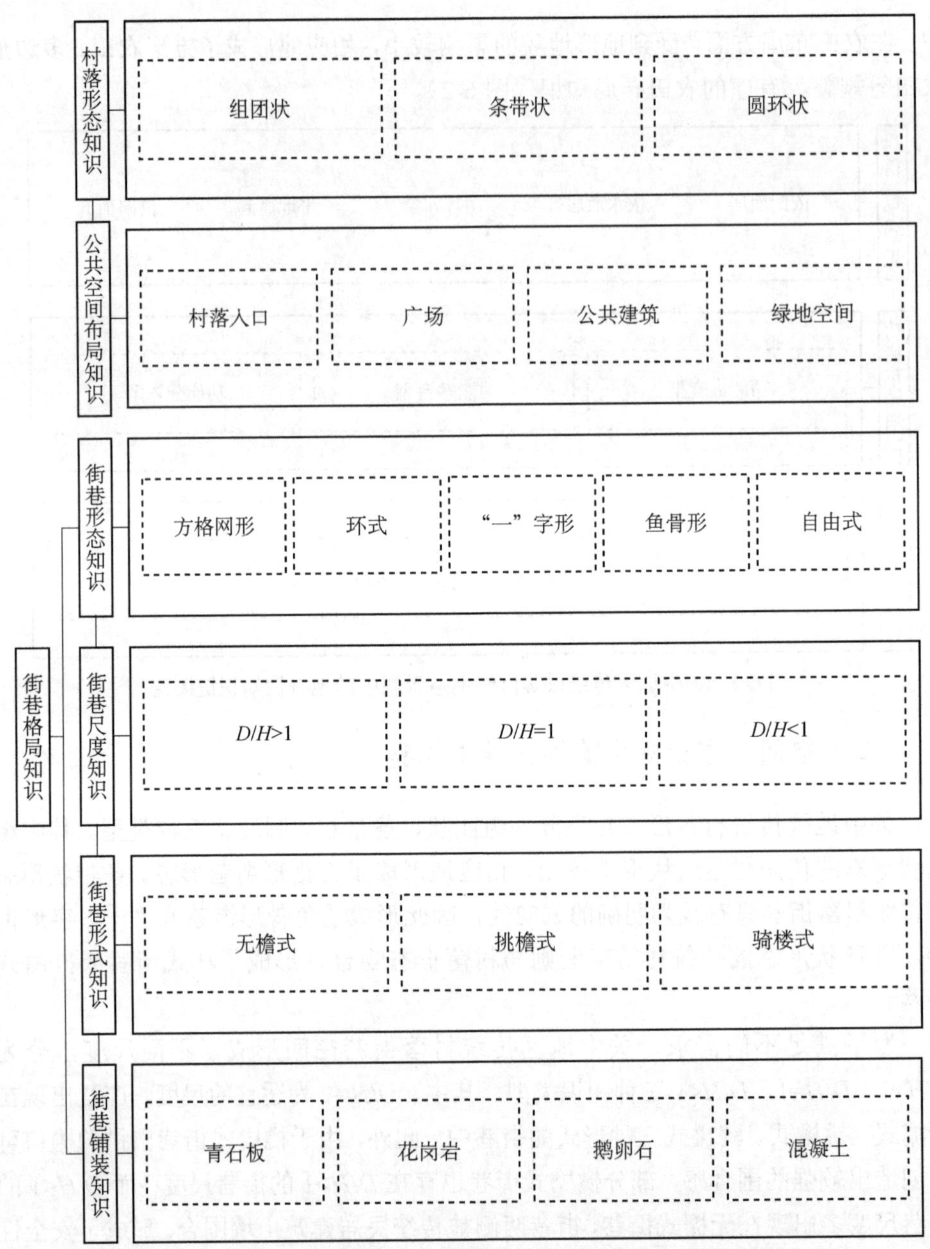

图 6-3　关中地区传统村落空间形态景观中的地方性知识链图谱

统村落村民选择不同建筑材料搭建形成了不同类型的传统民居。按照民居形式差异，可分为“窑居”和“房居”两种类型。“窑居”即窑洞式民居，主要分布在黄土台塬、黄土塬区、黄土丘陵沟壑区。这些区域的传统村落以黄土作为主要建筑材料，辅之以砖、石，形成了靠崖式窑洞、独立式窑洞、下沉式窑洞三种建筑结构营建知识。在建筑装饰方面，选择砖雕装饰门洞、女儿墙。

“房居”即合院式院落民居，主要分布在平原、山地地形区。这些区域的传统村落以木材、青砖作为主要建筑材料，辅之以石材、瓦片，形成了抬梁式、穿斗式建筑结构知识，发展形成单进式单坡院落布局知识。在建筑装饰知识方面，人们分别选用木雕、砖雕、石雕装饰门、窗、屋脊、檐口、石础、梁架、墙壁等部位（图 6-4）。

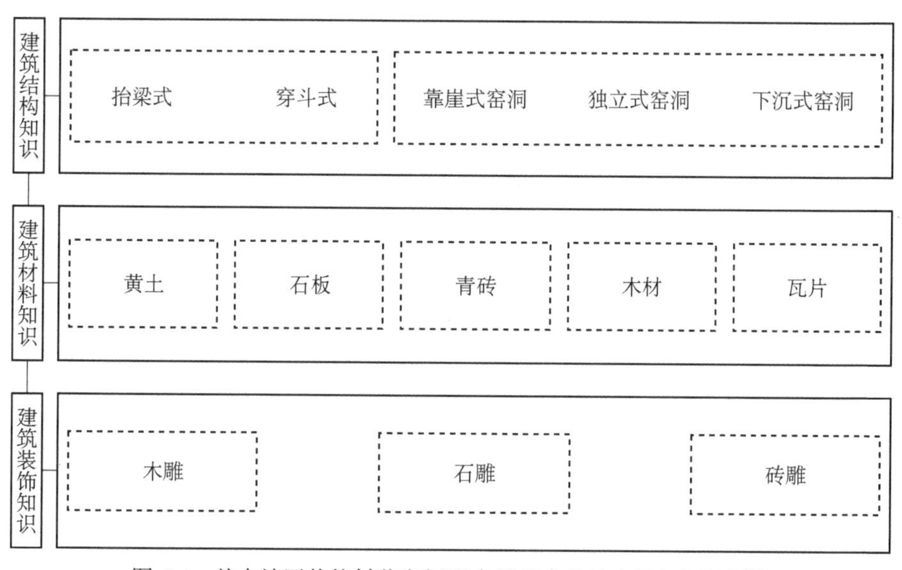

图 6-4　关中地区传统村落空间形态景观中的地方性知识链图谱

（四）传统习俗景观中的地方性知识链

关中地区生产技法知识包括金线油塔、臊子馄饨、泡泡油糕、羊肉泡馍等食品制作技艺知识，以及土纺布等日常生活所需器物制作技艺知识（图 6-5）。其中饮食特色以面食为主，蔬菜种类少，以油辣、咸菜、浆水为辅，总体来看，食材类型较为单一且制作流程相对简单。在传统服饰知识方面，主要包括长襟棉袄、千层底布鞋等服饰制作知识，服饰设计兼顾实用与美观，服饰色彩鲜艳，充满活力，象征吉祥、喜庆，突出表现了关中地区传统村落村民张扬、热情的个性。在婚丧嫁娶知识方面，婚礼一般包括见面、看屋、扯衣服等程序，但总体而言繁文缛节较少，流程清晰、简洁。在艺术工艺知识方面，包括面花、纸扎、剪纸、刺绣、土布、关中皮影制作等艺术工艺，制作精巧，工序复杂，题材内容丰富多样，表现出关中地区传统村落淳厚隽永的民风民俗。综合来看，关中地区传统习俗既积淀了深厚的历史文化底蕴，又广泛融合了陕北地区粗犷奔放和陕南地区内敛含蓄的民风民俗特征，形成了丰富多元、兼容并包的传统习俗知识。

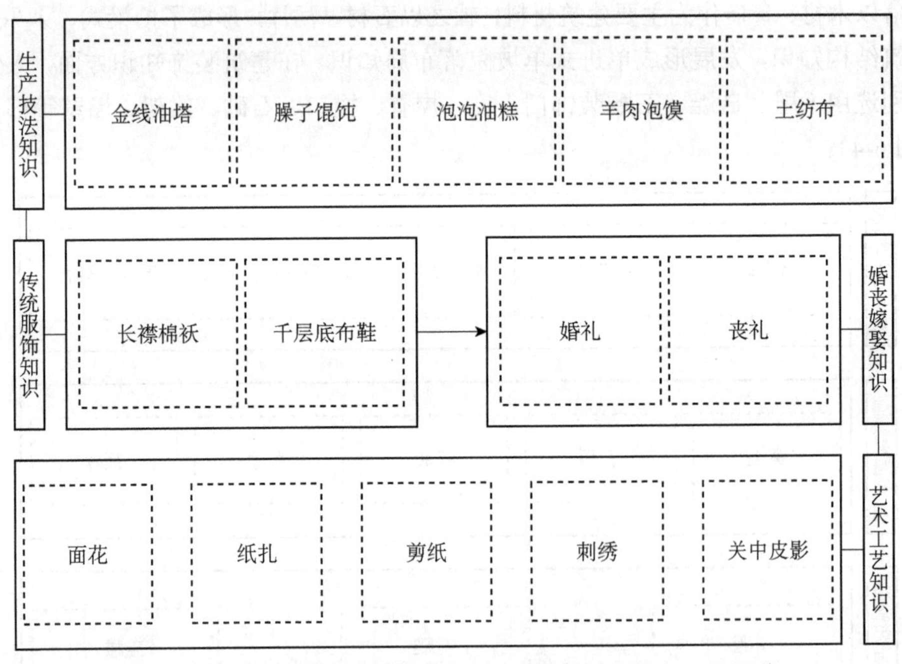

图 6-5 关中地区传统村落传统习俗景观中的地方性知识链图谱

（五）民俗文化景观中的地方性知识链

关中地区节日庆典知识分为社火、祭祀方面的知识。集市贸易知识分为庙会、集市方面的知识。节日庆典、集市贸易活动中包括秧歌、合阳撂锣、韩城行鼓、秦腔、木偶戏、蒲州梆子等音乐舞蹈和文学戏剧表演，形成了音乐舞蹈知识、文学戏剧知识（图 6-6）。其中社火、祭祀、庙会规模宏大，影响范围广，参与人数众多，音乐舞蹈和文学戏剧表演风格粗犷、豪放，音调高亢，场景声势浩大、宏伟，体现出关中地区传统村落村民质朴、深沉的性格和朴实、热烈而强悍的民风民俗特征。

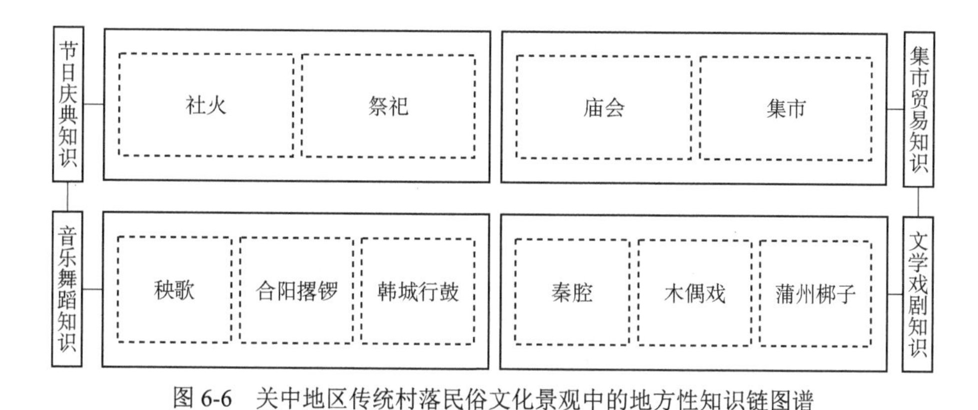

图 6-6　关中地区传统村落民俗文化景观中的地方性知识链图谱

三、关中地区传统村落景观地方性知识集

关中地区传统村落景观地方性知识的形成、演化、发展受到自然环境、社会网络、经济发展、历史文化等众多因素的综合影响，其中蕴含着关中地区丰富的传统村落景观地方性营建智慧，形成了关中地区独特的传统村落景观地方性知识集（图 6-7）。

关中地区优越的自然条件为传统村落景观地方性知识的形成提供了有力支撑。在地形地貌方面，关中地区分布有平原、黄土台塬、黄土丘陵、山地等多种地形，丰富的地形地貌催生了多样化的传统村落选址知识、功能组合知识、农田布局知识、村落形态知识、街巷格局知识。不同的地形地貌区储备有不同的土地资源和动植物资源，例如，在黄土台塬、黄土丘陵地形区，广泛分布有易于取材打坯的黄土资源，山地地形区木材资源丰富，这些土地资源和动植物资源成为影响传统民居建筑材料知识、建筑结构知识的主导因素。在气候条件方面，关中地区位于温带半湿润半干旱季风气候影响区，光热资源丰富，但水资源相对短缺，主要农作物为麦、粟、黍等，因此面食成为关中地区民众的主食。所以关中地区生产技法知识中包含了面食制作技艺知识，反映了区域气候和物产特征。

关中地区发达的经济条件推动了传统村落景观地方性知识的演化与发展。关中地区内部土地肥沃、物产丰饶，外部有秦岭、黄土高原、黄河等环绕形成屏障，营造了安稳的社会发展环境，因此长期以来区域经济发达。一方面，节日庆典、集市贸易等商业活动众多，形成了节日庆典知识、集市贸易知识；另一方面，传统村落整体较为富庶，传统民居院落规模宏大、布局复杂，建筑装饰类型多样、材质精美，形成了丰富的院落布局知识和建筑装饰知识。

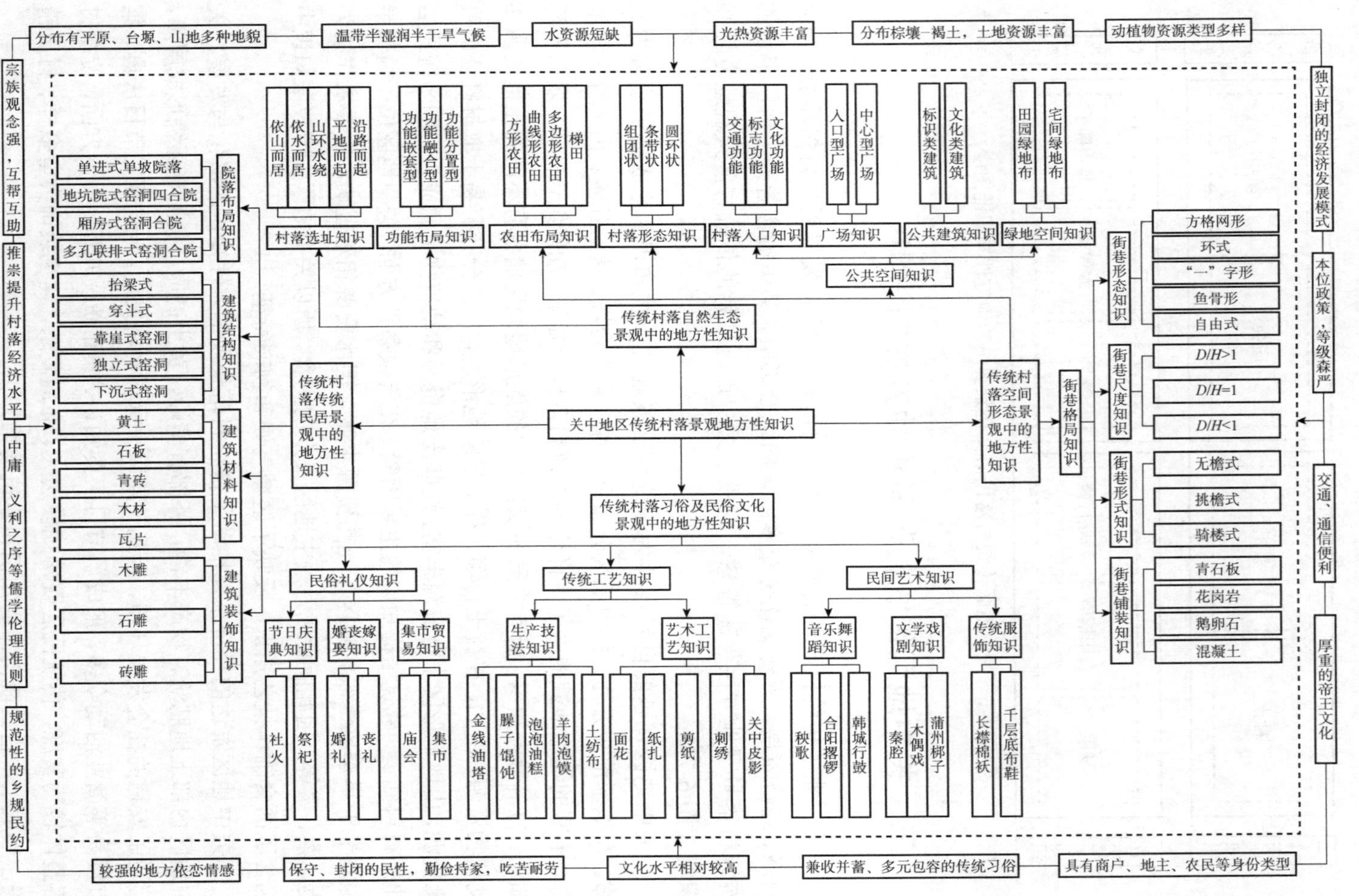

图 6-7 关中地区传统村落景观地方性知识集图谱

关中地区的历史文化积淀塑造了传统村落景观地方性知识的内涵和特征。自古以来，关中地区优越的自然条件和经济条件使其具有突出的政治和军事价值，成为众多王朝定都选址的地点。厚重的帝王文化和本位政策深刻影响了传统村落民风民俗，形成了“义利之序”的家族等级秩序和伦理纲常。因此，在公共空间布局中广泛营建具有教化功能的祠堂等公共建筑，在传统民居院落布局中讲究长幼有序，在婚丧嫁娶中需遵循严格的程式，形成了具有关中地区特色的公共空间布局知识、院落布局知识和婚丧嫁娶知识。同时，讲求中庸的道德思维方式，使得关中地区形成了质朴、沉稳的民风民俗。但这种深厚的文化特征有时又令人倍感压抑，因此在音乐舞蹈、传统戏剧表演、艺术工艺、传统服饰制作中多抒发内心情感，演绎方式激昂高亢，艺术创作形式丰富，形成了关中地区传统习俗、民俗文化地方性知识。

四、本章小结

本章以关中地区国家级传统村落为研究对象，采取定性与定量相结合的方法，通过“点-链-集”地方性知识分析方法，提炼出关中地区传统村落景观的地方性知识并构建地方性知识图谱，用以指导后续面向可持续发展的实践应用。本章的结论有如下几点。

第一，关中地区传统村落景观的地方性知识点包括村落选址知识点、功能布局知识点、农田布局知识点、村落形态知识点、街巷格局知识点、公共空间布局知识点、院落布局知识点、建筑结构知识点、建筑材料知识点、建筑装饰知识点、节日庆典知识点、婚丧嫁娶知识点、集市贸易知识点、生产技法知识点、艺术工艺知识点、音乐舞蹈知识点、文学戏剧知识点和传统服饰知识点，共计 18 个传统村落景观地方性知识点。

第二，根据关中地区传统村落景观地方性知识点之间存在的包含、递进、匹配、分化等相互关系，遵循逻辑规律对地方性知识进行整合，构建 5 条传统村落景观地方性知识链，分别为自然生态景观中的地方性知识链、空间形态景观中的地方性知识链、传统民居景观中的地方性知识链、传统习俗景观中的地方性知识链、民俗文化景观中的地方性知识链。

第三，关中地区传统村落景观地方性知识的形成、演化、发展、组合受到自然系统、社会系统、支撑系统、人类系统的共同影响，构成了这一区域传统村落景观地方性知识集。

第七章　陕北地区传统村落景观的地方性知识体系特征提取

因地理位置特殊，陕北地区在相当长的一段时间属于中原王朝与西北草原民族对抗、冲突、博弈的前沿，也使得陕北地区文化兼具中原农耕文化和草原游牧文化的双重特征。自然环境与人文社会环境的共同影响，培植了陕北地区传统村落营建的地方性知识，造就了陕北地区传统村落独具特色的地方性景观。本章基于传统村落景观地方性知识体系的“点-链-集”结构特征，深入挖掘陕北地区传统村落景观中的地方性知识点，搭建传统村落景观地方性知识链，解译传统村落景观地方性知识的形成机制，构建陕北地区传统村落景观地方性知识体系。

一、陕北地区传统村落景观地方性知识点

（一）村落选址知识点

1. 依“塬”就势型

依“塬”就势型即传统村落顺应陕北地区沟壑纵横、地形破碎的地形地貌特征依山势而建。陕北地区属于典型的黄土高原地貌，地貌类型主要包括黄土塬、黄土梁、黄土峁等，因此传统村落的选址营建几乎均与山体有关系。依据传统村落所处地貌类型的差异，村落与山体的关系也有所区别，据此可以将陕北地区依“塬”就势型传统村落选址知识进一步分为“占”“含”“离”“融”四类（表 7-1）。

表 7-1　陕北地区传统村落选址地方性知识点图谱（一）

类型	依“塬”就势型			
	占	含	离	融
图示				
特征	传统村落建造于山顶，多分布于主河道下游黄土梁峁状丘陵处，具有较好的防御性	传统村落坐落于山腰间，沿等高线逐层发展，多分布于主河道及各级支流河谷	传统村落位于山脚下开阔地段，独立发展，多位于主河道或河流一级支流河谷	传统村落与山融为一体，民居从山脚到山顶均有分布
案例	子洲县双湖峪镇张寨村克戎寨	榆林市绥德县白家硷乡贺一村党氏庄园	子长市安定镇安定村	榆林市佳县峪口乡峪口村

（1）占

“占”即传统村落选址于主河道下游黄土梁峁状丘陵顶部。由于地势高耸，传统村落在空间上呈现相对隔离的特征，因而具有一定的庇护性和瞭望性，防御性能较好。但是这种选址方式往往导致村落交通闭塞、取水不便，给村民的日常生产生活造成了困扰。因此，该类传统村落通常规模较小，人口数量较少，每个村落的户籍家庭往往不超过 30 户。

例如，子洲县双湖峪镇张寨村克戎寨选址于山顶之上，南接凤凰山，北以大理河为池，西以高耸的石崖为堑，东有道路通向河岸。寨子营建的重点是满足战事防御、戍卫的需要，筑有寨墙、寨门等，全村易守难攻，是典型的军事防御型村落。

（2）含

“含”即传统村落选址于主河道或各级支流河谷两侧的山腰间，沿山体等高线逐层发展。该类村落所处的山坡度通常为 45°—60°。如此建造的原因主要有两个方面：一是坡度较大的地区便于挖洞建窑；二是受中国传统农耕文化的影响，坡度较缓的地区通常有利于进行农业生产。

例如，榆林市绥德县白家硷乡贺一村党氏庄园坐落在虎爪心寨子疙瘩山的褶皱里，整座庄园因形就势，遵循了原有山峁的凹凸形态，其宅院的布局随着山峁线势层叠错落，各宅院之间的空间流转灵活变化，布局严谨，充分体现了人与自然融合的传统村落营建智慧。

（3）离

“离”即传统村落选址在主河道或河流一级支流河谷的开阔地段，以山为天然屏障，独立发展。村落所在的河谷地区通常相对宽阔，因此该类传统村落规模一般较大，但随着村落斑块面积的扩展，村落边界又受到山体限制，所以其形态多呈现沿山体带状分布的特征，村落内部街巷形态清晰、规整。

例如，子长市安定镇安定村选址于秀延河南岸的浅滩处，周边河谷平坦开阔，背靠翠屏山，形成了村落的天然屏障。随着人口的增长，传统村落沿山势呈带状发展。为形成内向、安全的村落格局，传统村落村民修建了寨墙，使得村落边界十分清晰。村落内部格局整齐，一条主街穿村而过，街道两旁庭院错落有序。

（4）融

“融”即指传统村落与山融为一体，民居建筑零散地分布在山脚至山顶范围内各个区间。此类传统村落通常“随地取景”“成天然之趣，不烦人事之工”，通过把窑洞合宜地安置在自然地形及环境中，使得山体成为村落的一部分，村落成为山体的修饰品，两者犹如天造地设般融为一体，创造出具有内在组织性和秩序性的传统村落人居环境，从而达到一种“天人合一”的境界。

例如，榆林市佳县峪口乡峪口村依山就势，呈S形太极图布局，其道路为环形道路，依据山势盘旋而上，形成与山共融的传统村落选址格局。

2. 山环水绕型

山环水绕，即传统村落选址注重体现村落与山、水之间相互依衬和相互融合的共生关系。陕北地区位于黄土高原地形区，区域内传统村落布局几乎均与山体存在密切关联，同时由于黄土高原地处干旱半干旱气候区，水资源分布状况也是陕北地区村落选址需要考虑的重要因素之一，因此陕北地区传统村落选址遵循古语“山关人口，水关财，功名关的朝山来”。根据传统村落与山、水组合关系的分异，将山水环绕型传统村落选址知识进一步分为靠崖临河式、据山滨河式、依山滨河式三类（表7-2）。

表7-2　陕北地区传统村落选址地方性知识点图谱（二）

类型	山环水绕型			沿路而起型
	靠崖临河式	据山滨河式	依山滨河式	
图示				
特征	村落一面靠崖，一面临河，多分布在黄土梁峁状地貌区	村落选址于山下的开阔地带，且村落通常离河流较近	村落沿山体走势呈跌落分布，与山形完美融合，村前有河流流经	村落依托古道而建成，通常呈团块状或条带状分布于道路一侧或道路两侧
案例	延川县乾坤湾镇碾畔村	佳县木头峪乡木头峪村	绥德县四十里铺镇艾家沟村	佳县康家港乡沙坪村

（1）靠崖临河式

靠崖临河，即传统村落选址在一面靠崖一面临河的地区。此类村落多分布在黄土梁峁顶部残塬，即村落两侧为山坡，坡地一侧有水流经过，沟底多为岩石。由于梁顶面积狭小，传统村落以梁顶的残塬为中心向外发展。靠崖临河式村落通常交通闭塞，因此人口规模较小，但总体受外界破坏和影响较小，村落文化遗产保存较为完好。

例如，延川县乾坤湾镇碾畔村选址于黄河河谷西侧海拔约为 740 米的山梁上，与黄河河床高差约为 200 米，村落下游地区沟谷全部为岩石。传统村落所在的梁顶有土层覆盖，为村民开展耕种生产、挖土建窑提供了便利。村落整体形态受山体控制，无明显边界。

（2）据山滨河式

据山滨河，即传统村落选址于山下的开阔地带，背负纵横起伏的山地，面临蜿蜒流淌的水系，且村落通常离河流较近。该类村落冬季有山体阻挡北方凛冽的西北风，夏季有植被庇荫纳凉，同时充足的水源满足了生产生活用水需要，而较为平坦的地势为生产、生活提供了便捷，不仅在心理上给居民带来安全感，同时也为传统村落经济发展奠定了基础。据山滨河式传统村落通常规模较大，一般沿河依山呈带状形态，且具有较为明晰的边界，村内街巷较为规整。

例如，佳县木头峪乡木头峪村选址于山下的开阔地带，纵横起伏的山地为其提供了天然保护屏障。村落东临黄河，不仅为其提供了充足的水源及较好的生态环境，同时也为该村带来了晋商经济和文化财富。

（3）依山滨河式

依山滨河，即传统村落依山而建，沿山体走势成跌落分布，与山形完美融合，村落前有河水流过，整体形成了环境优美、气候宜人的山水空间格局。依山滨河式传统村落选址通常统筹考虑农耕、灌溉、防汛、防灾、防御等需求，与风水理论中关于聚落最佳选址的原则十分相似。

例如，绥德县四十里铺镇艾家沟村选址靠近河流，以弥补陕北地区干旱缺水的先天性不足。为防止窑洞坍塌，村内民居之间均保持一定距离，严格按等高线呈折线或曲线分布。村内宅院多靠近山脚附近的山腰上，方便村民出行，且为了解决采光问题，窑居多为南北朝向。

3. 沿路而起型

沿路而起，即传统村落依托古道兴起。陕北地区地处陕、甘、宁、蒙、晋五省交界处，优越的地理区位造就了众多驿站，这些交通节点随着商业贸易的发展逐渐成为重要的交通枢纽或商贸物流集散地，从而聚集大量人口形成传统村落。沿路而起型传统村落通常沿道路呈条带状分布，村落具有较强的开放性，会馆建筑群、商贸场所等公共建筑众多，造就了其多元包容的村落文化。

例如，榆林市佳县康家港乡沙坪村东依黄河，南接吴堡，西望绥德，具有较好的地理区位。村前的古驿道是连接大西北与全国的重要古道，曾经的古道商贸繁盛、人群熙攘，每天都有百余队商贾、行旅在此途经和中转。沙坪村便是依此道而起，成为历史上繁华的古驿站，而后沿道路呈条带状发展，形成了规模较大的传统村落（表 7-2）。

（二）功能组合知识点

1. 功能嵌套型

功能嵌套型是指生产空间围绕生活空间分布于其周边，生态空间围绕生产空间分布，形成紧邻村落的圈层式“三生”空间分布格局。这种分布方式便于传统村落村民就近开展生产活动，可以节约劳动时间，提升田间管理效率（表 7-3）。

例如，延川县土岗乡碾畔村所在地区交通不便，水资源短缺，且黄土覆土层薄，因此可选用的种植作物类型较少。面对这种自然资源条件，传统村落村民围绕村落生活空间种植根系较浅的枣树，构成了村落生产空间。同时枣树本身具有一定的防风固沙的生态功能，形成“三生”空间嵌套布局的空间模式。

2. 功能融合型

功能融合型是指生活空间、生产空间及生态空间相互融合交织，无明确分隔与边界的功能组合形式。陕北地区部分传统村落窑洞民居分散营造在山体上，每户建筑周围分布着面积大小不均的空地，村民不仅在窑洞周围的空旷土地上进行耕种，还充分利用土地资源，在具有地势高差的山体上进行耕种（表 7-3）。

例如，在子长市瓦窑堡镇李家沟村，传统村落村民将坡度较低、靠近河流的土地用于耕种，为了不占用耕地，民居建筑则依据山势沿河道分置其两侧，呈现出生产空间和生活空间相融合的形式。

3. 功能分置型

功能分置型是指村落生活空间、生产空间被生态空间所分隔的功能组合形式。受地形影响，陕北部分地区的传统村落适宜集中耕种的土地较少，因此传统村落村民通常选择靠近水源、地形平坦的土地用于农耕。为了节约建设用地，保障生产用地，传统民居建筑则坐落于一侧的山坡上，呈现清晰的空间功能分区（表 7-3）。

例如，绥德县满堂川乡郭家沟村所在的河谷地区主要布局农耕用地，民居建筑由北向南沿着山脚以及缓坡分布在一侧的山坡上，形成"三生"空间分置分布的空间格局。

表 7-3　陕北地区传统村落功能组合地方性知识点图谱

类型	功能嵌套型	功能融合型	功能分置型
图示	生态空间 生活空间 生产空间	生态空间 生活空间 生产空间	生态空间 生活空间 生产空间
特征	生产空间围绕居民点分布于其周边，形成紧邻村落的圈层样式	生活空间、生产空间及生态空间相互融合交织，无明确分隔与边界	生活空间、生产空间被生态空间所分隔，空间功能分区清晰
案例	延川县土岗乡碾畔村	子长市瓦窑堡镇李家沟村	绥德县满堂川乡郭家沟村

（三）农田布局知识点

1. 圈层式农田

圈层式农田是在黄土高原这类特有的地形地貌下，在山地沿相同的等高线聚拢围合形成圈层式的圆环状、台阶式的农田格局。圈层式农田的日照通风条件良好，在黄土高原发展圈层式农田，有利于保持水土、维护蓄水资源、增加农作物产量，是治理坡耕地水土流失非常有效的措施（表 7-4）。

圈层式农田主要分布在黄土峁地貌区，陕北地区横山区横山街道贾大峁村、横山区响水镇响水村、横山区赵石畔镇王皮庄村、米脂县高庙山村、米脂县黑圪塔村、绥德县义和镇虎焉村等传统村落均采用圈层式农田布局。

2. 条带式农田

条带式农田是沿山谷地形或依大河一侧布局，形成的具有一定宽度且两端较为狭长的条带式农田。条带式农田土地使用较为集约，引水灌溉便利，且土地紧实，土壤肥沃。但农田两端因相距较远沟通联系不便，位于边缘两端地区的农田，在耕种时需要穿越较远的距离才能到达（表 7-4）。

陕北地区采用条带式农田的传统村落主要包括榆林市佳县木头峪乡木头峪

村、榆林市米脂县郭兴庄镇白兴庄村、延安市子长县安定镇安定村、延安市宝塔区临镇镇石村、榆林市横山区殿市镇五龙山村、榆林市子洲县装家湾镇园则坪村、延安市延川县马家湾村等。

3. 曲线式农田

曲线式农田一般位于河流交汇处或地形复杂地区，这些区域受地貌影响，河流流速较慢、河床蜿蜒曲折且宽度较窄。但由于长期从上游搬运下来的泥沙沉积以及对河岸两侧不同位置的侵蚀、堆积作用，该地区的土壤肥力高，故形成了沿河岸两侧分布的曲线式农田。曲线式农田作物产量较高，但是由于蜿蜒曲折的河流长期流经，会导致河流侵蚀一侧农田，使其面积越来越小，河流堆积侧农田面积越来越大（表 7-4）。

由于曲线式农田受河流影响形成，村落名称在一定程度上反映了河流对该农田类型的影响，因此采用曲线式农田的传统村落村名中一般带有“河”“岸”“湾”等与水有关的字。例如，陕北地区榆林市佳县佳芦镇张庄村、延安市延川县梁家河村、延安市延川县上田家川村、延安市延川县甄家湾村、延安市延长县雷赤镇凉水岸村等均采用曲线式农田。

表 7-4　陕北地区传统村落农田布局地方性知识点图谱

类型	圈层式农田	条带式农田	曲线式农田
图示	山体 农田		农田 水体
特征	在山地沿相同的等高线聚拢围合形成圈层式的圆环状、台阶式的农田。具有光照通风条件良好，有利于保持水土、维护蓄水资源、增加农作物产量的优点	分布在山谷地形区，依大河一侧形成的具有一定宽度且两端较为狭长的条带式农田。具有土地使用集约、引水灌溉便利的优点	位于河流交汇处或地形复杂地区，土壤肥力高，但易受到河流侵蚀或堆积作用的影响，农田形状不稳定
案例	横山区横山街道贾大峁村	延安市宝塔区临镇镇石村	延安市延长县雷赤镇凉水岸村

（四）村落形态知识点

1. 组团状

组团状村落形态即传统村落呈现团状集聚的空间形态特征，其形成原因多为自然地理要素在空间上围拢或收紧村落，限定村落发展边界。例如，河流交汇、山脉的围合或阻隔等均会导致形成组团状村落形态。此外，在平原地区也会因文化观念、政治或军事管理需要等多方面因素影响形成组团状村落形态。依据传统村落所在自然地理单元的差异，可以将组团状村落进一步分为平原型、山谷型、河谷型或丘陵沟壑组团型（表 7-5）。

例如，清涧县高杰村镇高杰村所在区域因两侧山脉挤压形成具有一定规模的台塬地形区，区域内地势平坦，传统村落各功能用地紧凑集约，传统建筑按照规整的形式排列组合。

2. 条带状

陕北地区条带状村落多沿公路、河流等线状要素展开，形成狭长而联系紧密的条状或带状形式，有丘陵河谷条带状村落和山谷条带状村落两种类型。条带状传统村落往往具有交通联系密切、取水便利、基础设施铺设工程简单的优点，同时因为传统建筑呈“一”字排开，具有良好的日照效果。另外，也存在村落两端沟通联系弱、公共空间组织首尾不能兼顾而需要多点布置、不利于村民交往等劣势（表 7-5）。

例如，米脂县城郊镇镇子湾村沿织女渠干渠和南北向省道形成了条带状传统村落。村落中传统建筑山墙沿省道界面布局，且各部分建筑排列规整有序，拥有良好的日照条件。但由于村落用地狭长，公共空间组织受到限制。对此，可以通过建设多个区域性的节点空间以增强村民之间的联系。

3. 散点状

陕北地区散点状传统村落的特征是建筑物以星点状散布于彼此分离又相互联系的空间，该类传统村落虽然没有明显的中心，但与外围地区有明显边界，这种村落形态由于各部分分散而立，因此村民之间交往不便，且基础设施建设支出较大。散点状村落主要分布在风沙滩地貌区域，风沙的侵蚀、堆积对地貌产生了独特的塑造作用，导致这类地区地势起伏大，村落形态逐渐趋向分散和点状分布（表 7-5）。

例如，横山区响水镇响水村的空间即被复杂的地形地貌割裂，传统建筑在空间上呈现多个点状集合，彼此之间的联系较少，只能在村庄东北侧地势较平坦地区建设公共活动空间和基础服务设施。

4. 树枝状

树枝状传统村落主要沿河流水系分布，其结构形状为“树枝状”，较大的村落通常集聚在主要沟谷与次要沟谷交汇的地方，形成一个个聚居点。同时，沿着次要沟谷延伸发展，进而在次要沟谷上形成大小不一的聚居点，最终形成树枝状的空间结构。这种类型的传统村落中传统建筑分布较为分散，布局较为灵活（表 7-5）。

例如，延安市延川县梁家河村沿着拓家川河一侧分布，并在主要的沟谷交汇点处形成较大的聚居点，同时沿着主要县道郭稍路扩展延伸出去，与次要的沟谷形成一个个较小的聚居点，它们共同构成了整个传统村落的空间结构。

表 7-5 陕北地区传统村落形态地方性知识点图谱

类型	组团状	条带状	散点状	树枝状
图示	山体 平原 河流	山体		
特征	由于自然地理要素在空间上围拢、收紧，或因文化观念、统治要求等因素影响村落形态呈现团状集聚的空间特征	沿交通走廊、河流等线状要素展开，形成狭长而联系紧密的条状或带状村落形态	村落内部聚居点在一定地域内呈不均匀分布，彼此之间既保持距离，又相互联系	村落沿河流呈树枝状分布
案例	清涧县高杰村镇高杰村	米脂县城郊镇镇子湾村	横山区响水镇响水村	延安市延川县梁家河村

（五）街巷格局知识点

1. 集聚型街巷

集聚型街巷是指经过规划，有明显的街道走向，建筑联系相对比较紧密，沿街道两侧聚集发展的街巷布局模式。采用集聚型街巷的传统村落一般分布在广阔的黄土塬上，地势平坦，一般有两条以上主要街巷，建筑物可以沿街整齐地排列组合。这些村落通常为集镇或中心村，村落规模较大（表 7-6）。

例如，子洲县双湖峪镇张寨村选址于河流堆积岸一侧，地形平坦，形成了规整的街巷格局，主干道向西北延伸通向河流中心，形成了良好的视线通廊。

2. 非集聚型街巷

非集聚型街巷是指没有经过规划，秩序散乱，无明显的街道走向的街巷布局模式。该类街巷布局广泛分布在陕北地区传统村落中，这些村落所在地形区地势起伏较大，或隆起或凹陷的地面导致街巷难以形成规整的形式。因此，非聚集型街巷往往形成了四通八达的道路，建筑物集中分布于不同的方向（表 7-6）。

例如，横山区横山街道贾大峁村地表起伏较大，建筑物分散排布，难以形成有规整秩序的街巷格局，房前屋后有多条道路，构成了非集聚型街巷布局。

3. 稀疏型街巷

稀疏型街巷是指传统村落组织分散，村落内部无明显街道，几个较大的建筑群分布在空间上相隔较远的地方。稀疏型街巷的形成主要受到陕北地区地貌环境的影响，由于黄土高原地区地表支离破碎、千沟万壑，传统村落聚集点往往单独分布，但又与邻近的聚集点相去不远，互为邻里，为沟通这些零散分布的聚集点，最终形成了稀疏型街巷布局模式（表 7-6）。

例如，绥德县义和镇虎焉村地表有若干河流穿越，村落中心位置有山地隆起，使得村落形态分散，形成了稀疏型街巷格局。

表 7-6　陕北地区传统村落街巷格局地方性知识点图谱

类型	集聚型街巷	非集聚型街巷	稀疏型街巷
图示			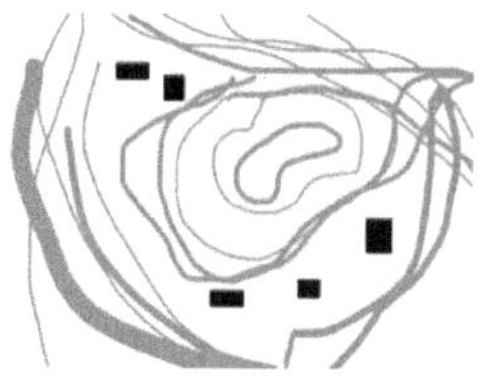
特征	经过规划，有明显的街道走向，传统建筑沿街道两侧聚集发展，彼此联系相对紧密	未经规划，无明显的街道走向，传统建筑松散分布于不同的方向上	街巷组织分散，无明显街道，传统建筑在空间上相隔较远
案例	子洲县双湖峪镇张寨村	横山区横山街道贾大峁村	绥德县义和镇虎焉村

（六）公共空间布局知识点

1. 发展完善型

发展完善型传统村落公共空间是指村落内的基础设施、公共建筑等建设比较完善。这些传统村落通常利用具有地方特征的文化资源作为村落发展的驱动引擎，在打造特色公共空间的同时，为经济可持续发展注入活力，整治人居环境，提高经济效益（表 7-7）。

例如，榆林市佳县神泉村在国共战争时期是党中央的战时常驻场地。近年来，当地政府建立了佳县神泉堡革命旧址纪念馆，发展红色旅游，推动村内的经济发展。佳县神泉堡革命纪念馆前的中心广场既是游客集散的重要空间，也是传统村落村民日常休闲游憩的场所。广场入口处设置雕塑作为该场所的标志物，经过一定的序列划分，营造出庄重、神圣的地方感。

2. 发展常态型

发展常态型传统村落公共空间建设缺少一定的地方特色文化植入，建设形态较为标准化、普通化，村落内基础设施能满足居民生产生活的基本需求，并且村落内有一定规模的景观设施，为村民开展公共活动提供了空间场所（表 7-7）。

例如，榆林市佳县木头峪村围绕戏庙、阁楼建设公共广场，构成了传统村落的公共空间。广场内公共设施和景观要素比较完善，形态丰富，主要由游客服务中心、庙宇、戏台、商铺、卫生间等组成，为村民提供了生活活动空间，满足了村民的基本需求。公共广场位于村内主要道路交叉处，因此具有较高的可达性和开敞性，人们多在此聚集、交往，增强了村民之间的熟悉感、亲切感和对传统村落的归属感。

3. 发展滞后型

发展滞后型是指传统村落公共空间建设缺乏地方文化特色，形式较为单一，村落内基础设施不完善，甚至难以满足村民生产生活的基本需求。该类传统村落经济发展水平通常不高，人居环境亟待整治、完善（表 7-7）。

例如，榆林市佳县陈家焉村公共基础设施不健全，公共空间发展整体较为落后，具体表现为传统村落内除一处广场空间外，没有其他可以满足村民活动的公共区域。广场中央的戏台尺度较大，利用率低下，村民更愿意到尺度感亲切的廊亭进行集会活动。此外，缺乏一定的景观设施，在夏季难以遮蔽日光，也限制了村民的公共活动。

表 7-7 陕北地区传统村落公共空间布局地方性知识点图谱

类型	发展完善型	发展常态型	发展滞后型
图示	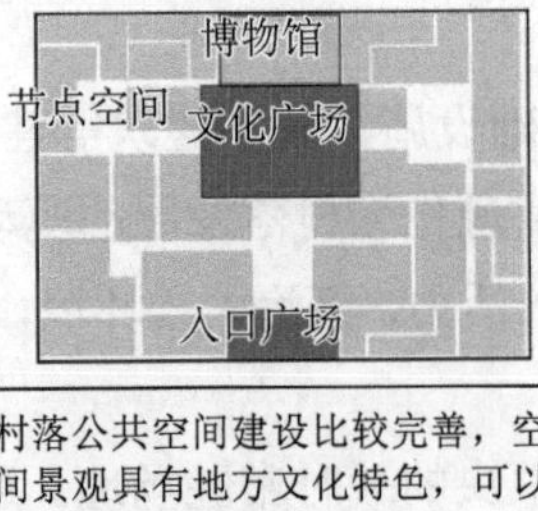 博物馆 节点空间 文化广场 入口广场	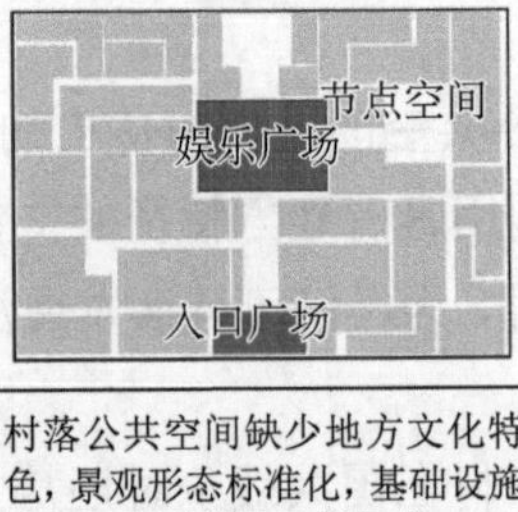 节点空间 娱乐广场 入口广场	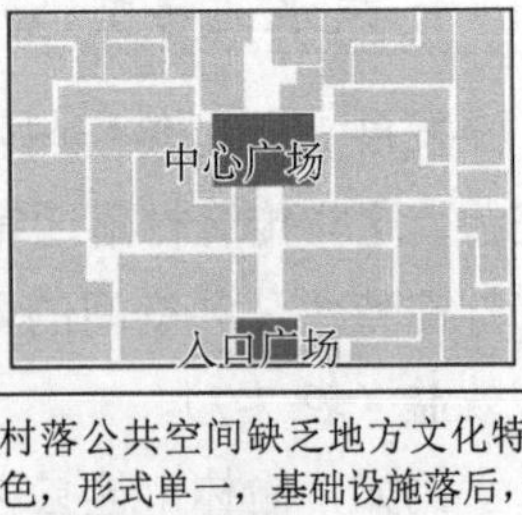 中心广场 入口广场
特征	村落公共空间建设比较完善，空间景观具有地方文化特色，可以较好地满足村民日常需要	村落公共空间缺少地方文化特色，景观形态标准化，基础设施基本能满足村民日常需求	村落公共空间缺乏地方文化特色，形式单一，基础设施落后，人居环境质量不高
案例	榆林市佳县神泉村	榆林市佳县木头峪村	榆林市佳县陈家焉村

（七）院落布局知识点

1.“一”字形

“一”字形院落是由窑洞与围墙围合形成近似“一”字形平面形态的院落，是窑洞最为原始的一种平面布局形式，在箍窑建设中最常见。“一”字形院落通常坐落在山体台塬上，窑洞依靠山体，坐北朝南，面向太阳而建。其主要优点是拥有较为宽敞明亮且视野开阔的庭院空间和充足的光照，同时窑洞建设也不受地形约束，建设的灵活性较强。其缺点是院落形式较为简单，随着时代的发展，已无法满足现代生产生活需求，因此这种院落布局形式仅有少数村落一直沿用至今（表 7-8）。

例如，在榆林市佳县沙坪村，窑洞依靠山体而建，窑前用地开阔，利用院墙围合形成“一”字形院落。其院落坐北朝南，视野开阔，能够获得充足的光照。陕北地区采用“一”字形院落布局的传统村落还有榆林市绥德县满堂川乡常家沟村、延安市延川县太相寺村等。

2. L 形

L 形院落是由“一”字形院落转变而来的。随着时代的发展，“一”字形院落难以满足生产生活的需要，传统村落村民在窑洞一侧建设辅助性用房，用于搁置生活杂物或圈养牲畜家禽。辅助性用房与窑洞建筑、围墙相结合形成平面形态近似 L 形的院落布局。这种院落布局仍然是一种较为简单的布局形式，仅能够满足基本的生产生活需要（表 7-8）。

例如，榆林市米脂县寺沟村的村民在窑洞的一侧建设耳房或者厢房，当作生产用房或者储藏用房，以满足生产生活的需求，形成了 L 形院落布局。陕北地区采用 L 形院落布局的传统村落还有米脂县城郊镇镇子湾村、延安市延川县甄家湾村等。

3.“口”字形

“口”字形院落布局融合了北方四合院四面围合的特点，院落整体坐北朝南，由正窑、厢房、倒座、耳房以及围墙围合成一个四面聚拢的院落空间。院落内开间较大，进深宽窄比例接近 1∶1。“口”字形院落多为大户家族居住，建筑的布局体现出尊卑有序的礼制观念：正房地基在整个院落中最高，厢房次之，倒座房则最低，整个布局呈现出北高南低的趋势。这种布局除反映了传统社会文化风俗特征，也有利于解决院落内的排水问题（表 7-8）。

例如，在榆林市米脂县刘家峁村，窑洞坐北朝南，依靠台塬而建，以正窑为主体，两侧建造窑洞形式的厢房及耳房，形成“口”字形院落。院落整体围合感和空间私密性较强，院落内建筑开间较大，凸显了户主较高的身份地位。陕北地区采用“口”字形院落布局的传统村落还有榆林市绥德县白家硷乡贺一村、榆林市米脂县杨家沟镇杨家沟村等。

表 7-8　陕北地区传统村落院落布局地方性知识点图谱

类型	“一”字形	L形	“口”字形
图示	山体 窑洞 庭院	山体 窑洞 辅助用房 庭院	山体 窑洞 庭院 西厢房 东厢房 倒座
特征	院落由窑洞与围墙围合而成，这种院落多坐落在山体台塬地形区，窑洞依靠山体，坐北朝南，向阳而建，能够获得充足的光照	在窑洞的一侧建设配房与围墙相结合形成院落，是一种简单的院落布局形式，能够满足基本的生产生活需要	院落平面布局融合了北方四合院四面围合的特点，院落整体坐北朝南，由正窑、厢房、倒座、耳房以及围墙围合成一个四面聚拢的院落空间，体现了传统社会礼教秩序
案例	榆林市佳县沙坪村	榆林市米脂县寺沟村	榆林市米脂县刘家峁村

（八）建筑结构知识点

1. 靠崖窑

靠崖窑主要分布在黄土沟壑以及山体台塬地形区，是在天然崖壁上或者冲沟两岸水平向内挖掘形成的窑洞。该类窑洞顺应地势，依山塬而建，其建设的灵活性较强，通常呈现出曲线或折线形排列的空间特征。在有一定高度的山体上，窑洞布局随山而上，形成具有多层的梯台式窑洞，从高处俯视，窑洞犹如从山上长出一般，宛若天成。原始的靠崖窑多为土窑，其受力结构需要依靠原有山体土质，一般村民将窑洞挖成拱形以支撑上部压力。后来，随着建造技术的提升，村民采用砖块、石块在窑内箍起一道拱圈，使窑体更加坚固耐用。根据窑洞选址的不同，可将靠崖窑进一步分为靠山式靠崖窑和沿沟式靠崖窑（表 7-9）。

表 7-9　陕北地区传统村落建筑结构地方性知识点图谱（一）

类型	靠崖窑	
	靠山式	沿沟式
图示		
特征	分布在山体台塬之上，依靠山体，坐北朝南，向阳而建。村落建筑整体呈曲线或者折线排列。有一条主要交通道路延伸至山脚下，作为村落对外联系的主要交通线路	分布在河流沟谷两侧的山体上，由于土地湿度大，影响建筑承重，因此在营建过程中主要考虑增强建筑的承力性，同时进行防潮处理
案例	榆林市佳县沙坪村	延安市延川县甄家湾村

靠山式靠崖窑主要分布在山体台塬之上，依靠山体而建。窑洞建筑坐北朝南，依山势呈现曲线或者折线布局，整个村落依附山体呈现梯台状，层叠而上，与山体相融合，表现出自然和谐的艺术效果。陕北地区采用靠山式靠崖窑的传统村落有榆林市米脂县城郊镇镇子湾村、榆林市佳县康家港乡沙坪村等。

沿沟式靠崖窑主要分布在河流沟谷两侧的山体之上，建筑特征布局与靠山式窑洞相差无几。相对而言，由于沟谷两侧山体湿度较大，土壤承力相对较低，因此在建造过程中会对建筑进行防潮处理，同时更多依靠其他材料来增强建筑的稳定性。陕北地区采用沿沟式靠崖窑的传统村落有延安市延川县甄家湾村、榆林市佳县螅镇荷叶坪村。

2. 独立式窑洞

独立式窑洞营建无须依靠山体，是用土、石、砖、木等建筑材料在平地上夯筑、箍砌起来的一种窑洞建筑。由于其独立于山体台塬而建，建筑四面无所依靠暴露在外，民间将其称为“四明头窑”。独立式窑洞建筑承力方式不再依靠自然地质，因此建筑选址、布局方式、朝向、建材选择也更加自由，依据结构差异分为单层窑洞、上下拱窑、下窑上房、下房上窑等几种形式（表 7-10）。

表 7-10　陕北地区传统村落建筑结构地方性知识点图谱（二）

类型	独立式窑洞			
	单层窑洞	上下拱窑	下窑上房	下房上窑
图示				

续表

类型	独立式窑洞			
	单层窑洞	上下拱窑	下窑上房	下房上窑
特征	窑洞为单层，窑顶之上构筑女儿墙，由三孔或更多数量的窑洞连成一户。窑洞作为主体建筑配合院墙倒座围合成为院落	在单层窑洞的基础上再修建一层，构成双层窑洞。这种窑洞形式可以有效地扩大使用空间。由窑洞为主体建筑配合两边厢房、围墙以及倒座围合成院落	在窑顶上方建设木制抬梁式建筑，底层为砖石砌筑的窑洞建筑	一层利用钢筋混凝土建造，二层为传统的窑洞建筑。这种窑洞的建设极其复杂，上层厚重的窑洞对于底层建筑的承重性能有较高要求
案例	延安市延川县太相寺村	榆林市米脂县高庙山村	榆林市绥德县贺一村	延安市子长市安定村

（1）单层窑洞

随着村落人口的增长，也有村民通过加建窑洞、在窑洞一侧搭建木制建筑或棚房用来储藏物资或者圈养家畜，以满足生产生活需求。陕北地区采用单层窑洞的传统村落有延安市延川县太相寺村、榆林市米脂县城郊镇镇子湾村等。

（2）上下拱窑

上下拱窑是单层窑洞的复杂化处理，其形式为在单层窑洞的基础上从窑顶起再修建一层窑洞，这样构建的双层窑洞颇显大气。上下拱窑院落由窑洞为主体建筑配合两边厢房、围墙以及倒座围合而成。这种窑洞形式可以有效地扩大使用空间，使生活空间不至于太过局促。但由于构造方式较为复杂，上下拱窑形式的窑洞的建设需要有一定的经济基础，多出现在大户家族院落，建筑细部装饰也往往较为精美、华丽。陕北地区采用上下拱窑结构的传统村落有榆林市米脂县高庙山村、榆林市米脂县乔河岔乡刘家峁村等。

（3）下窑上房

下窑上房也是一种常见的窑洞形式。经济条件较好的富庶人家为了扩大生活空间，会在窑顶上方建设木制抬梁式建筑，其底层窑洞多采用砖石结构，以增加底层窑洞的承力性能。这种底层为砖石砌筑，上层为木材搭建而成的建筑，在结构方面充分发挥了石材与木材各自的力学优势；在实用价值方面，既吸收了下层窑洞冬暖夏凉的特性，又兼具木屋建筑高端大气的优势；在艺术价值方面，既延续了窑洞建筑的优点，又丰富了传统窑洞的类型。陕北地区采用下窑上房结构的传统村落有榆林市绥德县贺一村、榆林市佳县峪口乡峪口村等。

（4）下房上窑

下房上窑是一种很特殊的窑洞结构，其基本形式为一层利用钢筋混凝土建造，二层为传统的窑洞。这种类型的窑洞大气美观，丰富了窑洞建筑类型，但其建设极其复杂，需要较多地考虑建筑承力结构等问题。主要原因在于，窑洞本身是一种比较厚重的建筑，其作为底层建筑具有较强的稳定性，但作为第二层建筑时则对底层建筑的承重结构提出了挑战，所以下房上窑的窑洞现存较少。陕北地区采用下房上窑结构的传统村落有延安市子长市安定村等。

（九）建筑装饰知识点

1. 窑檐

陕北窑洞民居的窑檐主要有三种形式：简易的窑檐形式、窑顶与女儿墙结合的微出挑的窑檐、穿廊抱厦式的大挑檐（表 7-11）。

简易的窑檐形式是由屋面青砖青瓦铺设所延伸出来的屋檐形式，这种窑檐形式较为简单。其建设是在窑体覆土完成后，在窑顶插入青石板，然后再在青石板之上利用青砖瓦片或黄土铺设，主要目的是排水，避免雨水对窑底的冲刷，但艺术装饰效果较差。这种窑檐所对应的窑洞形式也较为简单，在经济发展水平不高的地区比较常见。

微出挑的窑檐是女儿墙与窑顶相接处轻微出挑形成的窑檐，多出现在独立式窑洞中。窑檐之上的女儿墙是花栏式女儿墙，其花饰是利用青砖或青瓦建设而成的，做法比较精致，这样的窑檐形式简洁大方，造型美观，有很好的艺术效果。

穿廊抱厦式的大挑檐是指由穿廊抱厦架构支撑所形成的大挑檐。建设这种挑檐的做法是预留出垂直于窑洞的石块，或者将窑顶的木架构直接延伸出来，在出挑出来的架构上放置横向的木梁，利用木梁承托挑檐，然后在挑檐之上砌筑精美的女儿墙，挑出部分往往还有精美的雕刻。这种挑檐结构因为出挑较大，既可以保护窑壁、窑底以及窑脸免受雨水冲刷，也可以为人们提供户外活动场所。

2. 女儿墙

陕北窑洞民居的女儿墙形式主要为花栏式。女儿墙的建设在独立式窑洞中最为常见，其建设材料主要为黄土、青砖、青瓦。女儿墙建设于窑顶之上，利用青砖、青瓦或者土坯堆砌成十字花的形式用来装饰，以达到美观的艺术效果。此外，女儿墙的建设使用价值还在于可以避免上到窑顶的人意外坠落，起到保护作用，并且也可以防止雨水冲刷窑脸（表 7-11）。

表 7-11 陕北地区传统村落建筑装饰地方性知识点图谱（一）

类型	建筑装饰			
	窑檐			女儿墙
	简易的窑檐	微出挑的窑檐	穿廊抱厦式的大挑檐	花栏式女儿墙
图示				
特征	屋面延伸出来的屋檐形式。其建设是在窑体覆土完成后，在窑顶插入青石板，再在青石板之上利用青砖瓦片或黄土铺设	女儿墙与窑顶相接处轻微出挑形成的窑檐。这样的窑檐形式比较简洁大方，造型美观，有很好的艺术效果	窑洞建设时预留出垂直于窑洞的石块或者将窑顶的木架直接延伸出来，在出挑出来的架构上放置横向的木梁，利用木梁承托挑檐	位于窑顶之上，利用青砖、青瓦或者土坯堆砌成十字花的形式用来装饰，以达到美观的艺术效果

3. 门窗

陕北民居的门窗是拱形门连窗的形式，做工精细。门窗建设的复杂程度与门窗所在窑洞的主次划分有关系。主窑的门窗是门连窗布满整个窑洞洞口，其门窗格式较为复杂精细，也是最为讲究的，其他窑面的门窗格饰相对简单。门窗的格饰图案一般有“+”和“×”两种，也有斜交叉纹和方格纹的图案。此外，为了更加精细，还会在门窗的局部设置各式各样的雕刻，使整个窑面更加精美（表 7-12）。

4. 炕、灶

窑洞窑顶及其窑壁墙体较厚，导致窑洞内比较潮湿，因此在冬天窑洞内温度较低时，需要加设供暖设施。在乡村地区，火炕是最好的取暖设施。火炕可以与灶台连通，以起到节约资源和降低供暖成本的作用。炕设置在居室内，炕的位置会影响室内空间的布局，最为常见的布局是将炕布置在靠近窑窗即窑脸一侧，烟道设置在窑脸一侧从窑顶伸出。这样布置一般是考虑到了窑底处较为阴暗潮湿不太适合设炕，这种炕的布置方式可以使被褥更多地接受阳光照射，为在炕上进行的各种行为活动增加了光照，也便于排烟。

灶台一般都与炕在同一位置建造，共同使用一条烟道，通过烟道将燃烧后的废气排到室外，防止污染室内环境。灶台、炕、烟道是窑洞建设的标准配置，一般灶台都会设置在室内。有些窑洞由于室内空间有限，受其建设技艺的限制，灶台不需与炕相连，也会将灶台设置在室外窑脸下部窑檐下的空间，以方便排烟（表 7-12）。

5. 烟道

烟道的设置是窑洞建设中的一个重要环节。烟道是炕与灶台的排烟通道，在窑洞取暖以及灶台生火时，在防止室内环境污染方面有至关重要的作用。烟道的位置选择与炕和灶台的位置有关。炕设置在窑洞前部时，烟道设置在窑脸处，从窑顶伸出；炕设置在窑洞底部时，烟道从窑洞后部伸出窑顶。烟道主体一般是由土坯砖或者青砖砌筑而成，烟道开口并非顺直而上，而是封住顶端，采用水平开口，这样可以避免雨水及杂物从烟道灌注到室内，一般烟道会高出窑顶大概 1 米（表 7-12）。

表 7-12　陕北地区传统村落建筑装饰地方性知识点图谱（二）

类型	建筑装饰			
	门窗	炕	灶	烟道
图示				
特征	门窗是拱形门连窗的形式，门窗的装饰图案一般有“+”和“×”，也有斜交叉纹和方格纹的图案	由砖砌筑而成，有两种形式，一种是将炕布置在靠近窑窗即窑脸一侧，另一种是建设在窑底处	灶台一般都与炕一同建造，一般灶台都会设置在室内，有些窑洞由于室内空间有限，会将灶台设置在室外窑脸下部窑檐下的空间	建设位置选择与炕和灶台的位置有关。炕设置在窑洞前部时，烟道设置在窑脸处从窑顶伸出，炕设置在窑洞底部时，烟道从窑洞后部伸出窑顶

（十）节日庆典知识点

1. 闹社火

在陕北地区，陕北秧歌是闹社火的主要形式。它是一种流传于陕北民间地区具有广泛群众基础的代表性传统舞蹈，又称“闹红火”“闹秧歌”“闹阳歌”。在表演过程中，在伞头的率领下，表演者跟随音乐翩翩起舞，其中不同表演者穿着不同服饰，做出与之相应的动作，整个节目组织有序、和谐统一。秧歌的表演人数视节日的盛大程度而定，从几十人到上百人不等。根据参加人数的不同，可分为“大场”和“小场”，大场队形变化丰富，小场队形整齐划一，突出表现了陕北地区传统村落村民质朴、憨厚、乐观的性格，具有重要的历史文化价值。

陕北秧歌主要分布在榆林、延安、绥德、米脂等地，历史悠久，表演内容丰富，形式多样。其中，绥德秧歌最具代表性，既有传统的“神会秧歌”“二十八宿老秧歌”，也有后期兴起的新秧歌。传统的老秧歌、神会秧歌中保存着“起场”“谒庙”“敬神”等祭祀礼俗，表演形式融合了当地流传的水船、跑驴、高跷、狮子、踢场子等形式中的艺术元素。此外，表演中还有拜门（又称沿门子）、搭彩门、踩大场、转九曲等活动（表 7-13）。

2. 敬拜土地

对于世世代代依托土地谋生的陕北地区传统村落村民而言，无论是在内心还是在行动方面所表现出的对土地的敬畏、依恋之情，都是其他地理单元的人群所不及的，由此形成了敬拜土地的民俗。

旧时，村民先在自己的土地上走出圆圈，然后在圆圈内烧香燃纸，虔诚地双膝跪地，深深地磕三头，以此对土地进行敬拜，祈求粮食丰收。现在，一些年长的村民依然保留着这样的习俗：在田野用餐时，第一口饭食先献天地，而不是自己享用。春节做年食时，第一口也是敬献给天地，而且口中念念有词。在建筑营建方面，有修建土地庙或在窑洞墙壁上挖凿土地神窑的传统，每到年关，总是习惯性地在庙宇门贴上春联，燃香供奉。此外，在文化活动方面，多采用跳秧歌的形式敬拜土地神。因此，敬拜土地的传统民俗成为陕北地区传统村落农耕文化的重要元素（表 7-13）。

3. 黄帝陵祭典

民间黄帝陵祭典一般在清明节前后和重阳节举行。祭祀开始时，全体肃立，待各界代表就位后击鼓鸣钟，奏古乐。随后，群众代表敬献花篮、花圈、三牲祭品并进行上香、烧纸、奠酒等仪式。仪式完毕，民众行三鞠躬礼，由鼓乐队前导，主祭、陪祭人依次绕行陵墓一周。最后在祭陵前留影，植纪念树。民祭活动除保留了公祭活动中的一些内容外，更突出了民间性，增加了鼓乐队、唢呐队、仪仗队、三牲队（表 7-13）。

表 7-13 陕北地区传统村落节日庆典地方性知识点图谱

特征	陕北的古老传统节日大体可以分为农事、祭祀、纪念、庆祝等几种，具有鲜明的地域特色，并能牵动每个人的情感，反映出了中华民族传统的价值观念、民俗心理和文化精神		
案例	闹社火	敬拜土地	黄帝陵祭典

（十一）婚丧嫁娶知识点

1. 婚礼

陕北地区的婚礼一般进行三天，第一天为“聚客”，邀请亲朋好友前来帮忙贺喜以及安排布置婚礼所用场所，当晚吹手开始奏乐，标志婚礼开始。次日，男方前去迎亲，由一懂礼节的人领头，携带好聘礼，鸣炮三声出发，每逢经过庙宇、村庄、河流、桥梁须鸣号吹乐。女方事前备好嫁妆，备好酒席款待宾客。待迎亲队伍到达时，由管事向迎亲领头人敬酒三杯，迎亲人将所带礼品摆于桌案，谓之“表礼”。一切完毕，新娘换好嫁衣，盖好盖头，随男方迎亲队伍返回。进村时，放慢而行，吹手吹奏“得胜令”“将军令”“大摆队”等乐曲。进村后，村民围观，此时公公婆婆进入洞房，夹起枕头走一圈，俗称“抱孙子”。家人遮盖碾、磨，怕青龙“冲喜”，随后迎新人进门。进门之后，由新郎揭去新娘的盖头，两人一前一后踩着红毯走向洞房。之后还有一系列的程序，如撒帐、踩四角、吃喜宴、拜席口等。次日，男方送客，新郎新娘回门。

2. 丧礼

陕北地区的丧礼分为众多步骤：首先是报丧，即把亡人铺盖卷放在院墙上，以告示村里人家里老人去世，派人通知死者亲人前来戴孝。然后请阴阳，即请阴阳先生为死者选择一处好的坟地、测一个可下葬的时辰，以保佑后代人丁兴旺。之后便开始入殓，入殓时间规定是早晨太阳未出来时，或是傍晚太阳已落时，不可见日头。入殓前，需把亡人寿衣穿戴好并通知娘家人；入殓中，丧葬戴孝一般分重孝和一般孝。儿女戴重孝，侄儿戴自备孝，一般亲戚戴条子孝，厨师戴带红点的条子孝，孙子戴花红孝。迎帐，也叫迎祭，凡遇前来吊唁，有送花圈、毛毯、被面帐子等礼品的，吹手迎上。最后祭孤魂、请灵、祭奠、发丧、下葬。这一套仪式结束，葬礼才算进行完毕。葬礼在陕北地区是较为隆重、严肃的礼仪，表达了传统村落村民对死者的敬畏与缅怀（表 7-14）。

表 7-14　陕北地区传统村落婚丧嫁娶地方性知识点图谱

特征	婚丧嫁娶是传统村落中社会伦理观念、宗教信仰、价值取向和日常生活方式的综合表现，不同地区婚丧嫁娶礼仪受地方宗教习俗的影响展现出不同特色	
案例	婚礼	丧礼

（十二）集市贸易知识点

1. 白云山庙会

白云山庙会是历史悠久的汉族民俗及民间信仰活动，已被列入陕西省非物质文化遗产。白云山庙是一组由 50 多座建筑构成的庞大建筑群。庙观由道人李玉风创建，玉风道人在山上静心休养期间，为当地百姓采药治病，他去世后人们便在山上建庙纪念他。每年农历三月初三、四月初八、九月初九都会在白云山庙举行传统庙会，四月初八最为盛大。此外，白云山还有三个小型庙会：正月为朝山会，从正月初一持续至正月十五元宵节，大都为本地信士参加；七月七庙会由白云山附近的村子举办，他们将各位神灵"请"至真武大帝的院中，并在院中戏楼上唱戏，为期三天；七月二十一为羊道会，是魁星信仰的延续，参加者多为文人学士、社会名流。他们欢聚魁星阁，品尝白云山羊道美味，领略别具特色的陕北羊道饮食文化。他们吟诗作赋、唱古颂今，因此古时又称"赛诗会"（佳县地方志编纂委员会，2008）。

白云山庙会由来已久，除观光旅游之外，更重要的是许愿、酬神、还愿、祈祷平安等。其形式多样，但内容不外乎两种：信士活动和道士活动。信士活动主要是以祭祀祈福为主，信士朝山方式根据自己的信仰和需求自行选择，但"心诚则灵"是被普遍认同的观念。道士活动是另一种祈祷五谷丰登、国泰民安的祭祀神灵活动，一般为期三天。其表现形式包括经韵、音乐、舞蹈、剪纸和焰火等，规模宏大，气氛庄严、肃穆（表7-15）。

2. 定仙焉娘娘庙花会

定仙焉娘娘庙花会每年农历三月十七至十九举办，花会涉及清涧、绥德两县辖区内的河底、定仙焉、石盘、崔家湾、苏家崖、枣林坪6个乡镇的60多个村，其中这些村又分为五大神社，即王家沟社、寨山社、安沟社、郝家沟社、前李家焉社。花会有大会、小会之分，大会指总会在娘娘庙上主办的活动，小会指轮办花会的村社在自己村里举办的活动。花会的民俗活动主要包括接神牌、搭神棚、定神羊、做花树、廪牲、请神接神、跪庙、买儿女花、祈药、扫庙、迎花出行等（白占全，2006）。这一系列活动彰显出浩大的庆祝场面，表达了人们对先辈的尊敬和对生活的热爱（表7-15）。

表7-15 陕北地区传统村落集市贸易地方性知识点图谱

特征	陕北地区集市贸易主要以庙会为主，而且最具特色，每逢大型庙会，仪式都十分隆重，热闹非凡	
案例	白云山庙会	定仙焉娘娘庙花会

（十三）生产技法知识点

1. 张家山手工挂面

吴堡县张家山手工挂面是榆林市具有地方特色的产品。挂面制作流程大致分为和面、醒面、搓大条、搓二条、盘条、上筷子、阴条、分筷子、再阴条、出筷子、上大架、晾晒、装封等，需 20 个小时左右才可完成。因其面粉优质、制作精细，所以具有面条光洁度好、耐煮沸、煮后不浑汤的特点，已被列入陕西省非物质文化遗产保护名录（表 7-16）。

2. 横山响水豆腐

相传横山响水豆腐始于清朝早期，盛行于清朝末年，但因年代久远，首创者已无法考证。这种豆制品的制作工序十分烦琐，早期属于纯手工制作。响水豆腐制作所用的水为豆井的井水，制作出来的响水豆腐口感细腻、爽滑，外观晶莹剔透，刀切整齐，水煮不烂。除了水质的优势外，在原料选择上也十分讲究。黑豆做出的豆腐，表皮呈黄油色，营养价值极高；黄豆做出的豆腐，色泽淡黄鲜艳。经过天然冷冻后，豆腐的色泽更为鲜亮，遍布针尖大小的眼，口感绵软，极富弹性，是一道极佳的菜品（表 7-16）。

3. 榆阳柳编

柳编是沙漠文化地区的产物。千百年来，在沙漠、草滩上生息繁衍的人们经过不断的生活实践，创造出柳编技艺。他们利用盛产的沙柳，创造出具有不同功能用途、多种造型的柳编用品，如笸箩、簸箕、纳粪兜、针线笸箩等。在陕北地区的柳编制品中，榆阳柳编制品颇负盛名，其用料考究、工艺精细，具有浓郁的地方特色。榆阳柳编主要用沙柳编制，此柳木材质软，可用于圈林、筑篱、编排柳栅、挂淤防洪、结扎风墙、拥扎柳鞍、建筑简易房屋及牲畜棚圈。此外，细嫩的柳枝还可编织柳筐、柳篮、柳帽、柳条箱等用具和其他轻巧的工艺品（表 7-16）。

4. 横山炖羊肉

横山炖羊肉是榆林市横山区一道非常有地方特色的菜品，具有肉质细嫩、肥瘦相间、蛋白质含量高、脂肪低、香味浓郁、风味独特等特点，还具有显著的保健功能，因此被誉为“肉中之人参”，深受人们喜爱，成为横山人迎宾待客的主餐之一。横山炖羊肉已被列入陕西省第六批非物质文化遗产保护名录（表 7-16）。

5. 陕北红枣

陕北地区盛产红枣，果实色彩鲜艳，神似一颗颗玛瑙，令人垂涎欲滴。除直接食用外，红枣还可以做成各种各样的食品如枣糕、枣馍、枣果馅、枣炒面、枣粽子、枣焖饭等。其中最负盛名的产品就是醉枣。醉枣的制作方法很简单，首先用一个大盆盛上新鲜枣儿，挑选个大、肉厚、无伤的枣子用清水洗净，然后喷上浓郁的白酒，密封储存在坛子里，过一段时间后即可品尝。红枣经过酒的浸泡，色泽愈加鲜润、红艳，既有酒香，又有枣香，醇香扑鼻，鲜脆可口，是招待贵宾的佳品（表 7-16）。

6. 佳县包头肉

佳县包头肉是佳县传统特色名吃，具有百年历史。每逢节日、红白喜事或招待贵宾时，普通百姓的饭桌上总少不了一盘地道的包头肉。其制作方法如下：首先用传统办法清理猪头、猪肘的毛，然后将猪肉切成块，加入盐、姜末、藿香末等调料，用大火熬煮，直至用手可以撕下后，将其切成细条或薄片，再放入卤汤之中，温煮片刻后出锅。最后，放入盒内，倒入卤汤，轻拍加固，待其冷却凝固后，再切成小片，点蘸用蒜、醋和盐制成的拌料食用即可（表 7-16）。

表 7-16 陕北地区传统村落生产技法地方性知识点图谱

<table>
<tr><td colspan="2">特征</td><td colspan="6">传统工艺是指世代相传，具有百年以上历史以及完整工艺流程，采用天然材料制作，具有鲜明的民族风格与地方特色的工艺品种和技艺。一般具有百年以上的历史和完整的工艺流程，是文化和历史的载体</td></tr>
<tr><td rowspan="3">案例</td><td>名称</td><td>张家山手工挂面</td><td>横山响水豆腐</td><td>榆阳柳编</td><td>横山炖羊肉</td><td>陕北红枣</td><td>佳县包头肉</td></tr>
<tr><td>材料</td><td>面粉、水、筷子</td><td>豆井水、大豆、磨、卤水</td><td>柳条、刻刀</td><td>羊肉、佐料</td><td>红枣、白酒</td><td>肉、面粉、卤汤</td></tr>
<tr><td>流程</td><td>和面—醒面—搓条—盘条—上筷子—阴条—分筷子—再阴条—出筷子—上大架—晾晒—装封</td><td>豆子泡水—磨豆滤浆—煮浆点浆—卤水点豆腐</td><td>选柳条—晾晒—剪裁—编制</td><td>备肉—准备佐料—放水—煮肉</td><td>选枣—喷酒—密封—浸泡</td><td>猪肉切块—加入佐料—大火熬煮—切条—加入卤汤—凝固切片</td></tr>
</table>

（十四）艺术工艺知识点

1. 陕北匠艺丹青

陕北匠艺丹青是一种绘画性装饰艺术，包括建筑彩画、庙宇壁画和炕围画、灶台画、家用木器装饰画、玻璃镜匾画等种类，主要流行于陕北地区榆林市、延安市的城镇和乡村，在 2008 年入选第二批国家级非物质文化遗产保护名录。匠艺丹青以土、木、石、泥等为主要原料，通过多种技术，在各种材质上创作画，在建筑物的装饰中占有重要的地位。陕北匠艺丹青形象生动、内容丰富，实用性强，不仅能够通过油漆色彩起到保护作用，使建筑免遭雨淋日晒受潮，延长建筑物的寿命，同时还可以给人艺术的感染力。陕北匠艺丹青有着完善的图像谱系和技艺传承谱系，在创作与需求方面形成了密切而独特的生态关系，是一种人文内涵丰厚、地方特色鲜明的民间艺术形式（表 7-17）。

2. 安塞农民画

安塞农民画是农民在劳动之余用画笔描绘新生活的一种艺术创作形式。在“中国农民画之乡”安塞县，有民间画家千余人，且以农家妇女为主。安塞农民画构图奇美，想象力丰富，手法大胆，色彩效果十分明显，具有独特的艺术效果。绘画作品曾参加“法国独立沙龙美展”，在中国以及法国、美国、日本、德国、奥地利、菲律宾等地展出和交流，并多次获奖，取得了巨大成就。中国美术馆甚至收藏了部分作品（刘嫔，2014）（表 7-17）。

3. 吴起泥塑

吴起泥塑是陕北地区一种古老的汉族民间艺术。它产生及形成的时间可追溯到两汉时期，后来随着道教的兴起和佛教的传入，多样化的奉祀活动日渐增多，社会上的道观、佛寺、庙堂数量迅速攀升，直接促进了对于泥塑偶像制作的需求和泥塑艺术的发展。泥塑的模制一般分为四步：制子儿、翻模、脱胎、着色。制作应用的相关物品器具主要有柏木泥抹子、石膏模型、锤泥棒、大小钳子、手工锯、大小雕刻刀、木制泥塑刀、彩绘笔、铲刀、颜料棒等。其主要作品有真武祖师塑像、关公塑像、龙王塑像、财神塑像、土神塑像、娘娘塑像、药王塑像、十二美女塑像、四大天王塑像、五谷天明塑像、龙虎及小工艺品等几百种类型（表 7-17）。

4. 黄陵麦秸画

黄陵麦秸画是利用麦秆的天然色泽进行画面创作的一种汉族传统手工艺品，是黄陵民间工匠画的延伸和发展，体现了我国劳动人民的聪明才智和对美好生活的向往。黄陵麦秸画制作中既有传统工艺，又融入了生活元素，在处理画面远近、明暗关系上，不着任何颜色，只采用熨烙而又不失光泽的独特工艺予以表现，画面的立体感较强，呈现简洁大方、清新高雅的特点。黄陵麦秸画表现的内容很广泛，有山水风景、花鸟鱼虫、人物肖像、房屋建筑等，主要用于装饰家居、美化生活（表 7-17）。

表 7-17 陕北地区传统村落艺术工艺地方性知识点图谱

特征		在满足日常生产生活需求之余出于艺术审美需求所形成的工艺技术，由地方乡土材料、地方历史文化、地方观赏艺术、精湛独到的制作技法等综合构成			
案例	名称	陕北匠艺丹青	安塞农民画	吴起泥塑	黄陵麦秸画
	特点	形象生动、内容丰富，实用性强，通过油漆色彩保护建筑免遭雨淋日晒受潮，给人深刻的艺术感染力	构图奇美，想象力丰富，手法大胆，色彩效果十分明显，具有独特的艺术效果，被誉为“东方的毕加索”	主要用于制作祭祀侍奉雕像，在民间也有以生活中小人物为主的泥塑形象，所做泥塑生动形象、栩栩如生	不着任何颜色，只采用熨烙而又不失光泽的独特工艺予以表现，画面的立体感较强，题材包括山水风景、人物肖像等

（十五）音乐舞蹈知识点

1. 榆林小曲

榆林小曲是流行于陕北地区榆林市的一种带乐器伴奏的坐唱。榆林小曲的演唱形式历来以自我娱乐为目的，没有固定的演出场合，室内外、院落均可进行。每当茶余饭后，艺人们相约为伴，前往参加演唱。没有职业班社，也没有以此为业觅食求生的职业艺人。年纪稍长的居民大都能唱一两段以自娱。除了自娱性质的演唱活动外，长期以来，榆林小曲也和当地民俗产生了密切的联系。每逢四时八节、婚丧嫁娶、生辰寿诞、喜庆节日，当地群众都有约请小曲艺人到家演唱的习俗。榆林小曲的唱词融雅、俗于一体，在语言风格和语言结构上既有一般文人的遣词用字，又有当地方言土语独有的地方性特征（表 7-18）。

2. 靖边信天游

靖边信天游是陕北靖边地区广泛流传的汉族民歌，当地群众称之为“山曲儿”顺天游。靖边信天游语言质朴，曲调优美感人，具有浓郁的乡土特色，是人们喜爱的民间音乐形式，因而经久不衰，世代传唱，已被列入陕西省非物质文化遗产保护名录。信天游即取信天而游之意，指即兴演唱，张口就来，无拘无束。信天游曲调大致分为两种类型：一种音调高亢，节奏自由，气息悠长，是空间感很强的山野之歌；另一种音调委婉，节奏较完整，是略带小调性质的曲调。两种曲调和歌词一样，都以上下两句组成单乐段为基本结构形式（表 7-18）。

3. 安塞腰鼓

安塞腰鼓是流传在陕北地区安塞县一带的一种汉族民俗舞蹈，集中展现了陕北地区人民的一腔热血，是陕北地区民间艺术中独特而具有代表性的艺术形式。安塞腰鼓表演可由几人或上千人一同进行，它在长期流传过程中形成了粗犷豪放、剽悍威武、气势磅礴、威猛刚烈、铿锵有力、舞姿优美、潇洒大方、流畅飘逸、快收猛放、有张有弛、群而不乱、变化多端等特点。安塞腰鼓融舞蹈、武术、体操、打击乐、吹奏乐、民歌为一体，集中表现了陕北人民夺取胜利和丰收后的喜悦心情，融合了黄土高原人憨厚、实在、乐观开朗的性格。同时，安塞腰鼓也是中华民族精神风貌的再现，是黄河流域文化的组成部分。因而，它不仅深受广大群众的喜爱，而且名扬海外，堪称“中国一绝”“中国第一鼓”，已被列入国家级非物质文化遗产保护名录，而安塞县也被文化和旅游部命名为“中国腰鼓之乡”（表 7-18）。

4. 壶口斗鼓

壶口斗鼓是陕北地区民间传统鼓舞艺术中的一种独特艺术形式，为国家级非物质文化遗产。其起源于气势磅礴的壶口瀑布旁，流传于陕西省宜川县黄河沿岸的壶口乡、高柏乡一带。壶口斗鼓融舞蹈、武术、打击乐为一体，演出高亢昂扬、粗犷豪放、剽悍威武，表演者结合鼓点节奏和场面变化，做出种种舞姿。它主要表现了黄河儿女征服困难的豪情，凸显了黄土高原地区村民乐观奔放的性格（表 7-18）。

表 7-18　陕北地区传统村落音乐舞蹈地方性知识点图谱

特征		传统音乐以榆林小曲、靖边信天游为代表，唱词贴合生活，曲调丰富多变，舞蹈类大多气势磅礴			
案例	名称	榆林小曲	靖边信天游	安塞腰鼓	壶口斗鼓
	题材	市民阶层生活	离愁别怨、男欢女爱、人民苦难生活	节庆活动、庙会	节庆活动、民俗风情

（十六）文学戏剧知识点

1. 晋剧

晋剧是山西省四大梆子剧种之一，通常又称为山西梆子，其源于蒲州梆子，通过与祁太秧歌、晋中民间曲调相结合，经晋商和当地文人的参与而形成了山西晋剧。后几经变化，在明成化年间传入陕北地区。起初多为山西艺人领戏班来陕北唱戏，后来逐渐发展到陕北地区人民参与演唱晋剧或自己组织班社剧团唱晋剧。晋剧在陕北地区流行的时间长、范围广，例如，榆林的专业剧团有一半演唱晋剧（表 7-19）。

2. 陕北道情戏

陕北道情戏是以陕北官话为基准语音，以道教诵经音乐曲牌为唱腔基调，吸收秦腔等剧唱腔板式及陕北民间小调形成的戏曲剧种。其形成于清代中叶，流行于榆林、延安两地。陕北道情唱腔为曲牌、板腔，两者在应用上比较灵活自由。其节目伴奏有文场和武场之分，文场主奏乐器为大三弦，丝弦曲牌有鬼照灯、柳青娘；唢呐曲牌有独奏的和吹打合奏的两种。武场锣鼓段有开场锣鼓、动作锣鼓、起板锣鼓，与秦腔基本相同（表 7-19）。

表 7-19　陕北地区传统村落文学戏剧地方性知识点图谱

特征		融合多种元素	
案例	名称	晋剧	陕北道情戏
	题材	历史故事、民间生活等	道家思想、革命斗争生活等

（十七）传统服饰知识点

1. 白羊肚手巾

白羊肚手巾是陕北地区劳动人民经常佩戴的必不可少的传统服饰，可以用来擦拭汗水、沙尘，同时也能起到保暖保温的作用，保证劳动人民在寒冷的冬季仍能正常进行劳作活动。使用时，将白羊肚手巾呈圈状围在头上，并在前额系成一个结。

2. 羊皮褂

羊皮褂是由羊毛皮制成，形状似马甲的褂子。穿着羊皮褂，一方面能够适应陕北劳作的生产活动；另一方面能够保护身体核心，使躯干温度平衡。由于其兼具实用性和舒适性，深得陕北地区人民的喜爱。同时，由于季节温度的变化，羊皮褂也形成了不同款式。例如，适合春季穿着的单马甲，适合秋冬季穿着的棉马甲和羊皮马甲。现如今，为了满足当代人的审美需求，对其进行了适当的改变，颜色更加华丽，图案、款式更趋多样化（表 7-20）。

3. 肚兜

肚兜是用棉麻布缝制成的菱形服饰，佩戴在胸前能保护胸部和腹部，同时能起到保温护肺的作用，适合各个年龄段的人穿着。肚兜上绘制精美的文字、图案，如绣上花朵、动物等，就形成了一种服饰文化，例如，给刚出生的孩子缝制祝福其健康成长的肚兜，为结婚的新人缝制表示爱意的肚兜等。此外，肚兜不仅是一种日常服饰，同时也是秧歌表演里的一种民族服饰（表 7-20）。

4. 大裆裤

大裆裤是指一种腰宽腿阔，特别宽松，需要用布腰带扎紧才能穿着的裤子。其因为裆部很长而得名，十分具有地方特色，深得陕北地区人民的喜爱。大裆裤穿着方便，裤型美观，特别是在寒冷的冬季能够帮助人们抵御寒冷，只需将裤口用布条扎起来，就能起到保温作用。此外，大裆裤是表演秧歌时穿着的服饰，但因表演时通常动作幅度较大，所以在原有的大裤裆款式上加上了松紧带，并将原来的腰带改成了红色，更加喜庆美观（表 7-20）。

5. 门襟

陕北地区人们上衣的传统款式多为对襟式，也被称为“对门儿”，具体有一字襟、八字襟等各种各样的形式。其中一种是适合女性穿着的偏襟式上衣，衣服的纽扣是由布条挽成的盘口，俗称“核桃疙瘩”。此外，对襟式的上衣也多应用于秧歌戏表演。随着时代的发展，现在服饰上的门襟多起装饰作用，在最主要的衣领、口袋互相衬托展示衣着的丰富，同时使衣服穿着起来更加方便（表 7-20）。

表 7-20 陕北地区传统村落传统服饰地方性知识点图谱

名称	白羊肚手巾	羊皮褂	肚兜	大裆裤	门襟
特征	通常用一块粗白布或白毛巾包裹头部，在前面扎住，以巾代帽	起到保暖与装饰作用的马甲，并随季节更换材质	用布缝制成菱形服饰，起到保温护肺的作用，肚兜上的图案起装饰作用	裤子腰宽腿阔，系布腰带，裆很长	衣服款式是对襟式，纽扣多为盘扣

二、陕北地区传统村落景观地方性知识链

（一）自然生态景观中的地方性知识链

陕北地区主要分布有山地、黄土丘陵、黄土沟壑、黄土台塬等地形。其中分布在山地、黄土丘陵、黄土沟壑地形区的传统村落由于所在地形区地势狭窄陡峭，起伏较大，形成了依“塬”就势型（占、含、融）、山环水绕型（依山滨河、靠崖临河等）、沿路而起型的传统村落选址地方性知识。这些村落内部生产空间、生活空间、生态空间的碎片化现象明显，因此形成了“三生”空间功能分置型、功能融合型、功能嵌套型的地方性知识。在农田布局方面，多沿山体等高线、河流流向布局

农田，形成了圈层式农田、条带式农田、曲线式农田布局知识（图 7-1）。

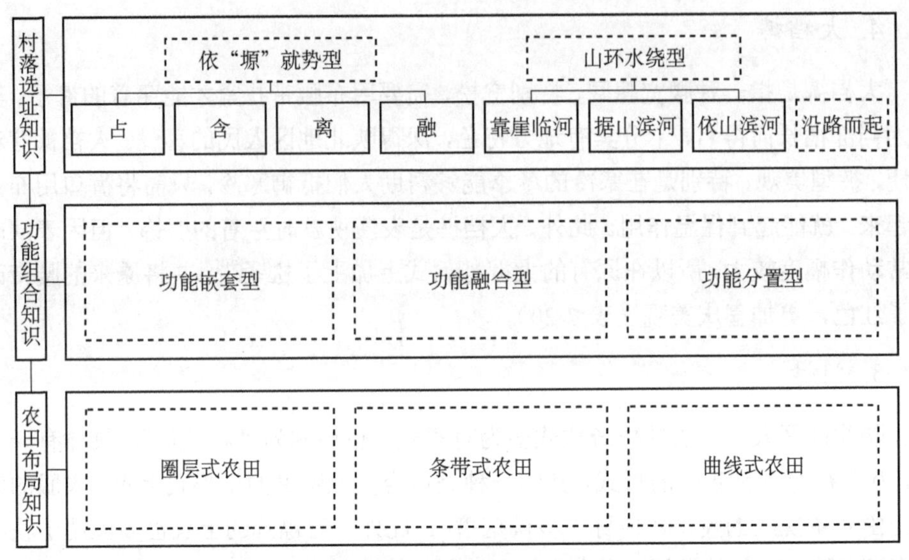

图 7-1 陕北地区传统村落自然生态景观中的地方性知识链图谱

（二）空间形态景观中的地方性知识链

陕北地区传统村落形态知识分为组团状、条带状、散点状、树枝状四种类型。其中组团状、条带状传统村落多分布在地形相对开阔的黄土塬、黄土台塬地形区，这些地形区地势平坦开阔，因此相应地形成了聚集型街巷布局地方性知识。树枝型传统村落主要分布在河谷、河流交汇处和山地等地形区，传统村落形态受到地形地貌限制，布局呈现大分散、小集中的空间形态特征，因此街巷空间形态表现出松散而不规则的景观特征，相应地形成了非聚集型街巷布局地方性知识。散点型传统村落主要分布在地势起伏较大的丘陵、山地地形区，这些村落斑块破碎，传统建筑分散布局，因此街巷形态多采用稀疏型布局方式（图 7-2）。

（三）传统民居景观中的地方性知识链

陕北地区传统民居均以黄土为主要建筑材料搭建。依据窑洞建筑结构差异，可分为靠崖窑和独立式窑洞两类。靠崖窑多分布在地形崎岖、地势陡峭的黄土沟壑区和山体台塬上，因此靠崖窑建筑院落多沿山体等高线布局，形成了“一”字形或 L 形院落布局地方性知识。独立式窑洞多分布在地势相对平坦、开阔的地区，因此院落布局受地形地貌因素的影响较小，主要采用“口”字形院落布局方式。在建筑装饰方面，靠崖窑的建筑装饰普遍较为简单，形成了简易的窑檐装饰。独立式窑洞中，下窑上房和下房上窑两类窑洞注重窑檐等部位装饰，形成了微出挑的窑檐或穿廊抱厦式的大挑檐等建筑装饰地方性知识（图 7-3）。

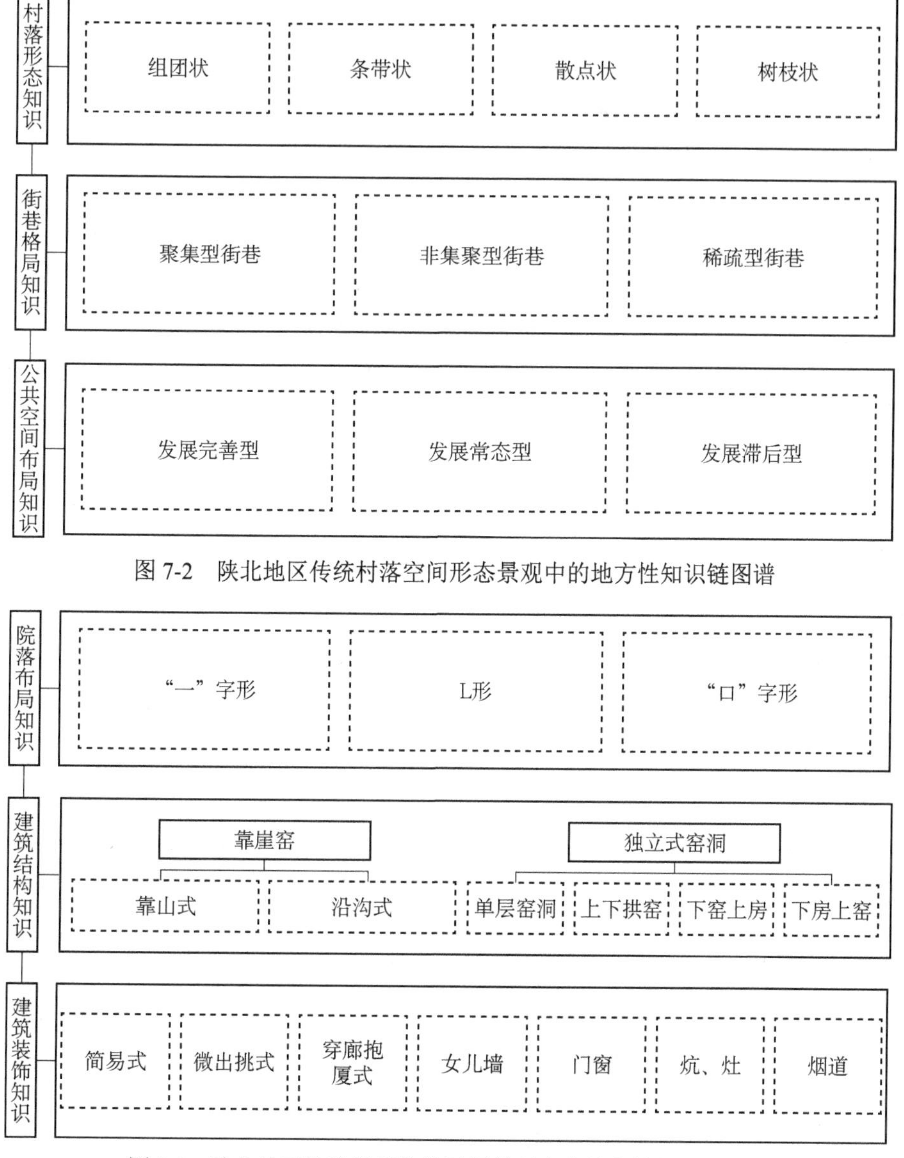

图 7-2　陕北地区传统村落空间形态景观中的地方性知识链图谱

图 7-3　陕北地区传统村落传统民居景观中的地方性知识链图谱

（四）传统习俗景观中的地方性知识链

陕北地区生产技法知识包括张家山手工挂面、横山响水豆腐、榆阳柳编、横山炖羊肉、陕北红枣、佳县包头肉等食品制作技艺和柳编制作技艺知识（图 7-4）。其中食品制作原料均以陕北地区特有的动植物为主，如荞麦、大豆、土豆、牛羊等；食材烹饪技法相对简单，主要采用熬食的方法，其在一定程度上受到了古时北方游牧民族饮食习惯的影响。传统服饰知识主要包括白羊肚手巾、羊皮褂、肚兜、大裆裤、门襟等服饰制作知识。这些服饰均具有较强的实用性，兼具防风、防尘、保温、吸水、捆绑等功能，可以适用于生产、生活等不同空间场景。在婚丧嫁娶知识方面，婚丧活动流程较为烦琐，一般持续多日，充分体现出了陕北地区传统村落村民对中国传统社会人伦道理、宗族礼法秩序的敬畏与尊重。在艺术工艺知识方面，包括陕北匠艺丹青、安塞农民画、吴起泥塑、黄陵麦秸画制作等类型丰富的艺术工艺。艺术工艺作品以陕北地区特有的黄土、麦秆为主要材料，突出表现了陕北地区传统村落所在地理单元的景观特色，蕴含了传统村落村民利用地方自然资源开展艺术创作的地方性知识。

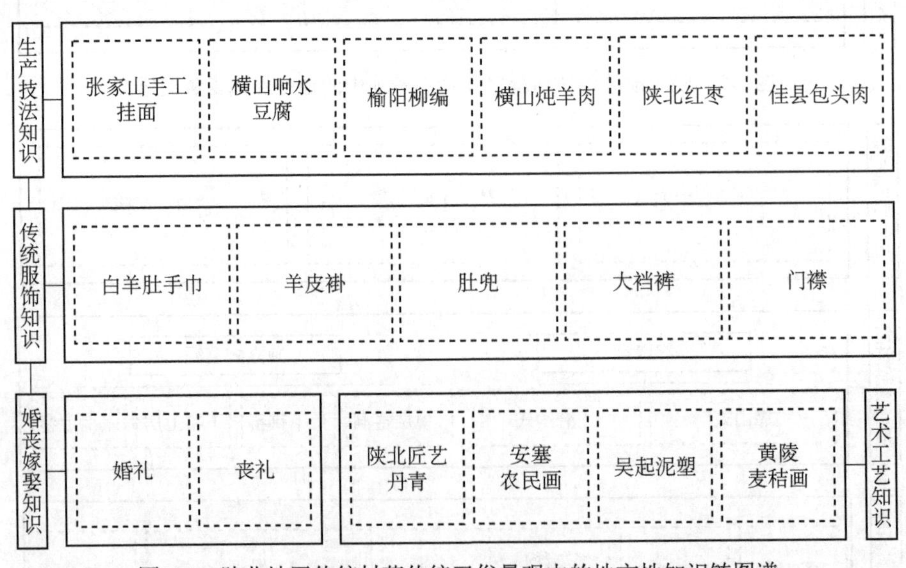

图 7-4 陕北地区传统村落传统习俗景观中的地方性知识链图谱

（五）民俗文化景观中的地方性知识链

陕北地区节日庆典知识包括闹社火、敬拜土地、黄帝陵祭典。按照庆典形式和内涵可以分为农事、祭祀、纪念、庆祝等类型，具有鲜明的地域特色。集市贸易知识包括白云山庙会、定仙焉娘娘庙花会。在集市贸易、节日庆典活动中，也会广泛开展文学戏剧和音乐舞蹈表演活动，包括晋剧、陕北道情戏表演，榆林小曲、靖边信天游、安塞腰鼓、壶口斗鼓表演，形成了文学戏剧知识、音乐舞蹈知识（图7-5）。陕北地区的音乐舞蹈和文学戏剧表演风格刚劲激昂、浑厚雄壮、音调悠长、场景宏大、场面热烈、感染力强、表达直接，牵动着每个人的情感，反映出陕北地区传统村落村民淳朴、内敛的性格，以及粗犷、豪迈、厚重的民风民俗。

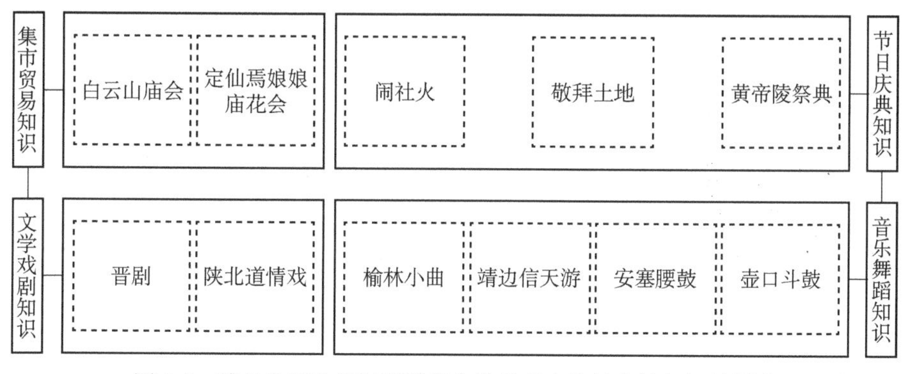

图7-5　陕北地区传统村落民俗文化景观中的地方性知识链图谱

三、陕北地区传统村落景观地方性知识集

陕北地区传统村落景观地方性知识是在陕北地区特殊的自然地理环境、人文社会活动等多种因素的共同影响下长期积淀形成的。其突出表现为陕北地区传统村落村民面对相对恶劣的自然条件和多元交融的文化环境展现出的传统村落人居环境营建的地方智慧（图7-6）。

陕北地区的自然环境条件对传统村落演化与发展提出了诸多与挑战，传统村落村民在与自然环境的调适、博弈过程中形成了陕北地区传统村落景观营建的地方性知识。在地形地貌方面，陕北地区位于黄土高原地形区，区域内分布有黄土丘陵、黄土峁、黄土梁、黄土塬、黄土沟壑等多种地形地貌类型。受到各类地形地貌形态特征的影响，充分利用地形地貌条件营造防风、保暖的适宜人居环境，形成了与之相适应的村落选址知识、村落形态知识、街巷格局知识。在气候条件方面，陕北地区位于温带大陆性半干旱气候区，降水较少且多受季风侵袭，水分蒸发量大，因此水资源十分短缺。为了克服自然因素对生产的不利影响，传统村落村民多选

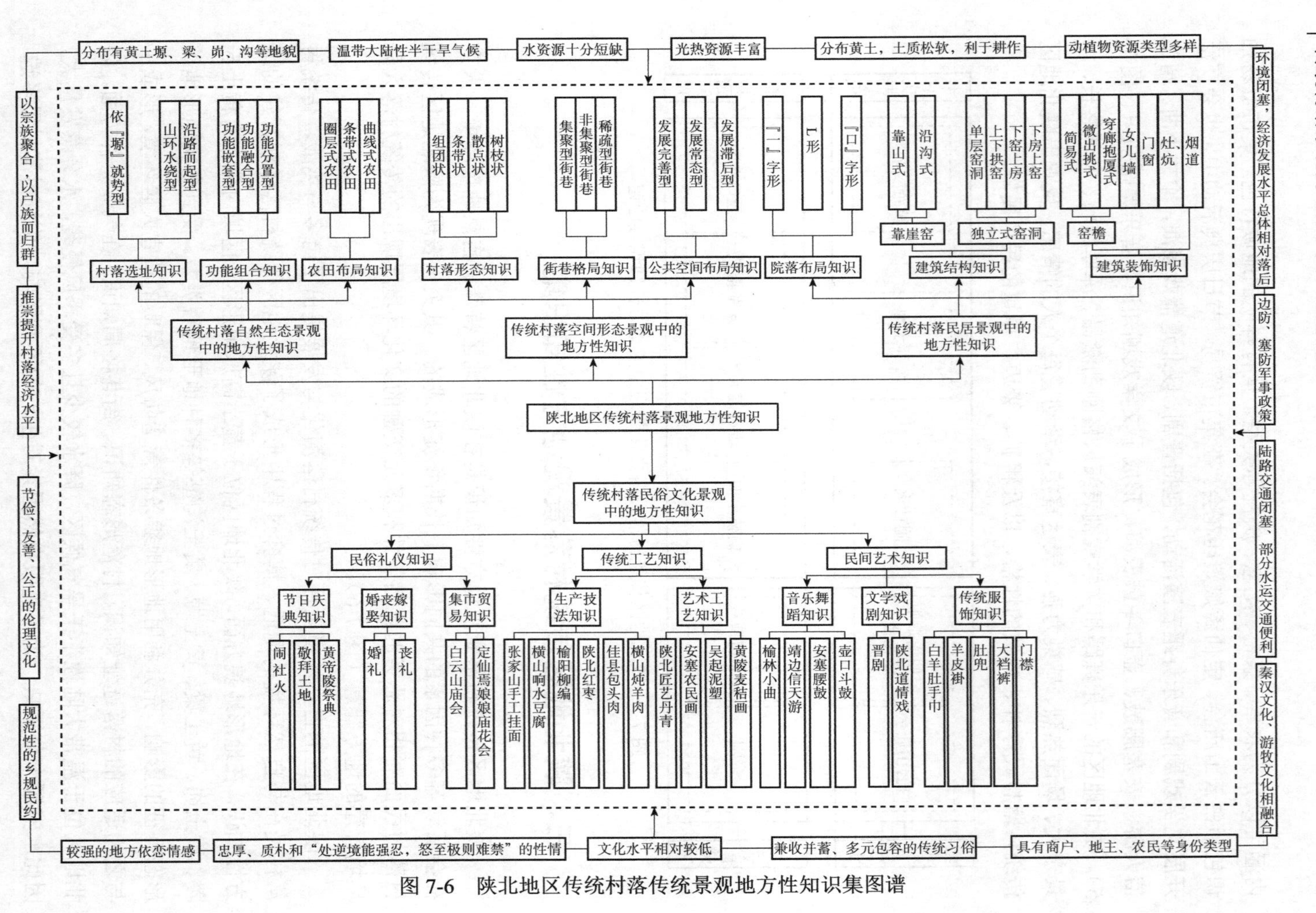

图 7-6 陕北地区传统村落传统景观地方性知识集图谱

择在河谷等水源丰沛的地区垦殖，形成了功能组合知识和农田布局知识。在生产生活中，为抵御风沙侵蚀和污染，保持清洁，传统村落村民制作“巾、帕、褂”等传统服饰佩戴，同时，由于陕北地区夏季炎热，加之少有乔木提供遮蔽，传统村落村民在劳作过程中代谢速度较快，对此亦设计了具有擦汗、防晒等功能的传统服饰，形成了传统服饰制作知识。在自然资源方面，陕北地区自然植被数量较少，传统村落村民结合黄土高原沟壑纵横的地形地貌条件，利用仅有的黄土资源营建窑洞式传统民居，形成了建筑结构知识。窑内冬暖夏凉，可以有效应对陕北地区夏季高温、冬季寒冷的气候。

陕北地区虽然由于地形地貌条件限制导致交通不畅、通信闭塞，但又因气候条件干旱，传统村落多临水分布，呈现较为明显的河流指向性特征。这些河流具有一定的交通功能，成为陕北地区对外联系的纽带。特别是沿黄河分布的传统村落，依托黄河广泛开展水陆联运，形成了诸多商贸节点。商业活动一方面提升了部分传统村落村民的生活水平，使人丁兴旺，通过扩建、精修民居，形成了院落布局知识、建筑装饰知识；另一方面，时常举办节日庆典、集市贸易等商业活动，形成了丰富的集市贸易知识、节日庆典知识。

陕北地区由于地处北方游牧民族聚居区与中原汉民族聚居区的过渡地带，长期以来作为关中平原的屏障，是重要的军事要冲和边防重地。历代王朝耗费大量人力、物力经营陕北地区，例如，推行塞防、边防政策，广泛修建堡、寨、屯等军事防御型村落。这些传统村落承担着特殊的军防功能，因此在村落选址、村落形态等方面均与其他传统村落不同，形成了相应的地方性营建知识。陕北地区这种特殊的地缘关系决定了其受到游牧文化、秦文化、河套文化等多元文化的共同影响，并在文化交流、融合、吸收、借鉴的过程中形成了以秦汉文化为主导，北方游牧文化等少数民族文化为补充的地方文化特征，进而形成了陕北地区传统村落景观地方性知识。例如，在饮食方面，陕北地区传统村落村民喜好羊肉、面食等，体现出了游牧民族的饮食习俗特征，形成了饮食等手工制品生产技法的地方性知识。在音乐舞蹈和文学戏剧方面，也体现出开放、兼容的特征，榆林小曲等陕北民歌既广泛吸收了相邻地域民歌的遣词、语调、曲风等特征，又结合陕北地区本土昂扬激进、潇洒豪迈的地方民风民俗，形成了陕北地区传统村落音乐舞蹈知识和文学戏剧知识。

四、本章小结

本章以陕北黄土高原地区国家级传统村落为研究对象，采取定性与定量相结合的方法，通过“点-链-集”地方性知识分析方法，提炼出陕北地区传统村落景观的地方性知识并构建地方性知识图谱，用以指导后续面向可持续发展的实践应用。本章的结论有如下几点。

第一，陕北黄土高原地区传统村落景观的地方性知识点包括村落选址知识点、功能组合知识点、农田布局知识点、村落形态知识点、街巷格局知识点、公共空间布局知识点、院落布局知识点、建筑结构知识点、建筑装饰知识点、节庆庆典知识点、婚丧嫁娶知识点、集市贸易知识点、生产技法知识点、艺术工艺知识点、音乐舞蹈知识点、文学戏剧知识点和传统服饰知识点。

第二，根据陕北黄土高原地区传统村落景观地方性知识点之间存在的包含、递进、匹配、分化等关系，遵循逻辑规律将地方性知识进行整合，构建5条传统村落景观地方性知识链，分别为自然生态景观中的地方性知识链、空间形态景观中的地方性知识链、传统民居景观中的地方性知识链、传统习俗景观中的地方性知识链、民俗文化景观中的地方性知识链。

第三，陕北黄土高原地区传统村落景观地方性知识的形成、演化、发展、组合受到自然系统、社会系统、支撑系统、人类系统的共同影响，构成了这一区域传统村落景观地方性知识集。

第八章　陕南地区传统村落景观的地方性知识体系特征提取

陕南地区群峰逶迤，千山绵延，万岭纵横，以秦巴山区为主体的地理单元既孕育了丰饶的物产资源，也培植了多元交融的地方文化，搭建起陕南地区独特的人居环境本底。在这样的背景下，陕南地区形成了具有地方特色的传统村落景观，其中蕴含着丰富的地方性营造知识。本章基于传统村落景观地方性知识体系的“点-链-集”结构特征，全面提取陕南地区传统村落景观地方性知识点，梳理传统村落景观地方性知识链，分析自然因素和人文社会因素对传统村落景观地方性知识形成的影响，整合其中的逻辑关系，形成陕南地区传统村落景观地方性知识集。

一、陕南地区传统村落景观地方性知识点

（一）村落选址知识点

1. 依山而建

陕南地区地形地貌种类丰富多样，其中山地、丘陵地形占比较大，因此传统村落选址多为依山而建。受传统思想的影响，在选址过程中，村民会选择山体环抱的地理位置，认为这是藏风聚气的好地方，同时要考虑建筑朝向南方或东方，以满足对光照的需求。依据传统村落选址具体位置的差异，可以将依山而建的传统村落选址知识进一步分为河谷型、山间台地型、山腰型三种类型（表 8-1）。

河谷型传统村落多选址在较为平坦的沟谷地区，这些位于山间峡谷中的地带多呈狭长的形态，因此河谷型村落主要沿河流、道路等线状要素呈带状或点状发展，村民在山体两侧开垦梯田，进行农事活动。例如，安康市旬阳市中山村即是在两山的峡谷间发展形成的，村落平面形态呈现较为狭长的带状。

山间台地型传统村落大多分布于各个台地之上，彼此之间有道路、河流相联系，每个台地的村落都呈组团状发展。例如，安康市紫阳县前河村选址于前河的阶地上，传统建筑依靠台地山林，农田则围绕村落顺应地势呈阶梯式的布局，形成了梯田景观。

山腰型传统村落主要受到地形因素的限制，依靠山腰较缓的地势进行村落的开发建设。具体布局方式有两种：一种是将较缓的坡地和台地用作农业用地，居住建筑则在其周围呈散点状分布；另一种是居住建筑集中分布于坡地之上，呈组团状发展，在居民点周围布局农业用地。例如，安康市旬阳市万福村选址在半山腰处，三面环山，围绕村落中心的张家大院进行发展。

2. 择水而栖

水源是人类生存必不可少的资源，因此在进行传统村落选址时，村民多会选择靠近河流、山泉、湖泊等水源充足的地方，或是选择地下水丰富的地区，便于钻井取水。陕南地区水资源丰富，水系与传统村落选址的空间关系较为密切，形成了择水而栖的传统村落选址知识。例如，选址在河流溪水旁高地上的传统村落，既能够避免洪水的侵蚀，也能够满足用水的需求；选址于平缓的河流附近的传统村落，可以依靠河流冲积平原提供的肥沃土地进行农业耕种（表 8-1）。

依据传统村落与水系的位置关系的差异，可以将择水而栖的传统村落选址知识进一步分为水绕村、水环村、水穿村、水含于村四种类型。水绕村是指传统村落一侧有河流经过，水流量较大，村落顺应河流形态，河流作为日常生产生活的用水，形成了水环绕村的空间布局形式。例如，安康市紫阳县营梁村即采用了水绕村的选址方式。水环村是指水系从传统村落周围环绕而过，村落通常分布于河流旁的平缓坡地，背靠山体，形成“口”字形空间。水穿村是指河流水系穿村而过，多为沟谷式的传统村落。采用这种选址的传统村落多分布于水量不大的河流两侧，水系在村落内穿插而过，同时也联系了两侧的村落。水含于村是指水系被包含于传统村落内，在村落地势较低的地方形成池塘洼地，以点状分布于村落内，但水体流动性和联系性较差。例如，庙湾村即采用了水含于村的选址方式。

3. 背山面水

背山面水的传统村落选址知识是指传统村落选址地点北部是高山，中间部分堂局分明，东西两侧有护山环抱，南部有河流溪水经过，形成了负阴抱阳的理想选址模式。例如，汉中市宁强县青木川镇背靠凤凰山、龙池山，面朝金溪河，形成了背山面水的传统村落空间格局。自然山水同时也为传统村落构建了相对安全的天然屏障，使得传统村落内部较为封闭，既满足了村民的生产生活需求，也保障了村落的安全（表 8-1）。

4. 林地环绕

陕南地区的地理条件较为复杂，传统村落村民的生存环境亟须提升和改善，因此村民在进行传统村落选址、建设时，也很注重对村落环境的营造，使之适合人类居住。其中，种植风水林是较为常用的一种方法，林木不但可以营造出曲径通幽的景观环境，也成为传统村落的象征和景观节点。例如，在安康市汉滨区庙湾村，村中的千年橡树已经成为村民的精神信仰，逢年过节都会有村民前来祭拜（表 8-1）。

依据风水林的功能差异，可以进一步将其分为挡风林、龙座林、下垫林三种类型。挡风林的主要功能是抵挡寒冷狂风，保证村落环境不受破坏。龙座林多种植于房后，起到防止山风侵袭和雨水的侵扰、遮阴避暑的作用。下垫林种植于河边，用以保持水土。此外，风水林也具有很高的经济价值，种植经济树种可以发展林下经济。

表 8-1 陕南地区传统村落选址地方性知识点图谱

类型	依山而建	择水而栖	背山面水	林地环绕
图示				
特征	传统村落的选址多为依山而建，依靠山势较缓的地区建设传统民居。具体分为沟谷式、台地式、山腰缓坡式三种类型	村落多位于河流溪水旁的高地上，既能够避免洪水的侵蚀，也能够满足用水的需求。分布于平缓河流附近的村落可以依靠肥沃的土地进行耕种	村落选址在背山面水、负阴抱阳的地方。村落四周有群山环抱，水源充足，也能满足安全需求	村落周围种植风水林，用来抵御寒风侵袭和雨水冲刷，也有精神信仰和景观经济价值
案例	安康市旬阳市中山村	安康市紫阳县营梁村	汉中市宁强县青木川镇	安康市汉滨区庙湾村

（二）功能组合知识点

1. 功能嵌套型

陕南地区在地势上北侧为秦岭山脉，南侧为巴山山脉，中间有汉江穿越，所以生产空间、生活空间、生态空间布局具有过渡性的特点，分布在北侧秦岭山脉、南侧巴山山脉地区的传统村落易形成功能嵌套型空间组合方式（表 8-2）。

例如，安康市镇安县黑窑沟村因所在地形区为东西两侧山脉挤压形成的山谷地带，传统村落整体布局为南北走向。由于位于传统村落中心地带的土层较厚、肥力充足，生产空间位于村落中心位置，生活空间环绕生产空间布局，村落两侧的山脉作为生态空间构建起“三生”空间功能嵌套布局的空间格局。又如，位于黑窑沟村东南侧处的云镇村，村落整体布局在西北至东南走向、起伏较为缓和的山坡地区，村落发展空间比较充足。但是为了生产生活的便利，依然形成了生产空间布局在靠近村落中心的地带，生活空间和生态空间嵌套在外围的圈层结构。

2. 功能融合型

不同于陕北地区人们利用窑洞建筑散落分布在山体上的大小空地进行生产活动，陕南地区特别是分布在汉中盆地地区的传统村落更多的是在生活设施的组团附近布局同等规模大小的生产空间和生态空间，形成了“三生”空间相互融合、相互交织的空间布局方式（表 8-2）。

例如，汉中市略阳县铁佛寺村位于山间盆地，地势相对较低，嘉陵江支流从村落中蜿蜒流过。起初，传统村落总体布局在河流堆积岸，生产空间、生活空间夹杂在各条公路之间。后来，随着村落规模的扩大，在河流西南侧堆积平原上新建了部分传统民居，随后又在传统建筑正东方向布局农田，形成了“三生”空间融合布局的空间格局。

3. 功能分置型

受地形地貌因素的影响，陕南地区除汉中盆地外的广大地区都是山地丘陵地形区。因此，陕南地区传统村落中适宜集中耕种的土地较少，村民通常选择在靠近水源、地势平坦的碎片化土地进行农业生产，生活空间则布局在山坡或山脚地带，形成了“三生”空间分置布局的空间格局（表 8-2）。

例如，旬阳市枫树村选址在狭窄的河流川道，总体布局较为曲折，适宜耕作的土地面积有限，所以村落用地非常集约，生产空间、生活空间布局充分适应和利用自然地形特征，在村落南侧地势较为缓和的地区进行耕种，在北侧地势陡峭的地区建设传统民居，形成了“三生”空间分置的空间格局。又如，洛南县柴湾村背靠青山，面朝后河，生态环境优美。传统村落村民追求居住建筑“背山面水”的朝向以聚财、聚气，因此村落生活空间布局在后河东岸，而在位于后河西岸地势较为平坦的地区布局生产空间，形成了“三生”空间功能分置的布局形式。

表 8-2　陕南地区传统村落功能组合地方性知识点图谱

类型	功能嵌套型	功能融合型	功能分置型
图示	生态空间 生产空间 生活空间	生态空间 生产空间 生活空间 生产空间	生态空间 生产空间 生活空间
特征	传统村落的生活空间被生产空间、生态空间所包围，形成“三生”空间圈套结构	传统村落的生活空间、生产空间、生态空间呈交融式布局	传统村落的生活空间、生产空间被生态空间所分割，“三生”空间相对独立分布
案例	镇安县黑窑沟村、镇安县云镇村	略阳县铁佛寺村、旬阳市蜀河村	旬阳市枫树村、洛南县柴湾村

（三）农田布局知识点

1. 方形农田

方形农田主要分布在地势平坦、地形起伏不大的平原地区或河流的冲积平原地区。大片农田被分割为一块块形状规整的方形，方便耕作，也便于划分地权。这种农田往往具有较为丰富的水资源和土地资源，主要种植小麦、水稻等粮食作物。农田两侧道路多种植杨树、柳树等，与农田作物共同构成了方形农田景观。例如，汉中市城固县上元观镇乐丰村地势较为平坦，地形起伏不大，村落整体呈组团式布局，土地多围绕村落周围开垦，地块划分整齐，呈方形或长方形，便于耕作（表 8-3）。

2. 沿河带状农田

沿河带状农田是由于受地形因素的限制，农田布局在河流岸边较为平坦的区域或者河流形成的冲积平原上，农田形态较为曲折，呈现沿河带状布局的特征。由于河流从农田一侧或中间穿过，该类农田土壤肥沃、水源充沛，总体耕作条件较好。例如，安康市旬阳市蜀河镇蜀河村东侧濒临蜀河，南侧有汉江流经，四面环山，山水格局较好。传统村落村民充分利用肥沃的土地与充沛的水资源，沿蜀河布局带状农田（表 8-3）。

3. 多边形农田

多边形农田是由于传统村落所在区域地形起伏较大，存在一定程度的高差，农田难以被划分成规整的地块，从而形成的多边形形态。多边形农田能够灵活地使用有限的土地资源，同时也能够塑造出丰富的垂直景观。例如，商洛市丹凤县武关镇武关村被武关河环绕，形成了依山傍水的传统村落布局。村落农田主要分布在武关河周围，由于地形的起伏，为了灵活运用土地，农田被划分为多边形的地块，形成了多元化的农田景观（表 8-3）。

4. 山地梯田

山地梯田是在地形起伏大、高度落差大的台地上布局的农田。通过灵活利用山地高差，在山坡上用田埂划分出一个个较为平坦的台面，种植适合的农作物。由于海拔高度不同，不同台地的土壤含水量和光照时间不同，种植的农作物类型也有所差异，形成了不同层次、色彩丰富的农田景观。例如，商洛市洛南县寺耳镇伍仙村周围为山体，地势起伏较大，传统村落坐落在山间平地，呈散点式布局。村落村民在周围的山体上开垦农田，在山坡上用田埂划分出一个个台面，种植农作物，每一层台地相对而言较为平坦，形成了丰富的山体梯田景观（表 8-3）。

表 8-3 陕南地区传统村落农田布局地方性知识点图谱

类型	方形农田	沿河带状农田	多边形农田	山地梯田
图示	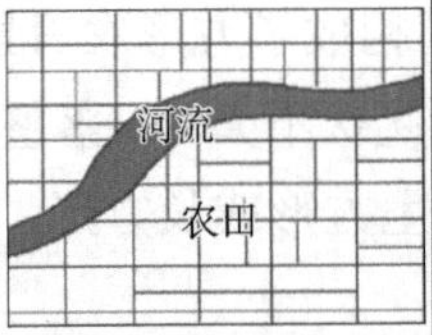 河流 农田	 河流 农田	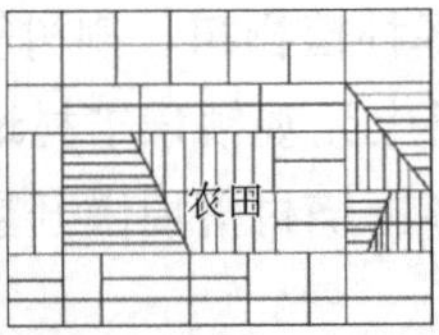 农田	 农田 山体
特征	大多处于地势平坦、地形起伏不大的平原地区或河流的冲积平原地区。农田被分割为一块块形状规整的方形	农田大多位于河流岸边较为平坦的区域或者河流形成的冲积平原上，河流从农田一侧或中间穿过，农田沿河带状分布，形态较为曲折	多边形的农田是由于所在地形的起伏较大，存在一定程度的高差，难以划分成规则的农田地块，农业分布呈现出多边形形态	山地梯田是在地形起伏大、高度落差大的台地之上形成的农田。在山坡上用田埂划分出一个个台面，每一层台地相对而言都较为平坦
案例	汉中市城固县上元观镇乐丰村	安康市旬阳市蜀河镇蜀河村	商洛市丹凤县武关镇武关村 商洛市洛南县寺耳镇伍仙村	安康市紫阳县营梁村

（四）村落形态知识点

1. 条带状

条带状村落形态是指传统村落沿河流、道路、谷地等线状要素延伸发展而形成的带状平面格局。通常地形地貌是条带状村落形成的首要影响因素。陕南地区地处秦岭以南、大巴山以北，山脉之间形成的以汉江、嘉陵江为代表的河流，不仅为当地传统村落的生产生活提供了有利条件，在塑造村落形态方面也发挥了不可替代的作用，孕育了众多沿河、沿江条带状布局的传统村落（表 8-4）。

例如，汉中市宁强县的青木川镇即以汉江支流的金溪河为主要轴线，沿两侧呈条带状分布。汉中市略阳县白雀寺镇白雀寺村则是沿村落北侧的嘉陵江修建的县道呈“一”字展开，形成了条带状布局形态。

2. 块状

传统村落形态的发展有一定的过程，块状村落形态常由条带状村落形态发展演化而成。一般是由于村落规模扩大引起土地使用面积成倍增加，使得村落向一个或多个方向延伸发展，形成圆形、长方形、三角形、多边形等近似块状的传统村落布局形态（表 8-4）。

例如，商洛市丹凤县武关镇武关村地处武关河北侧，占据山川险要之地，拥有背山面水的绝佳风水格局，素来就是重要的军事要冲，被誉为“关中四塞”之一。武关河曲折环抱村落，与北侧的县道、南侧的国道和过境铁路把武关村封闭在相对独立的圆形地块内，形成了块状布局的村落形态。又如，汉中市城固县上元观镇乐丰村位于汉中盆地内，地形地势较为平坦，形成了块状村落形态。

3. 散点状

陕南地区地形地貌大部分为山地或丘陵区，整体表现出“两山夹一河”的地方性特征，即区域北侧为秦岭山脉，南侧为大巴山脉，中间有汉江穿越。因此，受之影响，传统村落生产生活空间必须因地制宜、统筹安排，导致传统民居建筑和公共设施分散布局，形成了散点状的村落形态（表 8-4）。

例如，安康市旬阳市傅家湾村地处蜀河镇北侧，被群山环绕，村庄依山而建，各处传统民居建筑相对分散，没有明显的村落中心和边界，形成了散点状村落形态。又如，安康市旬阳市湛家湾村被群山环绕，风水俱佳。宗族发展壮大后，村民因不断寻求接近完美的风水之地逐渐分散在群山之中定居，导致传统村落布局形态呈现出散点状的开放特征。其实质是村民在生产生活中为了寻求人与自然的和谐相处，不断探寻因地制宜的人居环境的结果。

表 8-4　陕南地区传统村落形态地方性知识点图谱

类型	条带状	块状	散点状
图示			
特征	传统村落在河道、湖岸、干线道路附近沿水陆运输线布局，河道走向或道路走向成为村落发展的方向	传统村落由自然山体、水体阻隔后形成组团形式，表现为依托周边山体丘陵或水体形成形态相对紧凑的团状布局	受地形影响，建筑群组和公共设施在一定地域内不均匀地分布，既保持距离，又相互联系，形成了散点状村落形态
案例	汉中市略阳县白雀寺镇白雀寺村 汉中市宁强县青木川镇	商洛市丹凤县武关镇武关村 汉中市城固县上元观镇乐丰村	安康市旬阳市傅家湾村 安康市旬阳市湛家湾村

（五）街巷格局知识点

1. 网格状

网格状街巷是一种比较规整的道路形式，其建设受地形的影响小，一般以“十”字形或“井”字形主街为主要结构串联村落的各条巷道，其中各条主街以及巷道间多是垂直或平行的关系，纵横交错，从而形成网格状的街巷格局。这种街巷布局形式有较强的规划性，布局规整、空间层次分明，有利于建筑的布置，交通组织简单（表 8-5）。

陕南地区采用网格状街巷形态的传统村落多分布在陕南盆地地区，例如，在汉中市略阳县铁佛寺村，以一条十字路作为村落的主街将村落分为四个组团，各个组团内部建设巷道，各个巷道相互垂直，纵横交错，形成了网格状街巷形态。此外，商洛市镇安县云镇村、安康市旬阳市万福村等传统村落也采用了网格状街巷布局。

2. 环形放射状

环形放射状街巷是一种集聚型的街巷形式，是由传统村落中心向周围放射状布局多条道路，并由若干环状道路将各条放射道路连接起来。村落中心位置多布局广场、祠堂等公共建筑，具有较强的向心性和可达性，容易形成明显的核心结构，便于组织形成景观丰富的空间节点，但这种街巷形态划分出的街坊大小不一，街巷形态不规则，不利于布置建筑（表 8-5）。

例如，商洛市镇安县黑窑沟村选址于两山之间，村落主街依据地形呈扇形而建，由南向北贯穿村落，村落巷道为呼应地形也呈扇形向外放射，构成了环形放射状街巷格局。陕南地区采用环形放射状街巷格局的传统村落还有商洛市柞水县凤凰街村、汉中市汉台区屈家湾村等。

3.“一”字形

“一”字形街巷是因为受到山川、河流等地形的限制或影响，传统村落被限定在一个狭长的地域空间内，形成了近似“一”字形的街巷格局。这些传统村落多分布在山川之间的盆地或沿河平原，村落由一条主街贯穿，内部传统民居建筑沿道路一侧或两侧紧凑布置，村落沿道路的延伸方向发展（表8-5）。

例如，安康市旬阳市牛家阴坡村位于两山山谷之间，由于谷间地区较为狭窄，仅有一条主街由西北向东南贯穿村落，传统建筑依靠道路两侧而建，形成“一”字形街巷格局。陕南地区采用“一”字形街巷格局的传统村落还有安康市汉阴县茨沟村、安康市石泉县长兴村等。

4. 带状

带状街巷是因传统村落被山川、河流阻隔在一定地域空间内，发展方向受到限制，通常由一条贯穿村落的主街联系村落各个组团，各组团内部由进深不太大的巷道承担交通功能。巷道与主接连通，共同形成了带状街巷格局。带状街巷结构相较于“一”字形街巷更为复杂且层级关系更明显，采用这种街巷格局的传统村落形态多呈现狭长的条状，村落沿主要道路呈线性发展（表8-5）。

例如，安康市旬阳市蜀河村以红岩山为基础，沿山脚向东发展，蜀河从北向南穿过村落，由一条主要道路贯穿蜀河两岸村落，村落内部呈现“三纵五横”的巷道体系，整体呈现带状布局。陕南地区采用带状街巷布局的传统村落还有商洛市商州区王底村、安康市紫阳县焕古村等。

5. 树枝状

陕南地区地形多为山地，分布在山区的传统村落受地形所限，其街巷与传统建筑不能够像位于盆地、平原地区的传统村落那样整齐排布，而是需要顺应地形地势布局。一般街巷的布置是由主街像树枝一样向外延伸，等级和宽度较低的巷道从两侧连接主街，整体呈现出层次性较强的树枝状形态特征（表8-5）。

例如，商洛市洛南县柴湾村坐落于两山之间，有一条河流自北向南从中穿过。村落主街依靠河流西侧而建，巷道从主街向东西两侧延伸，连接建筑组团，村落整体街巷形态呈现树枝状。陕南地区采用树枝状街巷布局的传统村落还有安康市汉阴县东河村、安康市汉阴县堰坪村等。

6.“丁”字形

采用“丁”字形街巷布局的传统村落多是三面有山川、河流围绕，村落空间被限定在一个三山相夹的“丁”字形地域，使得村落通向外界的出入口只有两到三个。从入口处延伸的主街汇聚交叉于村落中心，将村落划分成三个板块，各个板块内有巷道与主街相连接，共同构成了“丁”字形街巷格局（表 8-5）。

例如，商洛市洛南县西庄村被三山所围，位于村落西部的南北向主街巷贯穿村落，与村落内另一条东西向主街呈“丁”字形相交，构成“丁”字形街巷格局。陕南地区采用“丁”字形街巷布局的传统村落还有安康市旬阳市金坡村、汉中市略阳县白雀寺村等。

表 8-5 陕南地区传统村落街巷格局地方性知识点图谱

类型	网格状	环形放射状	“一”字形	带状	树枝状	“丁”字形
图示						
特征	街巷形式比较规整，受地形限制小，一般以“十”字形或“井”字形街巷为主街串联村落的各条巷道，纵横交错，从而形成网格状的街巷格局	由村落中心放射出多条道路，并由若干环状道路将各放射道路联系起来，向心性较强，易形成明显的核心	村落受地形影响，被限定在一个狭长的地域空间内，由一条主街贯穿村落	被山川、河流阻隔在一定地域空间内，由一条贯穿村落的主街联系组团，具有明显的层级关系特征	主街像树枝一样向外延伸，宽度较低的巷道从两侧连接主街，具有较强的层次性	主街汇聚交叉于村落中心，村落被划分成三个板块，各个板块内有巷道与主街巷相连接
案例	汉中市略阳县铁佛寺村	商洛市镇安县黑窑沟村	安康市旬阳市牛家阴坡村	安康市旬阳市蜀河村	商洛市洛南县柴湾村	商洛市洛南县西庄村

（六）公共空间布局知识点

1. 村落入口

传统村落村口空间是展示村落形象的第一窗口，也是村落的标识，具有鲜明的地方性特征。村落入口通常会由较为明显的标识要素构成，这种要素可以是古时留存下防匪患的围墙或者牌坊，可以是古树、庙宇、戏台等具有鲜明特征的空间要素，也可以是较为宽敞的空间。通常情况下，传统村落村民会利用多种空间要素组合共同构成村口空间。对于拥有两个出入口的村落，其两个村口构建方式没有明显区别，但当需要突出主次关系时，往往在主要村口增加更多丰富的景观要素（表 8-6）。

例如，安康市汉阴县茨沟村被一条南北向道路贯穿，因此村落两端均为村落的出入口，北侧为主入口，南侧为次入口。北侧主入口留有空地且景观组织有序，南侧出入口的营造较为随意，主要是通过车行道路来凸显其作用。

2. 休闲广场

休闲广场是传统村落村民休闲娱乐的场所，通常布局在人们活动较为集中的地方，一般与村落内重要的公共建筑如祠堂、庙宇、戏台等建设在一起，也可以单独利用一片空地建设休闲广场。休闲广场地面由硬、软质铺装构成，硬质铺装多为村落建设常用的砖石，软质铺装由花草、水体构成。经济发展水平较高的传统村落，其广场景观要素类型比较丰富。

例如，安康市旬阳市枫树村休闲广场位于传统村落的几何中心位置，与村落的公共建筑相结合布局，是宣传村庄文化的重要场所。广场采用硬软材质组合铺装，装饰美观，是村民茶余饭后交流、休闲、散步的主要场所（表 8-6）。

3. 公共建筑

陕南地区传统村落公共建筑主要有三种类型：一是具有一定历史年代且极具代表性的民居大院；二是具有宗教或祭祀性质的庙宇或祠堂；三是具有一定娱乐休闲性质的戏台、家族会馆。这些公共建筑多布局在村落中心或村口，是传统村落中重要的空间节点（表 8-6）。

例如，安康市旬阳市蜀河村的公共建筑主要有黄州会馆、清真寺、杨泗庙等，其中寺庙主要是供传统村落村民祭拜神灵，丰富村民的精神生活；会馆是村落内商人交流谈话的地方，凸显出村落深厚的商业文化。三座建筑均坐落于村落中心靠北的位置，且建筑入口处均会留有宽敞的空地作为建筑入口广场。此外，陕南地区的安康市旬阳市枫树村、商洛市柞水县凤凰街村等传统村落也保存有丰富的公共建筑。

4. 节点绿化

陕南地区传统村落绿化布局分为村域层面和村内层面两个部分。在村域层面，传统村落村民依托陕南地区多山地的自然地理特征，通过梳理靠近山体的自然绿化景观，将其引入村落空间，使之成为传统村落绿化的一部分。在村落内部层面，绿化方式主要有沿街绿化、庭院绿化、广场绿化等，各个绿化节点相互连接贯通，最终形成了传统村落绿化体系。绿化景观提高了传统村落形象，创造出良好的景观氛围，是传统村落重要的公共空间布局内容（表 8-6）。

例如，商洛市洛南县柴湾村东西两侧依靠山体，绿化景观由山体向村落内部渗透，进入村落各个组团内，各个组团再由沿街绿化相互串联形成了完整的绿化体系。绿化节点的营造丰富了传统村落的景观体系，也为村民们提供了赏心悦目的休闲场所。此外，陕南地区商洛市镇安县黑窑沟村、商洛市洛南县西庄村等传统村落也布局有丰富的绿化景观。

表 8-6　陕南地区传统村落公共空间布局地方性知识点图谱

类型	公共空间类型			
	村落入口	休闲广场	公共建筑	节点绿化
图示				
特征	传统村落入口处构成要素主要有入村的大门、古树、庙宇、戏台或较为开阔的空间，通常情况下，传统村落利用多种空间要素组合共同构成村口空间	是传统村落的休闲娱乐场所，其位置选择于人们活动较为集中的地方，一般与村落内重要的公共建筑建设在一起	主要有三种类型，包括保存较好的民居大院，庙宇和祠堂，具有一定娱乐休闲性质的戏台、家族会馆。一般分布在村落中心或村口	传统村落内部沿街绿化、庭院绿化、广场绿化等绿化形式构成绿化节点，各个绿化节点相互连接、贯通，最终形成了村落的绿化体系
案例	安康市汉阴县茨沟村	安康市旬阳市枫树村	安康市旬阳市蜀河村	商洛市洛南县柴湾村

（七）院落布局知识点

1. “一”字形

“一”字形院落就是“一”字排列的房间形成的院落，既没有传统院落的内院，也没有外院的围墙，是陕南地区传统民居院落数量最多的形式，同时也是结构较为简单的院落形式。“一”字形院落房屋多采用当地材料建设，通常为黄土外墙，黑色瓦屋顶，适应于地形起伏不大、坡度较缓的地区（表 8-7）。

例如，陕南地区的王庄村、高山村中的院落均采用“一”字形布局。

2. L 形

L 形院落是指院落平面形式类似字母“L”的半围合式，是介于排院与合院的一种过渡性的院落形式，主要分布在地形起伏不大的缓坡地区。L 形院落形成半围合的空间，既可以满足传统村落村民对院落开敞空间的使用需求，同时也有一定的私密空间。该类院落中的传统民居建筑多就地取材，通常选用黄色泥土营造外墙，用黑色瓦片或者青石板铺设屋顶（表 8-7）。

3. 天井四合院

天井四合院是指传统民居院落的正房、厢房、倒座的屋顶相互连接，在院落中间围合成一个或多个天井串联叠排形成的院落组团。天井四合院四周的坡屋顶构成“四水归堂”的格局形式，是形制等级较高的院落形式，在陕南地区传统村落中较为常见（表 8-7）。

例如，云镇村的天井四合院多为灰板瓦屋顶，抬梁式屋架，在山墙上绘有彩绘，门窗多为浮雕花格。“口”字形的天井庭院中铺有青石板，传统村落村民多放置花草盆景用以装饰屋内景观环境。

表 8-7　陕南地区传统村落民居院落布局地方性知识点图谱

类型	平面布局		
	“一”字形	L 形	天井四合院
特征	“一”字形院落就是“一”字排列的房间形成的院落，既没有传统院落的内院，也没有外院的围墙	L 形院落是类似字母 L 的半围合式院落形式，是介于排院与合院的一种过渡性的院落形式	四周的坡屋顶构成“四水归堂”的格局形式，中间有一个或多个天井串联叠排形成的院落组团，是形制等级较高的院落形式

（八）建筑结构知识点

1. 砖木结构

砖木结构是陕南地区传统村落中一种常见的建筑结构形式，除楼板、廊架使用木材外，建筑的承重墙壁、立柱均使用砖石堆砌。砖木结构的传统建筑造价较低，易于施工，但通常占地面积较大，且木材使用年限有限（表 8-8）。

例如，在旬阳市蜀河村，传统建筑均为砖木结构，墙壁砖材堆砌整齐，门窗屋顶有雕刻装饰。

2. 土木结构

土木结构建造材料包含木材、夯土、稻草、干草、土坯砖、瓦等，除主要廊架支撑结构采用木制材质，建筑墙壁、围栏等均由夯土制成。土木结构取材方便、营建工艺简单、工期短，成为传统村落村民搭建房屋主要采用的建筑结构。但因房屋质量较差，逐渐被砖瓦结构取代（表 8-8）。

例如，在洛南县西庄村，现存主要土木结构建筑为尤家大院民居，建筑屋架为木构架，泥瓦屋顶，墙壁为土坯墙。但近年来木结构的居民被风雨侵蚀，受到破坏。又如，在旬阳市矾石村，传统民居建筑为石砌地基，以土木结构为主，墙面为夯土结构，建筑保存良好。在恒口区鱼姐村，穿斗式木构架结合夯土墙形成了土木结构建筑，承重框架以及门窗构件为木制，墙壁为夯土墙，具有冬暖夏凉的特征。

3. 石木结构

石木结构与砖木结构相似，整个建筑由石块砌体，用木材搭建框架，是陕南地区一种常见的传统建筑结构。房屋廊架、承重屋顶采用木构架形式，墙壁采用石块搭建，具有取材方便、工艺难度低的优点。但木构架易发霉腐烂，使用时间有限（表 8-8）。

例如，洛南县柴湾村现存建筑多为石木结构，承重框架采用木材建成，墙壁为砖石材料堆砌，门窗为木质材料，雕刻有祥云等不同图案。又如，紫阳县焕古村的民居建筑由穿斗式木构架结合石墙形成石木结构。建筑采用“内木外石”形式，内部采用木构架支撑，外部取材于当地特色资源——板岩搭建，屋顶为青石板覆盖。

4. 木结构

陕南地区吊脚楼建筑是典型的木结构传统民居建筑。吊脚楼也称“吊楼”，为水族、布依族等少数民族传统民居，建筑多依山靠水，拥有良好的先天景观。正屋多建于实地，厢房三边悬空，由柱子支撑，具有通风干燥的特点。建筑廊檐、竖柱、屋顶等细部装饰有不同刻画和图案。按照形式的不同，吊脚楼分为单吊式、双吊式、四合水式、二屋吊式、平地起吊式，展现出鲜明的地方民族特色（郭海，2017）（表 8-8）。

例如，略阳县白雀寺村的肖家吊脚楼是陕南地区木结构传统民居建筑的典型代表。该建筑坐落在江边坡地，两侧悬空，整体呈现四合一天井形式；建筑为榫卯结构，共计三层，顶层用于储备粮食，层高较低，中层用于日常起居，底层用于饲养家禽、堆放杂物，体现出山地少数民族传统建筑营建的地方智慧。

5. 砖石木混合结构

砖石木混合结构建筑是以砖、木、石为主要建筑材料搭建的传统民居建筑。在陕南地区传统村落中，徽派建筑属于典型的砖石木混合结构，体现出较强的地方性特征。徽派建筑主体采用木构架，梁架体积较大，特别注重雕刻装饰，石雕、砖雕、木雕艺术相融，造型丰富、雕刻工艺精湛。建筑风貌多为白墙黑瓦，以马头墙、粉墙青瓦为特色，风格典雅（表 8-8）。

例如，柞水县凤凰村的民居建筑体现出典型的徽派建筑特点。建筑采用砖石木结构，整体追求对称美感，正厅与厢房构成“四水归堂”天井，寓意团圆美满；建筑装饰主要为木柱雕刻，门窗柱廊、房梁屋脊均有雕刻，且图案丰富，寓意深刻；房屋山墙为防火山墙，以防火势蔓延，体现出典型的徽派建筑风格。

6. 石板房

石板房的主要建筑材料为当地的青石板，采用“内木外石”的结构，形成了石板建成的土木结构房屋。石板房四周墙壁采用小型碎石堆砌，房屋顶部由石板覆盖，层层相叠形成石屋顶，具有通风良好、冬暖夏凉的优点（表 8-8）。

例如，紫阳县焕古村、东红村建筑材料采用的是当地板岩分离细化制成的石板。房屋墙壁为小体量碎石，乱中有序，堆砌成石块墙壁，墙顶上布置石板；房屋屋顶由青石板覆盖而成，具有通风、透光、不透雨的特点。

表 8-8　陕南地区传统村落建筑结构地方性知识点图谱

类型	建筑结构					
	砖木结构	土木结构	石木结构	木结构	砖石木混合结构	石板房
特征	内部为木构架，外部为砖墙堆砌，砖石耐用，但木构件使用时间受限	内部采用木构架承重，墙壁为夯土建筑，屋顶覆盖瓦片，取材简单，工艺方便，冬暖夏凉	内部采用木构架，外部为石墙墙壁，木构架易受侵蚀	由木柱子支撑建筑主体结构，具有良好的通风、采光作用，展现出民族特色营造技艺	建筑以木构架为主，以白墙青瓦、马头墙为特色，注重雕刻艺术	民居建筑为石木结构，采用青石板作为建筑屋顶，具有透光、通风、遮雨的特点
案例						

（九）建筑材料知识点

1. 木材

木材经过原木加工形成不同尺寸的木构件，主要应用于房屋承重，房梁、屋架和建筑细节的装饰，采用木材营建的传统民居建筑具有安全、美观、保温、舒适的特征。例如，陕西省洛南县柴湾村拥有良好的木材资源，因此木材成为民居建筑的主要材料（表 8-9）。

2. 石板

石板的应用主要体现在石板房的搭建上，大块石材作为民居建筑基地支撑，墙壁由石块建成，板岩经加工后形成薄石板，作为屋顶材料，既通风又遮雨。例如，紫阳县东红村广泛采用石板搭建民居建筑，建筑为“内木外石”形式，用当地特色资源青石板覆盖屋顶（表 8-9）。

3. 土砖

土砖是土木结构传统民居建筑常用的建筑材料。土砖由黏土及稻草经加工定型而成，以之为原料采用“内木外土”的形式打造土木结构建筑。土砖具有取材方便、施工工艺简单、保温效果好的优点（表 8-9）。

4. 砌块

砌块由石材粉碎加工而成。由于传统村落人口不断增加，木材使用量激增，为减少木材使用，新型砌块材料应运而生，替代了传统建筑材料，具有取材方便、操作简单等优点。例如，旬阳市湛家湾村依托自身优良的石材资源背景，采用砌块材料营建传统民居，这些民居的墙壁均为砌块混合材料砌筑而成（表 8-9）。

表 8-9 陕南地区传统村落建筑材料地方性知识点图谱

类型	建筑材料			
	木材	石板	土砖	砌块
图示				
特征	原材料丰富，工艺简单，成为主要建筑材料	在石材丰富地区成为石板房屋顶建筑材料，素有“遮雨透风”的优点	材质简单，工艺难度较低，以之为原料建造的传统民居建筑冬暖夏凉	取代传统土木结构、砖木材质的新型材料，在一定程度上有利于减少木材消耗
案例	洛南县柴湾村	紫阳县东红村	洛南县西庄村	旬阳市湛家湾村

（十）建筑装饰知识点

1. 木雕

木雕指原材料为木材，在建筑木构架上进行雕刻的工艺。雕刻完成后或采用不同油漆、涂料装饰，或保留原木本身的特色打造立体浮雕。两种不同的工艺技法，从颜色、空间两个不同角度营造出不同的视觉效果。由于取材简单、制作工艺难度较低等原因，木雕成为陕南地区传统村落广泛采用的一种建筑装饰，通常出现在传统民居建筑的门窗、横梁、廊架、竖柱等位置（表 8-10）。

例如，安康市旬阳市牛家阴坡村传统建筑中的木雕精致、工艺精湛，在檐口、窗花、楼板、门窗、回廊等处均有表现；在安康市汉阴县茨沟村，建筑门窗位置雕刻着不同花纹的图案，有做工精致的木雕装饰；在安康市紫阳县营梁村会馆建筑中，木雕主要装饰在戏楼、钟楼檐下；在汉中市城固县传统村落民居建筑中，木雕常采用线雕、浮雕、镂雕等手法雕刻，见于门簪、花格窗、外梁等位置。

2. 石雕

石雕分为石构件雕刻和石雕装饰，匠人以刻刀、画笔、纸张、木头、石材为基本工具，遵循相料—问料—选题—设计—画活与制作的设计流程进行雕刻。石构件雕刻常见于竖柱、山墙等建筑结构，石雕装饰常见于石狮、抱鼓石等。陕南地区的石雕技艺源于古代蜀国、楚国文化的滋养孕育，石雕题材涵盖内容广泛，除人物、山水、花草外，还常见有“桃园结义”“三顾茅庐”“八仙过海”“岁寒松柏”等（表 8-10）。

例如，在安康市旬阳市蜀河村，村口陈列上马石、拴马桩，雕工精湛，功能与美观并重；又如，在安康市紫阳县营梁村，观戏楼方形门柱顶端放置有石狮，柱前为二龙戏珠浮雕，戏池前石栏浅雕蝙蝠图案，于顶部树立麒麟、大象等瑞兽。

3. 砖雕

砖雕又称“花雕”，以砖材为原材料，雕刻人物、山水、草木花纹，兼具石雕的刚毅和木雕的柔和。砖雕艺术常见于传统建筑门口、山墙等处（表 8-10）。

例如，安康市紫阳县营梁村戏楼整体为砖木结构，建筑的南墙墙体中砌筑砖雕装饰门楼，天井东西两侧有砖雕装饰。

表 8-10　陕南地区传统村落建筑装饰地方性知识点图谱

类型	建筑装饰知识		
	木雕	石雕	砖雕
特征	以几何形态、动物形态、人物形式、植物花纹为主，多用于门窗、檐部装饰	以动物形态、植物花纹、几何形为主，多用于柱础、台阶装饰	以植物花纹、几何形态为主，多用于照壁、屋脊装饰
案例	门窗装饰	柱础装饰	照壁装饰

续表

类型	建筑装饰知识		
	木雕	石雕	砖雕
案例	檐部装饰	台阶装饰	屋脊装饰

（十一）节日庆典知识点

1. 烧狮子

烧狮子是安康市旬阳市蜀河村春节灯会中的一项传统舞狮活动，已经有三百多年的历史，现为陕西省非物质文化遗产。烧狮子活动每年正月十三开始，正月十五达到高潮，正月十六结束。狮队伍会在夜晚对家家户户进行逐一拜访，到达村民家门口后，会依据场地大小依次进行“金刚折”“螺丝盘顶”“耍四门”等环节表演，意在送上新年的祝福。村民会提前在家门口挂上灯笼，制作土制烟花——“花子”。舞狮表演时，拿出花子对狮子喷射火花，象征迎接新年、去除霉运（纪元，2021）（表 8-11）。

2. 赛龙舟

陕南地区传统村落中广泛流传着不同形式的纪念性赛事活动，例如，安康市石泉县的端阳赛龙舟活动。端阳节就是我们所熟知的端午节，每年农历五月初五，汉江沿岸的石泉、旬阳地区都会举行大型的赛龙舟活动进行纪念。近年来，安康市举办了多届“龙舟节”，把当地群众对祭祀活动和龙舟赛事的热情推向高潮，甚至吸引了数量众多的外地游客到此欣赏玩乐（表 8-11）。

表 8-11 陕南地区传统村落节日庆典地方性知识点图谱

类型	节日庆典	
特征	陕南地区地处秦岭与巴山山脉交界处，在节日庆典上融合南北习俗，既有社火活动，亦有以祭祀为目的的赛事活动	
案例	烧狮子	赛龙舟

（十二）婚丧嫁娶知识点

1. 婚礼

安康市旬阳市万福村婚礼仪式包括说媒、相人、相家、聘礼、订婚等程序。结婚当天，新娘起床后会穿上平时穿的便装给父母磕头。洗漱完毕，换上结婚礼服开始化妆、盘头。待到收拾齐备，会将父母准备的糕点吃下，寓意日子一年比一年好，然后将一面小镜子装入怀中，寓意逢凶化吉，祈求安康顺遂。待到新郎把新娘接走后，本家四个兄弟会带上新娘的嫁妆一同前往婚房送亲，男方主事会在新房内设下"四碟九盘"，招待送亲队伍。

此外，汉中地区还流传着公公背儿媳的传统习俗。在结婚当天，喜公公喜婆婆会带上亲朋好友裁剪的红色高帽，站在门口迎接前来祝贺的宾客。有些地方会在公公婆婆脸上抹上黑色的鞋油，称作"抹黑"，寓意好事坏事，终成往事，同一天有红有黑，阴阳平衡，万事中庸。宴席期间，公公会背着新媳妇给宾客倒酒，寓意添丁加口，夸耀儿媳。此外，在新婚头三天，还会在家里蒸馍、煮面，在蒸馍、煮面的过程中，若发现家里缺少什么工具或物品，要及时补齐，为新婚夫妇往后的生活提供便利（表 8-12）。

2. 丧礼

在安康市白河县，除了一些常规的丧葬习俗诸如报丧、穿老衣、放炮、筹划、待客、守丧、入殓、出灵、丘坟、园坟、服三、过五七、过百天等一系列常规活动外，还有一些当地流传的地方习俗，如奠食、奠猪、奠钱，寓意亡灵在去天堂的路上不缺干粮、不缺肉吃、不缺钱花；还有压棺撒五谷，即由执事和亡者小儿子骑在棺材上，把五谷撒在自家的门前，转三圈，寓意亡者要给后人留足粮食。

在安康市旬阳市一带还有喜丧的习俗，家中若有年龄比较大，并且子孙满堂的老人去世，这种丧事一般会被当成喜事来办，寓意老人在人间幸福美满，到时间该去天堂生活了。在全国其他地方也有类似的"红白喜事"，但各地叫法不同，具体操作流程也不尽相同。除此之外，在一些山区村落里，如果出殡时与喜事相遇，这说明亡灵在阳间品德高尚、积福行善，丧事主家会拿出一只鸡送给喜事主家，同样喜事主家也会回赠一只鸡，寓意一人得道，鸡犬升天（表 8-12）。

表 8-12　陕南地区传统村落婚丧嫁娶地方性知识点图谱

类型	婚丧嫁娶知识	
特征	婚丧嫁娶是传统村落中社会伦理观念、宗教信仰、价值取向和日常生活方式的综合表现，不同地区婚丧嫁娶礼仪受地方宗教习俗的影响展现出不同特色	
案例	婚礼	丧礼

（十三）集市贸易知识点

1. 庙会

云盖寺位于镇安县云镇村，村落背靠秦岭，南望汉水，自古以来就是沟通北方长安和南部巴蜀地区的商业重镇，唐朝时还曾设立了正式的交通驿站。唐朝后期，武则天推崇佛教，兴修全国寺庙，云盖寺得到扩建。因地处四省交界之处，声名远播，规模空前。每年二月二十二为云盖寺庙会，庙会期间来自四面八方的僧侣、信徒云集于此，声势浩大，人数足有上万之众（韩萌，2021）。来往的游客除了瞻仰佛像，祈求来年平平安安，还可以在庙会旁的街市上买到当地的特产，场面非常热闹（表 8-13）。

又如，旬阳市中山村郭家老院每逢农历三月十三会举办庙会活动。庙会期间，村民会组织祭祀郭家祖先，然后到娘娘庙祈求来年风调雨顺，百姓安居乐业。庙前街市会摆满新鲜果蔬、香火纸钱等祭祀用品，庙后街市则有当地土特产等实惠的礼品售卖。此外，十里八乡的亲戚也会借此机会前来走访。

2. 集市

汉中市宁强县青木川镇位于陕西、四川、甘肃三省交界处。民国时期，村落中心的回龙场成为丝绸等销售的主要集市，且作为固定市场打破了传统集市的时间限制，在三省商贾中间颇有盛名。青木川镇曾出台一系列村规民约保障集市的经济发展，例如，只对本地商户收税，以限制店大欺客；若商贾一次性购买大量贵重商品，可派遣本地武装力量护送押运，保障安全等。新时期，青木川镇以历史文化为依托，发展古镇旅游，打造特色商业，过去的回龙场老街变成了现在的网红打卡地，道路两旁依然商户林立，热闹非凡（魏唯一，2019）（表 8-13）。

商洛市柞水县东南部的凤凰街村位于皂河、水碓沟河、社川河三河交界处，水陆交通便利，商业发达，形成了较大的商业集市。清朝顺治年间，豫、鄂、川等地的商人被这里的交通区位优势吸引，纷纷来此定居。清朝末年，凤凰街上商贾云集、店铺林立，既有承担南来北往的客商货物中转的驿站，也有实力雄厚的票号钱庄。民国初期，凤凰街村已成为区域商贸枢纽，被誉为“水旱码头”“小上海”。南方的丝绸、稻米、茶叶经汉江水运至此，换乘驼队、马帮进入关中地区，北方的土特产以及山货由陆路运输至此，然后乘船而下运至南方地区（瞿洲燕，2018）。

表 8-13　陕南地区传统村落集市贸易地方性知识点图谱

类型	集市贸易知识	
特征	陕南地区山脉纵横，江河流淌，具有自然、地理的二元性，集市贸易也表现为山脉深处的庙会和河流交汇处的固定集市	
案例	云盖寺庙会、中山村郭家老院庙会	青木川镇集市、凤凰街村集市

（十四）生产技法知识点

1. 竹编

竹编技艺有着悠久的历史，在素有“陕西的鱼米之乡”的汉中地区是一种必不可少的生产技法。竹编技艺早在原始社会时期就已诞生，最初竹编只是作为陶器制品的结构框架，在用竹子编好的器具骨架里外抹上黏土，经过烧制就可以制成用于盛水的陶器。进入农业社会后，竹编开始独立成为农业用具，比如，竹篮、簸箕、背篓等。在编制工艺上，也出现了粗编和细编，其不同之处在于使用的竹丝粗细程度不同。除此之外，还有经纬编、米格编、螺旋编、六角编等图案样式。在陕南地区旬阳市方福村，目前仍然保留着竹编农用具的生产技法，村民每年都会编制一些农用器具自用或拿到集市售卖（周莹，2015）（表 8-14）。

2. 菜豆腐

菜豆腐是陕南地区传统村落中的流行食品，既可作为小吃也可作为主食，特别是在汉中地区享有“四大传统美食之一”的称号。汉中地区家家户户都有食用浆水菜的习俗，菜豆腐就是用精致的浆水菜的酸汤制作而成。不同于石膏、卤水点制的豆腐有些许的涩味和苦味，菜豆腐既有浆水菜的清甜，又保留了豆子的香气。制作菜豆腐时，不能心急，每隔 4—5 分钟点一次酸浆水，这样数次后豆花开始结块，用纱布覆盖稍稍挤压成形的豆腐白皙如玉，其中夹杂青菜，一青二白。食用时可以用葱花、香菜、腐乳、红油辣子、花生、芝麻、核桃碎等拌制的酱料点蘸食用，也可以用制作菜豆腐的酸水放入大米熬粥，再将豆腐切块回锅熬制成菜豆腐粥食用，其味道鲜香而浓郁（表 8-14）。

3. 热面皮

热面皮也称为热米皮，是用大米磨成粉加水制成米浆，再放入蒸笼做成薄皮，趁热在表皮涂抹一层菜籽油，用大刀切成宽条制成的一种小吃。陕南地区地理位置更接近南方，一方面气候湿润，盛产水稻，为面皮制作提供了充足原料；另一方面毗邻四川盆地，饮食习俗受到川渝地区饮食文化的影响，表现为米皮多为麻辣口味，制作时用豆芽、黄瓜丝、土豆丝等蔬菜作为底料，再加入红油辣子、蒜泥、花生碎、小葱、香菜、麻油、盐、鸡精等佐料搅拌均匀。米皮像绸缎，进入口中软嫩糯滑，豆芽等蔬菜既有调料的丰富口感，又有中和辣味的爽口功能，二者搭配相得益彰（表 8-14）。

表 8-14　陕南地区传统村落生产技法地方性知识点图谱

类型		生产技法知识		
特征		陕南地区生产技法既有北方地区的粗犷，也受南方巴蜀地区影响，在生产技术、艺术表现等方面都体现出陕西民俗文化兼收并蓄、多元共融的特性		
案例	分类	竹编	菜豆腐	热面皮
	材料	竹丝、桐油	黄豆、大米、浆水菜	大米浆、大米、红油辣子、豆芽、黄瓜丝

（十五）艺术工艺知识点

1. 羌绣

羌绣是流行于羌民族聚居地区的一种传统手工艺技术，常见于陕南地区羌族聚居的传统村落。羌绣可绣于服饰、地毯、被褥、挂饰等生活器具之上，图案多为花朵、火焰或家族图腾。在羌族传统村落里，随处可见羌绣的身影，每逢重大节日活动或庆典，羌族村民都会穿上带有羌绣的民族服饰开展庆祝活动（表 8-15）。

2. 罐罐茶

罐罐茶是一种独特的品茶方式，广泛流行于陕南安康、商洛山区传统村落，现已成为招待贵宾的一种礼仪。制作罐罐茶时，用小瓦罐或铁罐放在火上烤，同时在炉边上烤红枣、桂圆和馍，水开之后将烤好的枣、茶叶以及捏碎壳的桂圆放入，等水再开之后就可以倒入茶杯饮用（表 8-15）。

3. 傩戏面具

傩戏也被叫作“鬼戏”，是汉民族最古老的祭祀方式之一。傩戏融合宗教、礼仪、歌舞、戏剧等表演形式，有着浓烈的娱人色彩，其表演内容寓意祭神跳鬼、驱瘟避疫、表示安庆。傩戏面具是傩戏表演时最重要的工具之一，通常选择白杨、柳木为基础材料，通过选材、取样、画形、雕刻、挖瓢、打磨、上色、开光等步骤制作而成，用以表现正神、凶神、世俗人物等不同角色（表 8-15）。

表 8-15　陕南地区传统村落艺术工艺地方性知识点图谱

类型		艺术工艺知识		
特征		艺术工艺是人们在满足日常生产生活需求之余，出于艺术审美需求所形成的工艺技术，由地方乡土材料、地方历史文化、地方观赏艺术、精湛独到的制作技法等综合构成		
案例	名称	羌绣	罐罐茶	傩戏面具
	材料	针、丝线、纱线、布、剪刀	小瓦罐、铁罐、茶叶、桂圆、油馍	颜料、白杨、柳木、刻刀、砂纸
	流程	染色—描图—绣边—合圆—刺绣—成形	烤枣、烤馍—烧水—下茶—品茶—吃馍	选材—取样—画形—雕刻—挖瓢—打磨—上色—开光

（十六）音乐舞蹈知识点

1. 紫阳民歌社火

紫阳民歌社火也称作玩灯，是舞狮子、舞龙、踩高跷等各种民间自发组织的杂耍艺术形式的总称，举办的时间大多在每年春节的晚上。活动总体分为出灯、玩灯、卧灯和化灯几个阶段。出灯是指所有节目的彩排；玩灯是按照节目顺序进行表演，唱词多是由祝福的话语编织成的顺口溜；卧灯是指一天表演的结束，第二天表演从前一天晚上结束表演的那家继续开始；化灯是指在表演结束的最后将灯具全部烧毁，宣告今年的社火活动结束（于荟，2021）（表 8-16）。

2. 旬阳民歌

旬阳民歌历史悠久、种类繁多、曲调丰富。歌曲题材大多是当地劳动人民生产生活的写照，在歌曲中表达他们的感情，流露出旬阳人民对这片土地的热爱，是劳动人民智慧的结晶。例如，歌曲有表现广大农民辛苦劳作的场景，有抒发他们对不平等社会制度的情感控诉，也有反映工匠精神和情趣的内容。此外，在表演形式方面，旬阳民歌种类齐全、形式多样，具有多样性的特点。例如，有体现劳作生活的号子，也有在山野劳动生活中自由抒发劳动者情感的山歌（表 8-16）。

3. 商洛花鼓

商洛花鼓在民间也叫作花鼓子、地蹦子，是陕南商洛地区传统村落中常见的演奏乐器。商洛花鼓在发展中形成了商丹路和镇柞路两大流派。商丹路花鼓又被称为北路花鼓，演唱主要是以关中语系为主，夹杂一些当地语种，曲调流畅、优美；镇柞路花鼓又被称为南路花鼓，演唱主要是以鄂西北语系为主，夹杂一些本地土语，曲调高亢洪亮，欢快明朗。花鼓演奏主要是以反映当地人民的劳动与爱情生活，表现历史故事、民间故事和神话故事等内容为题材，内容丰富多彩（表 8-16）。

表 8-16 陕南地区传统村落音乐舞蹈地方性知识点图谱

类型		音乐舞蹈知识		
特征		陕南传统音乐舞蹈以民俗歌曲、铜锣为主，歌曲贴近生活，曲调丰富多变，锣鼓节奏有序，舞蹈形式多样，服装色彩多样		
案例	名称	紫阳民歌社火	旬阳民歌	商洛花鼓
	题材	庆祝活动、民俗民风	生产劳作、民俗风情、情感表达	节庆活动、情感表达、民风民俗

（十七）文学戏剧知识点

1. 弦子戏

弦子戏是以弦胡伴唱而得名，又称作“高腔”，是以唱腔落尾有帮腔而得名，主要流行于陕南、鄂西等地区。在陕西主要活跃在旬阳市、西乡县、平利县等地。弦子戏发展经历了说唱、皮影与舞台演出三个阶段。弦子戏的声腔主要源于陕南的说唱艺术“莲花落”。戏剧的题材多取用于“列国”“三国”“说唐”“杨家将”等历史故事。戏剧的唱词多为七言与十言句词格，多使用陕南当地的土方言演唱。弦子戏角色行当齐全，生、旦、净、丑均有，大多使用真假声相结合的演唱方法，俗称“老配少”（表 8-17）。

2. 商洛道情戏

商洛道情戏是流行于商洛市民间的戏曲，具有悠久的历史传统，戏曲的题材选自民间，多为劳动人民的日常生产生活，也是丰富人民生活的一种戏曲形式。商洛道情戏起源于我国唐代道教道士说唱曲调，唐代以来广为流传，经过长期发展，逐渐演变成为一种独特的民间艺术剧种。商洛道情戏音乐结构的艺术特点颇具特色，在唱板、唱腔规律、伴奏乐器等方面具有独特性（表 8-17）。

3. 洋县杖头木偶戏

洋县杖头木偶戏是以汉调桄桄和秦腔为唱腔、以杖头木偶进行表演的汉族戏曲剧种，主要在汉中市洋县地区表演。洋县杖头木偶戏的表演形式是由演员操纵木偶人物来表演各种动作，同时演员唱奏地方梆子戏。洋县杖头木偶戏从唱腔上可分为汉调桄桄木偶戏和秦腔木偶戏。洋县杖头木偶戏行头为明代戏剧人物行头，表演的剧目主要是以历史故事为主。洋县杖头木偶戏的表演风格独具特色，唱腔刚柔并济，具有宝贵的历史价值（表 8-17）。

表 8-17　陕南地区传统村落文学戏剧地方性知识点图谱

类型		文学戏剧知识		
特征		以会馆建筑群为依托，楹联工整，文学与戏剧融合		
案例	名称	弦子戏	商洛道情戏	洋县杖头木偶戏
	题材	历史故事、民俗风情	民俗风情、道教传说	历史故事、民风民俗

（十八）传统服饰知识点

1. 包头帕

陕南地区传统村落村民有佩戴包头帕的习俗，包头帕也成为当地传统村落服饰的典型代表。女性头上通常包手帕，手帕颜色一般较浅，遮阳护发，具有较强的装饰性；男性则包头巾，头巾上的装饰能明显反映出村民的身份地位。除头巾外，还有瓜皮帽，少数人佩戴礼帽（表 8-18）。

2. 秦绣

秦绣是由纳纱绣、穿罗绣两类陕西省民间古老绣种发展、演变形成的当代刺绣技艺。秦绣的针法、图案较为细腻，制作时将一股细线分成若干股进行织补，其效果精湛，拥有较强的观赏价值。秦绣在陕南地区传统服饰的制作中通常能起到装饰作用，并逐步融入现代服饰的制作中，成为传承传统文化的有效途径（表 8-18）。

3. 对襟服饰

陕南地区传统村落服饰采用对襟款式，男性服饰多为对襟布衣，上侧立领，下摆开衩，女性服饰多为对襟布衣，宽袖盘扣。除日常穿着外，对襟服饰在民歌等音乐舞蹈表演中也作为表演服饰使用。此外，经过长期演化，对襟服饰一方面仍然保持着传统服饰的制作方式，另一方面也逐步与现代服饰相融合，不断创新服饰款式，具有较强的生命力（表 8-18）。

4. 千层底布鞋

陕南地区因气候湿润，人们习惯于穿着方便穿脱、沾水浸湿容易晾干的布鞋，由此发展出了千层底布鞋制作工艺。千层底布鞋由若干层纯棉布裱糊在一起，这种鞋底具有穿着柔软舒适、透气吸汗的优点。在制作过程中，需要经过打袼褙、切底、包边、黏合、圈底、纳底、槌底七道工序，每道工序都追求精益求精。布鞋帮采用上等尼料通过精致的裁剪和细致的缝补手法缝合在鞋底上。高档的千层底布鞋针眼细密、走线规整、经久耐穿。进入现代，传统的黑面白底千层底布鞋已经逐渐淡出市场，年轻男女更加倾向于选择多彩的布鞋（表 8-18）。

表 8-18 陕南地区传统村落传统服饰地方性知识点图谱

类型		传统服饰知识
特征		服饰类型多样，穿着部位涵盖头部、身体、脚部，材质以丝麻为主，装饰华丽鲜艳
案例	名称	包头帕、秦绣、对襟服饰、千层底布鞋
	题材	生活劳作、节日庆典

二、陕南地区传统村落景观地方性知识链

（一）自然生态景观中的地方性知识链

陕南地区地形地貌以山地、丘陵、盆地为主，而在气候条件方面则表现出温暖、湿润、多雨的特征，因此陕南地区河网密集，水资源丰沛。在此自然条件的影响下，陕南地区传统村落选址多围绕山、水布局，形成了依山而建、择水而栖、背山面水、林地环绕的村落选址知识（图 8-1）。

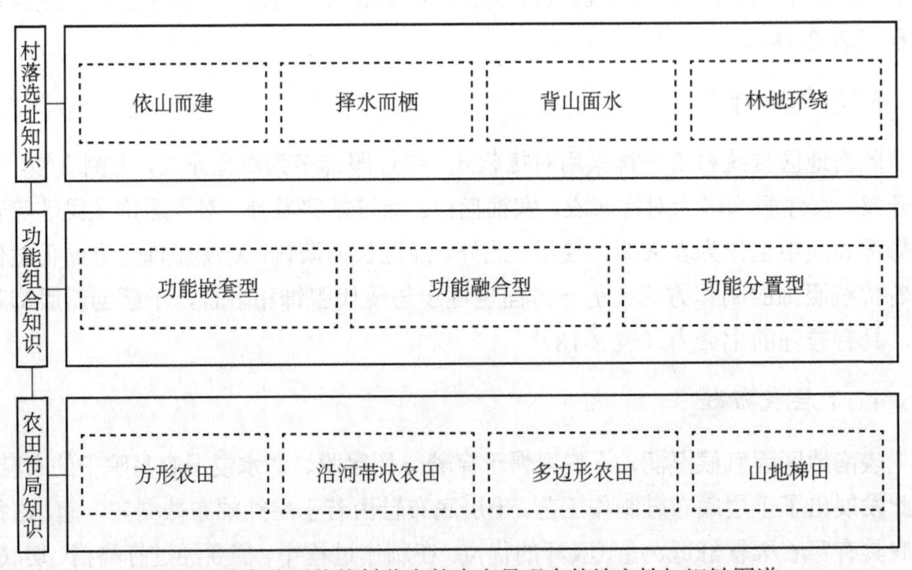

图 8-1 陕南地区传统村落自然生态景观中的地方性知识链图谱

依山而建、背山面水的传统村落因所在地形狭窄，村落建设用地面积较小，形成了“三生”空间功能嵌套布局或功能分置布局的地方性知识，其中生产空间多依托山体走势布局，大多为多边形农田或山地梯田；择水而栖、林地环绕的传统村落多分布在地势相对平坦、开阔的盆地地形区，因此形成了“三生”空间功能有机融合的地方性知识。其中生产空间多为方形农田或沿河流布局，形成了沿河带状农田布局的地方性知识。

（二）空间形态景观中的地方性知识链

陕南地区传统村落形态知识分为条带状、块状、散点状三种类型。其中条带状、块状形态的传统村落多分布在地形相对平坦、开阔的盆地或河谷地区，相应地形成了网格状或带状街巷形态。另外，随着传统村落的演化、发展，村落斑块面积增加后受到周边丘陵、山体等地形地貌的挤压，形成“丁”字形或“一”字形街巷形态。这些传统村落的主要街巷多沿山体等高线走向分布。散点状形态的传统村落多分布在地形破碎、地势陡峭的山地地形区，相应地形成了环形放射状或树枝状村落街巷形态。该类传统村落街巷形态完全受制于地形地貌、河流水系自然环境要素，因此与自然环境之间形成了较强的耦合关系，凸显出地方性的传统村落空间形态知识和景观特征（图 8-2）。

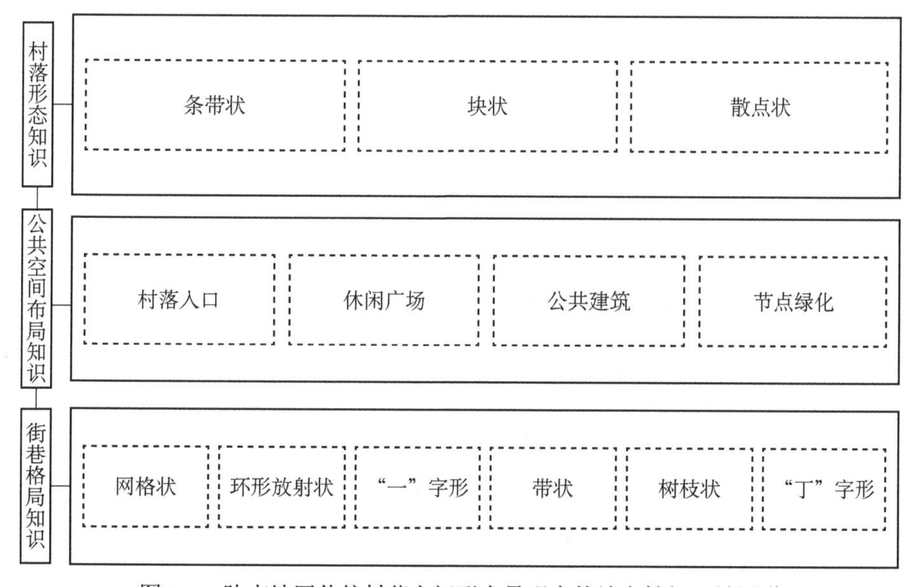

图 8-2　陕南地区传统村落空间形态景观中的地方性知识链图谱

（三）传统村落民居景观中的地方性知识链

陕南地区由于不同建筑材料组合方式的差异，形成了传统民居建筑结构地方性知识，包括砖木结构、土木结构、石木结构、木结构、砖石木混合结构、石板房建筑结构知识。其中土木结构、石木结构、石板房建筑院落布局相对简单，多采用“一”字形院落或L形院落布局方式，砖木结构、木结构和砖石木混合结构建筑院落布局较为复杂，多采用天井四合院、二进四合院的院落布局方式。除关中地区和陕北地区传统民居营建采用的木材、土砖、石板、砌块外，因所处地理环境气候温和湿润，所产竹子坚固结实，因而其也作为一种建筑材料被运用于传统民居建筑营建。在建筑装饰方面，陕南地区传统民居建筑装饰精美，特别是以木、砖为主要建筑材料的民居建筑中多装饰有木雕、石雕、砖雕等，以彰显主人的身份地位（图8-3）。

图8-3 陕南地区传统村落民居景观中的地方性知识链图谱

（四）传统习俗景观中的地方性知识链

陕南地区涉及日常生产生活用品的生产技法知识主要为竹编技艺知识。因陕南地区盛产竹子，其具有韧性好、抗腐蚀性强、便于获取等特点，以之为原料编制的竹篮、斗笠、竹筛等制品能较好地满足传统村落村民日常生产生活所需，所以村民广泛利用竹子编制产品，形成了竹编技艺知识。涉及食品制作的生产技法知识包括菜豆腐和热面皮制作技艺。由于陕南地区地理位置靠近四川，饮食等生活习俗与川渝地区相似，例如，制作热面皮时多加入辣椒、红油，使得食品口感鲜香麻辣。在传统服饰制作方面，主要包括包头帕、秦绣、对襟服饰、千层底布鞋制作知识。陕南地区是羌族聚居区，因此传统村落服饰带有少数民族服饰特征，服饰样式追求色彩明快、艳丽，刺绣精美，面料多样，表现出民族特有的服饰景观地方特征。在婚丧嫁娶知识方面，婚丧活动包括章程性的仪式和话语，特别讲究细节的行为禁忌以及物件的象征意义，体现出陕南地区传统村落村民精致、内敛的民风民俗特征。在艺术工艺知识方面，羌族的羌绣和江南地区的傩戏面具文化伴随文化传播交流融入陕南地区传统村落地方习俗，形成了羌绣制作技艺和傩戏演绎与傩戏面具制作技艺，其中寄托了传统村落村民对于理想生活的向往（图 8-4）。

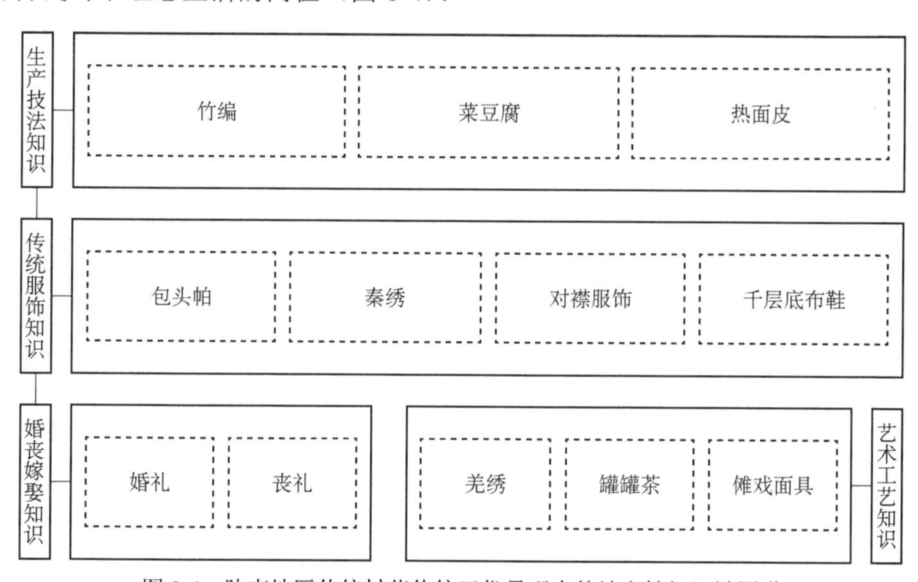

图 8-4　陕南地区传统村落传统习俗景观中的地方性知识链图谱

（五）民俗文化景观中的地方性知识链

陕南地区节日庆典知识包括烧狮子、赛龙舟，集市贸易知识包括云镇村和中山村庙会、青木川镇和凤凰街村集市。这些集市贸易、节日庆典活动中又包含多种文学戏剧和音乐舞蹈表演活动，例如，弦子戏、商洛道情戏、洋县杖头木偶戏表演，紫阳民歌社火、旬阳民歌、商洛花鼓表演，相应地形成了文学戏剧知识和音乐舞蹈知识。陕南地区文学戏剧和音乐舞蹈表演曲调曲折细腻、婉转流畅，唱腔复杂多变，又具有川渝文化风格特征，表现出多地域文化色彩，突出体现了陕南地区传统村落村民含蓄内敛但又不失睿智与坚忍的性格与民风民俗特征（图 8-5）。

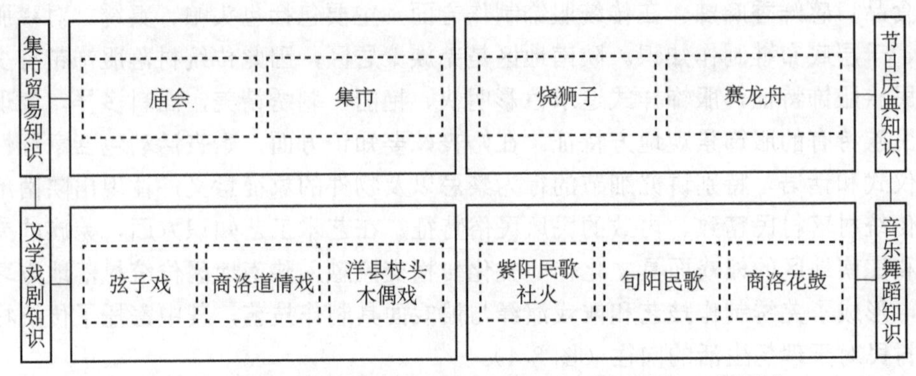

图 8-5 陕南地区传统村落民俗文化景观中的地方性知识链图谱

三、陕南地区传统村落景观地方性知识集

陕南地区传统村落景观地方性知识形成于陕南地区特殊的自然地理环境及建构在此基础上的政治制度、经济发展、社会网络、历史文化等人文社会环境中，其充分表现出陕南地区传统村落村民依托自然、师法自然、多元包容、有机融合的传统村落景观营建地方哲学（图 8-6）。

陕南地区自然环境条件一方面为传统村落景观地方性知识的形成与演化发展提供了基础生存资源，另一方面也塑造了传统村落景观地方性知识的特征。在地形地貌方面，山水相依、山水相间分布的空间特征培植了传统村落“依山、临水”的择居智慧以及因地制宜选择“三生”空间布局方式的功能组合知识、农田布局知识。同时，传统村落形态与地形地貌形态密切耦合，形成了传统村落形态知识和街巷形态知识。在气候方面，陕南地区位于暖温带大陆性季风气候、亚热带与暖温带过渡性季风气候以及北亚热带海洋性气候影响区，总体气候特征表现为温暖湿润、降水丰沛。因此，气候条件与地形地貌条件叠加使得陕南地区林地资源丰富，木材、竹材、石材成为传统村落民居建筑营建的主要建材，形成了多种传统民居建筑材料知识和相对应的建筑结构知识、院落布局知识。

陕南地区相对封闭的自然环境使得传统村落总体处于相对独立的发展环境中，与外界的关联度较低，远离世俗干扰。因此，自古以来这里就是中原人民躲避战乱、远离尘世的理想之地，也吸引众多能人异士隐居于此。受此影响，长期以来传统村落村民形成了依托山水、崇尚自然、注重礼教和宗法等级秩序的地方文化观念与勤劳、智慧的精神品格，表现在传统村落景观地方性知识中，即婚丧活动注重程序、礼法，彰显了祖先崇拜和人伦社会关系；因地制宜利用竹、木等地方本土动植物资源创制生产生活用品，形成了生产技法知识；音乐舞蹈、文学戏剧的题材和主题内容体现了自然崇拜、祖先崇拜、图腾崇拜的意识，形成了音乐舞蹈和文学戏剧知识。

虽然陕南地区山高岭峻、交通不畅，但因其地理位置衔接南北、贯通东西，是陕西关中地区前往四川盆地、江汉平原的必经之地。在此背景下，先民修建蜀道等驿道，翻越秦巴山区，打通关中平原南部交通入口。这使得少部分位于交通节点的传统村落商贸活动繁盛，一方面形成了节日庆典知识、集市贸易知识，另一方面交通运输条件的改善也促进了传统建筑营建知识的升级，例如，青瓦作为一种外地的建筑材料，因具有更加轻便、美观的属性特征被引入，取代石板成为传统民居建筑使用的主要建材。

陕南地区地理位置特征使其成为三秦文化、巴蜀文化、藏羌彝文化、荆楚文化的交叠区域，这些多元性的地域文化交融并存，形成了具有多样性、地域性的地方传统习俗和民俗，使陕南地区传统村落景观地方性知识也表现出兼收并蓄、多元共存的地方性特征。这些外来的文化知识与陕南地区本土地方性知识相互碰撞、借鉴、吸收、融合，催生出陕南地区特有的传统村落地方性知识体系和地方性景观（图 8-6）。

四、本章小结

本章以陕南秦巴山区国家级传统村落为研究对象，采取定性与定量相结合的方法，通过“点-链-集”地方性知识分析方法，提炼出陕南地区传统村落景观的地方性知识并构建地方性知识图谱，用以指导后续面向可持续发展的实践应用。本章结论有如下几点。

第一，陕南秦巴山区传统村落景观的地方性知识点包括村落选址知识点、功能组合知识点、农田布局知识点、村落形态知识点、街巷格局知识点、公共空间知识点、院落布局知识点、建筑结构知识点、建筑材料知识点、建筑装饰知识点、节日庆典知识点、婚丧嫁娶知识点、集市贸易知识点、生产技法知识点、艺术工艺知识点、音乐舞蹈知识点、文学戏剧知识点和传统服饰知识点等。

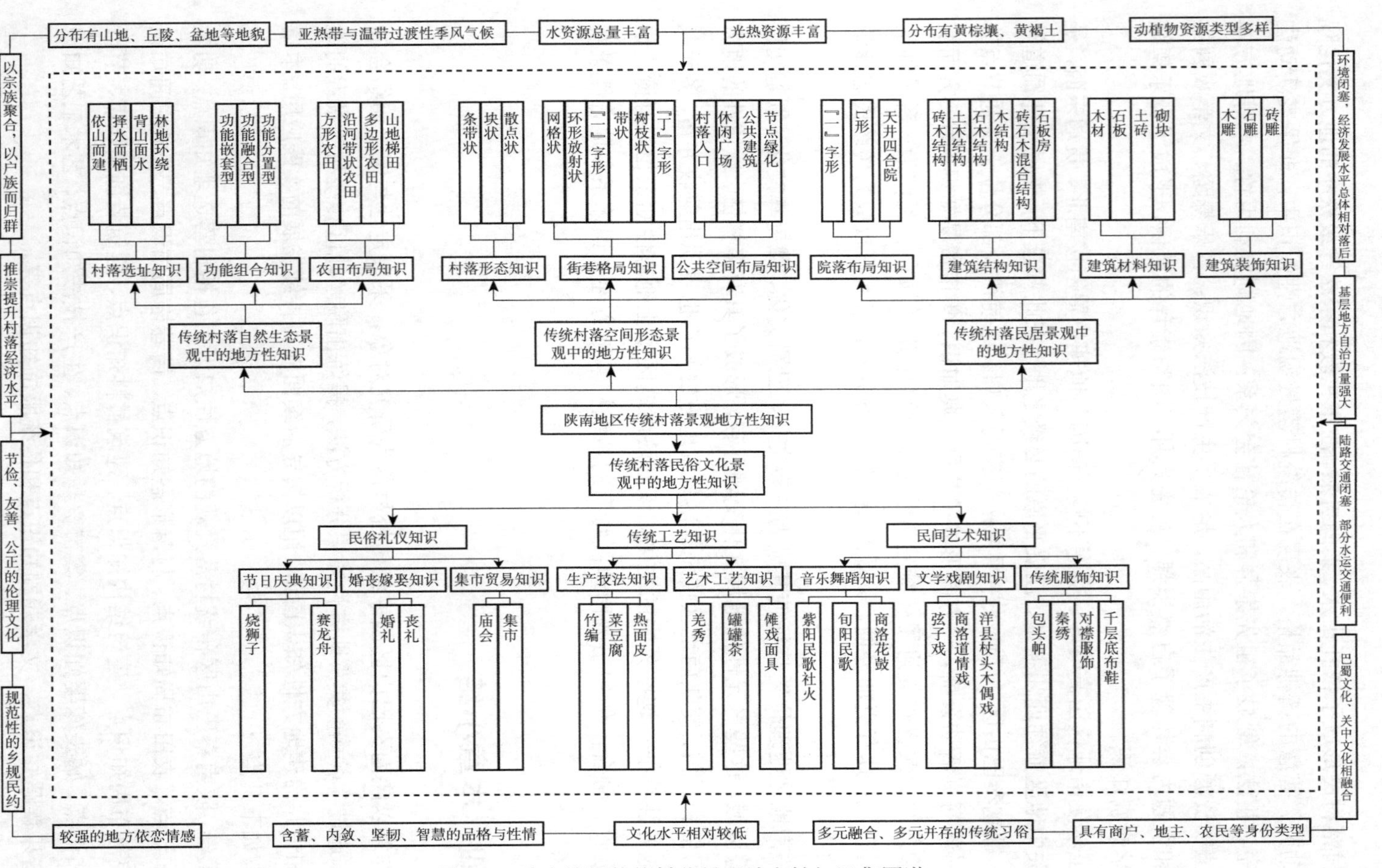

图 8-6 陕南地区传统村落景观地方性知识集图谱

第二，根据陕南秦巴山区传统村落景观地方性知识点之间存在的包含、递进、匹配、分化等相互关系，遵循逻辑规律将地方性知识进行整合，构建5条传统村落景观地方性知识链，分别为传统村落自然生态景观中的地方性知识链、传统村落空间形态景观中的地方性知识链、传统村落民居景观中的地方性知识链、传统村落传统习俗景观中的地方性知识链、传统村落民俗文化景观中的地方性知识链。

第三，陕南秦巴山区传统村落景观地方性知识的形成、演化、发展、组合受到自然系统、社会系统、支撑系统、人类系统的共同影响，共同构成了这一区域传统村落景观地方性知识集。

第九章　流域文明视角下传统村落景观的地方性知识图谱构建

流域文明作为一种人类的文化、文明类型，经历了很长的历史发展时期，人们将其称为“大河文明”，例如，两河文明、印度河文明、黄河文明。这些大河文明与人类文明息息相关，是人类文明的源泉和发祥地。本章选取黄河流域陕西段沿线传统村落作为研究对象，对沿岸传统村落空间特征和文化景观进行地方性知识提取，运用GIS空间分析等方法，对沿线传统村落的始建年代、形成因素、地域环境、行政区划、文化类型等进行综合叠加分析，划定黄河流域陕西段传统村落的集群单元。基于传统村落的集群单元，针对自然生态景观、村落形态景观、传统建筑景观、民俗文化景观4类景观载体，对其存在的地方性知识进行梳理、提取和凝练，归纳总结出黄河流域沿线陕西段传统村落景观地方性知识点、地方性知识链和地方性知识集，最终形成黄河流域陕西段传统村落景观的地方性知识图谱。

一、理念引介

（一）流域文明

流域作为一种自然区域，是水资源的地面集水区和地下集水区的总称，是一个以河流为中心具有明确的地域边界的自然区域。流域属于一种典型的自然区域，它是以河流为中心，被分水岭所包围的区域，在地域上具有明显的边界范围，是以水系为主线的重要文化经济地理分区，是一种特殊类型的地理单元（钱乐祥等，2000）。河流对人类文明的发展具有至关重要的作用，不仅为人类提供了生活和生产所必需的水源与物资，也是人类迁移的主要通道，还催生出统一的国家和集权政权，并对人类精神文明创造产生了巨大影响（葛剑雄，2021）。河流的生命问题不仅关系到陆地水生生物的繁衍、生息和生态稳态，也会直接影响人类长期与河流共生过程中产生的与河流相关的精神信仰等。历史上，人类及社会生态系统与河流相互依存、密不可分，人类社会发展积淀了流域文明文化，流域文明推动了社会发展。相对于一般地理单元而言，流域自然环境的外在形态是“贯通”，内在特质则是“流动”。旧石器时代，人类以狩猎、采集为主要生产方式，动物的活动性和植物的季节性决定了当时的人类群体具有较强的流动性。流域内部流动的河流，沿河谷贯通的交通路径，皆为早期人类“逐水草而居”的流动生活提供了便利的迁徙通道。河流在地球生命形成和人类文明起源中发挥了巨大的作用，气候温暖的大河流域多成为人类文明的摇篮。

在流域单元内，与河流水体共存的多样生物，丰茂的森林、草原，为早期人类提供了丰富的植物果实及动物资源；河流不停地堆积、搬运，又在两侧塑造出适宜早期采集、畜牧的台地，这一切都为早期聚落的形成奠定了物质基础。大江大河多发源于高原山区，穿过上游的崇山峻岭，进入开阔、肥沃的下游平原，山的阳刚、水的阴柔相得益彰，使得流域内的居民具有锐意变革的创新精神，与此同时也呈现出兼容并蓄的开放态势，这正是流域文明形成的文化前提。河流孕育了人类文明，人类与河流进行不同形式或程度的互动，自然会在同样的地理环境下形成不同的文化，不同程度地塑造文明形态。在人类早期生产力落后的情况下，任何一个群体都不可能掌握全面的、准确的地理信息，对自己所处的地理环境也不可能完全是出于自觉的、自主的、理性的选择。任何一种文明都不是事先规划好的、完全有意识发展的结果，因此人类与河流的互动往往起着很大的作用。

黄河流域是中华文明的发源地。黄河流域绵延万里，自西向东横跨青藏高原、内蒙古高原、黄土高原和黄淮海平原四个地貌单元，流经我国 9 个省（自治区、直辖市）。黄河流域文明的主要特征之一就是农耕文明，这里形成了以北方旱作农业为基础，涵盖北方畜牧业、中原旱作农业、江南稻作农业三大农业类型的社会经济文化科技体系，催生了以北方畜牧文明、中原耕作文明、江南农渔文明为一体的黄河流域农耕文明，深刻影响了中国乃至世界的文明进程。黄河流域文明的另一特征是礼乐文明突出。中国古代以族群血缘群体为基本生产单位的农业社会衍生了家国同构的社会结构，即所谓的“家是小国，国是大家”。将宗法礼乐推而广之以维护社会秩序、约束行为举止、陶冶道德情操、保证和谐安定，基于这一认识的治国施政理念多了一份关爱与温情，并由此形成了有别于西方功利文化的中华礼乐文明。这一文明体系影响了中国数千年的社会、经济、文化发展，深入到我们的骨子里。在黄河流域文明数千年的发展中，由于生态环境的变化，黄河文明的中心不断转移，形成了多个文明中心的空间特征。随着黄河流域文明中心的时空转移，黄河流域文明呈现出先导性、开放性、多元一体性等特点，由此产生了凝聚和辐射作用，成就了我国古代文化由多元文化不断走向大融合的历史，同时也成就了它在中华文化中的重要地位。

（二）流域特性

1. 流域的空间特征

（1）流动性和组织性

流域空间以水系作为通道，具有天然的流动性与组织性。流域空间的流动性特征是指流域内上中下游、干支流之间作为一个完整的流域单元，具有较为紧密的联系，流域单元内不同区段的自然资源、经济、人口、文化等要素借助河流通道彼此之间互相流通，形成具有高度流动性的空间单元。流域空间的组织性特征是建立在气候、地理、流经面积、水量等流域水文特征基础上的流域空间内的等级体系，根据干流与支流及上游、中游与下游等方式形成的以河流水体串联的线性空间组织形式的流域单元具有较强的组织属性。

（2）整体性和关联性

流域空间涵盖的范围极广、内容复杂，是资源、经济、人口、社会和文化多元叠合的空间单元。流域空间的整体性是指流域空间由多个密切相关的次级流域整合形成，具有一定的整体性，上、中、下游的区段变化会造成整体流域的空间变化，支流的变化同样也会使干流主体发生巨大改变，因此流域空间具有极强的整体性。基于流域空间“牵一发而动全身”的整体属性，流域内部的各级支流、各个区段具有高度的关联性，这种基于资源、经济、人口等的深层次内在关联机制，是保障流域空间整体性的重要支撑。

（3）区段性和差异性

流域空间通常绵延万里，流经之处的气候环境、地理环境、社会经济和风土人情各不相同，且随着流经地的逐渐拓展，呈现出不同区域的独特性，表现出较强的区段性和差异性。流域空间的区段性通常按照上、中、下游或者干流、支流的方式进行划分，用以明确不同流域空间的自然资源、区位条件、社会经济、发展程度等方面的特征。

（4）层次性和网络性

流域空间一般会跨越较大的地理范围、行政范围，其流经之地在不同空间单元中的地位和作用不尽相同，具有显著的层次性和网络性。流域空间的层次性与流域水系的层级密切相关，同时流域空间中不同区段的节点也会形成多个流域区段中心，构成了流域空间的不同层级体系。流域空间的各级支流及各区段在一定程度上又是密切相关、资源共享、一体发展的网络联通关系，各级支流和各个节点汇集形成了以水系为脉的关系网络，体现了流域空间单元的网络性。

2. 流域的文化特征

（1）区域性与地方性

区域性和地方性是文化地理学的重要研究内容。文化区划往往是文化地理学研究的最终归属（刘沛林等，2010），亦是研究区域差异和区域地方性的重要方面。区域性与地方性是所有地域文化的共性特征，也是流域空间文化生态系统的基本特征。流域空间文化特征的区域性主要是建立在流域空间的整体性特征的基础上，表现在一定空间单元范围内的文化表征具有高度的一致性和相似性，形成了同根同源的文化区域。流域空间文化的地方性主要表现在流域空间文化特征的文化影响范围和传播边界较为明显，流域内部单元的文化特征与外部单元具有较为显著的差异性，文化特征根植于流域空间本土，产生了极强的独特性和在地性。

（2）开放性与传播性

流域空间是具有流动性的空间单元类型，流域空间的系统内部、流域与流域外部的系统不断进行着物质、能量、信息的交换，是一个开放性系统。正如水润万物一般，流域空间涵盖了流经区域的所有物质及文化信息，同时伴随着流域边缘的不断扩张与收缩，流域空间的开放性进一步增强。流域空间的水系串接着不同区段、不同地理单元、不同气候、不同人文的次级区域，各个次级区域的物质及文化借助水系通道进行流域内部的交流，并进一步向外扩散，体现了流域文化的传播性特征。

（3）同质性与异质性

流域单元内部文化的形成受到自然资源的广泛分布和文化交流日益频繁的影响，文化的基础内容和表征内容具有较强的同质性，表现在流域文化、流域风俗和流域产业等方面具有较高的相似性。同时，流域空间的地理格局使得在文化发展过程中形成了在地化特征，同时，文化交流与沟通会促使流域不同单元的文化融合，呈现出“一干多支”的流域文化多样性和异质性。

3. 流域单元内的传统村落特征

（1）逐水性与远水性

流域性分布是中国文明的初始格局，也是中国传统村落价值空间的关键特征。河流不仅是具备运动性、永恒视觉美学的大地景观，也是激发人类生产动力和想象力的自然资源。河流周期性洪水泛滥和人们实时适地的引水灌溉，产生了最早的农业文明，并诞生了与之相适应的社会分工、宗教信仰、自然生产技术与政治经济基础。流域村落的空间分布表现出逐水性与远水性共存的显著特征（龚胜生等，2017；刘淑虎等，2019）。生活水源与交通水网的分布对村庄的外部结构、内部构造、建筑风水意象产生了深远的影响。逐水性是传统村落流域性分布的一大特征，河流作为人类生存的必需要素，在传统村落的形成与发展中起着非常关键的作用。远水性是传统村落流域性分布的另一特征，河流在给予人类生存养料的同时，也因河流泛滥给古代的村落带来许多灾难。

（2）群落性与依附性

中国传统村落的选址与布局受古代风水理念的影响较大，注重与自然山水风光的融合。遵循“贴近自然、融于山水”的营建理念，本着以“山为骨架，水为血脉”的环境构想，绝大多数传统村落都是依山傍水、临近水源分布。人依赖于自然之水而获得生命的存在逻辑，使得人们在选择居住空间时会尽可能地接近水源，而获得水源最为便利的地方便是河流两岸，人们在那里构筑起生存和发展的聚落空间，即一个又一个星罗棋布的村落（赵旭东，2017），表现出显著的群聚性和依附性特征。

（3）独立性与连通性

流域空间本身就是以某种科学理论为依据划定的价值空间。在不同的流域性价值空间内，村落呈现相应的空间聚集与分异。在流域村落的形成和发展中，地形地貌条件和稳定流通的水系是村落发展的主要基础，不同流域单元的自然、社会、人文条件存在差异，村落的选址布局、空间形态、主导产业、景观风貌存在较大的差异性，但因依附于流域空间，随着河流的变迁，村落的流域性扩散，每个村落都是独立个体的同时，也是流域村落的一员。流域凭借自身的流动性将沿岸的村落串接起来，形成整体性的村落空间分布格局，流域从一个地理单元转化为联系周边村落组织的空间纽带。

流域文明视角下传统村落空间特征的识别，是将村落抽象为一个点，通过对点要素的空间类型、格局和势态的判断，识别传统村落空间特征。不同流域的自然、社会、人文条件存在差异，流域性传统村落的空间分布呈现出与一般村落的空间分布截然不同特征，河流变迁在传统村落的流域性分布中起到了至关重要的作用。

二、构建思路

笔者基于流域文明视角对传统村落空间分布特征和文化景观地方性知识进行提取，运用 GIS 空间分析技术及共现分析方法，分析黄河流域陕西段传统村落的时空分布特征，结合传统村落的始建年代、形成因素、地域环境、行政区划、文化类型等多种因素的综合叠加效应，划定黄河流域陕西段传统村落的集群单元。同时，基于传统村落的集群单元，针对自然生态景观、村落形态景观、传统建筑景观、民俗文化景观 4 类景观载体，采用共现分析方法对传统村落景观的地方性知识进行梳理、提取和凝练，科学地总结和归纳传统村落景观地方性知识点的类型及特征。根据传统村落景观地方性知识点的总体特征和类型特点，从生态、生产、生活三个知识维度分析并解构传统村落景观地方性知识点之间的关联，搭建传统村落景观的地方性知识链，进而结合黄河流域整体层面及传统村落集群单元层面进行传统村落景观地方性知识集的整合，最终形成黄河流域陕西段传统村落景观地方性知识图谱（图 9-1）。

三、研究区域

黄河是中国第二大河，发源于巴颜喀拉山脉，有中国“母亲河”之称。黄河流域陕西段包括西安市、铜川市、宝鸡市（部分）、咸阳市、渭南市、榆林市、延安市、杨凌示范区以及商洛市（部分）等 80 多个县区市的全部或部分地区（图 9-2），总面积为 13.33 万平方千米，占全省面积的约 65%。本书研究选取黄河干流流经区域作为研究范围，黄河干流在陕西境内全长 700 多千米，自北向南依次流经榆林市的府谷县、神木市、佳县、吴堡县、绥德县、清涧县，延安市的延川县、延长县、宜川县，渭南市的韩城市、合阳县、大荔县、潼关县等 13 个县（市），总面积 2.98 万平方千米，占全省面积的约 15%（陕西省地方志办公室，2021）。

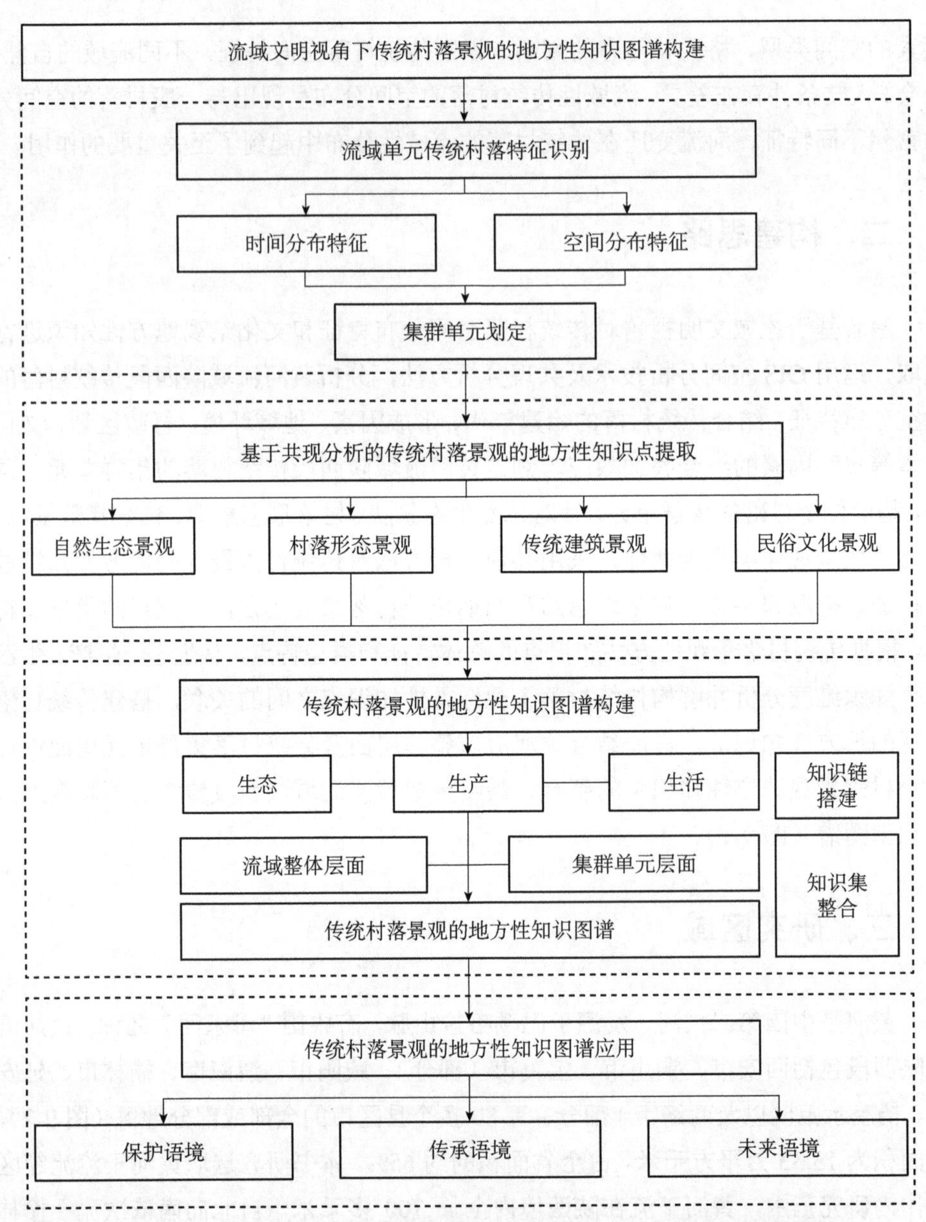

图 9-1　流域文明视角下传统村落景观的地方性知识图谱构建框架图

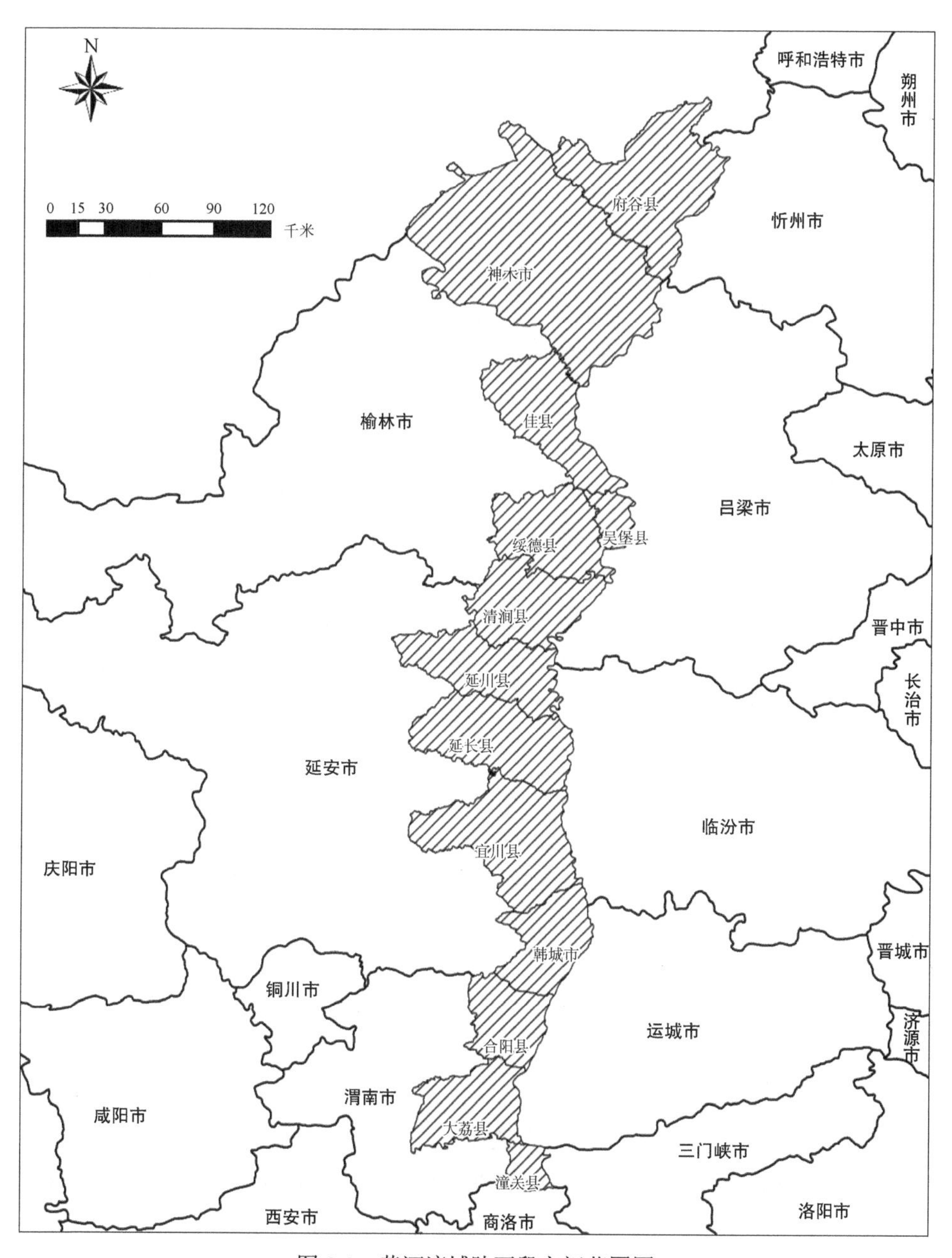

图 9-2 黄河流域陕西段空间范围图

（一）区域基本概况

1. 自然地理

（1）地形特征

黄河流域陕西段地形分异明显，从北到南依次可划分为北部风沙滩地区、中部黄土高原区、南部关中平原区。总体地势北部高、南部低，由西向东倾斜。其中，北部风沙滩地区位于长城沿线，处于内蒙古高原向陕北黄土高原过渡地带，地形相对平坦，湖泊众多；中部黄土高原区地势西北高、东南低，控制着陕北主要河流由西北流向东南，该地区南部黄土塬保存面积较大，为塬梁沟壑区，北部地形破碎，为梁峁丘陵沟壑区；南部关中平原区包括渭河冲积平原及其两侧的黄土台塬和南部的秦岭北坡，地势由东向西和由中部渭河冲积平原向南北两侧渐次升高。

（2）气候特征

黄河流域陕西段纵跨两个气候带，南北气候差异较大。按照水热条件可以划分为陕北高原暖温带半干旱气候区和关中平原暖温带半湿润气候区。其中，北侧陕北高原夏热冬冷，雨量少，整体气候偏干燥；南侧关中平原夏季炎热，冬季较冷，四季分明。

（3）河流水系

黄河流域陕西段干流长度为715.6千米，流经渭南、延安和榆林三个市，支流则分布于关中、陕北两大区域和陕南部分地区，基本由西北流向东南注入黄海。本次研究范围的黄河流域陕西段多为过境河，有无定河、延河、渭河、窟野河、清涧河等支流。其中，黄河流域陕西段中、上游河谷平缓开阔，支流众多，而下游和河口段则沟深谷窄，支流较少。

2. 经济社会

黄河流域陕西段流经陕北高原和关中平原，自然地理、社会经济和历史人文差异较大，沿线区县的经济社会发展存在较大差距。黄河流域陕西段区县的经济社会发展呈现出经济总量偏小、地区差异较大、综合实力薄弱、整体发展滞后的典型特点，表现出陕北地区两极分化、关中地区相对均衡稳健发展的区域不平衡发展的态势。

黄河流域陕西段的区县经济产业发展对资源的依赖性较强，产业比例关系相对失衡。县域经济发展较为滞后，部分产业发展强县依靠能源资源优势，以能源化工为主的产业体系成为县域产业发展的核心支柱，产生了严重的资源依赖（表 9-1）。

表 9-1　黄河流域陕西段各区县信息汇总（2020 年）

市	县（县级市）	第七次人口普查（人）	地区生产总值（亿元）	一、二、三产业结构（%）
渭南市	韩城市	383 097	338.44	8.0∶68.4∶23.6
	合阳县	360 683	112.97	29.9∶18.3∶51.8
	大荔县	592 888	175.51	32∶20∶48
	潼关县	125 317	44.09	14.3∶28.8∶56.9
延安市	延川县	139 713	101.78	11.73∶63.67∶24.60
	延长县	117 965	54.06	27.9∶33.1∶39.0
	宜川县	112 090	42.40	45∶9.4∶45.6
榆林市	绥德县	255 294	100.15	21.7∶8.7∶69.6
	清涧县	115 645	63.08	34∶19∶47
	佳县	113 035	63.33	28.88∶30.61∶40.51
	吴堡县	53 938	28.61	22.4∶15.6∶62.0
	神木市	571 869	1 294	2.02∶76.04∶21.94
	府谷县	255 397	582.81	1.8∶72∶26.2
总计	13	3 196 931	3 001.23	—

资料来源：2020 年各地统计公报

3. 历史文化

（1）历史文化悠久

黄河流域凝聚了独特的地理空间与人文空间形塑的生活方式、社会制度、风俗习惯以及宗教信仰、审美情怀。黄河自北向南经过黄土高原腹地和关中平原东部，是陕西省和山西省的界河。黄河流域陕西段涉及陕北和关中地区的多个县市，其支流沿线是华夏文明的主要发源地之一，历史文化资源的标识性强、数量丰富、特色鲜明。同时，黄河流域陕西段的延安市是中国革命圣地，老一辈无产阶级革命家在延安生活战斗十多年铸就了伟大红色史诗。黄河流域陕西段的历史文化一直在世代相传、生生不息，从未间断。

（2）文化资源丰富

本次研究黄河流域陕西段的文化资源载体主要涉及陕北和关中两个片区，富集历史文化名城名镇名村及传统村落、各级文物保护单位、风景名胜区及历史建筑等文化遗产，人文历史底蕴深厚。黄河流域陕西段国家级历史文化名城有韩城市、府谷县、神木市和佳县，历史文化名镇有神木市高家堡镇、佳县木头峪镇和潼关县秦东镇，历史文化名村有韩城市西庄镇党家村、延川县文安驿镇梁家河村、佳县王家砭镇打火店村、府谷县新民镇新民村、潼关县桐峪镇善车口村。黄河流域陕西段的劳动人民创造了灿烂辉煌的地域文化，留下了极其丰富的物质文化遗存，这些遗址遗存是他们生活的印记。

（3）地域特色鲜明

黄河流域陕西段在中国版图的位置明显，承东启西、连接南北，自古就是各民族文化交流与融合的核心区域。陕北的红色革命文化、边塞文化、草原文化，关中的历史文化都极富特色。关中东府文化的承载地渭南地区是关中耕读文化的集中代表区域，形成了独具特色的农耕文化、方言文化、诗词文化、民俗文化、宗教文化等地域文化。同时，作为晋陕豫“黄河金三角”的核心区域，形成了多元融合的文化特色，孕育了以党家村为代表的大批古村落，并成为关中乃至陕西省保存传统村落最多的地区之一。陕北地区主要为榆林、延安两市，古代曾长期为边塞之地，是中原政权与少数民族政权进行拉锯战的区域，历经多次战争（周国祥，2008）。延安地处黄土高原丘陵沟壑区，是黄帝文化圈核心地带和中国革命圣地。榆林地处农牧文明交错区，从风沙滩地广袤的大漠边塞风情到黄土沟壑区生境独特的窑洞聚落景观，无不体现出陕北苍茫、高亢、激昂的人文风情。

4. 传统村落

陕西作为中国农耕文明的重要发祥地之一，六批次共计入选 179 个国家级传统村落。这有力地证明，陕西省作为中华文明的重要发祥地之一，具有悠久的农耕文明史。陕西黄河流域西接河套，东衔中原，地跨黄河沿线最具特色的黄土高原和孕育周、秦、汉、唐盛世之冠的渭河平原，在黄河文明的发展进程中占据了极其重要的地位。黄河流域陕西段是陕西省传统村落分布的集中区域，其中主要以韩城市、合阳县、延川县、佳县、绥德县分布较多（图 9-3）。

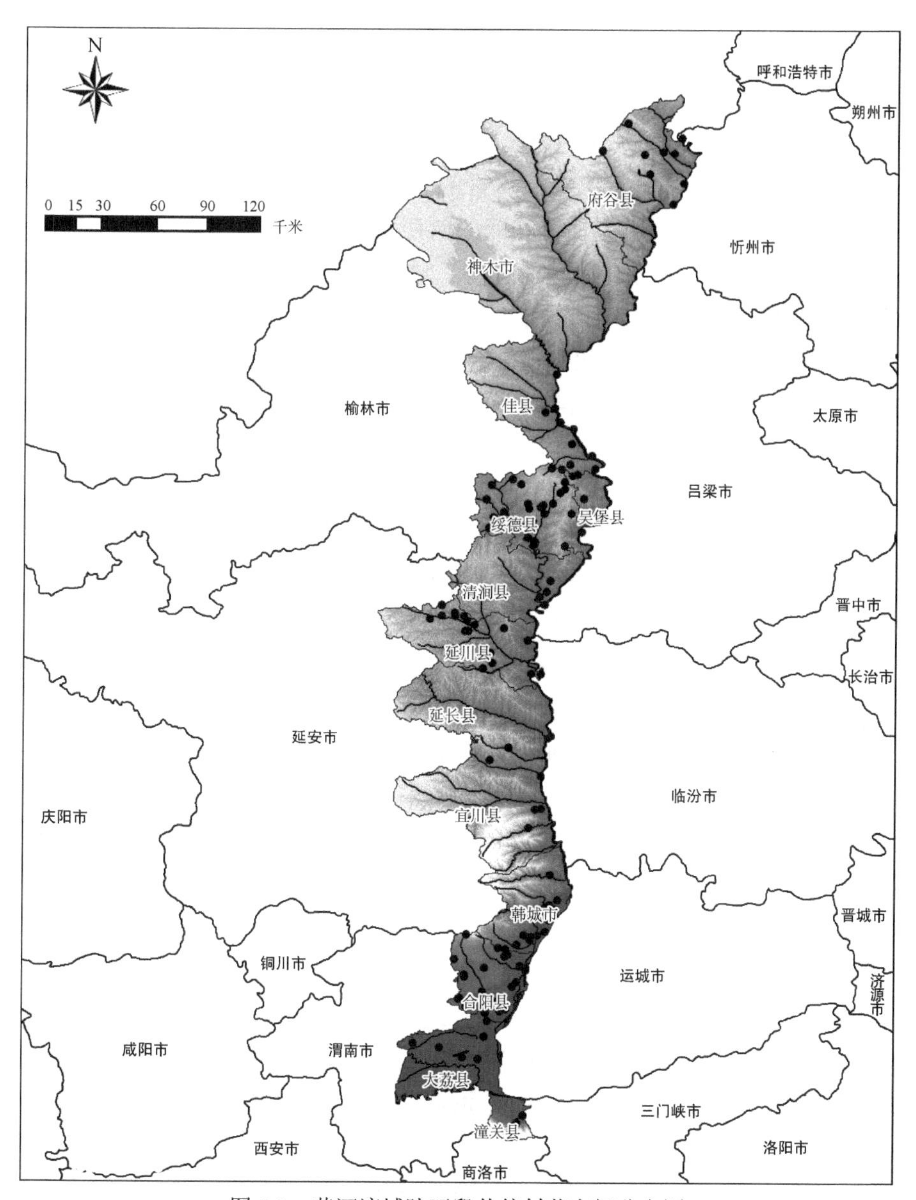

图 9-3　黄河流域陕西段传统村落空间分布图

（二）时空分布特征

1. 数据来源与处理

本章从中华人民共和国住房和城乡建设部官方网站获取黄河流域陕西段传统村落名单，同时将一些陕西省级传统村落一并纳入综合分析。通过百度地图开放平台坐标拾取器逐个获取其经纬度信息，将其录入 Excel 文件中，并结合实地调研所获取的《中国传统村落档案》《传统村落调查登记表》《陕西古村落（一）——记忆与乡愁》《陕西古村落（二）——记忆与乡愁》等基础资料，共同确定各村的形成年代、传统村落类型等，并建立相应属性的字段。然后，将建立完备的 Excel 文件及通过国家地理信息公共服务平台获取的陕西省 DEM 数据导入 ArcGIS 10.2，建立黄河流域陕西段传统村落的空间数据库。同时，运用 GIS 空间分析方法，从宏观层面将传统村落抽象为独立的点要素，对其进行空间格局研究，并采用地理集中指数分析方法用来判断区域内点状要素是否具有集聚性，用核密度估计法探测流域沿线传统村落的集中聚集区，从而科学分析黄河流域陕西段传统村落的时空分布特征。

2. 空间分布特征

根据黄河流域陕西段传统村落的空间分布特点，分析传统村落的聚集性，识别传统村落的空间分布特征。黄河流域陕西段的传统村落分布在渭南、延安和榆林三市的 13 个县（县级市），其中渭南市占比 39.1%，延安市占比 20.3%，榆林市占比 40.6%。各市县中以绥德县、合阳县、韩城市和延川县占比较高，其中韩城市国家级传统村落分布最多。

另外，运用核密度估计法分别进行黄河流域陕西段传统村落的总体核密度、不同形成时期传统村落核密度的分析计算，结果如图 9-4 所示。黄河流域陕西段传统村落在流域尺度总体空间分布格局上表现出明显的聚集性，各区域分布相对集中，形成了府谷县、佳县-吴堡县-绥德县、延川县、韩城市-合阳县 4 个主要集聚区，且过渡区域分布较少。

黄河流域陕西段传统村落形成了两个高密度聚集区：第一个是位于黄河西岸、榆林东南部的绥德县-佳县-吴堡县区域，这一区域是黄土高原窑洞聚落的主要分布区域，也是窑洞聚落景观的典型区域；第二个是关中平原东北部的韩城市-合阳县区域，得益于韩城市、合阳县良好的交通、区域条件和关中腹地的支撑，这一区域成为关中传统村落的主要分布区。

黄河流域陕西段传统村落在流域尺度上呈现出“东多西少、北多南少”的特征，并且有比较突出的向东聚集趋势。黄河流域陕西段传统村落主要聚集在邻近黄河的东部区域，并在各区域东部地区形成密集聚集区。一方面，黄土高原是中华民族的主要发祥地之一，人类活动历史悠久；另一方面，黄河流域陕西段沿岸东部的水运交通、自然、历史人文等各方面条件较为优越，具备形成具有一定地域文化水平传统村落的基础。

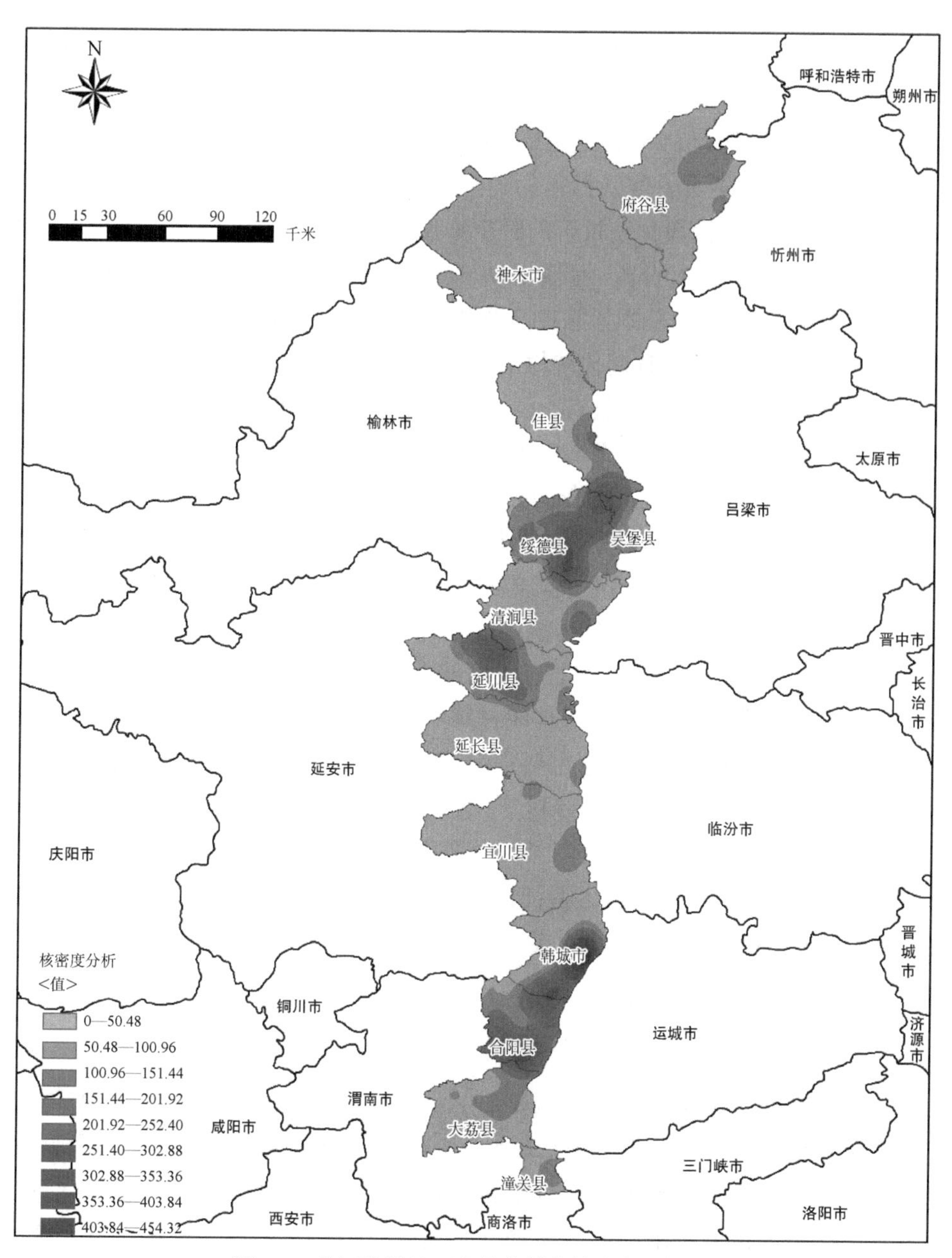

图 9-4　黄河流域陕西段传统村落核密度分析图

3. 时间分布特征

分析流域内传统村落的形成时间，对于研究片区传统村落文化起源和传统村落空间的形成有着重要的意义。根据文献查阅、实地调研的取证分析，将黄河流域陕西段传统村落的建置时间划分为宋代以前、宋元时期、明清时期和近现代及时间不详4个时段。其中，宋代以前的传统村落为22个，宋元时期的传统村落为12个，明清时期的传统村落为61个，近现代及时间不详的传统村落为43个。

根据黄河流域陕西段传统村落的建置时间进行分阶段的传统村落核密度估算，分析黄河流域陕西段传统村落的时空集聚特点。通过GIS空间分析工具对传统村落时间分布特点进行分析，呈现出以下显著的分异特征。①宋代以前的传统村落形成和发展较为缓慢，基本紧靠黄河及其支流岸边，呈散点状分布特征，村落之间的发展相对独立。这一时期传统村落分布数量较少，主要分布在合阳县、韩城市、延川县及佳县，其余县市仅有少量分布（图9-5）。②宋元时期，黄河流域陕西段的传统村落数量较少，主要分布在韩城市，呈现显著的单核心分布特征。这一时期，传统村落分布较为紧密，开始形成区域集群聚落，村落之间的集聚度和紧密度有所提高（图9-6）。③明清时期，传统村落大量出现，主要分布在渭南市、延安市及榆林市南部，传统村落开始形成局部组团分布状态，产生了韩城市-合阳传统村落集聚带和佳县-吴堡县-绥德县传统村落集聚带，依靠河流水系的联动作用，这一时期的村落在散点状集聚的基础上形成局部组团的发展态势，村落之间的集聚度和紧密度进一步增强，初步奠定了传统村落集群单元的雏形（图9-7）。④近现代及时间不详，这一时期的传统村落主要是近现代形成的村落及部分因相关资料不足暂时难以确定具体建置时间的传统村落。近现代传统村落主要以民国时期为主，大多数集聚在绥德县、吴堡县及合阳县，主要以延安革命时期革命先辈开展红色事业的村落为主，这一时期的村落特征鲜明，具有极高的历史文化价值和红色文化教育意义。根据核密度空间分析，这一时期的传统村落以面状集聚为主，村落分布密集，集聚度较高（图9-8）。

4. 文化区化特征

按文化类型，可将黄河流域陕西段分为关中文化聚集区、红色文化聚集区、边塞文化聚集区三大文化聚集区。其中，关中文化聚集区主要以关中地区为主，主要呈现出以农耕文化为根基、以京畿文化为标志的文化特征；红色文化聚集区主要是以延安市域范围内的物质和非物质文化资源为载体，形成了红色文化资源丰富、具有典型特征的文化类型；边塞文化聚集区主要是以榆林地区为主，形成了农耕文化、游牧文化多元共存的文化类型。根据流域沿线传统村落分布

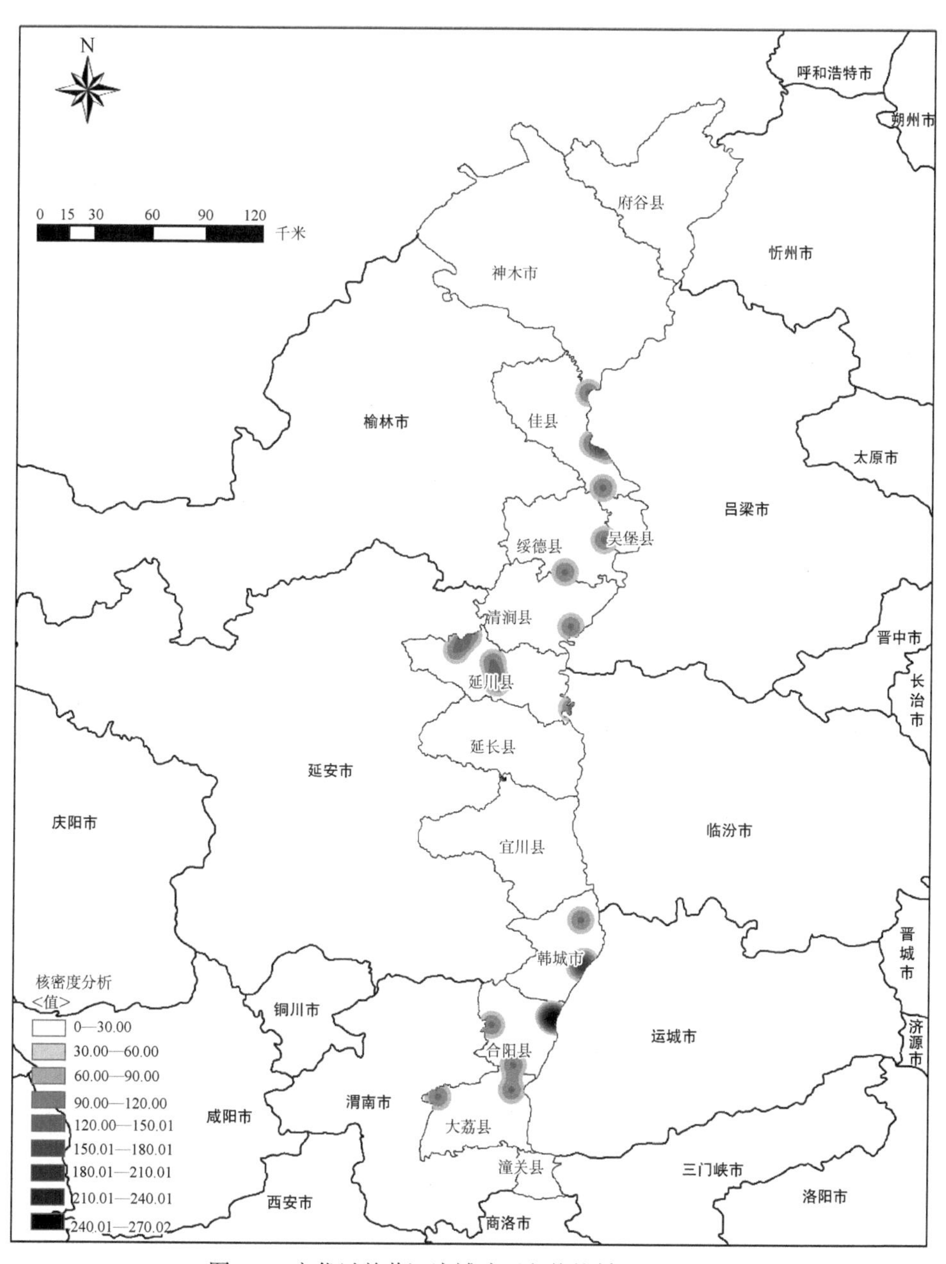

图 9-5　宋代以前黄河流域陕西段传统村落空间分布

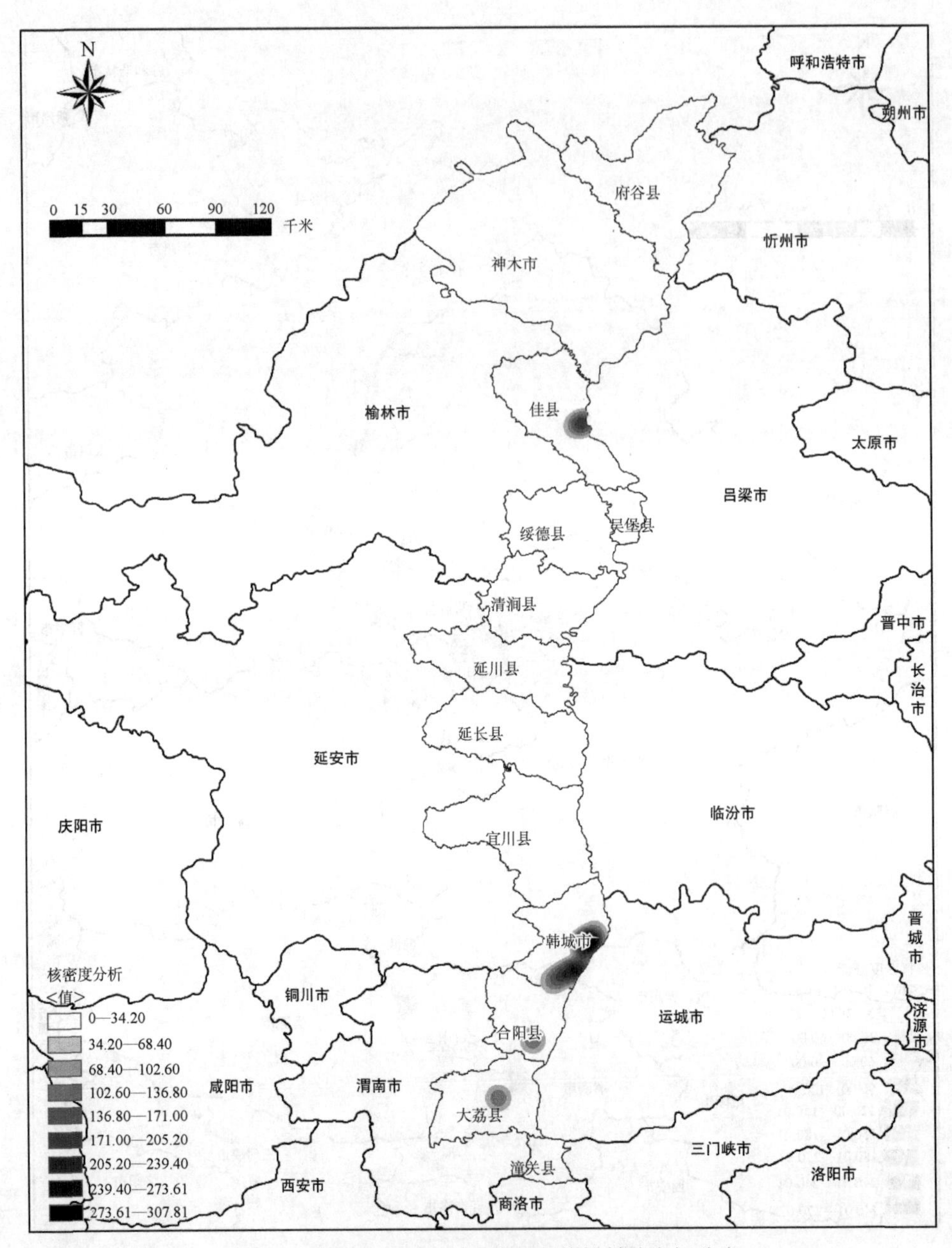

图 9-6 宋元时期黄河流域陕西段传统村落空间分布

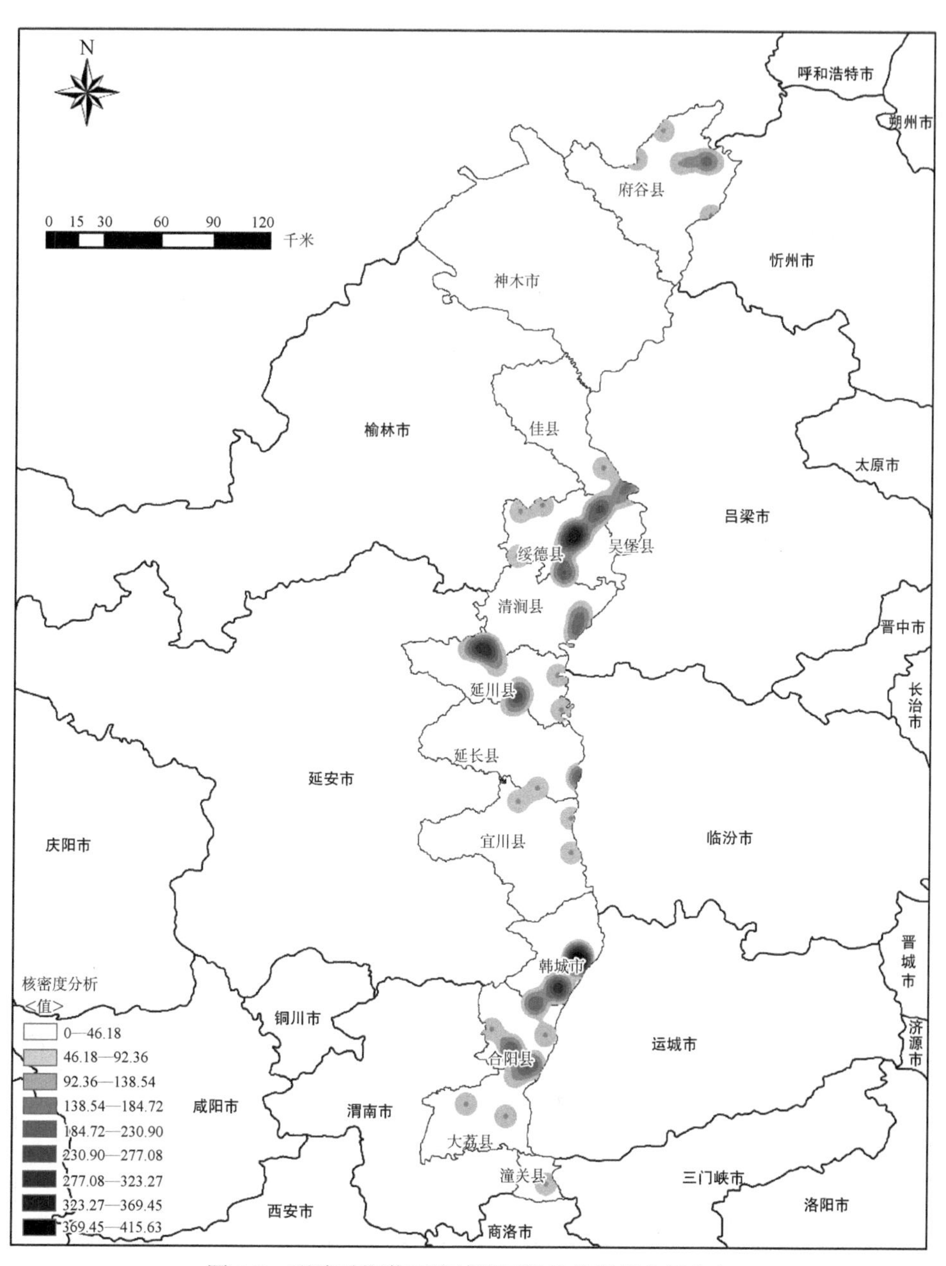

图 9-7　明清时期黄河流域陕西段传统村落空间分布

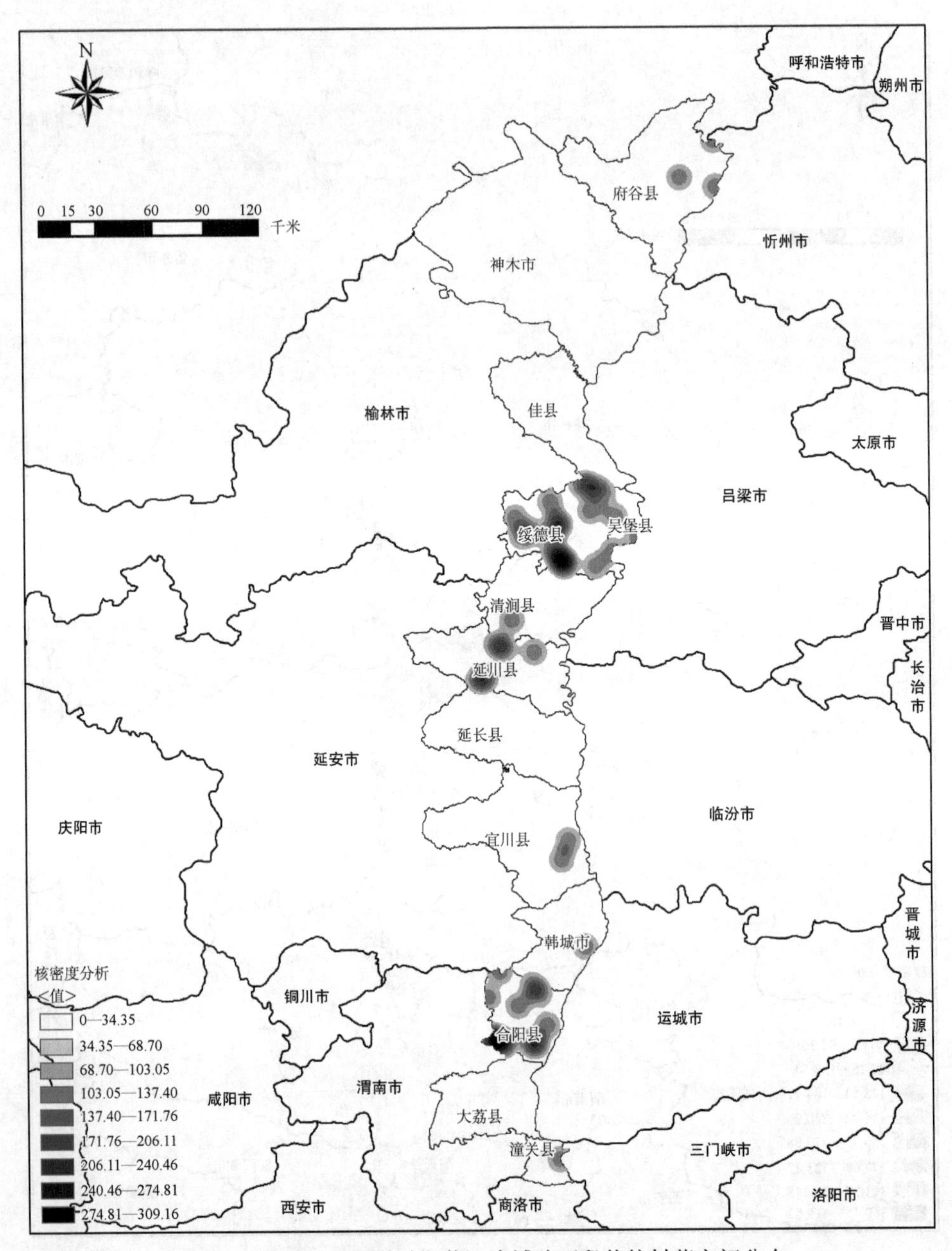

图 9-8　近现代及不详时期黄河流域陕西段传统村落空间分布

特点，主要形成了韩城市-合阳县-大荔县传统村落集聚区，处于关中文化聚集区和“晋-陕-豫”文化融合区，综合了元、明、清三个时期以来关中地区的传统村落文化；延长县-佳县一带传统村落集聚区，处于红色文化聚集区与“晋-陕”文化融合区，形成了明清时期及近现代黄土高原丘陵沟壑区域的传统村落文化；神木市-府谷县一带的传统村落集聚区，处于红色文化聚集区“晋-陕-蒙”文化融合区，形成了明清时期以来黄土高原风沙地区及边塞地区的传统村落文化。黄河流域陕西段传统村落由南向北跨越了关中平原文化区、黄土高原文化区及黄土风沙文化区，融合了秦、晋、豫、蒙多元文化，是黄河流域多元文化融合交汇的典型地区，因此形成了历史底蕴深厚、文化特色鲜明的传统村落。

（三）集群单元划定

1. 集群单元划定原则

（1）区域完整性原则

将黄河流域陕西段作为一个独立完整的区域进行传统村落集群单元划分，在其内部划分的各级传统村落集聚区，必须保证各区域的完整性，以研究其差异和联系。

（2）区域连续性原则

黄河流域陕西段流经距离较长，流经范围内的自然生态、风土人情的差异性较为显著，村落空间分布的疏密程度差异较大，划定集群单元时必须保证区域的连续性与完整性。

（3）区域独立性原则

根据前述分析，黄河流域陕西段传统村落在流域范围内是呈非均匀分布的，这就意味着以其为主要参考划分出来的集群单元是非均质的，并且是相对独立的区段单元。

2. 集群单元划定方案

基于上述流域集群单元划定原则，综合考量流域的地理特征、空间特征、文化特征、村落特色，得出黄河流域陕西段传统村落空间分布集群单元的划定方案。我们将集群单元分为 4 个传统村落集聚区域，由北向南依次为风沙地貌集群单元、黄河峪谷集群单元、丘陵沟壑集群单元、黄土台地集群单元（图 9-9）。

（1）风沙地貌集群单元

风沙地貌集群单元主要以府谷县为主，传统村落主要集聚在窟野河-黄河流域的河流水系网络上，主要为风沙地貌，处于陕西、山西、内蒙古交界地带，是晋、

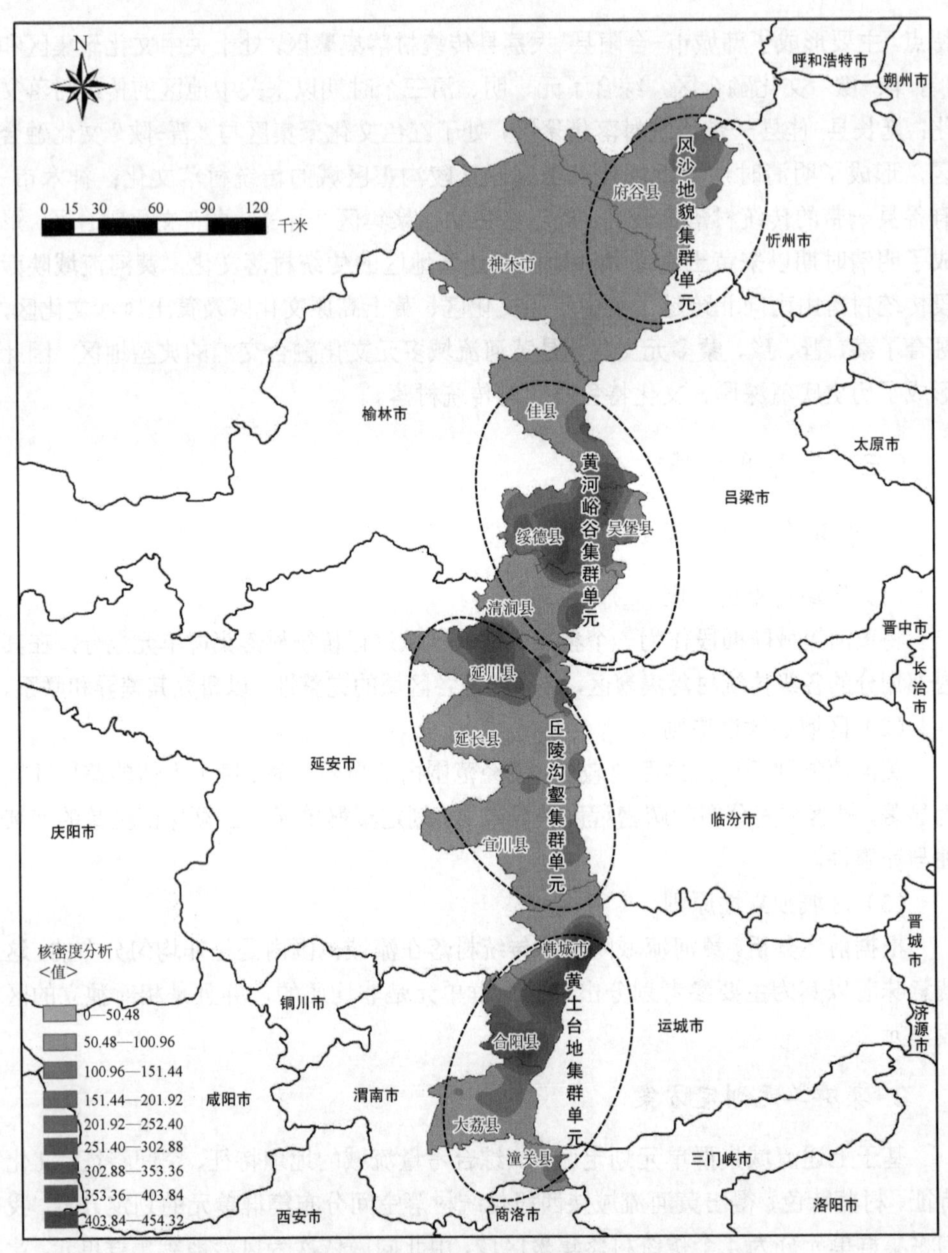

图 9-9 黄河流域陕西段传统村落集群单元划定方案图

陕、蒙多元文化融合的核心区域，传统村落主要聚集在府谷县东北区域，临近黄河及其支流，具有典型的边塞村落特征（图 9-10）。

（2）黄河峪谷集群单元

黄河峪谷集群单元主要为榆林市东南区域，包含佳县、绥德县、吴堡县和清涧县，传统村落主要聚集在无定河-黄河流域的河流水网周边。黄河及其支流对黄土高原切割和冲积，形成了河川地和黄河峪谷区地形地貌，传统村落大多依山而建、临水而居，形成了山、川、村之间相互依存的村落空间格局。这一区域的传统村落处于晋陕文化交融区域，两地风俗人情差异较小，留有大量的红色文化遗存，是陕北红色革命的主阵地之一（图 9-11）。

（3）丘陵沟壑集群单元

丘陵沟壑集群单元主要以延安市东部区域的延川县、延长县和宜川县为主，传统村落广泛集聚在清涧河-黄河、延河-黄河流域的水系网络上和沟壑纵横、河谷深切、梁峁起伏、山川相间的地貌单元中，传统村落处于陕北红色文化、晋陕文化的核心区域，文化特征十分显著（图 9-12）。

（4）黄土台地集群单元

黄土台地集群单元主要以韩城市、合阳县、大荔县和潼关县为主，这一区域的传统村落处于渭河-黄河流域，是渭河冲积平原的主要区域，地处晋、陕、豫三省文化融合交汇区域，也是中国传统文化的核心区域。传统村落广泛分布在关中平原东部，地貌类型涵盖河谷阶地、黄土台地和低中山多种类型，尤其围绕韩城市形成了黄河流域陕西段传统村落的集聚核心和典型代表（图 9-13）。

四、流域文明视角下传统村落景观的地方性知识点提取

黄河流域陕西段传统村落主要划分为风沙地貌集群、黄河峪谷集群、丘陵沟壑集群、黄土台地集群 4 个单元，本章从自然生态景观、村落形态景观、传统建筑景观、民俗文化景观四个方面提取黄河流域陕西段传统村落景观的地方性知识点。

（一）自然生态景观知识点

传统村落产生于农耕文明时期，其形成和发展与所处地域环境存在密切的联系，体现了人与自然环境共生的朴素观念，表现为主动式或受动式的人地适应、协调关系。传统村落的山水格局受地形地貌等自然条件的制约及人类主观能动选择

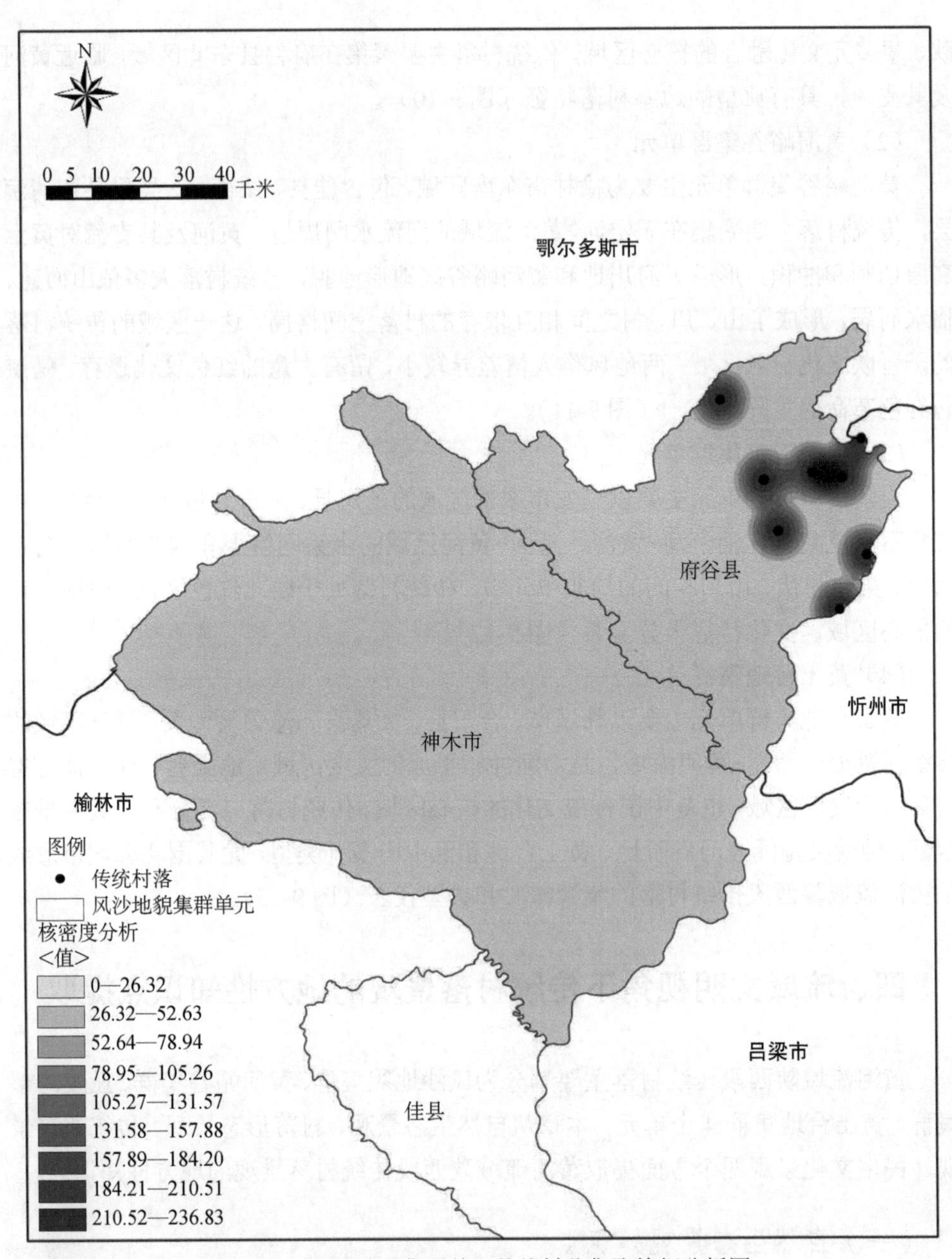

图 9-10 风沙地貌集群单元传统村落集聚特征分析图

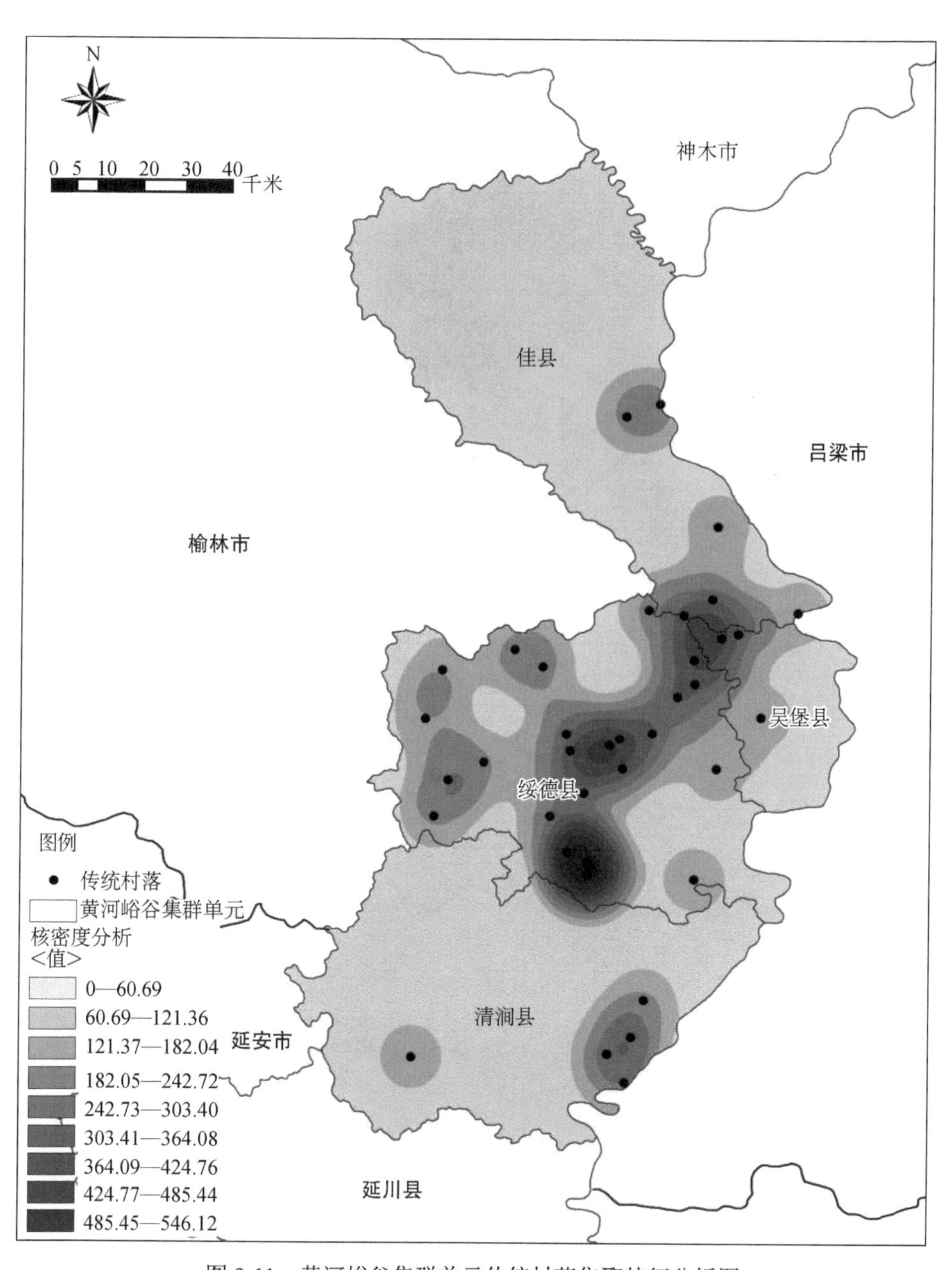

图 9-11　黄河峪谷集群单元传统村落集聚特征分析图

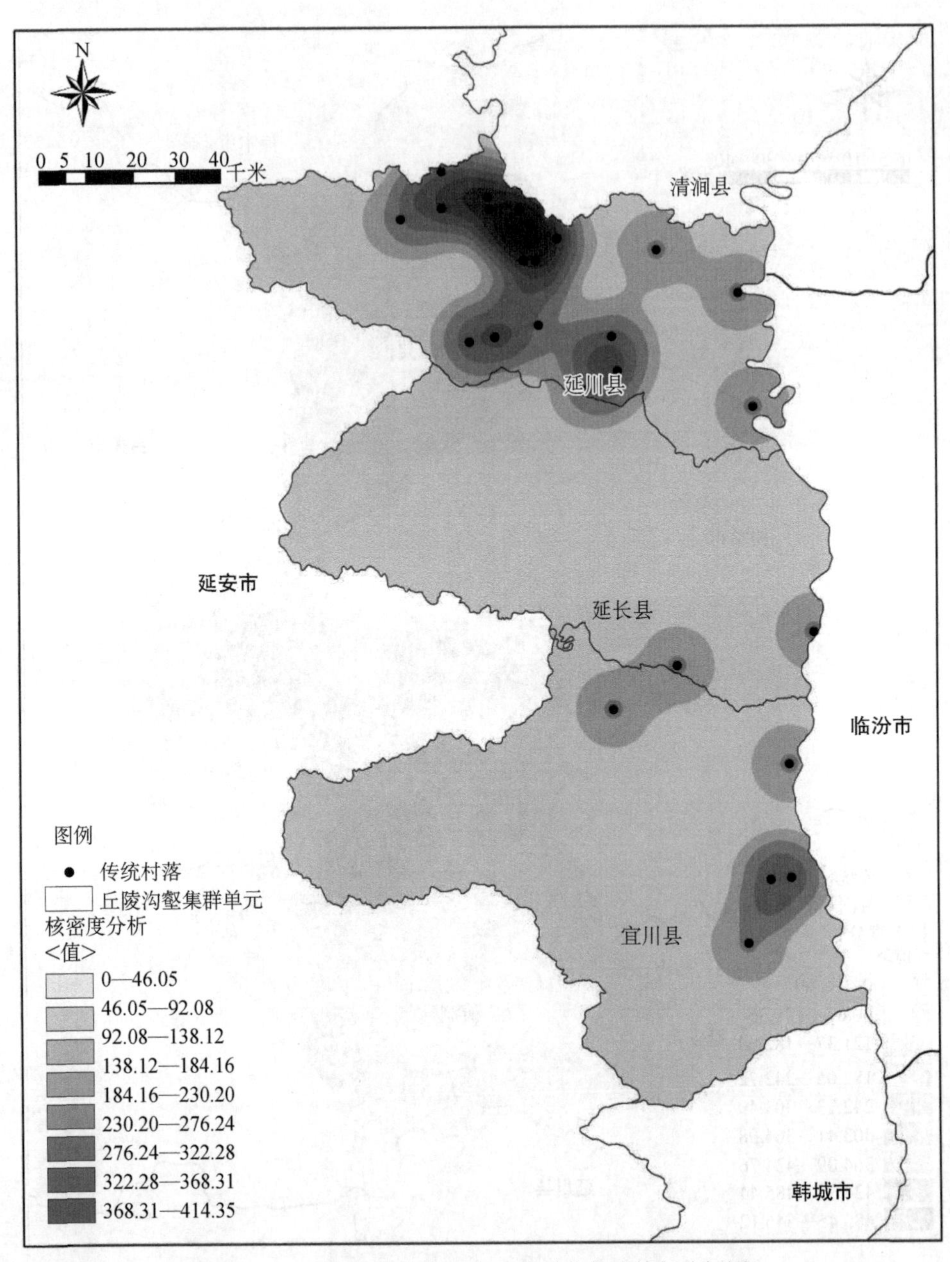

图 9-12 丘陵沟壑集群单元传统村落集聚特征分析图

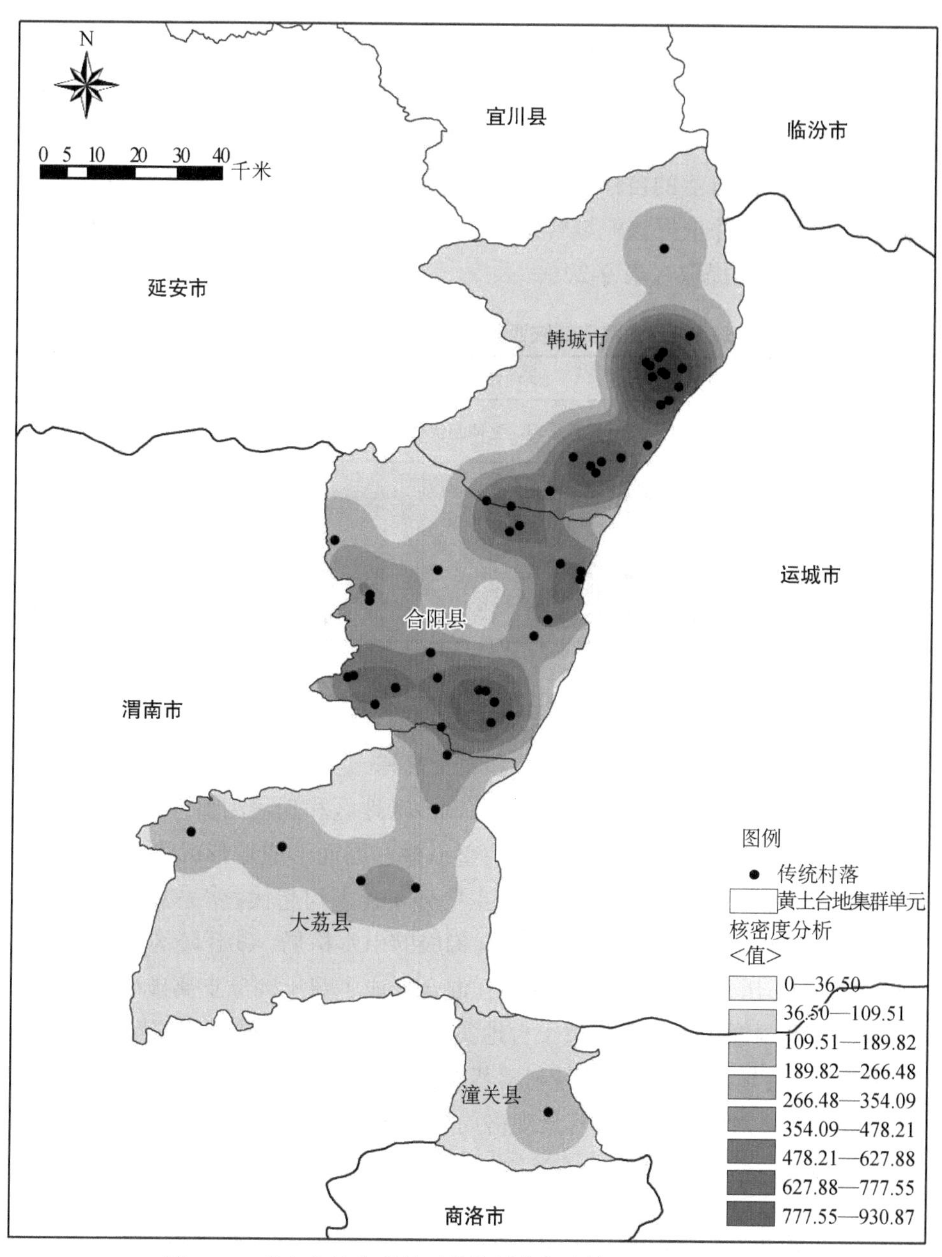

图 9-13　黄土台地集群单元传统村落集聚特征分析图

的干预，形成了以山、水、林、田、村为主要构成要素的村落自然生态基底。传统村落的地方特征与自身所处自然生态环境密切相关，进而导致不同类型村落的空间形态特征呈现出明显的差异性。根据黄河流域陕西段传统村落的自然地理特征，我们将传统村落的自然生态景观分为地貌景观、气候景观、水系景观和生物景观 4 种类型，并依据该流域传统村落自然生态景观的不同类型，对其地方性知识点进行相应的提取（表 9-2）。

表 9-2 黄河流域陕西段自然生态景观地方性知识点图谱

知识点	风沙滩地	黄河峪谷	丘陵沟壑	黄土台地
特征	以沙地为主，多为固定、半固定沙丘	地势平坦，整体起伏小	地形破碎，千沟万壑	地势平坦
案例				

1. 地貌景观

黄河流域陕西段流经关中平原和黄土高原，其中关中平原区域以渭河冲积平原和黄土台地为主，黄土高原主要包括风沙滩地区和丘陵沟壑区。①风沙地貌集群单元的传统村落因地形支离破碎、沟壑纵横，因而形成随形就势散居型的村落格局。②黄河峪谷集群单元的传统村落主要分布在山川起伏、水系密布的水网川道密集区，形成由山、水、林、田、村共同构成的山水格局。③丘陵沟壑集群单元依托梁、峁、沟、川、塬五种地形地貌相互混合形成了黄土高原支离破碎的地貌，孕育出独特的窑洞聚落景观。④黄土台地集群单元处于渭河冲积平原和黄土高原过渡地带，黄土台地面积广阔，传统村落相对集中且分布广泛。黄河流域陕西段四类不同地貌类型，对陕西传统村落景观格局的形成起到了重要作用。

2. 气候景观

陕西省处于我国湿润与干旱地区的过渡地带，依据水热条件，可以划分为五个气候区：长城沿线温带半干旱气候区、陕北高原暖温带半干旱气候区、关中平原暖温带半湿润气候区、秦岭山地暖温带湿润气候区、陕南北亚热带湿润气候区（曹明明等，2018）。①风沙地貌集群单元地处长城沿线温带半干旱气候区，四季分明，冬季寒冷，夏季干燥，雨量较少，土地较为贫瘠。②黄河峪谷集群单元地处陕北高原暖温带半干旱气候区，季节分明，春季干燥多风，夏季炎热短促，秋季暴雨集中，冬季干冷漫长。该集群单元的传统村落主要聚集在水网交汇区域，村落的农业生产受气候气象因素的影响较大。③丘陵沟壑集群单元属陕北高原暖温带半干旱气候区，冬季寒冷干燥，夏季高温多雨，中纬度的位置保证了充足的日照，因山形地势的影响，气温与降水分别呈现由西北向东南递减和递增的规律，土地相对较少且贫瘠，农业生产效率相对较低。④黄土台地集群单元地处关中平原暖温带半湿润气候区，四季分明，夏季炎热，冬季较冷，整体光照充足，利于传统农业生产，形成了以农耕为主导的村落发展动力，村落人口规模相对较大。不同的气候环境导致传统村落在生态、生产和生活方面存在较大差异，也是黄河流域传统村落景观多样性和地方性的典型代表。

3. 水系景观

在黄河流域陕西段的水系网络中，关中地区以渭河及其支流泾河、洛河为主；陕北地区以无定河、延河、洛河为主。传统村落所处的地域环境及水系特点的不同，使得传统村落与水形成了多样化的呼应关系，这种差异化造就了流域不同集群单元传统村落不一致的水系景观特征。①风沙地貌集群单元的传统村落主要分布在黄河支流上，水网稀疏，水量较少，沟谷大范围的基岩裸露，难以建窑与耕作，村落距离水系相对较远。②黄河峪谷集群单元传统村落主要分布在黄河、无定河和清涧河的流线周边，表现为江河景观、峡谷景观和河流景观。其中，泥河沟村、峪口村、木头峪村和刘家坪村等村落东临黄河，水流激荡回旋，形成了独特的峡谷景观，是著名的晋陕大峡谷的主要区域；艾家沟村与高杰村位于无定河边形成的宽阔川道上，村落空间开阔；张庄村、神泉村和贺一村位于流域支流水系上，处于河谷地带，形成了水田相依的村落景观。③丘陵沟壑集群单元的村落主要分布于黄河、关庄河、文安驿河及永坪川河附近，属于延河-黄河流域范围，在永坪川呈现集中汇集态势。水体景观随河流等级不同呈现江河景观和小河景观。江河景观主要是指黄河，其在此蜿蜒回旋、曲折萦绕，形成了壮美的自然景观，给人以豪迈、心情愉悦之感；小河景观主要是关庄川河、文安驿川河和永坪川河等支流体系，小河随山谷蜿蜒曲折，隐没于梁峁丘陵，呈现空谷幽深的景观意向。④黄土台地集群单元的传统村落主要处于平原及台地区域，村落所在的区域广阔平坦，村落选址通常与水系保持相对较大的距离，形成“村-田-水”的水系景观，且水系的流线较为平滑。

4. 生物景观

黄河流域陕西段的跨度较大，各个区段的降水量不同、气温的差异较大，造成该区域的生物景观形成了随山高沟深的变化而产生垂直分布和南北差异的特征。其中，关中平原的主要植被类型为落叶阔叶林，陕北高原的植被类型则主要为暖温带落叶阔叶林。关中地区自北向南动物种类差异较大，自南向北逐渐减少，陕北地区动物种类、数量偏少。关中平原到陕北高原，既相互独立，又在历史演进中互相影响，形成了关中的窄院聚落和陕北高原的窑洞聚落截然不同的乡村聚落景观，并呈现出一定的分异性和内在联系。

（二）村落形态景观知识点

黄河流域陕西段地域的特征具有代表性，传统村落物质环境特征突出，我们着重从传统村落空间形态的物质环境构成要素角度分析传统村落空间形态特征。我们将黄河流域陕西段传统村落形态景观分为村落选址景观、空间形态景观、街巷空间景观和公共空间景观 4 种类型。

1. 村落选址景观

传统村落形成之初，会以某种主要的目的而存在（段亚鹏，2017），村落的形成、发展与所处的环境密不可分，受环境条件制约的村落呈现出与所在地理环境相适应的村落生长状态。流域单元内的传统村落选址遵循某种营建的一致性、连续性和延续性，是村落原始肌理呈现的一种布置逻辑和未来村落发展的空间基础。黄河流域陕西段内的传统村落选址景观主要是以地形地貌为基础、以山水关系为依据、以农田规模为支撑形成的山、水、林、田、村为一体的村落空间格局（表 9-3）。①黄河峪谷集群单元传统村落位于陕北高原，主要遵循“依山就势，择地就址”的营建思路，选址在梁峁山川地区、支毛沟地区、河谷滩地区等典型区域。其中梁峁山川地区的村落选址沿山腰顺应等高线集中分布或沿山梁缓坡自上而下建设，村落被分为若干组团分散分布；支毛沟地区的村落沿河流或沟道分布，呈树枝状向外延伸，村落空间狭小，民居分散，如郭家沟村、神泉村等；河谷滩地区的传统村落通常利用沟道岔口的宽阔平坦用地建设村庄，村落布局相对紧密，呈现出规整的团状或放射状，河流与耕地分布在村落周围，如绥德县贺一村。②丘陵沟壑集群单元传统村落遵循“依山临水，择田就址”的地方营建智慧，村落主要分布在黄土高原丘陵沟壑区，适宜农业生产的耕地作为村落形成和发展的重要依据及保障，形成了川地型、坡地型和梁顶型。其中，川地型村落以延川县太相寺村为代表，它位于青平川河中下游，整个村落建于北山山脚河湾处，整体布局为五梁四沟一平滩。村落居住区规模较大，对外交通便捷，建筑布局规整、紧凑。坡地型村落以延川县甄家湾村为代表，它位于青平川上，形成了两沟三台的山水格局，土地肥沃，适宜农作物生长。甄家湾村地处台地，覆土层相对较厚，有利于挖土建窑，建筑布局紧凑，村落拥有陕北地区现存规模最大、结构最完整的古窑洞群。梁顶型村落以延川县碾畔村为代表，位于清涧河下游入黄河口处的山梁上，是典型的两川夹一山型布局，村落依山就势分布在山顶缓坡处，地形坡度不一，或平坦，或陡峭。居住区规模较小、相对地势较高，交通十分闭塞，建筑布局分散。③黄土台地集群单元传统村落依托台地，遵循“负阴抱阳，背山面水”的传统定居智慧，村落依山就势、择水而建，形成了台地型传统村落与沟谷型传统村落。其中，台地型传统村落以韩城市柳村、周原村为代表，塬面地势平坦、一马平川，交通发达，物产丰富，土地肥沃，整体面积较大，有利于村落建设和发展；沟谷型村落以韩城市党家村、清水村为代表，村落依山傍水，北侧为高原，日照充足，并且依托北部的地形优势能够抵挡冬季的寒风，南部近水，取水便利。黄土台地集群单元传统村落在背靠山水的地方营建发展，便于村民生产生活以及耕作（梁园芳等，2019）。

表 9-3　黄河流域陕西段村落选址景观地方性知识点图谱

知识点	依山就势，择地就址	依山临水，择田就址	负阴抱阳，背山面水
图示			
特征	山川起伏、水网密布的地理特征将村落限制在梁峁山川、支毛沟地、河谷滩地区	丘陵沟壑内的耕地为村落发展提供了空间，有川地、坡地、梁顶 3 种选址类型	村落选址依山就势、择水而建，有台地、沟谷 2 种选址类型
案例	榆林市佳县佳芦镇神泉村	延安市延川县关庄镇甄家湾村	渭南市韩城市芝阳镇清水村

2. 空间形态景观

传统村落的空间形态与自然山水环境密切相关，村落生成于农耕文明，对水源、黄土、耕地的需求较高，整体呈现出山、水、田、村紧密相依的典型格局和整体形态。例如，陕北黄土高原的传统村落空间形态鲜明地反映出陕北区域村庄营建时的近水、向阳、节地的理念（靳亦冰等，2020），根据传统村落的平面布局特点，我们将黄河流域陕西段沿线传统村落的整体形态景观分为集中式、组团式、条带式和自由式 4 种类型（表 9-4）。①集中式空间形态。集中式布局的传统村落通常地处河谷、台地的平坦地带，形成单一块状的村落格局，布局紧凑规整、规模适中，具有清晰的山、水、村、田相生关系。这种类型多见于黄河峪谷集群单元和黄土台地集群单元，例如，韩城市周原村、柳枝村，佳县峪口村整体形态呈现集中团状特征，村落结构相对简单、规整。②组团式空间形态。组团式布局的传统村落通常因河流、冲沟、山梁等自然要素分割形成多个团块发展的局面，整体分布分散，但各个团块平面布局较为紧凑，组团内部形成集中的建筑群落，通常分布在黄河峪口集群单元与丘陵沟壑集群单元。例如，绥德县虎焉村选址于峁梁顶部，利用有限的缓坡用地建设形成了独立组团式空间形态。③条带式空间形态。条带式布局的传统村落通常顺着河流或者交通干线发展，主要分布在河流沿岸与沟谷中，村落形态呈长条形，平面布局形式整体较紧凑，多数分布在黄河峪谷集群单元与丘陵沟壑集群单元，其他集群单元也有部分该类型村落。例如，延川县甄家湾村、佳县木头峪村和泥河沟村等村落，以山体为界、河流为脉，在河流与山体的限定下，村落沿山脚发展，形成了半弧形的带状整体形态和层层跌落的窑洞村落景观。④自由式空间形态。散点式布局的传统村落主要是顺应山形地势，适应并改造有限的平坦用地，村落沿山坡等高线呈线性或点状，呈树枝状、放射状分布，形成了散点状形态，村落内各个建筑群落之间较为松散。例如，延川县碾畔村位于黄河河谷西侧的山梁上，以沟渠为主线，跟随山脊的起伏和扭转变化形成了一个个与山共融的组团，村落整体形态呈现破碎化的点状特征。

表 9-4 黄河流域陕西段空间形态景观地方性知识点图谱

知识点	集中式	组团式	条带式	自由式
图示				
特征	村落受到自然山体、水系的影响，被自然要素所分割，形成多种团块发展的形态，村落布局较为紧凑	整体分布较为分散，但各个团块平面布局较为紧凑	村落沿横向或者纵向发展，通常沿着河流、道路等线性要素呈线性空间布局	村落多分布于较窄的川道或沟谷、用地受限的梁顶，村落边界深受山体或沟谷的影响，呈不规则状
案例	渭南市韩城市周原村	榆林市绥德县虎焉村	延安市延川县关庄镇甄家湾村	延安市延川县碾畔村

3. 街巷空间景观

黄河流域陕西段传统村落的街巷随村落形态或顺应山坡、沟道、河谷、崖壁等自然因素进行建构，村落街巷空间格局通常分为棋盘式、鱼骨式、自由式3种类型（表9-5）。①棋盘式街巷格局的街巷等级较为明确，通常以纵横交错形成“井”字形的网状道路格局，街巷等级方面存在高度一致性，街巷的通达能力较强，整体形态规整、紧凑，常见于黄土台地集群单元。例如，韩城市党家村（薛颖等，2014）、周原村、相里堡村、柳枝村等村落，主要巷道东西正向，南北笔直，交通方便，村落的紧凑程度较高。②鱼骨式的街巷格局主要是条带状的传统村落较多，街巷顺应地势曲折变化，是由一条或两条平行于河道或地形的主街及垂直于主街的巷道构成的鱼骨状线性街巷格局，街巷的曲直程度因地制宜，街景自然多变。例如，延川县上田家川村的S形街巷格局，延川县甄家湾村的鱼骨状街巷格局。③自由式街巷格局主要是沿山梁走势发展，村落各级街巷变化多样，均以节省土方为主要前提进行布局，主要道路曲折、变化多端，但因界面限定不明显，多数给人以视觉开敞感，常见于散点式的村落形态中。例如，延川县赵家河村街巷格局受地形地貌限制，村落主体沿河岸西侧展开，街巷以东北—西南走向主路为骨干向东西两侧呈树枝状发散，属单边发展的枝状结构；梁家河村街巷体系呈双边发展的枝状结构；刘家山村街巷呈沿山梁走势的随机枝状；等等。

表9-5　黄河流域陕西段街巷空间景观地方性知识点图谱

知识点	棋盘式	鱼骨式	自由式
图示			
特征	村落街巷布局规整、均匀，通常以“十”字形或者“井”字形为主巷	村落呈带状发展，以一条主街串联各个空间，从主街向两侧延伸多条支巷	受到地形或者用地的限制，街巷随等高线走势分布，没有固定的路网结构
案例	渭南市韩城市党家村	延安市延川县甄家湾村	延安市延川县赵家河村

4. 公共空间景观

黄河流域陕西段传统村落公共空间景观主要是服务于传统农耕活动的，与乡土居民的日常生活密切相关，通常有信仰空间、文化空间和游憩空间3种类型（表9-6）。①信仰空间。传统村落大多历史悠久，且是以血缘为纽带的宗族社群为核心成员构成的村落族群。宗族社群中的祠堂在聚落空间中往往处于中心位置，成为核心空间，成为祖先崇拜的民间信仰的典型代表。同时，传统村落保留了大量以庙宇、牌楼、古树为代表的乡土信仰空间，这类空间多位于村落周边的山脚、山坡或山梁，与村落核心空间按照一定空间序列布局。②文化空间。传统村落的文化空间指的是承载和传播村落历史与记忆的地方，是村落大型文艺汇演与集会的场所。文化空间类型多样，本土性的文化空间有戏台、戏楼、故居旧址、古驿道、学堂等；后期发展的文化空间有文化广场、村史馆等多种类型，常见于文化旅游发展较好的传统村落，例如，泥河沟村的“佳县古枣园”“历史文化艺术区”等。③游憩空间。游憩空间通常指的是村民休闲游憩的场所空间，包括一些小型的村落广场以及配套的休闲娱乐设施场所，承担居民日常交流与娱乐游憩功能。其主要分布于村落入口的缓冲空间和村落中心的公共区域，通常由小型广场、古树、绿化等要素构成，是村落空间布局的核心或组织节点，成为传统村落村民日常生活中最具生活气息和乡土韵味的空间类型。

表 9-6　黄河流域陕西段公共空间景观地方性知识点图谱

知识点	信仰空间	文化空间	游憩空间
特征	通常是以宗祠、庙宇为核心的空间，并且往往以这两类建筑为核心	以戏台、戏楼、学堂等建筑为主形成的空间	通常见于村落的入口开敞处
案例	渭南市合阳县坊镇灵泉村	榆林市佳县朱家坬镇泥河沟村	渭南市合阳县同家庄镇南长益村

（三）传统建筑景观知识点

对黄河流域陕西段传统村落的传统建筑进行分析，可以依据建筑的使用功能将建筑景观分为民居建筑景观和公共建筑景观（表 9-7）。传统村落的民居建筑是以院落为载体的最小社会单元，是村民日常生活起居的场所，是由建筑形式、建造材料、屋顶造型、细部装饰等内容组成的独特传统民居景观，也是该地区传统村落区别于其他地区村落的显性景观要素。在传统村落历史发展中，公共建筑多承担着信仰崇拜、文化交流、家族议事的重要功能，是在村落历史格局演化中形成的具有开放性的历史建筑，在村落自发生长中通常处于村落空间布局的组织点，成为村落标识或重要轴线的节点，与周边山水环境一起体现了村落选址布局的规划思想。

表 9-7　黄河流域陕西段传统建筑景观地方性知识点图谱

知识点	民居建筑		公共建筑	
	关中窄院	窑洞	宗祠	寺庙
特征	遮阳、通风（夏季拔风，冬季挡风）、避暑	简单易修，省材省料，坚固耐用，冬暖夏凉	位于村落公共空间的核心位置	
案例	渭南市合阳县灵泉村窄院	榆林市米脂县杨家沟村窑洞	渭南市合阳县灵泉村党氏宗祠	渭南市大荔县朝邑镇大寨村金龙寺古塔

1. 民居建筑景观

黄河流域陕西段传统村落地处关中平原和陕北高原，村落民居形成了典型的关中窄院民居建筑格局和黄土窑洞民居建筑格局两种类型。①关中窄院民居建筑。该类建筑形式主要受气候条件的影响，大体上庭院呈现南北较长的狭长窄院形式，根据院落形态可分为独院式、纵向多进式和横向联院式 3 种形式，部分村落存在纵横交错的大型宅院。民居建筑平面布局与北方四合院大致相同，融入了陕、晋两地民宅的特点，一般占地约 260 平方米，呈长方形，由门房、照壁、厅房和左右厢房组成。民居建筑多为两层，上储下宿，砖木结构，硬山灰瓦顶，三架梁，或带前廊，是典型的关中东府民居建筑形式，以韩城市党家村建筑保存最为完整。②黄土窑洞民居建筑。窑洞建筑形式是陕北黄土高原传统村落民居建筑的主要形式，广泛分布在黄土高原梁峁状丘陵沟壑和黄河沿岸峡谷丘陵地带，根据窑洞的建造方式分为靠崖式窑洞和独立式锢窑两种类型，是“天人合一”环境观的最佳典范。窑洞建筑的材料以土、木、石、砖为主；建筑装饰以石雕、砖雕、木雕为主；建筑组合形式因地形、用地差异呈现“井”字形规整分布和分散式组合，为获得更多阳光，建筑多坐北朝南，同时也有因地形限制的民居朝向西南或东南方向的。

2. 公共建筑景观

传统村落的公共建筑主要包含庙宇、祠堂、戏楼、牌楼等，其中祠堂、庙宇和戏楼是黄河流域陕西段传统村落中普遍存在的主要公共建筑。公共建筑通常分为分散布局型、集中布局型和独立布局型。其中，分散布局型传统村落公共建筑呈现破碎的点状布局，以韩城市的柳枝村、薛村等为代表；集中布局型传统村落公共建筑集中布局在村落的中心或者一侧，以韩城市党家村为代表；独立布局型传统村落公共建筑通常功能相对单一，独立布置于村落一侧，以韩城市柳村为代表。随着文化和旅游业的发展，各村利用农耕文化、红色文化、历史文化等发展旅游，并建设了一些服务设施，例如，延川县碾畔村利用无人居住的传统窑洞建筑开发了民俗博物馆，陈列展示各类农用器械、生活用品、渔业工具等。

（四）民俗文化景观知识点

黄土高原千沟万壑的自然景观，孕育了异彩纷呈的民俗文化景观。传统村落的民俗文化是在中国传统农耕文化体系下产生的，是一个社会群体在长期的生产实践和族群生活中形成的稳定的、代代相承的文化事项，主要体现在生产技法、艺术工艺、节日庆典、文学戏剧、音乐舞蹈等方面（表 9-8）。

表 9-8　黄河流域陕西段民俗文化景观地方性知识点图谱

知识点	生产技法	艺术工艺	节日庆典	文学戏剧	音乐舞蹈
特征	实用性高，包括造纸、建筑营建、饮食、布艺等技艺	主要形式有剪纸、刺绣、雕刻、面塑等	具有民族性、地域性特点，有庙会集会、拜祖敬神、祈雨转灯等形式	蕴含历史、礼法道德、信仰崇拜等丰富内涵	反映劳动场景、苦难生活及民俗风情，包括民歌秧歌、信天游、鼓类、社火等
案例	峪口麻纸	陕北剪纸	转九曲	秦腔	陕北民歌

1. 生产技法

生产技法是指用于满足家庭日常生活、传统农业生产需求的各类器物和工具的制作技艺，具有实用性、经济性和乡土性。黄河峪谷集群单元的生产技法知识以峪口手工造纸技术为代表；丘陵沟壑集群单元的生产技法知识包括手工挂面制作及传统营建等；黄土台地集群单元的生产技法主要以棉麻织布、冶铸工艺、花馍制作等为主，以关中东府农耕文明为基础形成。

2. 艺术工艺

艺术工艺是指人们在满足日常生产生活需求之余，出于艺术需求审美所形成的工艺技术，是在地方历史文化、地方观赏艺术等的影响下由乡土材料采用传统技法制作工艺物品的技术方法和工艺知识。黄河流域陕西段传统村落的艺术工艺以雕刻、剪纸、刺绣为主，黄河峪谷集群单元的村落地处石质丘陵，盛产石头，石雕工艺已被列入国家级非物质文化遗产名录；丘陵沟壑集群单元发展出了布堆画等布艺技艺；黄土台地集群艺术工艺单元以面塑面花、木雕等为主。

3. 节日庆典

节日庆典是指人们对特定节日约定俗成的行为准则和既定仪式，是民俗情绪和社会心理的外显，具有社会性、民族性和地域性的特点。黄河流域陕西段传统村落节日庆典主要有庙会集会、祭祀祭祖、拜祖敬神、祈雨转灯等活动。

4. 文学戏剧

文学戏剧是以民间故事传说为主要题材，以戏剧表演、楹联题字为载体发展起来的，蕴含着传统村落的历史发展、礼法道德、信仰崇拜等丰富内涵。黄河峪谷集群单元和丘陵沟壑集群单元传统村落的文学戏剧如晋剧、说书、陕北道情戏以及历史（红色）故事传说集中反映了陕北地区独特的文学戏剧景观；位于关中平原的黄土台塬集群单元的传统村落受陕、晋、豫、蒙多元文化的影响，文学戏剧有秦腔、蒲剧、合阳跳戏、皮影戏、梆子等多种形式，以及楹联、门楣等书法文化。

5. 音乐舞蹈

音乐舞蹈是指传统村落日常生活中富含情感交流、表达劳动意志或传递祭祀或酬神内涵的民间传统艺术。黄河流域陕西段传统村落的音乐舞蹈大多反映了劳动场景、苦难生活或民俗风情，黄河峪谷集群单元和丘陵沟壑集群单元传统村落的音乐舞蹈多为陕北民歌、陕北秧歌、信天游等。同时，以黄土高原的风土人情为基底，结合传统技艺形成的民谣小调、红色信仰等内容创作的耳熟能详的《东方红》等一大批曲艺作品，成为展示陕北特色的重要文化景观；黄土台塬集群单元传统村落的音乐舞蹈则以舞狮舞灯、腰鼓、社火为主要表演项目，体现出文化多元交融的特征。

五、流域文明视角下传统村落景观的地方性知识链构建

（一）自然生态景观中的地方性知识链

自然生态景观是自然资源的有机结合体，是村落生存、农业生产、日常生活的基础。黄河流域陕西段村落选址与营建尊重自然规律，充分利用当地的地形、水系、森林等条件，注重村落与自然环境的关系，形成了人与自然共融发展的人居环

境。黄河流域陕西段地形复杂多样，主要有风沙地貌、黄河峪谷、丘陵沟壑、黄土台地四种。风沙地貌和黄土台地是西北风携带沙尘堆积而成的平坦土地，有利于村落建设。丘陵沟壑是西北方向的气流携带沙尘，到达黄土高原时风力减弱，泥沙沉积，形成了黄土堆积，如此深厚的黄土堆积也给当地人们的民居“窑洞”的建设创造了条件。黄河峪谷是由陕北地区黄河支流水系的冲刷带来的水土流失而形成的狭长河谷地带，水系及黄土保障了当地居民生存的物质资料，促进了黄河峪谷传统村落集群单元的产生。黄河流域陕西段整体气候干旱，水资源缺乏。面水而居满足了村民生产蓄水、农业灌溉、生活用水的需要，临水而建保证了流域内村民用水的可达性、便利性。在此影响下，流域内传统村落选择靠山或者面水而建，使得村落生产、生活、生态得以协同发展，形成了丰富多样的自然生态景观（图 9-14）。

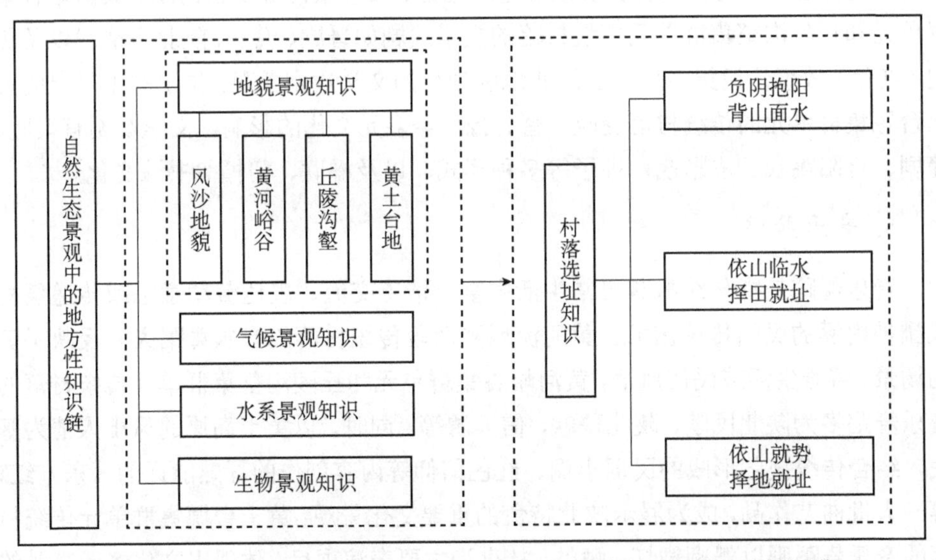

图 9-14　黄河流域陕西段传统村落自然生态景观中的地方性知识链图谱

（二）空间形态景观中的地方性知识链

村落空间形态与街巷空间格局和公共空间的形成密切相关，流域内村落空间形态有集中式、组团式、条带式及散点式。集中式空间形态的传统村落多形成单一集聚核心，围绕核心向外逐步扩展构成村落空间形态，这类村落布局紧凑，中心明确；组团式空间形态的村落多形成棋盘式的街巷布局，其优点在于布局紧凑、可达性均等；条带式空间形态的村落则多形成条带状或树枝状的街巷形态，导致该类村落在某个方向具有很强的方向性；散点状空间形态的村落依靠四个方向均匀发展的街巷作为空间骨架，形成以点状布局为特色的空间形态发展态势。棋盘式的街巷空间通常以宗庙等公共建筑为核心，与周围的景观小品协同构成村落的公共空间；鱼骨式和自由式的街巷空间通常以一条主巷为主要发展方向，在支巷和主巷交会的地方形成村落的开敞空间。公共空间通常作为传统村落空间布局的核心，主要分为信仰空间、文化空间、游憩空间。其中信仰空间以宗祠庙宇作为核心形成祭祀信仰空间；文化空间以村落中的学堂、戏台等建筑物构成村落文化交流的核心空间；游憩空间主要包含池塘、游园等具有休闲游憩功能的空间（图 9-15）。

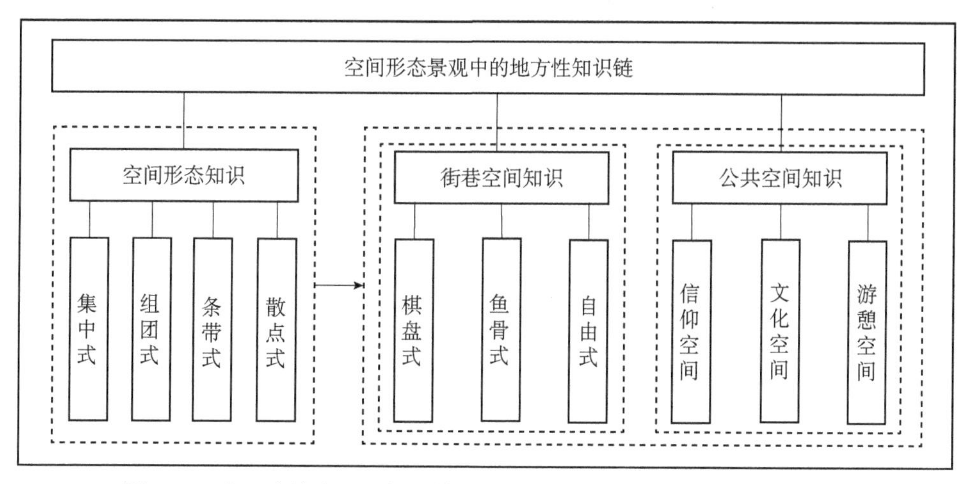

图 9-15　黄河流域陕西段传统村落空间形态景观中的地方性知识链图谱

（三）传统民居景观中的地方性知识链

建筑材料是传统建筑搭建的物质基础，以村民为主体的组织在进行建筑营建过程中，需要充分考虑场地大小、日常居住舒适度等要素以及通过就地取“材”的方式进行合理设计，这样才能营造出符合地方特色的建筑。建筑材料的选择间接影响了建筑形式的地方性。同时，在建筑营建阶段，还需要考虑地方建筑材料的丰富度、可获取性以及传统的建造技法的运用，从而使传统建筑能够更好地延续地方文脉。黄河流域陕西段传统村落的民居建筑，多就地取材，常见的建筑材料有黄土、砖、石等。建筑材料能否合理利用会影响建筑的实用性。当前保留下来的传统民居建筑在选材时充分考虑了实用性、经济性。陕北窑洞采用黄土、砖石等材料建成，冬暖夏凉，并且能够有效地抵御风沙；关中民居多采用生土、砖及木材作为建筑材料，主体以砖木结构和土木结构为主，屋顶采用砖瓦强化防雨集水功能，受雨水影响形成半边坡的建筑形式。对建筑装饰的合理应用能增强建筑的美感，对人的视觉产生冲击，并且能够引发个体产生不同的感受，同时建筑装饰的使用能够使建筑从局部体现当地的文化特色（图 9-16）。

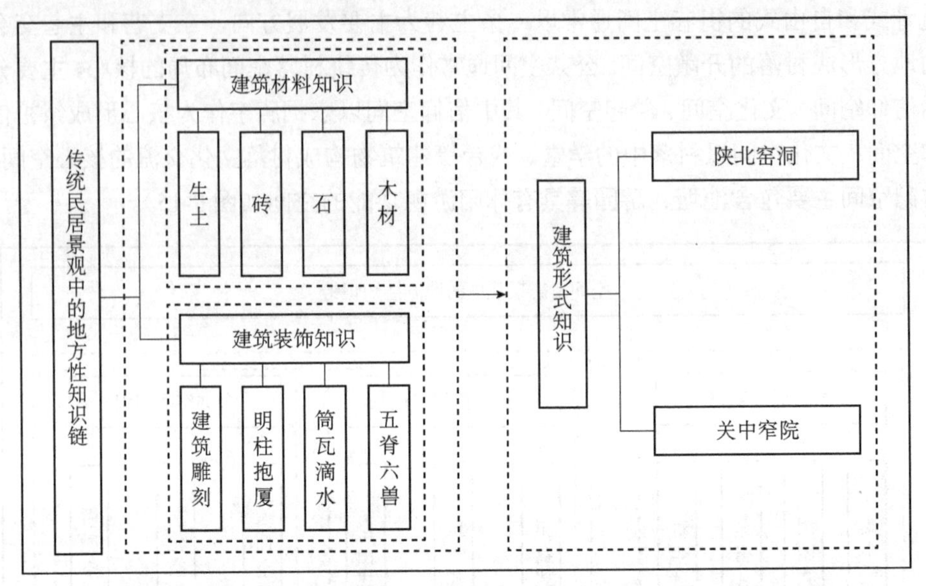

图 9-16 黄河流域陕西段传统村落传统民居景观中的地方性知识链图谱

（四）传统习俗景观中的地方性知识链

生产技法知识与艺术工艺知识之间更多地表现为源与流的关系，从生产技法知识到艺术工艺知识，可以理解为融入了地方观念、审美等元素。生产技法中的造纸技艺与织布技艺为剪纸、刺绣等工艺提供了创作空间。建筑营建技艺、饮食技艺融入了地方文化，制作技艺得到精进，在这个过程中逐渐积累了艺术工艺知识。从该角度理解，可以认为艺术工艺知识脱胎于生产技法知识（图 9-17）。

（五）民俗文化景观中的地方性知识链

音乐舞蹈知识、文学戏剧知识和节日庆典知识之间有着密不可分的关系。节日庆典同时具有时间和空间意义，其为流域内独具特色的音乐舞蹈及戏剧提供了表演的舞台；音乐舞蹈是节日庆典中的重要活动形式，成为节日庆典知识的组成部分；具有古老传说色彩的文学作品也是传统节日或庆典活动的来源。音乐舞蹈知识以文学作品或节日活动等为创作材料形成特色，而文学戏剧知识部分吸纳了秧歌、民歌小调等元素，使秦腔、蒲剧等具有陕北特色（图 9-18）。

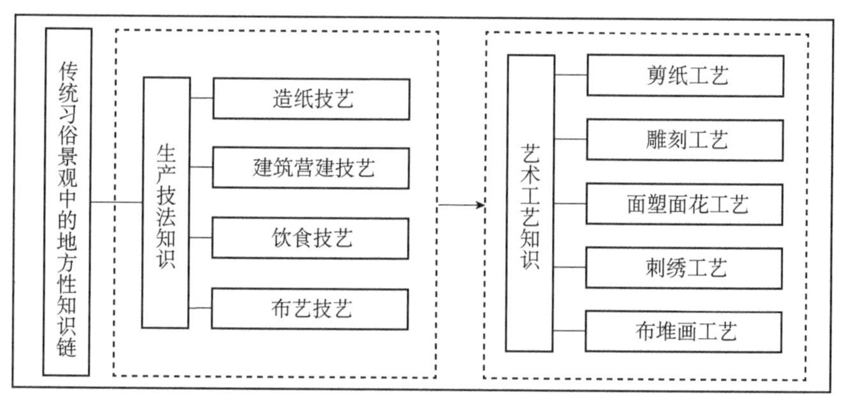

图 9-17　黄河流域陕西段传统村落传统习俗景观中的地方性知识链图谱

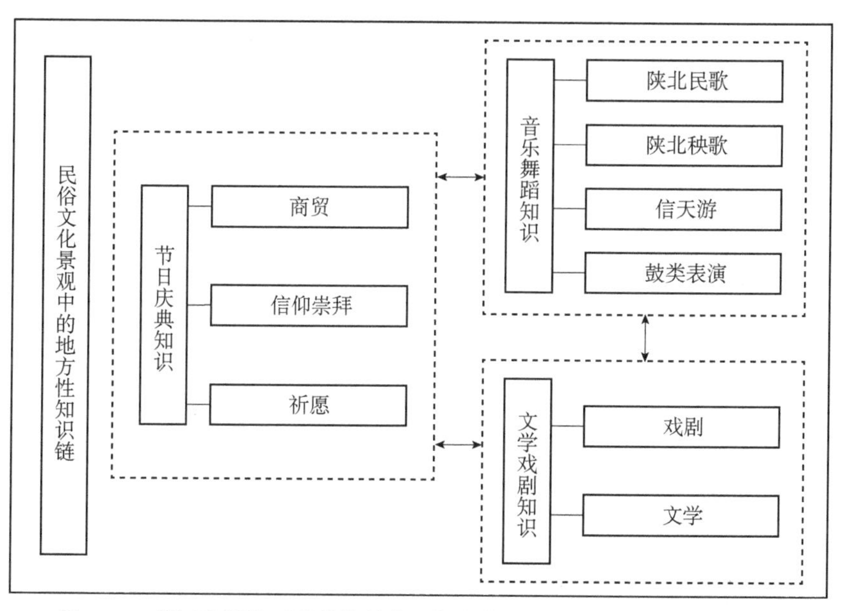

图 9-18　黄河流域陕西段传统村落民俗文化景观中的地方性知识链图谱

六、流域文明视角下传统村落景观的地方性知识集搭建

传统村落的地方性知识承载着该村落景观的独特信息，是特定地理空间下传统村落区别于其他地方的根本所在。本章从流域的视角出发，选取黄河流域陕西段的国家级传统村落 47 个，通过提取传统村落的景观地方性知识点，形成流域内独特的地方性知识链，最终通过系统梳理形成黄河流域陕西段传统村落景观的地方性知识集（图 9-19）。

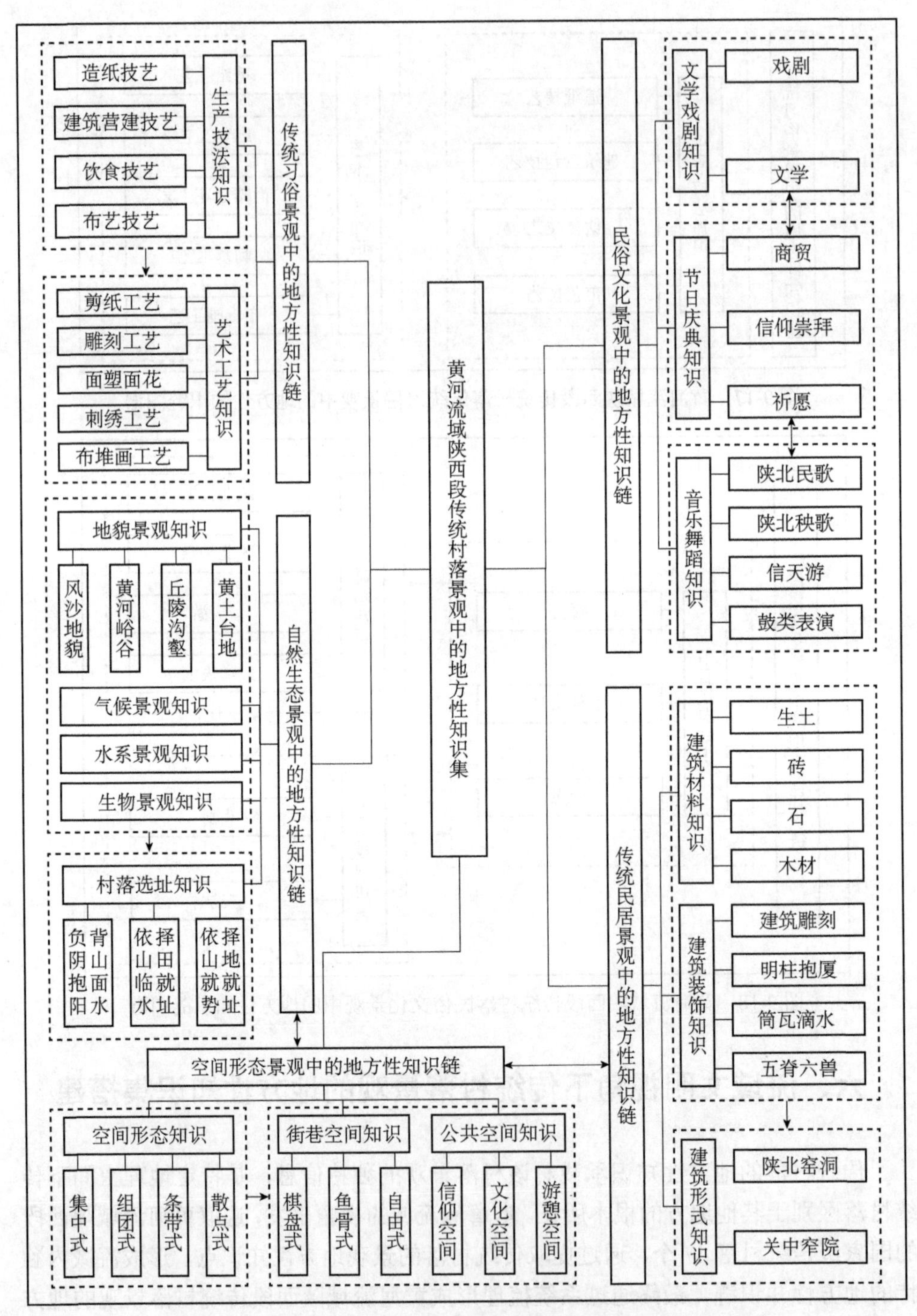

图 9-19 黄河流域陕西段传统村落景观中的地方性知识图谱

黄河流域陕西段传统村落景观的地方性知识集搭建主要有 5 条景观的地方性知识链：自然生态景观中的地方性知识链、空间形态景观中的地方性知识链、传统民居景观中的地方性知识链、传统习俗景观中的地方性知识链、民俗文化景观中的地方性知识链。知识链条是在 8 类景观的地方性知识点的基础上形成的，最终形成“点-链-集”一体的地方性知识体系。黄河流域沿线传统村落景观的地方性知识集内容主要有以下特征：①流域内传统村落受到干旱与半干旱气候和多样复杂地形的影响，以村民为主体的活动群体将传统村落选址于靠山临水或者交通便利的地方，选址条件能够为村落生产生活生态空间的组织与发展提供基础保障。②受到选址的影响，流域内传统村落形态呈现出四种普遍态势，即集中式、组团式、条带式、散点式，进而影响了村落的街巷格局，形成棋盘式、鱼骨式、自由式的街巷空间景观。③在生产生活的实践过程中，村民往往就地取材，采用生土、砖石和木材作为民居建筑的材料，并且结合当地的风土人情和历史文化建造出独特的具有代表性的陕北窑洞和关中窄院两种类型的传统民居。④在传统村落漫长的历史演进过程中，传统生产技法融入文化艺术创造，成为黄河流域沿线独具特色的地方性知识。⑤黄河流域热爱生活的村民用心记录生活，用歌舞、戏剧、文学作品等形式体现地方文化自信，创造演绎出极具陕北特色的民俗文化项目。⑥陕北人民根据自己的文化信仰发展出了诸多特色节日，以此表达收获的喜悦与对美好生活的向往，演绎特色传统节目，制作文艺作品。

七、应用策略

（一）精细化保护

精细化保护强调深入挖掘传统村落景观的地方性知识，针对黄河流域沿线不同区段传统村落景观的个性与共性特征开展专题研究，根据知识类型对流域内的传统村落景观进行精细化分类提取，结合村落地理空间分布特征与历史发展时期进行区域统筹，避免统一区段传统村落内部同质化竞争发展带来的负反馈作用，有效发挥资源整合的区域协同作用，因地制宜地提出针对不同村落集群的保护方式，从而彰显黄河流域陕西段传统村落的独特性与发展的可持续性。精细化保护是以传统村落各类景观地方性知识的保护为前提，开展各项研究工作。

1. 分类定级指导

通过梳理特色资源与产业的关系、特色文化资源与人居环境的关系，结合黄河流域陕西段传统村落景观地方性知识的内涵，我们将传统村落分为生态保育型、融合提升型、介入激活型、特色保护型4种类型。

（1）生态保育型

生态保育型传统村落集中展示了自然、人文及村落天然一体的村落自然生态格局及传统生态智慧，拥有唯一性和不可复制性的景观文化资源，村落景观资源的地方性特征较为显著，具有较高的自然生态价值和历史人文价值，能够成为流域某一区段自然生态景观特征的典型代表。黄河流域陕西段传统村落多处于山川河谷地带，自然生态景观特色突出、价值较高且保护传承较为完整，依托黄河水系的勾连和串接，传统村落成为区域生态风景体系的重要节点，应当充分保护村落的自然生态格局和原始景观，通过传统村落景观的地方性知识的提取来保护传统村落的自然生态基底，最大化地保留传统村落“山-水-林-田”的自然生态属性。

（2）融合提升型

融合提升型传统村落的村落格局较为完整、村落遗存完整度较高、风貌特色鲜明、经济基础发展较好，对于同一区段传统村落的整体发展具有较好的辐射带动作用。融合提升型传统村落主要围绕传统种植产业基础、历史文化、古村旅游等多重元素，有效促进传统村落基础资源的跨界发展，形成农旅融合、文旅融合、文商融合等多元组合模式，有力地将农业、农民、农村和旅行、旅游、旅居进行有机融合，培育生态游、乡村游、观光游、休闲游、体验游等新兴产业业态，从而激活传统村落的经济，推动传统村落乡村产业链多维度发展。例如，佳县东部晋陕大峡谷附近的传统村落，可依托泥河沟村被誉为全球重要农业文化遗产的古枣园文化生态示范区协作分工，延长枣业产业链，提升附加值，从而打造“枣业文化集群”，振兴村落经济。

（3）介入激活型

介入激活型传统村落是指村落保存较多的文物古迹、历史建筑、传统风貌、建村智慧等特色资源，是传承黄河流域陕西段传统村落农耕文明、建构地域认同、延续历史文脉的重要载体。介入激活型传统村落主要位于黄河流域陕西段的山川河谷地带，受制于区域交通条件，村落景观风貌、民俗文化、生产生活方式保存得较为完整，村落各类景观建筑遗存的原真性保护较好，具有较高的历史和文化价值。这类村落在现有保护的基础上，应当适度引入政府、学者、地方村民等多元主体共同参与到村落保护活动中，有效挖掘传统村落的民俗文化、景观风貌、传统建筑、特色产业等物质和非物质文化遗产，从而凸显传统村落的历史和文化价值。

（4）特色保护型

特色保护型传统村落是指在长久的发展过程中形成了具有地方特色的村落风貌、空间肌理、街巷格局、传统建筑及景观构件等特色物质遗产，以及饮食文化、礼仪文化、乡规民约、伦理信仰与文艺形式等非物质文化遗产，能够集中反映传统村落的空间演化及历史文脉信息，也能展现黄河流域陕西段传统村落的地方特色。对于特色保护型传统村落，主要通过挖掘地方性特色资源、特色文化、特色习俗及特色产业，借助互联网、物联网、大数据等手段，运用传统村落景观地方性知识有效地保护地方特色，对黄河流域陕西段历史文化景观风貌特色突出的传统村落进行高质量的保护。

2. 组团集聚统筹

传统村落产生于特定的地理环境，具有显著的地域性、差异性及类聚性，同一地理单元的传统村落在选址布局、空间结构、景观风貌和文化特色等存在形式与其集聚空间具有密切关联，并可以对其进行延伸。相关部门可以根据黄河流域陕西段传统村落的空间特征、文化特征、景观特征等，结合分类定级指导的保护策略，借鉴中心-外围理论，按照“区域级+地方级”的等级体系进行传统村落集聚保护，其中区域级以国家级传统村落为核心，地方级以陕西省级传统村落为一般节点。通过区域级和地方级传统村落协同发展，形成水系连接的集聚组团、产业链接的集聚组团、文脉联结的集聚组团等多种集聚模式，发挥区域级传统村落在产业、空间、文化、景观等多方面的示范、引领和辐射作用，带动地方级传统村落的聚合式发展和差异化发展，合理有效地实现黄河流域陕西段传统村落的整体保护及发展。

（1）水系连接的集聚组团

水系连接的集聚组团是指围绕黄河流域陕西段传统村落的空间分布特征，将流域周边传统村落景观地方性知识突出、保护较好、基础设施较为完善的国家级传统村落作为集聚核心，通过黄河及其支流的水系网络作为连接传统村落的纽带，形成水系串接的一带多点的传统村落集聚组团形态，能够有效地发挥黄河流域陕西段传统村落的共性景观作用，形成以水系为依托的流域传统村落保护格局。例如，围绕黄河及其支流，以韩城市党家村、佳县泥河沟等村落为主体构建水系景观文化廊道，系统地展示黄河流域陕西段上中下游不同地理区域、文化区域的传统村落风土人情、景观风貌，勾画传统村落景观地方性知识的传播与演绎画卷。

（2）产业链接的集聚组团

产业链接的集聚组团是指围绕黄河流域陕西段传统村落不同集群单元的自然生态环境、地方特色物产资源及历史文化景观资源，结合流域传统村落集群单元的主要产业特色，以区域级的传统村落为核心，以产业链条为纽带，串接并促进周边传统村落协同发展，形成产业链上下游协同合作的区域产业生产格局，实现传统村落的集群协作发展。例如，黄河峪谷集群单元的佳县传统红枣种植产业，可以通过红枣产业链的延伸，形成以泥河沟村为核心的千年古枣园旅游产业，以峪口村、张庄村等为支撑的红枣种植、加工、储存、运输及营销等产业，围绕红枣产业链布局黄河峪谷集群单元传统村落的产业发展方向，形成产业链协同发展的集群发展模式。

（3）文脉联结的集聚组团

文脉联结的集聚组团主要是指依托传统村落的地方特色文化脉络，以及文化传播、辐射、凝聚的典型特征，根据黄河流域陕西段传统村落所属集聚单元的文化区域及文化特征，围绕核心文化脉络串接、勾连传统村落形成区域文化共同体，聚力协同发展。例如，黄土台地集群单元的传统村落可以围绕关中东府文化特点，以韩城市党家村为核心，以清水村、张代村等村落为支撑，充分发挥农耕文化、耕读文化的区域文化特性，通过根植传统村落的本土特色地方性知识，有效地整合流域集群单元内传统村落文化的共识性特征，进行集中的保护、传承及运用，有效彰显黄河流域陕西段传统村落的整体景观风貌特点，发挥传统村落景观地方性知识的集成效益。

（二）整体性营建

传统村落人居环境是一个复杂的巨系统，村落的建筑、街巷、景观、农田等自然要素与人文要素综合集成了传统村落这一独特景象。传统村落的保护与发展需要建立在其完整性、原真性的基础上，村落多维度、多要素的保护及更新发展需要系统性的修复及营建，保障传统村落的可持续发展。因此，传统村落景观的地方性知识保护与传承，需从整体背景出发，突出其整体价值。整体性营建强调整体保护村落周边的自然生态环境、总体的空间形态肌理、内部的建筑肌理形式以及隐性的民俗文化风情，追求传统村落的原生性与整体性。

1. 物质景观的层级化营建

物质景观环境是传统村落景观知识产生、发展、存续的基础条件和空间载体，是自然与世代先民互动产生的日常生活场所及精神家园，是传统村落景观地方性知识得以传承与发展的空间载体。对于传统村落物质环境的更新保护，应根据不同的保护内容采取层级化的保护方式，主要包括整体保护、划区保护、分点保护等。

（1）整体保护

整体保护是针对传统村落保存较为完整的山水格局、空间形态、整体风貌等形成的完整村落人-地系统。黄河流域陕西段传统村落主要分布在山川河谷地带，如黄河流域陕北区段独特的自然生态背景孕育了与自然密切交融的窑洞村落形态，是流域传统村落空间格局的典型代表。例如，对于关中传统院落的代表韩城市党家村，陕北窑洞村落的代表甄家湾村、碾畔村等，应当保护村落的完整格局。

（2）划区保护

划区保护是对传统村落物质环境的实际保存情况按照历史价值、文化价值、保护价值等价值评价要素评估后，将其划分为若干保护区域，对不同区域因地制宜地采取特定的保护方法进行差异化保护。黄河流域陕西段传统村落受山河水系的影响，黄河峪谷集群单元和丘陵沟壑集群单元的传统村落布局相对自由、灵活多样，村落的核心和主要建筑通常呈现组团聚集，有利于在传统村落的保护及更新过程中开展分区域保护和渐进式更新，保障传统村落的持续性自我更新。划区保护适用于主要城区保存较好、历史遗存集中分布的传统村落。

（3）分点保护

分点保护是针对流域沿线保护与发展存在矛盾的传统村落，针对性地提出传统村落更新发展措施，通过有效评估、合理保护、精细化更新，达到传统村落整体性营建更新。黄河流域陕西段传统村落差异化较为突出，不同集群单元的传统村落构成形态及元素差异较大，对于该流域沿线传统村落的保护，力求真实呈现黄河流域陕西段的村落景观形象，需要分点进行村落的保护与更新，建立传统村落的年度更新计划，逐步实施传统村落的修复及更新，有效减少外力的负面影响。分点保护强调保护与发展同步进行，既完整保留和协调村落原始风貌格局，又满足现代生活使用需求。

2. 社会景观的类型化营建

传统村落的社会景观是村落居民在日常生产生活中营造的社会环境，社会环境活力是维系村落可持续发展的关键要素，是一定规范和制度下的相关群体具有共同的利益和目的达到的整体有机统一的状态。传统村落居民在社会景观环境中通过凝聚村民共识，自发形成稳定的管理组织，建构独立、完整的传统村落社会景观环境及生活氛围。对于这类村落，应充分依托传统村落自身的传统产业基础、手工技艺知识，创新丰富产业形态，从而激发地区经济活力、生活活力，注重促进生产生活环境更新、生态保育与社区人文的同步发展，维持传统村落内在活力，保障传统村落能够长久地存续。社会景观环境的类型化营建主要包括产业植入、主体介入两种方式。

（1）产业植入

产业植入是立足传统村落自身的传统农业种植、手工技艺知识等特色优势，发展原有产业、培植潜力产业，利用生态资源和乡土景观发展多元产业，通过增加就业机会稳定现有社会网络、构建新的社会网络，进而激发村落的发展活力。该保护方法有利于充分利用村落的剩余劳动力，提振地方经济并维护社会网络。黄河流域陕西段传统村落大分散、小集中的分布特征，使流域内部形成了多个产业集聚单元。这些集聚单元的产业类同度高、产业分工度低、产业价值低等问题，需要围绕产业链布局传统村落的产业发展格局，借助文化链、农业链、景观链以及技术链等，形成黄河流域陕西段不同村落集群向产业集群转化的发展态势。同时，要健全由产业链条串接的集群内部、集群之间的社会网络格局，激发传统村落的活力。产业植入适用于地域特色明显、传统艺术氛围浓厚、景观资源丰富的传统村落。

（2）主体介入

主体介入是基于传统村落保护与发展中参与主体的多元性，前期通过政府、专家、社会组织等外部主体的引导与激活，在传统村落中培养村民自治组织，帮助其构建自下而上、多方参与的运营机制，逐步实现村民自治的主体地位，在统筹各项资源配置、协调各类保护事宜、落实各项策略建议等工作中，构建和谐的交流机制，保护乡土社会网络。该保护方法一方面强调核心参与主体之间要进行协调、通畅的交流和谈判，另一方面须重视弱势群体的基本权益，避免内部冲突。主体介入是促进黄河流域陕西段传统村落多元文化可持续发展的有效方式。主体介入能够从宏观层面对黄河流域陕西段不同集群单元的传统村落进行统筹，从微观层面进行引导，充分保障流域传统村落的共性特点及原真风貌，能够彰显流域传统村落的特点，发挥多主体参与的作用。

3. 文化景观的情感化营建

传统村落承载的文化历史悠久、丰富多样，具有浓郁的民族特色和鲜明的地域特征，也承载着农耕文明的文化传统和人们的乡愁情感（乌丙安，2010）。文化环境景观不仅是传统村落的内核与魅力所在，也是传统村落景观地方性知识的重要组成部分。文化景观保护应聚焦于乡村生产层面的传统技艺和乡土智慧、生活层面的民俗风情与乡土知识，注重保护与村落居民生活密切相关的景观载体、文化场所，实现文化、空间、传承者、物质载体的整体性保护与情感化营建，充分尊重传统村落村民的情感认同。因此，传统村落文化景观保护需要将空间保护与情感营造相结合。

（1）空间保护

空间保护是指围绕黄河流域陕西段传统村落的传统技艺、民俗活动、文化遗产等景观特征，保护并修复传统村落民俗文化及精神文化的空间载体，通过场所的营建、场景的再现等方式，使得传统村落文化景观空间能够有效地营造传统村落文化氛围。黄河流域陕西段传统村落的传统手工技艺类非物质文化遗产以雕刻、剪纸、刺绣等为主，民俗表演类非物质文化遗产以民歌、秧歌、戏曲、转灯等活动为主，两类文化遗产均需公共空间开展制作、展示活动，在传统村落的保护与更新中，应统筹考虑各项功能空间，逐步修复、营造形成文化空间序列，健全文化景观的展示场所，定期组织村民文化活动，保留和再现场所空间精神，使得文化景观能够在实体空间中充分发挥作用。

（2）情感营造

传统村落文化景观保护应把握好人、村、景之间的关系，构建“人-村-景”一体化发展策略。传统村落的情感营造通过提高村民的保护意识，充分调动村民的积极性，形成人人参与、人人建设、人人共享的局面，打造良好村落空间，为人和文化景观与村落互动提供优质的物质载体；成立一批传习基地、评选出一批传承艺人，建立科学、有效的传承机制，探索设立集体传承人并建立等级制度，明确其权利与义务，以确保非物质文化遗产得到有效保护与传承；创新非物质文化遗产的传承方式，发扬工匠精神，打造非物质文化遗产主题品牌产品体系，借助自媒体进行持续推广和宣传，同时在村落内部定期开展宣传、互动活动，结合非物质文化空间进行传承，实现传统村落文化景观的延续。

（三）在地性创新

传统村落作为流域单元的聚落单体，其地理环境、文化特征、产业特色及景观特点是密切关联的，传统村落的景观特色并不是单一的片段，而是丰富多彩、鲜活灵动的表征（段进等，2021）。因此，黄河流域陕西段传统村落的保护与发展，需要建立在传统村落景观的地方性知识多重要素内在联系与外在表征的基础上，实现“在地性”的转向。传统村落在地性保护与传承强调在流域单元整体发展理念与布局的背景下，结合传统村落的地方性、空间性、历史性、文化性等多重属性，通过整体保护、局部创新的在地化模式，进行传统村落流域全局的创新性保护导引。在地性创新着眼于传统村落景观地方性知识的本土化创新与可持续转化，主要体现在流域环境一体化保护、文化资源在地化转化、村落空间根植性更新三个方面，着力从生态、文态、形态三个维度统筹黄河流域陕西段传统村落景观地方性知识的全局性保护、传承及利用。

1. 流域环境一体化保护

在国土空间规划全要素资源整合的语境下，黄河流域陕西段传统村落周围独特的黄土高原地貌景观、农田生态景观作为生态安全屏障将得以保护。自然生态环境作为传统村落生长、发展的摇篮，赋予了传统村落别具一格的自然风光，催生了村落风貌与民俗风情。自然生态要素通常跨地域呈现、跨文化区域分布，联系着某一区域传统村落的诸多方面，成为区域传统村落聚居的主要依托。因此，对传统村落赖以存在的自然生态基底的保护，应立足于流域生态环境一体化保护。

（1）系统性优化生态格局

系统性优化生态格局是指从流域整体层面科学规划生态格局，严控建设范围，坚持生态优先，做好控制和引导。具体如下：协调自然和发展之间的关系，明确传统村落保护范围、生态环境保护范围，保护传统村落周边的山水格局，构建生态屏障，守护“绿水青山”；运用刚性考核机制促使地方各级政府统筹推进生态修复工作，制定相关政策方针，进行规范化管理，提供生态保护支持资金，利用市场机制吸引社会企业投入传统村落生态保护中。

（2）打造生态文化融合示范区

打造生态文化融合示范区是指通过对各类地貌自然生长的传统村落的生态、生产、生活资源进行整理，将生态质量高、地方性特色突出的村落或集群作为生态保护区进行培育，建立生态保护示范区，增加科技研发投入，改善粗放型管理方式，并通过“农业+”“旅游+”“文化+”的产业融合策略，构建流域一体化的自然与文化有机融合的传统村落生态文化复合体。

（3）完善生态用地控制及补偿机制

完善生态用地控制及补偿机制是指将体现村落山水环境格局的生态及生物要素纳入村落重要保护区的范围中，严格限定生态保护红线，对部分生态用地增加非农使用限制，对既有侵占的生态农地采用逐步恢复的策略及机制，合理引导村民集约利用村落用地，对生态破坏严重的地区进行水土修复；建立行之有效的生态补偿机制，对流域生态性造成影响的开发，可向游客、经营单位或个人收取资源使用及维护费，将其用于具有明显正外部性的植被恢复、水系整治等工程。

（4）完善生态环境品质治理制度

完善生态环境品质治理制度是指明确传统村落生态保护的责任主体，对城乡规划、国土、农林、环保、旅游等各职能部门的建设行为进行生态性评估，并将结果纳入政绩考核；加强传统村落生态价值宣传，提升村民生态保护意识，建立生态性评价监督机制，开通信息反馈渠道，激励村民自发监督和建言献策；制定生态性传统村落建设指南、地方性乡土材料和技艺图册引导村落建设；聘用乡村规划师与地方村落对接，保障生态性保护措施的实施，鼓励村民组建乡土建筑施工队伍。

2. 文化资源在地化转化

文化是传统村落重要的资源。文化作为传统村落的特色品牌、价值象征，愈发成为传统村落发展的软实力。归根结底，文化已经成为一种“资本”，是一种依托特定文化要素、具有较强差异性且具备“溢价性增殖”的独有资本（张鸿雁等，2016）。文化要素作为价值需求，能将生产和消费有机连接在一起。文化已成为传统村落发展新的内生增长要素，改进了生产函数，能极大地提高生产效率，是实现乡村振兴的根本抓手。要使传统村落的地方文化得到激活、扩大影响、有效传承、可持续发展，每个阶段都离不开地方政府、社会组织和社区居民的共同努力。文化资源的在地化转化应遵循以下四个原则。

（1）多方合作培育文化要素

政府的管理、社会团体的加入、村民自治团体的建立健全是文化要素培育的三大推动力。首先，村民应增强文化自信，在日常生产生活中不断积累雕刻、剪纸、刺绣等方面的地方技艺知识。其次，引导艺术家团体加入传统生产技艺知识的保护活动，改变原有村民的劳动偏好。在此过程中，文化、偏好和制度相互影响，共生演化，村民进一步积累技艺知识和文化知识并对其进行创造性融合，能使艺术知识产生明显的外溢效应，实现劳动力从落后的农业生产部门向效率较高的艺术部门转移。最后，政府应采用适宜的管理机制，提升综合管理水平，提高整个区域的全要素生产率，使经济增长模式逐渐转变为创新驱动模式。

（2）物质投资转向文化投资

首先，以“特色文化艺术村落”项目引导艺术文化创新，进而激活地区经济。政府可以通过对具有一定文化要素基础的村落投入文化资源，促进村民对文化劳动的投入，进而促使村落文化产业实现由“被动输血”向“主动造血”转变，达到文化旅游及经济增长产生规模报酬递增的效果，使村民实现真正的自力更生。其次，政府应实施持续化管理，科学、准确地制定传统村落未来的发展措施。

（3）文化认同激活自治活力

首先，利用传统村落聚落共享的历史背景和相似的身份承诺以及共同的文化认知，强化村民主体意识，并搭建文化认同的承载空间，为社区文化建设提供“通道”，使村民真正以“主人翁”的姿态参与到村落改善的工作中；其次，政府应为村民提供高效的善治服务，将文化建设工作融入村民的日常交往并与村民保持良好沟通，及时公开文化创新带来的经济收入，使村民对文化艺术村落产生兴趣，为真正实现社区治理提供不竭的内生动力。

（4）“在地性”活化再生

“在地性”活化再生是指以“历史地貌为根基、文化艺术为养分、村落营造为主干”作为指导原则，促进传统村落的在地活化。在文化艺术创新方面，创造文化艺术、自然生态与村落生活相互对话的空间；在景观设计方面，景观设计保留原真环境，保障村民对文化景观艺术创新的知情权与认可度，并鼓励村民积极参与；在社区营造方面，根据居民生产生活习惯营造丰富多样的活动场所，促进村民相互交流，构建紧密的邻里生活网络。

3. 村落空间根植性更新

村落环境是承载传统村落生产生活景观地方性知识的重要载体，对其的保护需聚焦于村落的物质空间环境可持续更新、发展的内生动力，应以解决“人”的问题为核心，并建立管理、实施、建设机制保障，创造多元参与保护和发展的环境。根植性村落更新须同时兼顾物质景观环境等硬件设施和软件设施，即共同缔造机制。

（1）村落景观环境更新

村落景观环境更新是指尊重传统村落长久以来形成的风貌，保护村落原有肌理形态，恢复其公共场所功能，重点保护现有的街巷系统和外部空间的格局、尺度和形式，恢复村落独特的街巷景观，强化公共建筑的服务功能，营造特色化和具有根植性的休憩空间，充分应用流域内传统村落空间景观的地方性知识，进行在地性景观营造和生长性空间更新；将重要民俗活动空间作为实施保护的起步项目，发挥其引导后续建设的重要触媒作用，采用原材料恢复戏楼原有风貌，重新设计内部空间以适应现代公共生活等，引导村落核心空间的复兴，整治祠堂的破败景象，进行功能置换，依托祠堂空间作为展示村落历史及宗族历史的公共空间，民居建筑控制其更新改造的灵活性与弹性，腾退破败建筑空间，营造社区公共空间，增强社区活力。

（2）共同缔造机制建设

首先，明确村民的主体地位，采用线上线下双线推动的方式协调村落不同利益群体间的矛盾，增强村落的凝聚力，促进形成共同缔造的传统村落保护更新观念；其次，推动各级政府、村民与社会团队组建共同缔造小组，形成自上而下和自下而上两股合力，共谋培育家族“新乡贤”、增强主人翁意识及提高培训产业发展技能等传统村落保护发展路径；再次，调查传统村落物质景观环境实际情况，形成保护与发展资源清单，以低成本、高科技的理念，充分发挥村民的能动性，开展村民投工投劳共建活动；最后，传统村落发展应以实现村庄自运营为最终目标，发展农户产业、培养有能力的村民担当“新乡贤”角色，注重对特色乡土的宣传，提升其社会关注度，达到村落自组织运营良性发展状态。

八、本章小结

本章对黄河流域陕西段沿线传统村落景观的地方性知识进行了分析和提取，搭建了黄河流域陕西段传统村落景观地方性知识图谱，并基于此提出相应的保护和营建策略。

首先，从自然、社会、时空三个方面分析了黄河流域陕西段区域的基本情况和特征，基于传统村落的自然地理条件、社会经济文化条件，结合其时空分布特征，划定风沙地貌集群、黄河峪谷集群、丘陵沟壑集群、黄土台地集群 4 个基本集群单元，为黄河流域陕西段传统村落景观的地方性知识点、知识链和知识集挖掘与提取提供了理论基础。

其次，根据黄河流域陕西段传统村落集群单元，分别从自然生态、村落形态、传统建筑和民俗文化等景观，分析集群单元内不同传统村落之间的共性和差异，探求流域内知识点与知识链条的良性互动关系。围绕流域沿线传统村落的时空分布特征、景观分异特点、景观互动关系，梳理并构建完整的黄河流域陕西段传统村落景观地方性知识链条。结合传统村落景观地方性知识链及知识链之间的互动关系，形成黄河流域陕西段传统村落景观的地方性知识集。

最后，针对黄河流域陕西段传统村落景观地方性知识图谱，通过精细化保护、整体性营建和在地性发展三种策略，提出相应的实施引导意见。

第十章　生态智慧视角下传统村落景观的地方性知识图谱构建

传统村落的生态智慧源于对生态环境的认识与经验积累。村民利用各类生态环境资源并将其融入改善自然环境实践中，传统村落的选址、空间营建、生产生活方式、民俗等各个方面都体现了生态智慧。本章生态智慧视角下传统村落景观的地方性知识图谱构建是以位于陕南秦巴山区的堰坪村、茨沟村、东河村 3 个传统村落为研究对象，挖掘陕南地区传统村落居民依托地区自然生态资源进行生产生活所积累的生态智慧知识。

一、理念引介

（一）生态智慧的内涵

生态智慧的哲学释义是指通过挖掘复杂多变的生态关系，用以指导社会生产生活，使之具有指导生存实践的价值；也可以解释为处于不同时代的人在面临生存环境的变化时，利用契合时代的方法与手段适应环境、尊重自然的生存智慧。

生态智慧的内涵在儒、释、道三大哲学体系中有不同的体现。儒家思想认为生态智慧是人与自然的和谐统一，主张“仁爱”“天人合一”，肯定世间万物存在的价值，主张以仁爱的精神去尊重自然、爱护自然，以“天人合一”的思想将天道人伦化和将人伦天道化，体现了以人为本的人文精神。佛教的生态智慧内涵可总结为“善待”“慈悲”两个词，强调众生平等，万物皆有生存的权利，劝诫人们善待万物生灵，以慈悲为怀，以慈悲济世，这种生态观体现了佛家强调通过以利他主义作为实现自身的价值的途径。道家思想认为，人与自然的关系是以人尊重自然规律为最高准则，人应当崇尚自然、效法自然、顺应自然，正如《庄子》中所体现的“物我为一”“至人无为，大圣不作”的主客体相融的“物化”境界，道家思想中所体现的生态哲学与现代环境友好意识相通，也与现代生态伦理学相合（何颖，2010）。

当前国内外学者对生态智慧也有不同的阐释。目前，国内外有众多学者开始注意到应利用生态智慧的方法去解决复杂的乡村发展问题。2016 年 7 月，在上海召开的“生态智慧与城乡生态实践同济论坛”上，正式提出《生态智慧与生态实践之同济宣言》，提出通过生态智慧的方法来弥补科学知识的不足，以有效推动韧性城乡人居环境建设等实践活动。人居环境的营建不仅仅是要对传统村落的生态智慧现象进行描述、分析以及预测，更是要形成一种适合于城市和乡村的人类与自然和谐共生的生态智慧，这与中国传统思想中的“天人合一”相一致。

国内学者佘正荣先生在《生态智慧论》一书中指出，生存智慧来源于生物对环境的适应，因而生存智慧实质上就是生态智慧，对环境的适应是一切智慧最原始和最深刻的根源（佘正荣，1996）。在《天人合一的文化智慧：中国传统生态文化与哲学》一书中，赵载光先生研究了具有中国传统文化基本特点的“天人合一”观，从生态学的角度看，古人以一种朴素的心态看待自然界，认为自己是自然界的一部分，与万物是平等的，在这种观念影响下形成了天人合一的生态价值体系（赵载光，2006）。在《王阳明的生命关怀与生态智慧》一文中，郭齐勇通过分析王阳明的儒家思想，对其所表达的有关生态思想进行了详细的阐述。他从人与天地万物的关系角度，对生态智慧给出了解释，认为天地万物都有自身的内在价值，要求人们以一种普遍的道德关怀看待世界。天地万物是一个生命整体，虽然人类必须依托动植物生存，但动植物仍有自身的价值（郭齐勇，2018）。

国外学者阿伦·奈斯（A. Naess）提出了深层生态学理论，从环境哲学角度对生态智慧进行了阐释。他把自己的思想概括为“生态智慧 T”，认为所有形式的生命个体的生存与发展的权利都应该得到充分的尊重，不同类型的生命的个体应该成为一个共同生存与共同繁荣的整体（Naess，1995）。该理论强调生态共同体的整体利益，认为人类应该通过全球合作来解决生态问题，有效缓解生态共同体所承载的压力。有美国著名学者指出，在东方的传统文化中，儒家、道家、佛教等思想蕴含着极其丰富的生态智慧（马云肖，2019）。他认为“天人合一”是这些传统文化的核心思想，同时也是中国哲学领域水平较高的生态智慧。

综上所述，我们认为生态智慧强调的是不同时代人类如何处理好与自然系统之间的关系，在向自然索取的同时更要充分尊重自然规律，对待世间万物需要兼具儒家的仁爱之心、佛家的慈悲情怀和道家主客体相融的“物化”境界，从而与自然万物之间形成一种可持续、和谐的生存状态。

（二）地方性知识中的生态智慧内涵

地方性知识是在特定空间环境中，地方人在生产生活实践中总结的经验，并在不断适应自然生态环境与社会经济制度的过程中更新、发展，具有不可替代的可靠性、技术的低廉有效性、地域性与针对性、灵活性与开放性等特性（王志芳等，2018）。地方性知识中蕴涵的生态智慧体现为人类对外部环境的认知及与其的和谐互动，是人类为了满足生存需求充分利用本土资源形成的一种具有族群认知经验的、极具特色的、可持续的、健康的生产生活方式。本章主要从耕作生产知识和聚落建设营造知识两个角度，阐释传统村落地方性知识中蕴含的生态智慧。

陕南地区村民在耕作和生产过程中积累了诸多生态智慧。例如，村民根据二十四节气选择一年中适合耕种的时间。处于不同地势地形条件下的人们选择的耕种方式不同，各种耕作方式反映了村民对于土地以及自然的尊重与爱护，如当地的“轮作”耕种方式。这种耕种方式一是为了防治病、虫、草害，二是为了均衡利用土地养分，调节土地肥力，形成一个良性农业循环系统，保证增产增收。

间作套种的耕种方式是人们根据农作物和林木的习性，充分利用农田垂直空间的一种方式。为了增加耕地产量和农产品类型的多样性，村民会在一块农田内种植多种农作物，充分利用阳光在垂直维度的分布，合理利用土地资源，在不破坏土壤结构的基础上获得最大的产量。

当地有民谣唱“养猪又养羊，有肉又有粮”“圈里没有猪，守着庄稼哭”“种地要养猪，养儿要读书”，相关民谣中所唱体现了人们充分利用了生物的多样性，组建起集农业、畜牧业、渔业于一体的农牧渔复合种养模式，这也是地方知识中的生态智慧的体现。

从陕南地区的聚落建设营造知识来看，村民就地选材，整体建筑风格与周边自然山体遥相呼应，如同隐匿山林，又似从山体上自然生长而出。建筑建造的选址多是背山面水，这种选址方式源自风水学说，一是村民将精神寄托于所居的物质空间，表达了对美好生活的期望；二是这种选址方式对于村落而言能够增强其安全性、宜居性，传统村落背后的大山成为天然的屏障，既能为村落阻挡寒风，也能够为村民建造房屋提供木材。传统村落周边的河流能满足村民生产生活用水的需求，而且河流与山体之间河流水体的微循环可以促进局地小气候的形成，从而使人居环境更加优化。

（三）传统村落生态智慧

我国传统村落历史悠久，人文气息浓厚，分布在不同地域的传统村落反映出当地村民积累的生存智慧。当前对于陕南传统村落的相关研究主要集中于聚落分布、传统建筑、传统习俗、当地的山水环境等物质文化遗产，民俗等非物质文化遗产的保存现状分析以及其如何传承的问题。如翟洲燕等通过对传统村落景观的文化遗产基因进行识取，以陕西省 35 个传统村落为研究对象，分析了其遗传信息、空间序列、分布模式、地理格局等因素，构建了文化遗产景观基因图谱，按照一致性原则划分传统村落集群，为传统村落历史文化空间的保护与再现提供了科学依据（翟洲燕等，2018）。李献英等通过研究陕南传统村落的肌理秩序形成，提出保护、延续传统村落风貌格局的方法（李献英等，2019）。

自古以来，传统村落选址、营建、生态保护、空间打造等无不体现了生态智慧以及地方性知识的内涵。系统、有序地梳理相关生态智慧知识，对于当今村落及城市生态保护和营建具有重要的意义。与此同时，城镇化进程加快，部分传统村落开始走新农村建设发展道路，然而在这一过程中却产生了一系列问题，如传统村落生态环境遭到破坏，村落景观风貌同质、农耕文化得不到有序传承。单一凭借传统规划理论以及运用现代技术是很难满足传统村落演进的实际需求的，因此需要我们探索传统村落景观地方性营建知识，采用因地制宜的方法在遵循自然规律的情况下改造自然，最终达到人与自然的和谐共生。

传统村落生态智慧对当今村落及城市生态保护和营建具有重要的意义，学界对传统村落的天人合一的生态适应性营建智慧进行了密切的关注和研究。王邦虎（2007）以徽州传统村落为研究对象，从人居生活空间层面研究了古村落选址、建筑街巷、景观等方面的生态特征，提出传统村落人居营建系统反映了自然生态环境的人格化、人居生活空间的生态化、天人关系的伦理化智慧。王树声（2006）在对山西省传统村落保护与规划的实践中运用了人与自然和谐共生的规划设计理念，充分尊重自然、顺应自然、利用自然，发挥规划师与自然和谐统一的设计智慧。李仙娥等（2016）从村落规划选址、建筑营建、习俗信仰等层面研究了传统村落发展演变过程中所反映出的生态文化和智慧。邓洪武等（2007）针对钧源村的风水景观，提出古人追求与自然、天道、人道等完美融合的生态精神及理念。综上所述，国内研究者对传统村落天人合一的生态智慧进行了非常有价值的研究，同时证明古人在村落的选址营建、建筑营建、习俗信仰等方面积累了丰富的生态智慧，以适应不同地域环境的影响。

二、研究对象

陕南秦巴山区山地连绵、动植物资源丰富、光热资源充裕，大大小小的河流水系遍布各个片区。堰坪村、茨沟村、东河村位于秦巴山区，气候湿润温和，雨量充沛，四季分明，冬无严寒，夏无酷暑，山环水抱，自然环境良好。村民世代在山水环绕的环境中生活，日出而耕，日落而息，总结出了诸多与自然和平共处的地方性生态智慧知识。例如，茂密的山林可以防止山体滑坡等自然灾害的发生，而较为平缓的谷坝式地形地貌既为村落建设发展提供了便利条件，得天独厚的自然资源与良好的生态环境也成为世代村民生存的首要前提。当地村民依靠自然生态资源获得建材、燃料等生产生活必需品。

堰坪村隶属汉阴县南部的漩涡镇，地处凤凰山南麓，位于汉江北岸，属于陕南秦巴山区中部的村落。地理坐标为东经 108° 24′，北纬 32° 46′。村落位于我国首个移民生态博物馆——陕西汉阴凤堰古梯田的核心区，处在从县城至漩涡镇的必经之路上，距离漩涡镇约 5 公里，距汉阴县城约 43 公里。村落北部与汉阴县城关镇接壤，南部与漩涡镇镇政府所在的群英村相接，西边与漩涡镇茨沟村相连，东北部接漩涡镇东河村，东南部连漩涡镇双河村。堰坪村地理区位如图 10-1 所示。

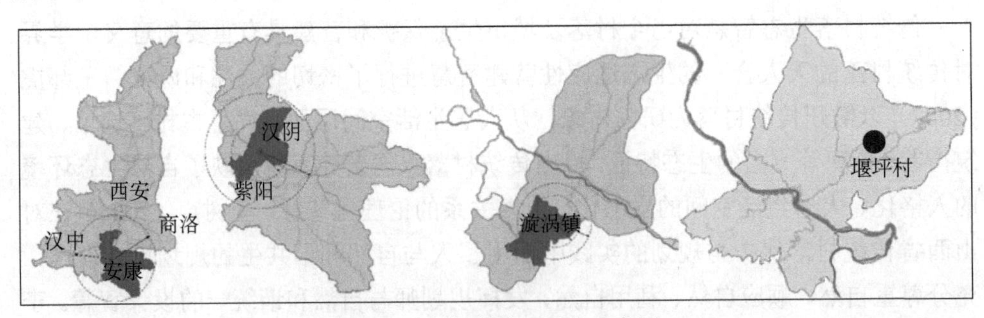

图 10-1　堰坪村地理区位示意图

茨沟村处于凤堰古梯田景区西侧边缘，属于堰坪梯田景区。地理坐标为东经 108° 39′，北纬 32° 78′。茨沟村位于漩涡镇之北 6 公里，东连堰坪村，西至联合村，南邻群英村，北靠凤凰山。距离汉阴县约 45 公里，行车途经汉漩路，行程总时长约 1 小时。茨沟村地理区位如图 10-2 所示。

图 10-2　茨沟村地理区位示意图

东河村位于汉阴县漩涡镇凤凰山南麓。东与紫阳县汉王镇接壤，南与汉阴县上七镇交界，西与汉阳镇毗邻，北依凤凰山，距县城 51 公里，位于汉水之滨。东河村由原凤江乡三台、连山、四新三个村合并而成，汉漩公路在村内贯穿而过。东河村地理区位如图 10-3 所示。

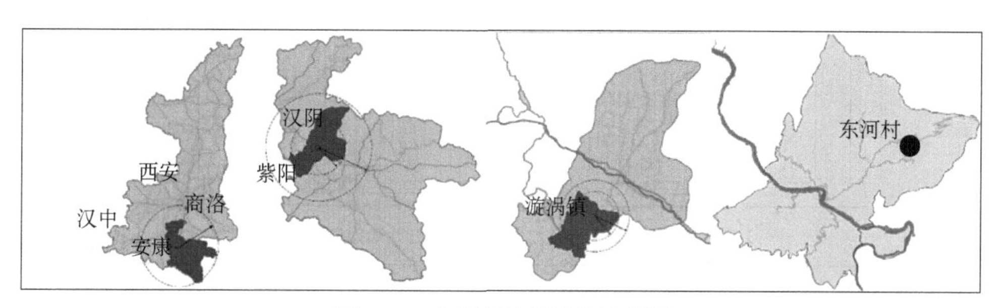

图 10-3　东河村地理区位示意图

三、构建思路

本章通过对传统村落景观的地方性生态智慧理论进行探究，挖掘其蕴含的生态智慧，提出村落保护发展策略。首先，通过文献分析法、综合归纳法、田野调查法、空间数据分析等方法，以山、水、林、田四个切入点对堰坪村、茨沟村、东河村的地方性知识特征进行提取。其次，对于 3 个研究案例村，从选址营建到人地共融、居民对水资源的利用、林地对传统村落的庇护作用以及以梯田为主的耕作活动进行深入解析，结合现有文献资料以及通过对当地村民的深度访谈，挖掘传统村落千百年来积累下来的生态智慧，构建生态智慧视角下的地方性知识图谱，并对其提出保护与发展策略，为当代陕南传统村落发展的建设提供有力支撑。具体研究思路框架如图 10-4 所示。

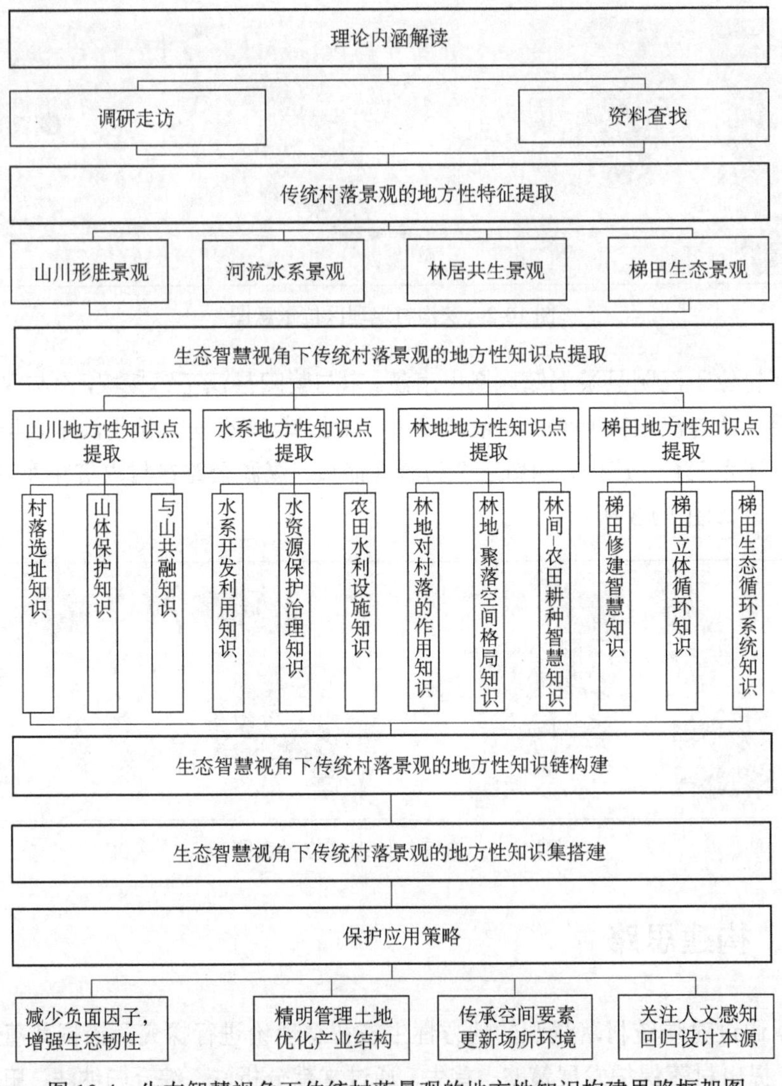

图 10-4　生态智慧视角下传统村落景观的地方性知识构建思路框架图

四、特征提取

（一）山川形胜景观

茨沟村、堰坪村和河东村的周围山川环绕，形成了较好的风水选址环境，如

表 10-1 所示。茨沟村和堰坪村背靠凤凰山，整体坐落在凤凰山山腰，位于山腰处的盆地，四面山体环绕，村落中的主体建筑群位于山体环抱的山坡上。村落建筑大多坐北朝南，背靠大山，能抵挡冬天的寒流，而建筑面向东南，能获得良好的光照。

表 10-1　村落山川形胜景观图谱

村落	布局模式	图示	卫星遥感图	特征
茨沟村 堰坪村	四面环山		茨沟村　堰坪村	茨沟村、堰坪村的村落布局模式是四面环山，村落建筑大多坐北朝南
东河村	三面环山		东河村	河东村四周相对较为开放，东侧、西侧、北侧被山体所围，呈三面围合状，建筑大多背靠山体而建，村落整体形态呈 Y 形

注：卫星遥感图通过 Google Earth 提取

（二）河流水系景观

三个村落的水系景观各有不同，如表 10-2 所示。根据水系在三个村子的分布形态，可将其分为两水夹流、一水过村、点状坑塘三种。冷峪河在茨沟村处分流两处，水系形态呈现 Y 形，其中一条水系穿村而过，另外一条水系在村落西侧绕村而过。东沟河一支流从东河村穿村而过，村落建筑布置水系两侧呈现出依山傍水之势。堰坪村所处位置比较闭塞，没有河流穿过，依靠挖掘坑塘收集山涧泉水和雨水，以此来满足村民的日常生活用水需求。

表 10-2　河流水系景观图谱

村落名称	茨沟村	东河村	堰坪村
村落水系布局	两水夹流	一水过村	点状坑塘

续表

村落名称	茨沟村	东河村	堰坪村
图示			
特征	水系形态呈现 Y 形，其中一条水系穿村而过，另一条水系在村落一侧绕村而过	河流从村落中间穿村而过，村落建筑布置在水系两侧，呈现出依山傍水之势	水系以点状的坑塘分布在村落

（三）林居共生景观

传统村落地域的林地主要分布在凤凰山以及周边山体上，按照林地功能可大致将其划分为三类：水源涵养林、经济林、风水林。

这三类林地的功能在三个村落周边各自有所体现。水源涵养林分布于茨沟村、堰坪村和东河村南侧的凤凰山上，作为村落的生态屏障；有泄洪蓄洪、调节气候的功能；作为村落的保护屏障，能保护村落林地土壤层免受雨水冲刷，避免水土流失。经济林主要是当地居民为提升林地的经济价值，进行造林复垦，用来生产木材产品从而获得经济效益，或者将林木套种在梯田内。茨沟村的经济林地主要分布在村落的北侧和西南侧，堰坪村的经济林主要分布在村落的南侧，东河村的经济林主要分布在村落的南侧。三个村落主要种植的果树有柑橘、油桃、酥梨。风水林主要分布在村落南侧的凤凰山麓以及冷峪河和东沟河两岸，是村落的绿带屏障，保证村落的生态安全和绿色宜居。同时，村民会在自家宅院以及墓地周围种植风水林。

（四）梯田生态景观

如表 10-3 所示，按照村落的梯田形态，可将梯田生态景观分为条带状、不规则状、扇状。茨沟村的梯田位于村落的东西两侧，呈条带状分布，中间有水流穿过，受地形影响，梯田顺应山体走向呈长条状，村落民居建筑的布局也顺应山势与梯田融为一体。堰坪村的梯田位于村落的南侧，所处山势蜿蜒多变，梯田顺应山势建设呈现出不规则状，大大小小、阡陌相连、高低错落，远远望去，梯田蜿蜒交错的优美曲线构成了村落独特壮美的农田景观。东河村位于山脉围合处，围合村落的山体轮廓大体呈弧形，梯田顺应山势建设，因此远远观去呈扇状分布。凤堰古梯田每块梯田的布局结构基本相似，由田埂、沟渠、堰塘及可供田间休息的田房等配套设施组成。

表 10-3　村落梯田生态景观图谱

村落名称	茨沟村	堰坪村	东河村
梯田形态	条带状	不规则状	扇状
图示			
特征	村域内的梯田景观呈条带状分布于山之间，中间有水流穿过，受地形影响，梯田顺应山体走向，总体呈长条状	村域内的梯田顺应山势建设呈现出不规则状，大大小小的田块阡陌相连、高低错落	村域内的梯田围合村落的山体轮廓，整体呈弧形，梯田顺应山势建设，因此远远观去呈扇状分布

五、生态智慧视角下传统村落景观的地方性知识点提取

通过对上述 3 个传统村落现状景观特征的提取，针对上述每一种景观表征进行深入探索，分析每种景观的内在形成机制，即当地村民积累、总结与传承的地方性生态智慧知识点。

（一）山川地方性知识点提取

1. 村落选址地方性知识点提取

秦巴山区在陕南汉中行政区划内有众多山间盆地和山间谷地，结合周围的汉江以及地表径流，是古代村落选址的“聚宝盆”。如图 10-5 所示，传统聚落选址讲究寻龙脉、考砂山、观水系、拟居穴、择方向。中国的龙脉起源于昆仑山，分成三大支，遍布全国。寻龙脉就是寻找村落周边的主山所依靠的发源自祖山的龙脉；考砂山，即考察环村落四周高低起伏的隶属于主山且被比喻为朱雀、青龙、白虎的群山；观水系，即观察村落周围的河流水系分布；拟居穴，即综合考虑

龙、砂、水等环境因素，选择地势平坦、藏风聚气的风水宝地作为村落选址的地点；择方向，即选择聚落建筑的朝向，负阴朝阳且朝南为最佳（张效通等，2011）。由此可见，良好的聚落选址必须依靠绝佳的山水环境，背山面水，左青龙、右白虎，尊重自然环境的同时便于利用自然，也能保障村落安全以及居民的生产生活。

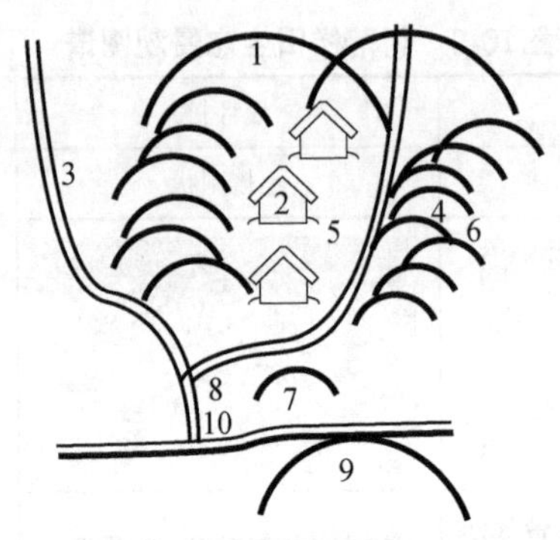

1. 主山凤凰山　2. 堰坪村　3. 茨沟河　4. 白虎　5. 冷峪河
6. 青龙　7. 案山　8. 水口　9. 朝山　10. 汉江

图 10-5　堰坪村山水格局知识点图谱

堰坪村、茨沟村、河东村位于陕南秦巴山区安康市汉阴县漩涡镇，属于低丘陵区域，北依主山凤凰山，冷峪河、茨沟、冷水沟、东沟河、黄龙沟等凤凰山水为周围村落提供了先天生产生活水源，这三个村落在这环山抱水之势中孕育而生，堰坪村和茨沟村四面环山形成相对封闭、安全的聚落空间，河东村三面环山，相较于四面围合而言开放性强。背山，即凤凰山可以抵挡冬季的寒风，规避洪涝之灾；面水，即凤凰山的河流为村落生产生活提供活力，村落建筑依靠主山朝向南边，以便获取良好的日照，有利于农作物生长；肥沃的土壤有利于耕作，植被旺盛有利于保持水土、调节气候，同时可以满足日常生活所需的柴火（曾卫等，2018）。

堰坪村、茨沟村和东河村整体呈现“依山傍水、负阴抱阳”的格局。对古代先民来说，这种布局选址满足了人们对风水堪舆的信仰，使村落形成了山环水抱的选址布局。同时，村落通过汉江流域廊道与外界取得联系，具有藏风聚气的功能。村落“负阴抱阳”的营建理念，不仅符合古人崇尚天人合一的宇宙观，也满足了人们日常生活中对采光的需求。

2. 山体保护地方性知识点提取

古人对聚居地的选址离不开山、水、林、田等自然资源。堰坪村、茨沟村、东河村地处山区，自然环境要素是村落繁衍生息的基础，也为村民生产生活提供了保障。堰坪村、茨沟村、东河村保持原有的自然环境，通过山林藏风聚气、抵御洪灾，通过水系调温灌溉，在村内形成了相对封闭、安全的生产生活空间及自适应的局地小气候。

长久以来，古人在与自然相处的过程中一直在寻找人类索取与自然自我修复之间的平衡点。一旦对自然资源过度索取，将会破坏原有生态平衡，引发森林资源枯竭、水土流失、洪涝灾害等。因此，村民从思想观念、道德素养、行为方式等方面约束自己，意在调节自然生态平衡（丁锐，2020）。例如，早期村民们改变了原有的打猎习惯，从而保护了生态环境以及生物物种的多样性；禁止在水源地洗衣服以保护水资源；村民在开垦梯田的同时积极植树，从而起到防风固沙、保持水土和调节气候的作用。这些行为都是在保护村落周边自然生态环境，以谋求自身发展与村落安定。

3. 与山共融地方性知识点提取

早期，在堰坪村、茨沟村、河东村还是荒山老林时，湖广移民“吴氏兄弟”带领当地先辈在山脚坡地劈山造田、植林固田、引渠灌溉，沿河架桥开路。先民们利用当地山地之势，取天然木材，在季节交替中构建了“山-林-河流水塘-聚落-梯田”人居空间，改变了当地原本的蛮荒之景，形成了“聚落不掩山的乡村场景”（图 10-6）。

图 10-6　堰坪村“聚落不掩山”的乡村场景

（二）水系地方性知识点提取

1. 水系开发利用地方性知识点提取

堰坪村、茨沟村和东河村的水资源充裕，河流纵横，河道深狭曲流，河流强大的蓄水能力给当地居民提供了生命源泉。村民临水而居，平原少，大多为山地，山体坡面多被开垦成梯田发展农耕种植业，凤凰山山顶的泉水流向村落周围形成数条冲沟，即冷峪河、茨沟河、东沟河等。这几条河流及当地村民通过人工开挖的沟渠或堰塘，使凤凰山自上而下汇集形成的降水与地下渗出的泉水共同形成了“田渠塘溪”体系，承担着梯田的输水灌溉功能。同时，梯田植物根系在雨季来临时起到了防御山洪、减少地表径流及土壤流失的作用，为村落的自然生态安全格局的构建提供了保障。

2. 水资源保护治理地方性知识点提取

村落的表层收集、宅院蓄导、村落蓄导三级体系的蓄排水系统相互连通，“蓄”即为存蓄收集，“排”即为疏导排解。降水时空分布不均匀是该地区洪涝灾害产生的主要原因。因此，村落的营建多依托自然生态智慧形成了“外防内调，蓄导结合”的水基础设施系统，在满足用水安全的需求，保证居民生产生活用水基本需求的基础上，形成了独特的地域人文景观。其中，“蓄”与“导”的理水智慧主要体现为三级蓄排水设施配置，具体内容如表 10-4 所示。

表 10-4 村落三级体系的“蓄–导”结合地方性知识点图谱

蓄排层级	图示		特征
第一层级：表层收集			雨水从天而降，由屋顶引导至宅院内部，院内多设置水缸、水盆等集水设施进行表层雨水收集
第二层级：宅院蓄导			宅院平屋顶与院落场地一般会有轻微的坡度，在最低点处设置水窖渗口和对外排水口，水窖用于收集院子地面的雨水，排水口将多余的雨水排出院子，引向村落储水设施中
第三层级：村落蓄导			村落道路多为中间高、两边低（两侧设置陶制排水管或排水沟）或两边高、中间低（中间埋设陶制排水管或排水沟）两种断面形式，将雨水疏导至村子里地势较低处的涝池或水塘

维护管理：指的是维护与维修，即对村内治水节水设施进行有效的修理。传统设施一般都是由当地的原材料砌筑而成，其长效续存还需要借助人工的管理与维护。这也是自下而上营造方式的特点，每个系统都由分散化的设施构成，因此需要全村村民共同维护。

管理设施：指的是对治水节水设施进行管理，检查设施的功能能否正常运行。例如，水窖工程就需要人的参与，不仅是在下雨时清理井口或沉砂池，也要及时检查窖内蓄水情况（陈勇越，2018）。

3. 农田水利设施地方性知识点提取

堰坪村、茨沟村和东河村的梯田耕作，灌溉是最重要的因素，当地村民因地制宜开发出多种多样的乡间水利设施，以满足梯田作物生长过程中对水分的需求。

储水：修建水库和池塘，雨天蓄水，旱天引灌，在梯田间发展水产，水库建在山谷与洼地之间，拦截径流，聚集泉水；塘堰建在缺水的山坡，就近挖塘，蓄水灌田。这种对自然水资源的利用的经验智慧是世代村落居民生产生活用水的基本保障。

引水：主要是盘山开渠，引凤凰山水灌田。

提水：用到的工具包括筒车、龙骨车、戽斗等，因河谷两岸的冲积地、梯田高于河床，多采用提水灌溉。

排涝：在坪坝和梯田等易涝的地区开挖沟渠，排出多余的水，防止水土流失。巧用山体地形落差，依照山势挖沟筑渠，相互连接形成主次分明、简单实用的排水体系。

（三）林地地方性知识点提取

1. 林地对村落的作用地方性知识点提取

堰坪村、茨沟村和东河村的林地主要分布在凤凰山以及周边山体上，按照林地功能可大致将其划分为三类：水源涵养林、经济林、风水林。

水源涵养林涵养村落：堰坪村、茨沟村和东河村的水源林大多分布在汉江、茨沟、冷水沟等山溪周围以及梯田顶部，由林木搭配灌木丛和乔木丛构成，植被密度高。水源涵养林通过林木以及凋谢物截流降水，不仅能调节水源流量和改善水质，同时能在村落坡地水土保持、蓄洪浇灌、小气候调节方面发挥一定的作用。降雨时，雨水首先被凤凰山林源地及溪流两侧的水源涵养林截流，减弱雨水对地面的冲击力，保护了土壤以及防止耕地的水分蒸发，降低了径流速度，从而增强渗透作用。在水源涵养林的庇护下，减轻了降水对村落农田、房屋、道路等的冲击力，减少了水分流失，增强了降水的渗透作用，降低了坡地自然灾害的发生概率。

经济林养育村落：堰坪村、茨沟村和东河村村民通过嫁接、引进果苗的方式进行造林，获得木材或者其他林业产品，提升了林地的经济价值，进而提升了经济效益。经济林一般分布在村落周边海拔较低的区域，与梯田一同耕作，主要以种植山地作物为主，如核桃、板栗、苗木等。同时，它能提供生活所需的木材，为当地居民生火做饭提供便利。

风水林庇佑村落：由于林地对村落的水源涵养、水土保持、气候调节有一定的调节作用，堰坪村、茨沟村和东河村的先民们在村落选址时，就会考虑将村落修建在茂密的树林旁边，从而遮挡冬季寒风或减少泥石流、山体滑坡等自然灾害的影响。

2. 林地–聚落空间格局地方性知识点提取

由于陕南地形地貌复杂，传统村落和林地有以下几种空间位置关系（表 10-5）：林地包围聚落、林地嵌入聚落、林地和聚落融合、林地外部环绕+内部片区、林地外部环绕+内部穿插（杜春兰等，2021）。

表 10-5　林地–聚落空间格局地方性知识点图谱

类型	林地包围聚落	林地嵌入聚落	林地和聚落融合	林地外部环绕+内部片区	林地外部环绕+内部穿插
图示	包围型 聚落组团	嵌入型 聚落组团	外部环绕＋内部斑块型 聚落组团 聚落组团 聚落组团	外部环绕＋内部片区 聚落组团	外部环绕＋内部穿插 聚落组团
特征	主要分布于村落的外部，在村落外围形成林地包围之势，为村落抵御狂风，调节气候	嵌入至林地内部，形成村落、林地交错分布之势	一般与聚落融合，在各个聚落组团之间形成连片林地，为村落巩固水土、防风固沙	这类林地在村落的外部形成环绕之势，在村子内部形成诸多分散片区，对村落小气候形成有重要作用	这类林地在村落的外部形成环绕之势，穿插在村落内部，对村落的小气候形成有重要作用

3. 林间–农田耕种智慧地方性知识点提取

在农田春耕期间，村民将林地中的各种资源当作自然肥料，林地的落果落叶腐烂后产生的腐殖质可以直接用作农田耕种的天然肥料，同时村民们收集林地的枯枝落叶，将其燃烧后变成草木灰，撒到农田用以增加土壤的肥力。

林地和农田之间还存在林间播种、林粮间作的现象，即农田中的一些高大乔木及灌木被保留下来，有时甚至在播种时播撒树木种子，形成农林混合系统。植物生长虽然会带走一部分养分，但是其枯枝落叶也是对土壤肥效的补充，并且植物根茎的生长对于松土、涵养水分同样具有非常重要的作用。

（四）梯田地方性知识点提取

1. 梯田修建智慧地方性知识点提取

早期的堰坪村、茨沟村和东河村周围大多为山地，属于半丘陵与高山相结合的地带，地势整体由南往北逐渐抬高，周围水源丰富，气候温润，适宜农业生产。地处山地崎岖、地面坡度陡峭的传统村落，环境幽闭，安全性极高。

清朝时期，“吴氏兄弟”从湖广移民到这里，为满足族人对粮食的需求，开荒种地。村落周围的缓坡低地极少，因穷思变，“吴氏兄弟”带领当地居民往山上开垦。村民采用人工修建的新挖台地，修筑埂坎，不断改造成梯田（表 10-6）。在修建过程中，首先，把最下面第一级梯田田面修平，并由松土犁深松 30 厘米左右，耙压整平；其次，将第二级土推下，均匀地铺在第一级梯田田面上，再耙压整平；最后，用人工修筑田埂、耕路（喀喇沁左翼蒙古族自治县科委，1978）。同时依托茨沟、冷水沟、东沟河和黄龙沟等山溪自流引渠灌溉，在梯田内部修建脉络有序的浇灌系统（刘万春，2018）。

表 10-6　梯田修建智慧地方性知识点图谱

类型	水平梯田	坡式梯田	反坡梯田	隔坡梯田
图示				
特征	将缓坡地（一般小于 15°）改成水平的台阶式田地	指山丘坡面地埂呈阶梯状而地块内呈斜坡的一类旱耕地。坡式梯田由坡式耕地逐步改造而来	指梯田坡向与山坡方向相反，反坡角度为 3°—5°，修筑形式为外高内低	指沿原自然坡面隔一定距离修筑水平梯田，在梯田与梯田间保留一定宽度的原山坡植被，使原坡面的径流进入水平田面中，增加土壤水分以促进作物生长

堰坪村、茨沟村和东河村极易产生速度快、面积广的水土流失，“吴氏兄弟”巧妙利用山势地形、引进南方梯田耕种技术，通过开垦坡地，改变了坡面的坡度，减少了水土流失。上述技术改良，不仅增加了土地的可耕作面积，也增加

了粮食产量。

2. 梯田立体循环地方性知识点提取

分布于堰坪村、茨沟村的凤堰古梯田是集水源林、村落、梯田、汉江为一体的立体循环稻作系统（图 10-7）。汉江充沛的水源在阳光的辐射下蒸发形成云雾，云雾上升过程中受到凤凰山峰顶低温影响，大量水汽凝结形成降水。

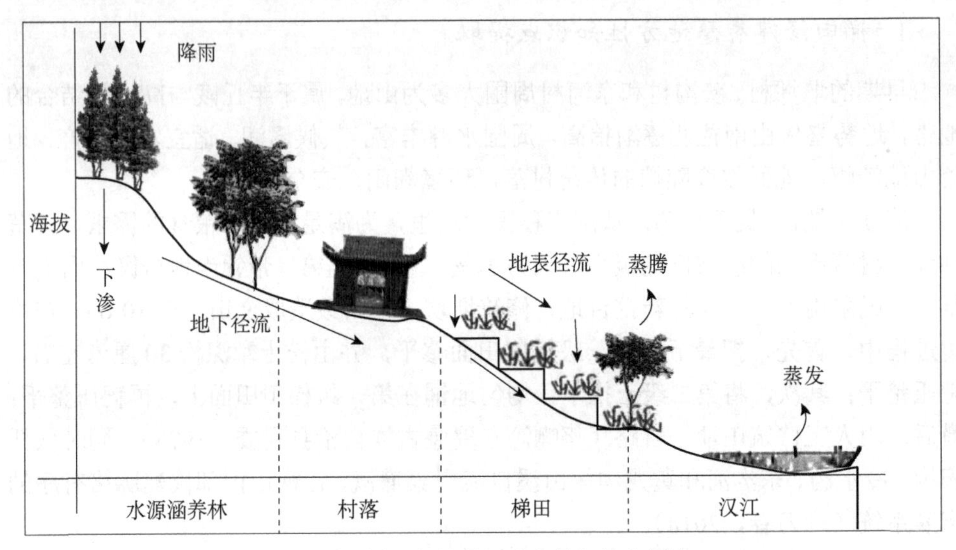

图 10-7　梯田立体循环地方性知识点图谱

水源涵养林下渗雨水形成地表径流与地下径流，以山泉和溪流的形式通过“田渠塘溪”体系逐级灌溉农田，给梯田农作物生产和村庄农民的生产生活提供水源，提高了水资源的利用效率（角媛梅等，2006）。最终，林地子系统、村落子系统、梯田子系统和河流水系形成了一个具有良好的空间结构和协调性的梯田立体生态循环系统。

3. 梯田生态循环系统地方性知识点提取

凤堰古梯田与林地、村落形成了林地-村落-梯田生态循环系统，如图 10-8 所示。天然降水落到地面通过下渗形成地表径流，地表径流沿坡面流经森林、村落和梯田。同时，在森林、梯田边缘处设置田埂，随着地表径流所携带泥沙的沉积，减少了水土的流失，并具有补充土壤养分的功能。同时，林地、村落、梯田在不同海拔高度上的错落分布，一方面缩短了村民日常耕作出行的距离，另一方面村民将生活污水、垃圾粪便截留在梯田之中，不仅使土壤的肥力增加，还减轻了废物对环境造成的污染。

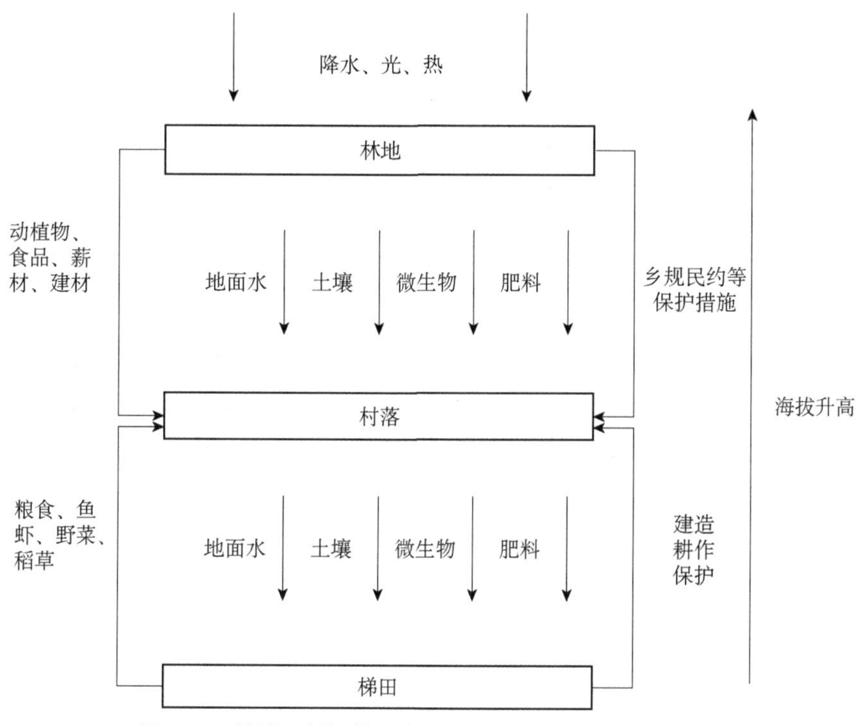

图 10-8　林地-村落-梯田生态循环系统地方性知识点图谱

凤堰古梯田通常采取的是“水稻-油菜”或“水稻-冬小麦”的轮作制度。水稻是汉阴县传统的种植作物，春天雨季是其种植期，因天气较冷，故选择种植单季稻、油菜或者冬小麦的轮作模式。这种种植模式不仅有效提高了水稻品质和地力，也有利于防治病虫害，同时也能为村民增产创收。

同时，凤堰古梯田的发展模式是农牧渔复合型的，其模式形成主要依赖于当地生态系统的丰富多样性。如图 10-9 所示，在稻田内放养田螺、虾蟹、鱼苗，它们以稻田中的微生物、虫类和腐殖质为食，其排泄物成为水稻生长所需的养料。同时，也改善了土壤环境，有利于水稻品质和产量的提升。村民在林木或者果树之下饲养畜禽，如鸡、鸭、羊、猪等。畜禽生长在林下以杂草或者小虫为食，从而间接帮助林木根除了病虫害。梯田农作物的秸秆经过处理后也可作为畜禽的食料。畜禽的粪便可以作为有机肥直接作用于梯田，也可将畜禽的粪便与农作物的秸秆一起沤肥，作用于梯田，在增加土地养分的同时，还可以有效提高农产品的无公害品质。

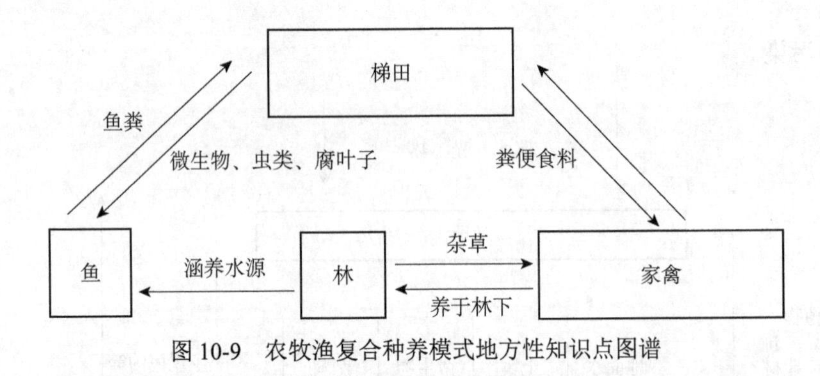

图 10-9 农牧渔复合种养模式地方性知识点图谱

六、生态智慧视角下传统村落景观的地方性知识链构建

通过实地调研以及文献资料查找，我们对山川形胜、河流水系、林居共生、梯田生态这四个地方性景观的特征进行提取，透过其表象景观特征，进一步深入寻找其地方性生态智慧知识的内在逻辑关系，发现地方性生态智慧知识大多是当地居民在将与村落周边的山、水、林、田等自然资源协调共生过程中积累的经验转化成地方性知识进一步保护利用，从而达到传统村落生产、生活和生态的平衡状态，最终形成了从生态景观到地方性生态智慧的知识链（图 10-10—图 10-13）。

山体为传统村落的形成提供了空间场所，同时也为传统村落的发展提供了安全保障。首先，山体影响了村民对传统村落的选址，村落居民进一步意识到山体存在的重要性，开始保护山体并且利用山体中的自然资源，例如，依山挖窑建房、利用山上的树木建造房子、利用山上的野生药材治疗疾病等。

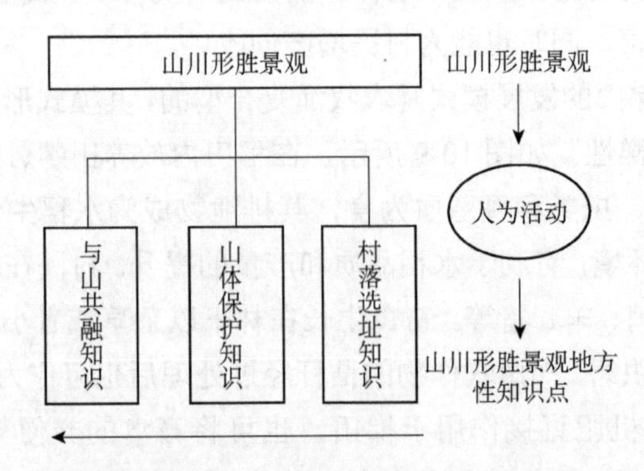

图 10-10 山川形胜景观地方性知识链图谱

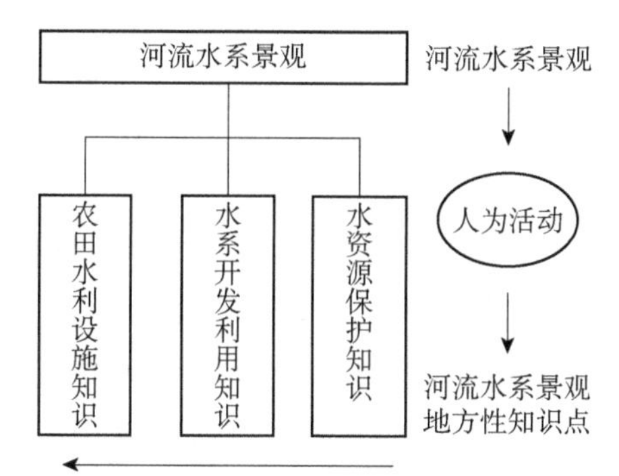

图 10-11　河流水系景观地方性知识链图谱

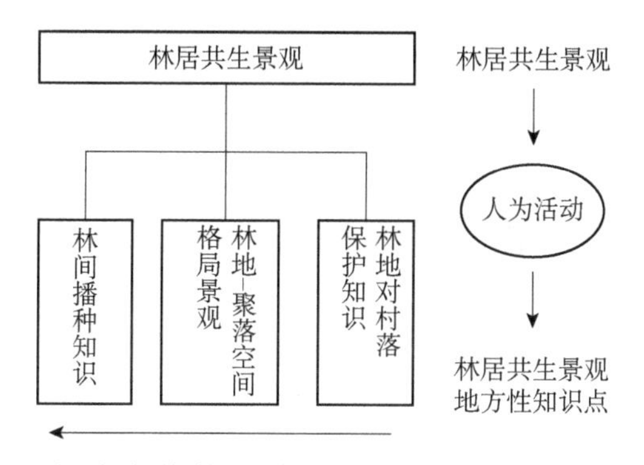

图 10-12　林居共生景观地方性知识链图谱

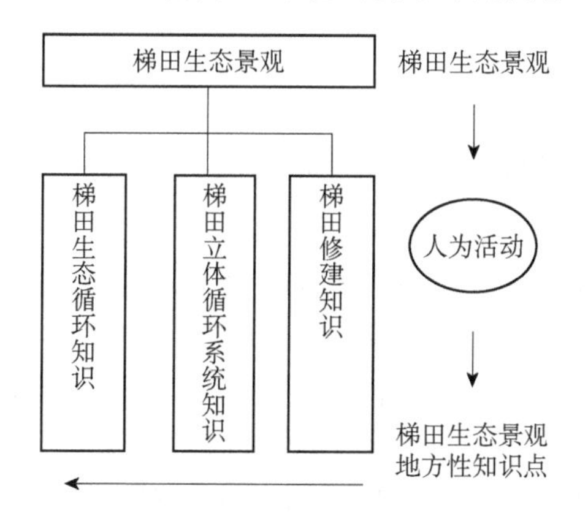

图 10-13　梯田生态景观地方性知识链图谱

水系为林地田地灌溉和居民日常生活所用。居民通过对水资源治理知识的总结，包括驻防洪水、择坚居住、疏导水流、维护设施、管理设施等，将“水能载舟亦能覆舟”的用水知识为人所用。

林地从类型上大致可分为水源涵养林、经济林和风水林。从林地与村落空间格局上大致可分为林地包围聚落、林地嵌入聚落、林地和聚落融合、林地外部环绕+内部片区和林地外部环绕+内部穿插 5 种类型。村落依林而建，为村落提供了庇护，改善了村落水土流失、减少了雨水对地表径流的影响，促进了村落的发展。村民也会通过林间播种来提高农作物的产量。

堰坪村、茨沟村以及东河村的田地以梯田最具有生态智慧特色，梯田因山而建，起到了防治水土流失以及山体滑坡的作用，增强了山体的稳定性。传统村落的村民巧妙营建了“山-村-田”的立体循环系统、梯田中的水稻-鱼-微生物的生态循环系统，无不体现了传统村落营建系统人-地协调共生的生态智慧。

七、生态智慧视角下传统村落景观的地方性知识集搭建

基于生态智慧视角，我们通过对传统村落景观的地方性知识点的提取，以及对知识点之间进行关系链接，构建了以“山、水、林、田”为核心的生态智慧视角下传统村落景观的地方性知识集，如图 10-14 所示。其中山体和河流水系是林地与田地存在的基础，山体和河流为林地与田地提供了生存土壤，林地在山体的庇护以及水系的滋润下应运而生，防止了水土流失以及减少了山体滑坡等自然灾害的发生。

八、保护应用策略

通过对堰坪村、茨沟村以及东河村的生态智慧视角下的传统村落景观的地方性知识图谱构建，可以发现，在长期的农业生产中，传统村落居民在生产实践活动过程中积累了大量人居生态智慧。在城乡融合发展、美丽乡村建设等政策背景下，依托现代农耕机械化技术，农业生产效率得到了有效提升，但是历史时期传承下来的很多宝贵经验和地方智慧在乡村人居环境建设中仍然具有实践意义，其所蕴含的生态文化、经济价值在一定程度上可以弥补现代性知识的不足。因此，当前急需重新挖掘并应用这些传统村落景观的地方性知识，具体建议如下。

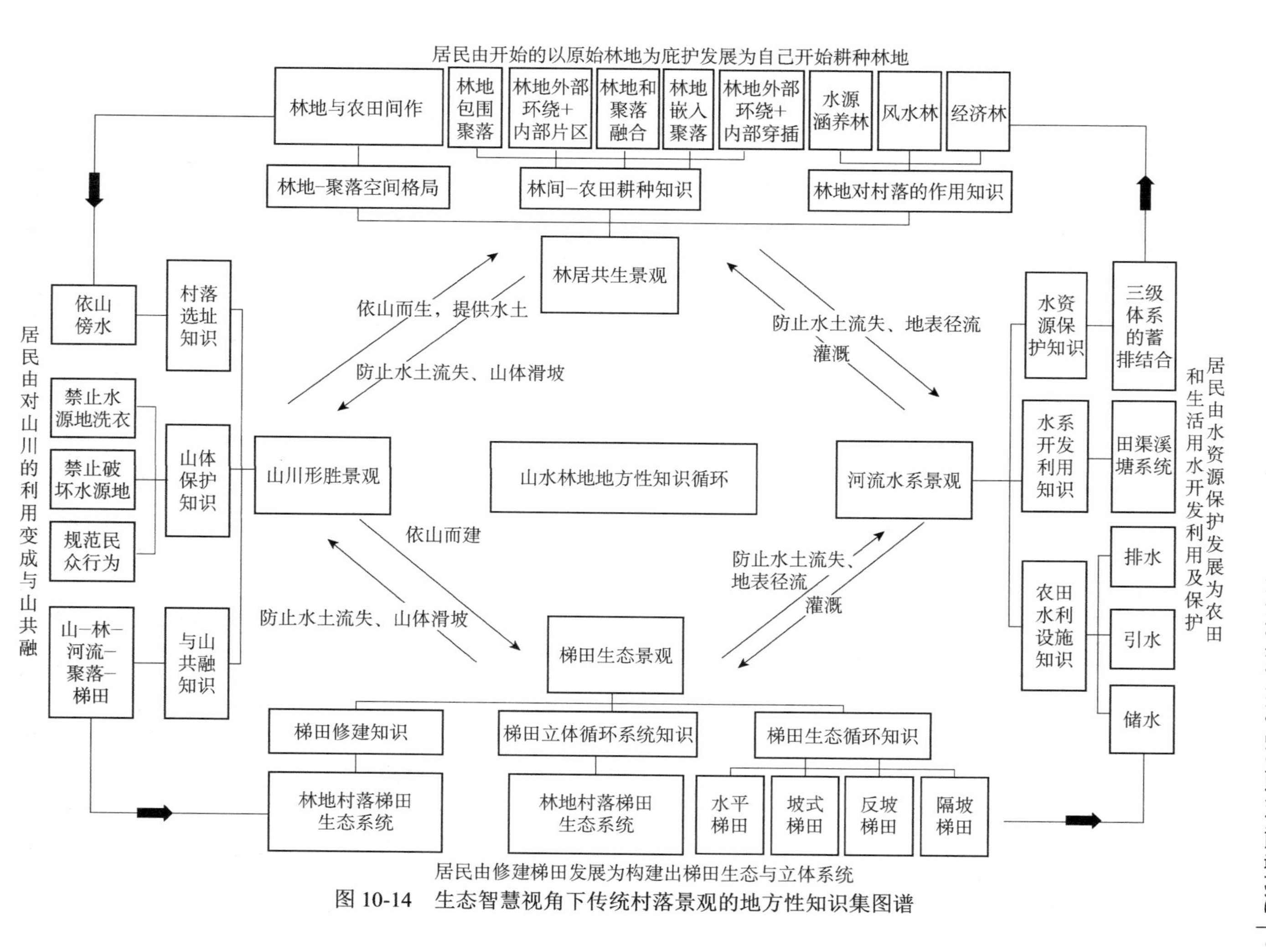

图 10-14　生态智慧视角下传统村落景观的地方性知识集图谱

（一）减少负面因子，增强生态韧性

传统村落的居民在与大自然的相处中逐渐积累了适用于当地的地方性生态知识，并且在实践中开始人为干预，形成了保护当地生态环境的生态智慧范式。例如，消除高温、防洪、内涝等生态负面因子。其中自然山水是当地传统村落生态系统的重点内容，成了生态安全保护的重要屏障。堰坪村、茨沟村和东河村北部的凤凰山是传统村落重要的生态屏障，当前应禁止村民对山体的无序开采，保护好自然水体，如茨沟河和冷峪河等水系景观。同时，应依托村落附近的河流水系资源进行梯田灌溉。梯田是当地传统村落物质文化景观的重要组成部分，应该注重对“梯田-村落-水系”景观格局的保护；注重对树林植被的保护，增种本土树种，丰富植物群落，优化生物群落结构，丰富村落周边生态系统的多样性；增强生态涵养能力，减少水土流失，减少地表水分流失，提升当地生态系统的自我协调能力，使传统村落与绿地景观斑块有机融合，为村民营造良好的生产生活环境。传统村落的保护与传承必须依托当地的自然生态环境，发展人-地和谐共生的自适应人居环境系统，这些生态智慧不仅指导了传统村落的发展，对于城市绿色宜居环境的多样性建设也有一定借鉴意义。

（二）精明管理土地，优化产业结构

茨沟村、堰坪村以及东河村经济社会发展的原动力在于依托梯田和耕地等传统农耕产业进行发展。农田是堰坪村、茨沟村和东河村居民满足生存需求的根本保障，也是居民开展生产活动的重要场所，更是当地乡村生态环境的主要组成部分。对于生产性用地非常紧缺的陕南山地传统村落，精明管理土地、平衡人-地关系、优化产业结构是依托生态智慧急需解决的关键问题。

首先，要鼓励发展集中耕作模式，发展田园综合体，促使农业产业化，从根本上改变当地山地传统农田分散式布局和小农经济发展模式，有效解决山地传统村落土地资源紧缺、土地利用粗放、耕地面积锐减等突出问题。其次，要依托现有地方特色资源，延伸现有产业链，采用现代产业组织方式，丰富产业结构和生产类型，通过林果、花卉、蔬菜种植等优势主导产业，带动现代农业发展。同时，依托传统村落自然生态资源、历史文化资源，整合相关产业，从而将外部资本引入村落内部，促进传统村落经济产业发展。相关部门应积极建设大数据智慧平台，实现从生产到销售再到服务的一体化，从根本上解决当地传统村落劳动力剩余、产业类型单一等问题。

（三）传承空间要素，更新场所环境

海德格尔（2004）认为，诗意栖居的人居环境规划理想是对人类生存本源的追寻和渴望，其核心目标在于实现人的全面自由，它同样蕴含着生态智慧的内涵。村落不仅孕育了独特的生活空间，同时还孕育了独特的文化，因此，传统村落保护的生态智慧主要体现在空间要素传承和场所环境更新两个方面。首先，要注重对村落空间肌理的提取、解构和重组，进而重新梳理并组合空间脉络，唤起空间记忆。同时，要注重传统村落生活空间界面的多样性与整体性，以及风貌的历史性与时代性之间的协调统一。其次，对传统村落的街巷、广场、庭院等场所环境进行合理规划，注重形式与功能相协调、规模与体量相一致。同时，注重对传统民居的有机更新，拆除无法恢复且价值不高的破旧建筑，腾挪有利场所，收集并整合保护价值较高却被遗忘的文化碎片和记忆碎片，从而留住乡愁记忆。

（四）关注人文感知，回归设计本原

在特定地域条件下，传统村落人文景观是该地域社会、经济、文化和艺术的共同产物，其本身带有特定历史时期的社会属性、文化表征和生活记忆的深刻烙印。这些带有特殊情感记忆的人文景观往往会引发地方人对本土文化的认同感和依恋感。生态智慧视角下的传统村落保护策略，应注重强调人文景观感知，回归“以人民为中心”的规划设计本原。首先，提取典型人文景观元素是规划设计中必要的一环，小到一棵树、一条河流，大到传统村落山水人文空间，都蕴含着村民厚重的地方感知情怀，这些应作为保护设计时关注的重要环节。其次，人文景观的保护利用要突出动态性和时效性，针对过于复杂、多元的文化景观要素，要运用现代景观语汇进行概括和提炼，使其既具备现代景观的“形”，又不失传统景观的“神”。同时，要注重人文景观的整体性和系统性，不仅关注单个文化元素，更要关注各个文化元素之间的内在联系，从而达到传统村落景观的地方性特色景观风貌的协调统一。

九、本章小结

堰坪村、茨沟村和东河村作为陕西省陕南秦巴山地的传统村落，在营建以及生产生活中蕴含的地方性生态智慧对传统村落的保护以及现代乡村生态建设具有重

要的理论及实践意义。本章以山、水、林、田四个方面为研究基础，通过对当地环境以及居民思维方式等蕴含的生态智慧进行梳理，提取了山、水、林、田四个方面包含的地方性知识点，通过对各个地方性知识点进行系统梳理，寻找它们之间所存在的包含关系，进一步搭建传统村落景观的地方性知识链，接下来基于链条的搭建寻找山、水、林、田之间的关系网络，最终构建传统村落景观的地方性知识集。基于此，提出指导当地传统村落发展的保护应用策略。

第十一章　乡村振兴视角下传统村落景观的地方性知识图谱构建

传统村落景观是村落长期发展的物质、文化积淀，是村落历史发展的见证。随着时代环境的不断变化，人们的现代生活需求同传统村落景观保护之间的矛盾愈加突出，如何使传统村落景观适应现代环境，使传统村落景观的物质空间与文化内涵得到良好的保护与传承，如何实现传统村落真正的可持续发展？地方性知识作为一种新的研究视角，正在不断得到更多的探讨与运用。

一、乡村振兴与地方性知识

（一）乡村振兴战略引介

费孝通在《乡土中国》一书中认为，中国社会从基层上看是乡土性的，小到几户的村庄，大到千户的村落，都是构成中国乡土社会的基本单元，我们如今所看到的各式各样、不同形态的村落都来自中国千年农耕文化。现代社会工业化快速发展，乡土知识和传统村落文化的多样性濒临消失，影响了农耕文明的生态系统。这样的趋势在城市化、市场化的背景下愈发明显，土地闲置、劳动力流失以及由此伴随的农业农村经济的衰落都间接或直接地宣告了传统村落乡土文化知识的式微。传统村落的减少从表面看是土地、民居和农业人口的减少，从深层看却是上千年生产方式、生活方式、农耕文化、民俗传统的变化。党的十九大报告中首次提出乡村振兴战略，将农业农村农民问题置于关系国计民生的高度，要求必须始终把解决好“三农”问题作为全党工作重中之重。乡村振兴战略的提出，对经济与文化、物质与精神的和谐发展做出了肯定，并凸显了乡土文化、传统文化、传统道德、农耕文明的重要性。

传统村落是我国传统历史文化的重要载体，不同时期的传统村落承载着不同阶段人们的生产与生活内容，是人与自然互相成就的美好结果，不仅体现了一个时期的历史脉络，更是现代社会主义农村风貌的体现。作为特定的生活空间，因宗族繁衍和文化传承，传统村落建筑遗迹风格各异，生产和生活方式保留了一定的传统风貌，是新型的活文物（朱晓明，2001）。伴随一些传统村落的消失，如何留住美丽乡愁，机遇或许便在当前乡村振兴战略的实施过程中。近些年来，传统村落的保护逐渐受到重视，与生态文明建设、新型城镇化建设等政策相结合，取得了一定的成果。完整的村落体系具备历史、文化、审美、社会、经济价值，因此应对传统村落进行保护和优化提升。自2012年住房和城乡建设部公布第一批国家级传统村落名单至今，国家对传统村落的保护不断加强。但在这一过程中仍存在诸多问题急需解决。因此，研究如何更好地保护与传承传统村落依旧刻不容缓。

（二）乡村振兴中的地方性知识

我国传统村落保护研究兴起于20世纪80年代，2012年以来受到社会的广泛关注，相关研究文献日渐增多，多学科综合研究体系日趋完善。传统村落的保护与发展是美丽乡村建设、乡村振兴战略的重要组成部分。乡村振兴战略的实施为传统村落的保护和美丽乡村的建设带来了新的发展机遇。在传统村落振兴发展的问题上，学者提出了各种各样的方法与策略，从其中的思想以及现在村落发展的实际经验来看，已经积累了大量理论研究与实践案例经验，因此在乡村振兴的视角下研究村庄治理，必须把握其中的知识基础与发展逻辑。

阮仪三等指出，传统村落是产生时间较早，目前仍然存在，拥有较高的科学价值和历史价值，并应当予以保护或已经受到保护的古代建筑群落（阮仪三等，2002）。在漫长的历史演进过程中，传统村落依旧保留着传统的原生文化，蕴含着具有特色的地方性知识，其中以传统村落的地方性知识最为丰富，它与农民的生产、生活和生态环境息息相关。赵勇等认为，传统村落是中华民族的根和魂，其村落格局、空间肌理、传统建筑、风貌特征蕴含着先进的建筑设计理念和博大精深的建筑思想，具有丰富的历史、社会、科学、文化、艺术和经济价值，是乡村聚落的特殊存在形式（赵勇等，2005）。同时，学术领域对乡村振兴战略的研究也颇为丰富。毛峰指出，乡村振兴战略是推进美丽乡村建设和新农村建设的总抓手，是全面深化农村改革的总部署，也是总纲领（毛峰，2019）。中共中央、国务院发布的《乡村振兴战略规划（2018—2022年）》提出的“产业兴旺、生态宜居、乡风文明、治理有效、生活富裕”的总要求，突出了传统村落建设的迫切性、必要性，丰富了传统村落建设内容，进一步推动了传统村落建设。

乡村振兴中的地方性知识一般体现了地方特质以及当地居民的生产、生活、文化和当地的自然环境特色，并利用这些地方性知识使传统村落达到生态宜居、产业兴旺、乡风文明、治理有效、生活富裕的总要求。例如，以传统民俗和创意文化的关中文化产品产业为核心的袁家村、以高端乡村旅游产业为核心的乌村带动乡村旅游和乡村产业新发展的莫干山民宿发展模式等。习近平提出：“在 21 世纪的今天，几千年来人类积累的一切理性知识和实践知识依然是人类创造性前进的重要基础。只有不断发掘和利用人类创造的一切优秀思想文化和丰富知识，我们才能更好认识世界、认识社会、认识自己，才能更好开创人类社会的未来。”（习近平，2014）这说明乡村振兴不能脱离当地的文化和知识，传统村落的地方性知识是促进乡村振兴的基础。

二、乡村振兴中的地方性知识分类

传统村落是具有自然、社会和经济特征的地域综合体，兼具生产、生活、生态等多重功能，与城镇互促互进、共生共存，共同构成了人类活动的场所空间。根据上述乡村振兴中的地方性知识概念的解析，可以将乡村振兴的地方性知识划分为自然生态中的地方性知识、产业经济中的地方性知识、乡风民俗中的地方性知识。

（一）自然生态中的地方性知识

自然生态中的地方性知识是指在传统村落生存和发展过程中影响居民生存与发展的水域知识、地文知识、生物知识以及农田知识，是在利用和改造自然的过程中获得的，是关系到社会和经济持续发展的生态系统知识。自然生态中的地方性知识的地方性特征极为明显，这主要是因为生态自然处理的对象极其依赖于空间及其尺度，具有尺度变化的差异性与多样性、空间的异质性等。村落的生态系统的特殊性在于村落既是自然生态的一部分，也是人工生态的结果（朱启臻，2016）。村落与自然在不断互动与促进的过程中形成了独特生态文化和生态知识，渗透在村落生产和生活的方方面面。

杨庭硕等列举大量的案例指出，地方性知识对本土生态良性循环具有不可替代的作用。其中一个案例是贵州清水江沿岸，南加镇到三门塘河段两岸的丘陵山区是我国南方用材杉木的主产区。当地气候温暖多雨，适合杉树生长，但土壤主要是石灰岩风化的产物，土壤粒度极小，黏性很强，透水透气性不好，对于杉树种植的负面影响很大。采用常规性育林方法种植杉树也能顺利成活，但积材量都不高。当地侗族乡民成功的经验在于不按常规方法，先采用焚火燃烧的办法提高土壤的通透性，将杉苗的主根切除，把苗木的侧根平铺在土丘上，再用浮土将侧根压实，在苗木的上方用木板钉一个挡水坝，避免暴雨将土丘冲塌。从表面上看，这样的植树方法不符合常规，但通过田野调查发现，侗族乡民植树的成功率非常理想，不仅苗木的成活率高，而且成活后生长的速度明显快于开穴种植的苗木，在成长过程中也不易染病，其年均积材量就是在世界范围内也达到了很高的水平（杨庭硕等，2010）。

传统村落村民在长期的与自然协调共生的过程中积累了大量适用、有效的技能，它们很多都扎根于各民族的生态知识系统中，或者以本土生态知识形态保存下来。因此，这些本土的生态自然知识就是地方性知识。这些知识不仅极其宝贵，而且对当地的生态文明建设有很大作用。

（二）产业经济中的地方性知识

传统村落的产业经济是在有限的地方资源环境中孕育的，蕴含着当地居民认识与改造自然环境及对地方资源的巧妙利用的智慧。单一的传统农业无法使村民安居乐业，而粗放式发展其他产业也会加速传统村落的衰亡。在乡村振兴中，传统村落应立足区域特色资源，以传统村落文化传承为核心，整合不同产业类型，探索发展以文旅特色产业为依托的可持续发展之路。

产业经济知识源于生产、生活劳动，包含生产劳动和生活劳动成果。有学者认为，产业经济是园林与生产的结合体，并非局限于农田耕种，还包括都市农业、人工林生产、渔业生产、工业生产等内容（保罗·索莱里等，2010）。此外，还有学者认为果园、菜园、苗圃、经济林等以生产为主要目的植物景观，也具有观赏效果（李树华，2011）。其观赏价值应满足大众对于色彩和形式的审美需求，具有突出的景观视觉效果，同时依托生产性资料发展休闲、体验、教育以及文化传承层面的体验性自然景观（方美清，2013）。尤海涛指出，不能仅仅停留于表面，应以统筹城乡发展的视角，在解决传统村落的“三农”等问题的同时，促使城乡、产业参与等内容的结合，促进村落的可持续发展（尤海涛，2015）。黄震方等认为在发展旅游的同时，更应该关注文化衰退的原因、机制以及如何保护传承的问题（黄震方等，

2018)。也有学者基于族人生计方式转变的视角，研究了其对村落发展造成的影响，探讨了如何把优良的传统与现代化相结合，以促进村落的发展（赵越云等，2018)。

（三）乡风民俗中的地方性知识

传统村落的乡风民俗知识是在村落发展过程中，通过言传身教或约定俗成等方式形成的，属于传统村落景观的隐性地方性知识。乡风民俗是地方性特色文化生存和传播的基础载体，是最具有地域特色和民族特色的行为文化，需要拥有特定的地方性内涵才能实现其意义和价值。不同村落的乡风民俗在全国范围内具有不同的表现形式，带有强烈的地域特征和民族性，能够反映出一个民族、地区和国家的处世态度、行为习惯和价值观念。

乡风民俗知识的形成脱离不了地方性因素的影响，生态、地理位置、气候等环境因素的差别导致形成了特点各异的民俗文化。人类文化的来源大致分为三类：游牧文化、农耕文化和商业文化。游牧文化大多发源于草原地带，农耕文化发源于有河水灌溉的平原地带，而商业文化是发源于邻近海港和岛屿的地带，具有明显的依托地域的优势（吴岩岩，2012)。由此可见，地域情境的不同造成了民俗习惯的不同，其表现形式也呈现出多样性。民俗文化是孕育民族精神的丰厚土壤，因此各地域群体形成了具有自身特色的民俗类非物质文化遗产。

特定的地域环境形成了特定的地域文化，地域文化的差异造成了同一系列民俗文化的表现方式不同。仅从山歌、田歌、黄河号子、蒙古长调、陕西信天游等典型民歌形式名称，我们就能判断出该音乐得以形成的地域情境。比如，陕西的信天游，地理环境的特殊性导致人们需要在遥远的山间进行对话，所以常常需要扯开喉咙大喊，声音很长、调子很高，形成了信天游粗犷朴实、跌宕起伏的独特旋律（丁佳，2010)。新疆地区的民歌形式普遍带有呼唤性的音调，原因是大多数新疆的人是以游牧为生，民歌是由他们放牧时的牧歌演变而来。这些都是人们在劳动、砍柴、放牧时为了自娱自乐形成的民间文化，歌词表达的也多是民间故事、俗民生活习惯等内容。各地域的民间音乐在世代传唱的过程中将先民的生产生活方式、岁时节令、风俗习惯和宗教信仰、禁忌等习俗以口头传承的方式记录下来。民俗类非物质文化遗产不仅负载历史情境也负载地域情境，从乡风民风知识中可以窥见历史文化的踪影，甚至可以人工再现民俗文化的原生态情境。乡风民风类地方性知识反映了人们最真实的生产生活方式，是数千年来人们在生活中形成的营建智慧。虽然在历史演变当中受到多种异质性因素的影响，但在传承中仍体现出整体的稳定性。

乡风民俗知识内生于传统村落社会的乡土化，既是以生态智慧建设美好家园的“生活秩序”，也是道德交往维系的心灵家园的“精神秩序”，更是约定俗成的非制度性规范促使人们形成的“自觉秩序”。

三、研究对象概述及问题

（一）党家村基本情况概述

陕西韩城市党家村坐落于黄河流域支流泌水河北，在陕西省韩城市中心的东北方向，村庄距离韩城市城区 9 公里，东距黄河 3.5 公里。村落始建于元至顺二年（1331 年），分为老村、新村、泌阳堡三部分，居民主要为党、贾两姓家族，党家由陕西朝邑迁来此处定居。经历了几百年的历史积淀，党家村形成了独特的人文景观和极具观赏性的村落空间形态。当前村落中完整保存 100 多座清代时期传统民居合院、祠堂、堡寨等传统建筑，20 多条古巷道，展现了党家村空间形态发展的悠久历史和村落深厚的历史文化底蕴。党家村现已成为国家重点文物保护单位、中国历史文化名村（图 11-1）。

图 11-1　党家村现状图

元朝末年，政局动荡，危机四伏，农村经济趋于崩溃，连年的灾害与大饥荒使不少人纷纷加入了逃亡的队伍。明朝初年，统治者实行畅达民情的政策，鼓励开荒垦地，并严令地方官吏招徕无籍流民垦荒，官府配以耕牛和种子，同时号召四方流民各归田里，无地或者耕地少者，官府根据人丁给予附近荒田（陕西省文物局，2003）。党家自元至顺二年（1331 年）由陕西省朝邑县逃荒至此，挖窑安家，元至正二十四年（1364 年）立庄名“党家河”，清朝道光年间更名为“党家村”。自立庄名至今党家村已有 600 余年的历史。贾氏约在明洪武年间来韩城经商，明弘治八年（1495 年），贾氏第五代和党氏联姻，其子于明嘉靖四年（1525 年）前后移居党家河。党、贾两姓族亲垦荒植田，在泌水河边筑家造舍，生息繁衍。据推算，至明末清初，党家河村已是二三十户的村庄，人口为 100—200 人。至中华人民共和国成立初，全村共 99 户，人口约 610 人，耕地面积 2000 余亩（周若祁等，1999）。

（二）现状与主要问题

1. 自然生态方面

首先，村落山水格局遭到破坏，生态景观之间未形成体系。党家村周边台塬由于土壤稳定性好，不易受到诸如土壤侵蚀等高敏感性自然灾害的影响，但近年来由于村庄开发、村庄建设用地的蔓延，侵占了周边台塬、水体等绿色空间与廊道，致使生态问题更加严重和突出。由于村庄的客观生态环境遭到破坏，村庄与自然生态环境逐渐疏离，建筑与建筑、村庄与自然之间缺乏有效的景观走廊，河流周边没有得到开发利用，河道两边不平，到处都是生活垃圾，对环境的影响很大。河道两边的绿化没有进行统一规划，植被类型单一，河道周围也没有便于游客观赏的平台，景观活力不足，村庄依山傍水的景观格局不能得到充分体现。

其次，村落景观特色消失。在开发和利用古村落传统建筑、公用设施时，村内大多数村民都会选择“农家乐”，以迎合游客的需要，因此会改变原来的房屋结构，比如，在外墙铺上瓦片，在屋顶上安装太阳能，以满足游客的居住需要。同时，小巷中的一些广告标识，对古村的传统形象造成了很大的冲击。此外，在对古建筑进行整修改造时，大量采用现代建材，古建筑传统风貌受到影响，破坏了原有的历史风貌和村落的景观风貌。

2. 产业经济方面

近年来，因地方村民急于开发旅游业，党家村整体的生产经济总值有所下降，地方组织及村民对传统特色文化认知不足，没能够形成统一良好的发展模式。现今，旅游型古村落有极强的同质性，其同质化非常严重，党家村没能够充分利用已挖掘到的文化底蕴，发展适合自己的模式，也陷入同质化发展，同时超负荷的游客接待量导致了环境的污染，商业文化气息浓重，再加上村民的文化水平偏低，使党家村旅游产业的可持续发展面临困境。

3. 乡风民俗方面

党家村在乡风民俗方面面临的问题是村内文化景观类型单一，人文景观内涵没有得到充分彰显。党家村拥有丰富的风景资源，但是目前的发展范围只限于传统民居、部分生活场景等，其陈列形式和展示形式相对单一。建筑静态陈列，仅靠导游讲解，无法满足游客对传统村落的深层探索的需求。与此同时，党家村忽略了发展村落民俗文化景观，导致游客对党家村旅游感知较为单调，大部分游客仅参观游览，缺乏对传统村落非物质民俗文化景观的沉浸式体验和感知。

四、乡村振兴中的地方性知识点挖掘

党家村的自然生态利用、产业发展模式、传统民俗工艺等多个方面都体现了古人的营建智慧、儒家思想以及儒商文化等特色，形成了独特的历史文化景观和极具观赏价值的村落空间形态景观，并通过对各类知识进行收集整理和挖掘，形成了丰富的地方性知识点。

（一）自然生态中的地方性知识点

第一，村落地形地貌中的地方性知识点。党家村位于关中地区东部，属于关中平原与黄土高原中间的过渡区域，这里因地质垂直断裂运动与河流切割后形成诸多黄土台塬，因而整个村落周边地形地貌千沟万壑。党家村的南北两侧台塬比村址高出30—40米，此类地形一方面对村落能起到防御的作用，另一方面能阻挡冬季寒风的侵袭，冬暖夏凉。同时，党家村南部是黄河的一处支流，为泌水河，围绕着党家村的泌水河在冲刷过程中形成了河谷，为党家村居民生产生活提供了所需水源。河谷旁边的台地，也为村落提供了一定的耕地及村落建设空间（表11-1）。

第二，聚落选址中的地方性知识点。党家村位于渭北台塬沟谷地带，南北有塬，中间沟谷有泌水河，有“负阴抱阳”的特征。党家村北部的黄土台塬的土层深厚，土质紧密，富含营养，此处土壤是由老黄土和第三系红黏土构成，土质结构致密，黏性大，在流水和风力的作用下，尘土也不容易被吹散，地质结构的稳定使村落难以遭受滑坡等自然灾害。河谷地区离水源较近，两侧的台地土地肥沃，适合用作农耕用地。在村落营建特征上，受黄土台塬地形及河流流向影响，村落边界与北塬及泌水河走势相一致，顺应地形，充分体现了我国传统村落营建中“天人合一”

的理念（表 11-1）。

第三，村落空间结构中的地方性知识点。党家村位于韩城市东北部的西庄镇，东距黄河 3.5 公里，南距韩城市新城区 9 公里。村域范围为东起泌阳堡，西至西坊塬边，南自南塬崖畔，北至泌阳堡北城墙 50 米处，全村面积为 160 公顷，其中居住用地 34 公顷，农业用地 126 公顷。党家村由村、寨两部分组成，村是指位于西南区峡沟中的老村，寨则是指位于东北角的沁阳堡，目的是躲避匪祸。在村落结构上，中国古代以小农经济为主，水源与平坦的土地是村落选址考虑的首要因素。党家村的整体形态和结构主要经历了四个时期的演变：初期村落在泌水河的环绕下形成依山傍水的结构；后来村庄规模不断扩大，迁居至河滩东部与贾姓家族合并；随着村落地形的带状发展，逐渐形成了现在的村落形态。党家村村域呈葫芦的形状，又被称为“党圪崂”，在改革开放后开辟了新的区域（张中华等，2021）。

第四，村落内部布局中的地方性知识点。层次鲜明的村落形态、独特的空间结构，都蕴含着地方性知识，表达了浓郁的地域文化、营建思想，展现出了村落与生态环境和谐共生的景象。党家村在空间形态上呈组团式布局，分上寨、老村和新村三个组团，且各组团均有较为清晰的边界。在空间结构上，党家村老村东北部台塬上修筑了集避难、防卫、居住等功能为一体的泌阳堡，并修有道路连接两地，因此形成了“上寨下村”的格局。街巷肌理整体呈鱼骨状，街巷走势充分考虑了地形、风水、住户隐私、安防等因素（表 11-1）。

第五，院落布局中的地方性知识点。村落的文化空间中既有街、巷、门、河流、高塬等物质性、实体性的可视部分，也有方位、对称、堪舆、阴阳八卦迷阵等无形的不可视的部分。住宅的落位朝向遵循“堪舆”原理：前有“案山、朝山”，后有“祖龙”，“聚气不散”。村内巷道讲究“巷不对巷”（雷茜，2015），多为“丁”字形路口，路口设“泰山石敢当”，“立门前不宜见街口”，宅前不宜有大水直冲，一旦院门无法避免直冲巷道，则须设照壁或影壁对冲巷道口，避免“风水”外流，以达到“藏风聚气、居隐避邪”的目的。住宅入口因堪舆理论中大门为“气口”，应位于本宅的吉方以避凶迎吉，且要避开冲巷之处，方能引吉气入宅，因而多在门房两侧开院门，大都选择东南“巽”向落位，称“巽字门”（表 11-1）。

表 11-1 党家村自然生态中的地方性知识点图谱

自然生态	地形地貌	聚落选址		
类型	藏风聚气	负阴抱阳	顺应地形	
图谱	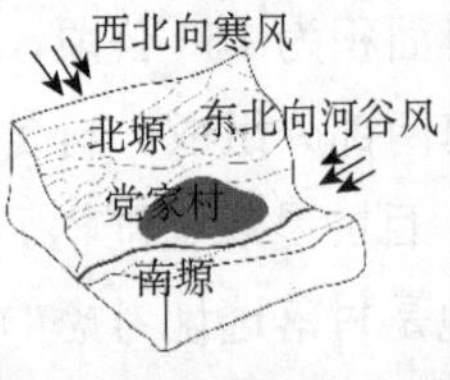	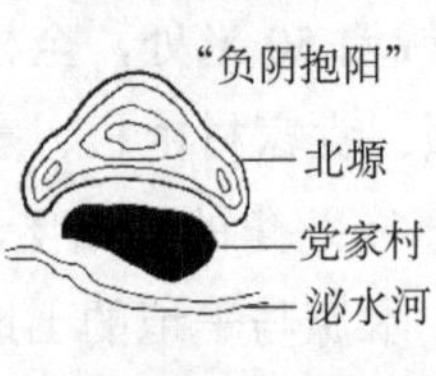		
特征	紧靠北塬，抵风沙寒风；临近泌水河，聚河谷清风	北依高塬，南临泌水	顺应北塬与泌水河走势	
自然生态	空间结构	内部布局		院落布局
类型	组团式布局	上寨下村	鱼骨状道路结构	“丁”字形路口
图谱	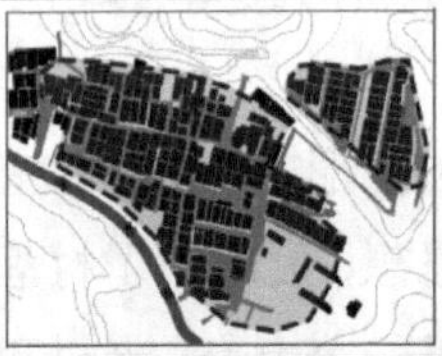	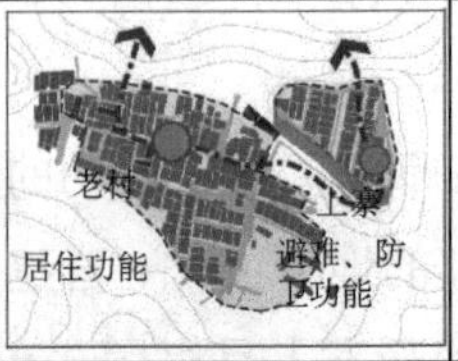		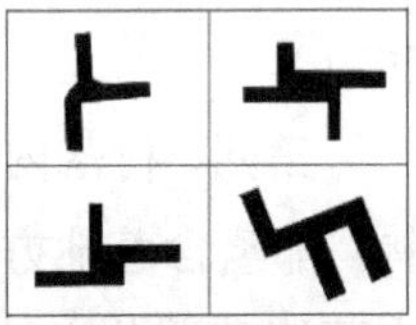
特征	布局紧凑集中、各组团有清晰的边界	顺应地势、功能分区明显	一条主街，两侧辐射出多条巷道	院口不冲巷口、巷不对巷、院不对院

（二）产业经济中的地方性知识点

党家村位于台塬中的泌水河河谷旁，两塬之间的凹地使党家村临近水源的同时，可利用的土地有限，尤其是农业用地拓展受限。党家村处于泌水河所在河谷地段，周边适宜耕种的土地仅为河谷两边狭长的空间及塬上平坦处。在地形环境限制及周边村落的影响下，党家村村落农业生产空间发展受到了极大的限制，仅靠开荒拓展农田无法达到自给自足，这也促使党家村人不断寻找新的出路。党家村村民通过资金的积累，在农耕产业的基础上，租赁塬上周边村落的土地进行耕种。当前，党家村主要的耕地位于北塬上平坦处，而较少的菜地位于泌水河旁的狭长地段，通过农业生产模式的转变，实现了农业生产空间的灵活拓展。党家村夏季和秋季降雨量较多，集中于7—9月，四季分明，冬夏较长，春秋气温升降变化快，夏有伏旱。同时，由于关中地区整体地表径流较少，党家村全年的蒸发量大于降水量，属于资源型缺水地区。20世纪80年代，党家村开始建立农业生产责任制，把土地分给农户，鼓励农户自主经营，实施了农业产业化经营为主的方针，推动了传统农业向现代农业转型发展。随着韩城市农业结构的整体调整，以增加农民收入为目的，按照“山区扩椒、台塬优果、川道增菜、全市兴畜”的优化布局，党家村以及整个韩城市的“椒、果、菜、畜”产业初具规模。

党家村种植业通常由农作物种植中的粮食作物、经济作物及其他作物组成。在粮食作物方面，党家村主要以小麦、玉米为主，还有糜子、谷子、豆类、薯类等小面积种植作物，经济作物主要以油菜、棉花、药材为主，其他作物主要有蔬菜等。种植的主要粮食作物中，小麦和玉米是最主要的，其次是豆类和薯类（表 11-2）。随着地膜技术的推广和化肥的使用，小麦和玉米的单产水平不断提高，粮食产量保持增长。

表 11-2　党家村产业经济中的地方性知识点图谱

产业	种植业	林业	畜牧业
类型	粮食作物、经济作物	经济林木	家畜、家禽
图谱			
特征	小麦、玉米、糜子、谷子、豆类、薯类	核桃、花椒、苹果、板栗、柿树	牛、羊、猪、鸡
产业	参观展览	民宿酒店	旅游服务
设施	民俗类展馆、名人故居、家训展馆、书画院	餐饮服务区	旅游服务设施
图谱			
特征	反映了韩城市独特的风土民情	主要供应手工面、凉皮、馄饨、饸饹等富有地方风味的农家小吃	民居瑰宝广场、大型生态停车场等

党家村的经济林木主要有核桃、花椒、苹果、板栗、柿树等，还有一些桃、梨、杏等杂果。其中，花椒量最大，大红袍花椒是陕西省韩城市的历史名优特产，喜光，适宜温暖湿润及土层深厚肥沃的土壤，萌蘖性强，耐寒耐旱，抗病能力强，畅销全国，出口东南亚。随着政府出台加快经济林果发展的政策措施，退耕还椒面积逐渐增加，党家村林果业发展较好。

党家村在畜牧业方面有以牛、猪、羊、鸡为主的家畜养殖。改革开放以来，政府部门加大对养殖业的投资力度，通过出台政策、示范带动等，引进和推广优良畜禽品种，开展人工冷配技术，大力推广白绒山羊和秦川牛改良技术、舍饲养畜技术、饲草调制技术和疫病综合防治技术，提高了畜牧业的经济效益。村内畜牧业发展结构仍以猪养殖为主，以牛和羊养殖为辅。随着“椒、果、菜、畜”四大主导产业进一步壮大，畜牧业得到较快发展，成为继花椒之后的第二大农业产业。

特色文化资源的开发首选模式就是与旅游产业的融合，即实施文化旅游开发模式。文化是旅游的灵魂，旅游是文化的重要载体。采用文化旅游开发模式可以实现以文化提升旅游的内涵质量，以旅游扩大文化的传播消费的综合效益（向勇，2015）。党家村的文化旅游产业发展以保护为主、开发为辅，其开发程度、旅游业相关的配套服务设施发展至今已初具雏形，住宿、餐饮、售卖等服务层次达到了一定标准。

党家村的主要景点有四合院民居、节孝碑、翰林故居、党祖祠、贾祖祠、各类民俗展馆、贾家分银院、党家分银院、家训馆、福字墙、看家楼、走廊院、元代古井、双旗杆院、书画院、文星阁、泌阳堡、双神庙、涝池等。其中，民俗类展馆包括花馍展馆和婚俗展馆，集中反映了韩城市独特的风土人情和饮食文化。历史人物展馆包括党家历史人物展馆和贾家历史人物展馆。家训展馆设在照墙为“封侯挂印”的四合院中，大门两旁是一副对联，反映了党家村人的生活面貌。书画院则展出了有党家村文化特色的对联、牌匾、书画。

（三）乡风民俗中的地方性知识点

1. 治理文化

党家村一直以来倡导的都是以聚落宗族为核心的治理文化。宗法礼制文化以“宗族-房门-家庭”宗族社会结构、以祠堂为村落事务处理的场所空间、遵从长幼及尊卑礼制为主要特征，依据村落成员共同订立的乡规民约来进行具体实施治理。作为中国古代乡村社会的基本治理手段，传统乡规民约的内容几乎涉及了乡村社会的经济生产规范和互助、社会关系调整、生活救济和救助、生态环境保护、文明风尚倡导等各个方面，对于维护古代乡村社会既有社会秩序，维系国家与乡村社会的良性互动关系，进而保持整个社会结构的稳定，起到了不可低估的重要作用。党家村特有的治理文化以及民俗文化，都是村内治理结构的隐性存在形式。这些治理文化在被用族谱等文字记录的同时，也在村落内得到了有效贯彻。

1）儒商文化。这是一种农商混合、亦耕亦读的村落生产生活模式。村中随处可见的文字、符号、吉祥图案等，共同营造了村落古朴的文化特质。党家村商业文化是晋商与陕商文化的交汇融合，表现为信义为本，敢闯敢拼，恪守原则而又思想开放，精打细算而又充满豪气，既讲究利益又讲究地位。

2）家训文化。党家村人在从商的同时，也注重将传统的“修身齐家”思想传承下去，门庭家训因此诞生，内容保存完善、内涵丰富，包括修身养性、立德习文、恭敬爱人、勤俭持家等。家训的实质在于教化育人，通过时时提醒、处处警示，教会家庭成员为人处世的道理，让家庭成员在日常生活中耳濡目染，接受教化，修养身心。教化有方，则家风端正。党家村家训从修身、处世、兴教、耕读、诚信、清廉、治家、报国等方面为后代子孙立下了严格的规矩，警诫自己，教育后人，传承了中华民族优秀的传统文化，体现了积极向上的价值取向。传统民居上的匾额题刻也体现了党家村家训的精神内涵，内容丰富，包括迎祥祈福、名言警句等，反映了党家村居民建设家园不忘祖训的精神追求，时刻警醒和激励着子孙后代。门楣题字、对联、砖雕、木雕、石雕上的家训格言以儒家文化或吉祥词句为主，多出自《朱子家训》等。

2. 民俗文化

宗族信仰展现了地方复杂的社会分化和权力秩序关系，是地方性知识的重要组成部分。党家村是以血缘关系为基础的典型宗族聚落，村内以党、贾两大姓氏为主，编有族谱，制定了系列地方族规、礼法，对村民日常行为进行规范。党家村人崇拜祖先和民间神，且崇尚文化，主要体现在村内建有祠堂、关帝庙、文星阁、惜字炉等公共建筑及构筑物。每逢节庆节令，村民都会定期开展祭祖、祭祀等活动（表 11-3）（张中华等，2021）。

表 11-3　党家村乡风民俗中的地方性知识点图谱

	类型	图示	特征
乡风民俗	两姓村		以党、贾两姓为主
	祖先崇拜		①有“破老”“公职老人制”等规程；②有节令祭祖习俗
	民间神崇拜		①建有关帝庙、观音庙等，院内有神龛；②有敬神、赛神等习俗

续表

	类型	图示	特征
乡风民俗	崇尚文化		①建有惜字炉、文星阁；②院落刻有家训格言
	花馍制作、印花袱子制作		满足日常生活需求并伴有装饰用途
	臊子馄饨、羊肉糊卜		传承韩城市饮食习惯且具有地方特色
	秦腔、韩城小曲		包括秦腔、韩城小曲、唱秧歌等
	灯山会、嫁娶		包括“灯山会”“敬神”“赛神”等

经过长期的生产实践和族群生活，党家村形成了丰富且有地方特色的中原官话，近似山西话。在传统手工艺上，为满足日常生活及仪式上的装饰之需，印花袱子制作、剪纸等手工技艺随之产生。在地方特色饮食上，有臊子馄饨、花馍等。地方曲艺主要包括秦腔、韩城小曲和唱秧歌，通常为村落传统节庆重要活动之一。党家村的民俗活动包括“灯山会”“敬神”“赛神”等，同时村内婚丧嫁娶习俗也蕴含着丰富的地方性知识，如结婚时要“看日子”“去料子”，“�秀子”要吃馄饨，新郎官要戴“披红”等。

五、党家村乡村振兴中的地方性知识链构建

通过对党家村地方性知识点的提取，对村内生态自然知识、产业经济知识、乡风民俗知识进行收集整理，提炼出党家村乡村振兴中的地方性知识链，依次分为自然生态中的地方性知识链、产业经济中的地方性知识链、乡风民俗中的地方

性知识链。

（一）自然生态中的地方性知识链

党家村自然生态地方性知识的生成是一个多因素作用、动态历史演进的过程，是地方经济、社会、自然、技术与社会文化等多因素共同作用的结果。历代村民在生产实践过程中通过不断积累经验，形成了最佳的聚落布局选址、最适宜的营造手段等，这些地方性知识点有机串联，进而形成了自然生态中的地方性知识链（图 11-2）。

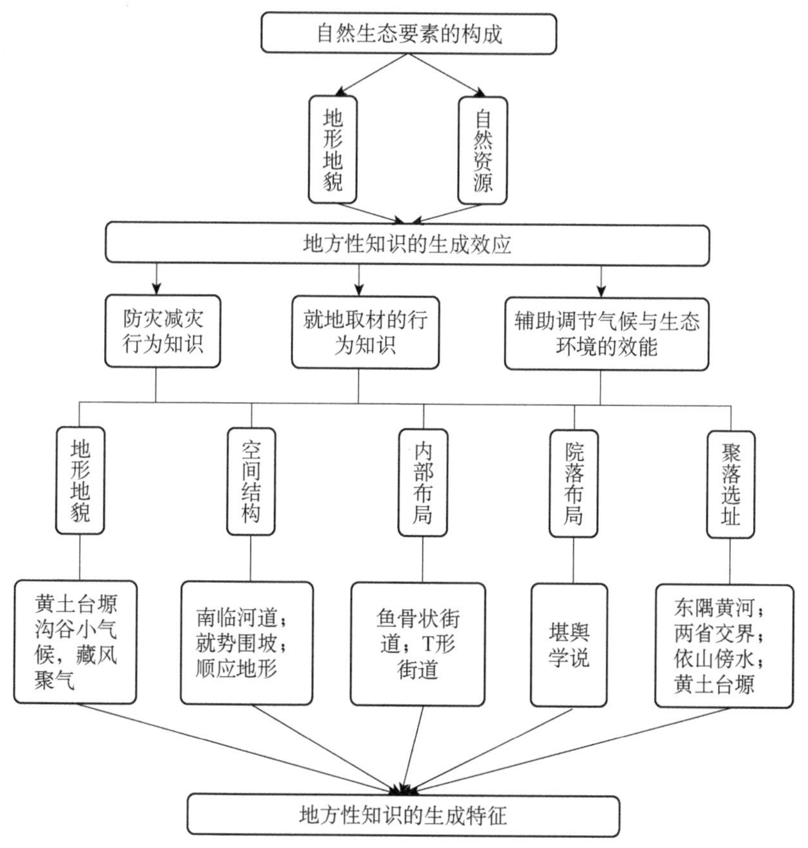

图 11-2　党家村的自然生态中的地方性知识链图谱

（二）产业经济中的地方性知识链

在传统产业方面，农耕社会是我国持续了几千年的主要社会形态，当前党家村的生产实践方式多数依托传统方式进行演变发展。村域范围内自然环境优越、水系发达、气候温润，十分适合农作物的生长。因此，过去一段时间，村域内的农业普遍较为发达。传统农业产业形式主要以林业、种植业与畜牧业为主，呈现出多样的聚落农耕文化景观形态。当前，党家村周边区域的"椒、果、菜、畜"产业初具规模，并形成了一系列相关产业（图 11-3）。

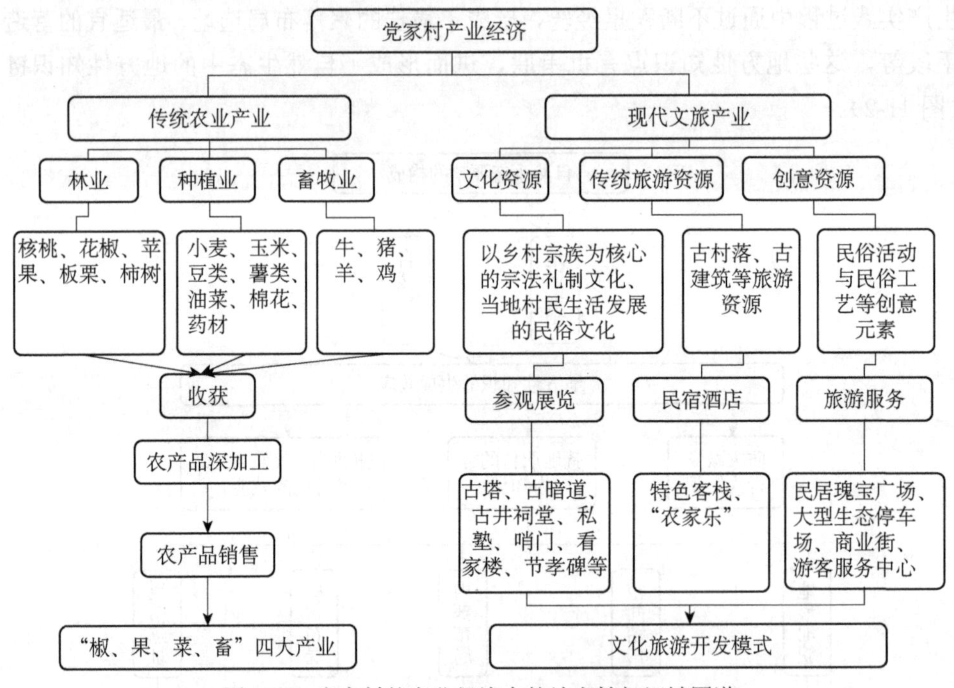

图 11-3 党家村的产业经济中的地方性知识链图谱

在现代产业方面，党家村从 2012 年开始实施乡村旅游规划，旅游业进入了全面发展的阶段。为了满足党家村旅游发展需求，2015 年，韩城市政府等相关部门加大了政策及资金支持，对党家村旅游发展进行了相关规划，并对旅游设施进行了较大规模的建设。党家村的文化旅游产业发展以保护为主、开发为辅，其开发程度、旅游业相关的配套服务设施发展至今已初具雏形，住宿、餐饮、旅游产品层次已达到一定标准。

（三）乡风民俗中的地方性知识链

党家村传统村落文化是由不同形式主题构成的，广义上，传统村落文化分为物质文化与非物质文化，物质文化分为人工性文化和自然性文化两种（张晓萍等，2010）。狭义上，传统村落文化仅指非物质文化，分为信仰文化、行业文化、家族文化、节日文化和制度文化等（卢荣轩等，1993）。我们可以将党家村乡风民俗中的地方性知识划分为治理文化与民俗文化，并按照不同特质进行细分，具体乡风民俗中的地方性知识链及其分支体系详见图 11-4。

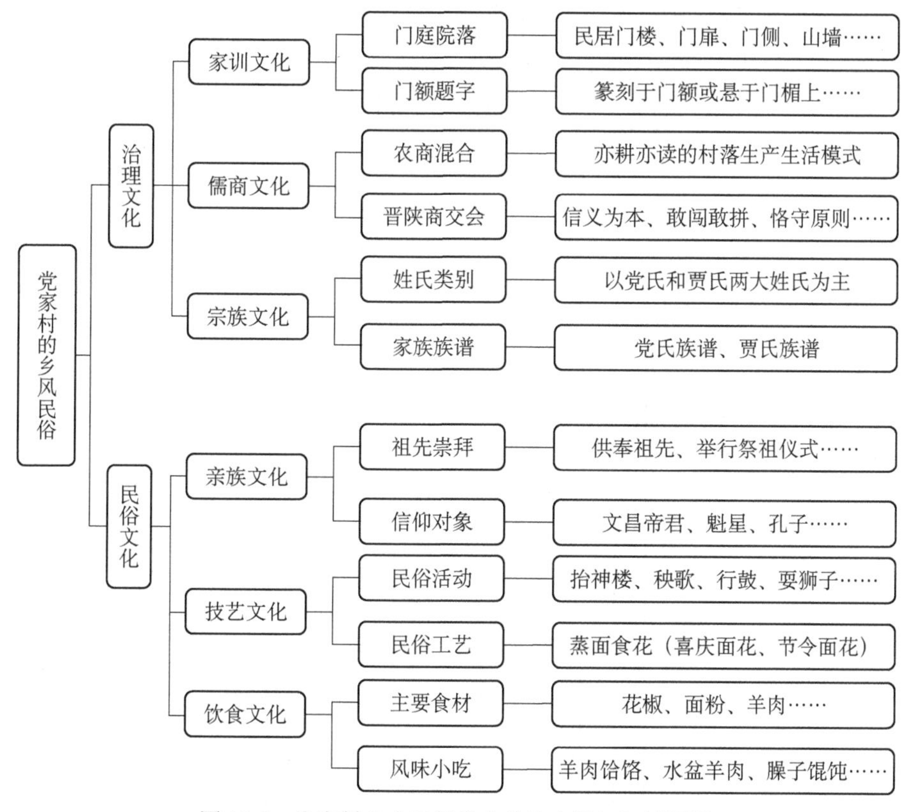

图 11-4　党家村的乡风民俗中的地方性知识链图谱

六、乡村振兴视角下的地方性知识集搭建

我们通过对党家村地方性知识点的提取以及党家村地方性知识链的构建，最终组织、汇总出党家村乡村振兴视角下自然生态、产业经济、乡风民俗三大方向的地方性知识集（图 11-5）。各个部分都分别对党家村未来社会经济发展有着较大的作用，促进了党家村人与自然、人与社会、人与人之间的协调共生，最终达到乡村

振兴的目的。

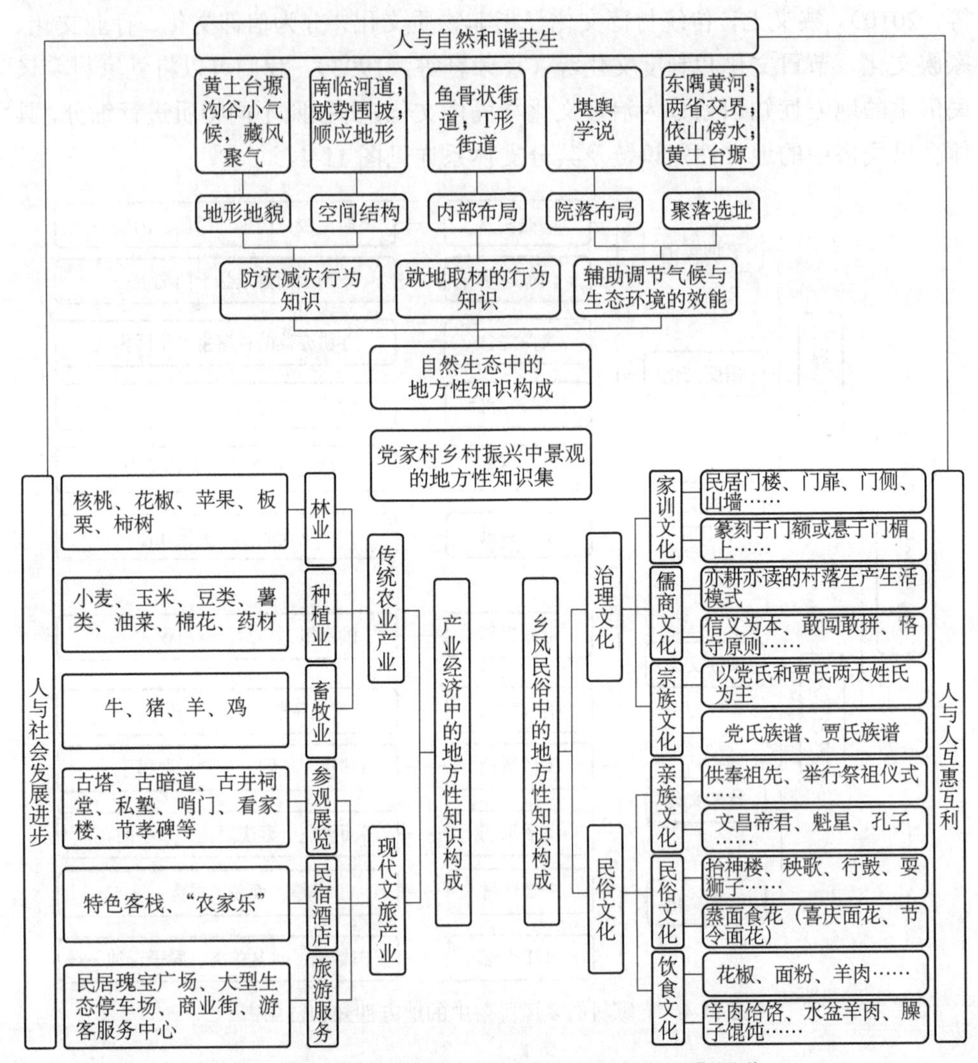

图 11-5　乡村振兴视角下党家村的地方性知识集图谱

七、乡村振兴背景下地方活化路径

（一）乡村自然生态振兴

在山水格局的保护与重塑方面，要加强对村落周边自然山水环境的保护，以及对村落与周边自然环境间历史环境关系的保护。一是要保护党家村南北台塬地，对村落南侧泌水河河道环境进行整治，并恢复泌水河历史河道，营造良好的生态环境。二是根据景观视线的可达性、开发利用程度等，在党家村北塬适宜之处建亭台楼阁，打造景观节点，提升游客对北塬的感知度；平整泌水河河道两侧土地，疏通与北塬视线的通廊，并建设亲水平台，发展滨河休闲旅游项目，增加河道的活力，从而突出“依塬傍水”的山水格局景观。

为加强对古村风貌的保护，增强居民及游客对党家村地方性知识的感知，应通过对村落内历史资源及要素的研判，划定党家村传统村落保护区（图 11-6）。核心保护区内严禁改变和破坏历史格局及历史风貌，严格保护街巷肌理，对传统院落实施分级保护。建设控制地带内，加强对山水格局及老村周边风貌的控制，不得建设有损整体风貌的建构筑物。风貌协调区内，应考虑新村、老村整体景观风貌协调及村落与生态环境协调，维持现有自然环境景观，对整体建筑风貌进行引导，村落建筑色彩以青灰色为主色调，以凸显党家村的古朴沧桑感。

图 11-6　党家村传统村落保护区划示意图

（二）乡村产业经济振兴

党家村乡村经济振兴主要依托村落经济产业发展。党家村有着丰富的文化旅游资源，因此要大力发展文化旅游产业，带动党家村的经济发展，保护和合理利用党家村民俗文化资源，提升旅游品质。现代旅游业发展的必然趋势是对文化底蕴的追求。党家村村民在长期的生产生活中所形成的审美和艺术情趣，汇聚成了村民生活中的民俗文化及传统活动。这类民俗文化通过旅游项目展现给游客，不仅是对村落文化的传承，还丰富了村落旅游产品类别。因此，应将村落民俗文化旅游作为自身特色优势，吸引游客游览体验。具体实施方法如下。

1）充分利用党家村地方特色资源，打造文化旅游片区。要充分利用党家村周边农业资源，发展农事体验、蔬果采摘等项目，创建西部田园农耕体验区；依托泌阳堡，打造集军事探秘、寨堡观光、传统娱乐等功能为一体的古堡军事休闲区；同时串联各区，形成大环状精品旅游线路。

2）完善党家村旅游基础设施建设。修复泌水河生态环境，规划建设休闲设施，塑造集生态观光、休闲娱乐为一体的滨水景观带；以游客服务中心为依托，丰富入口广场景观，完善旅游服务设施，打造集游客集散、非遗体验为一体的入口服务区；结合新区建设，不断强化服务接待功能，建造集公共休闲、特色餐饮等功能为一体的综合服务区。同时，建造党家村文化博物馆，在博物馆内可通过图片展览与文字叙述的方式展现党家村建筑文化、生产工具、民俗风情及党家村的发展史等，以此让游客更加全面、翔实地了解党家村文化。

3）增加党家村地方特色的民俗、戏曲展演活动举办频次，让游客能身临其境地感受党家村的民俗，通过此类活动来丰富旅游文化内涵。保护古村风貌格局，重点对祖祠、看家楼等主要节点进行打造，还原婚嫁、祭祖等节庆活动，建设集文化探访、民俗体验为一体的古村落文化核心聚集区。结合传统民居展示党家村的花馍制作、印花袱子制作等传统手工技艺，且充分考虑传统手工艺的参与性，引入互动环节，使更多的游客更为直观地体验党家村地方性知识的独特魅力。加强党家村餐饮文化挖掘，积极鼓励居民开办地方特色餐馆，将党家村臊子馄饨、羊肉饸饹等地方美食融入进来，增加村民收入，推广并传承地方特色美食。同时，积极培养非遗传承人，让党家村民俗文化中的地方性知识得以传承。

（三）乡村乡风文明振兴

乡风文明建设是党家村乡村振兴的灵魂，乡村振兴不仅要满足村民物质生活需求，更重要的是要进行精神建设。如今，党家村存在的问题有村民素质差异大、文化活动场地缺失、精神生活得不到满足、老龄化严重、社会风气缺少引导等。因此，在乡风文明建设中，一方面，应自上而下地引导村民开阔眼界，相关部门应积极开展社会宣传活动，通过挨家挨户进门走访了解村民的实际需求，并在村委会、村广场等公共场所聘请专家、学者通过公开演讲或交谈的方式增强村民的文化认知；另一方面，也要加大对基础设施的建设力度，建设移动图书室、宣传栏和广播站等，宣传村落的乡规民约，以及正确的道德观、世界观、价值观。乡风建设也包含村落景观、村容村貌的建设，只有营造美好村落，旅游业才能发展，三者之间相辅相成。

八、本章小结

相较于现代城市居住区，传统村落在人与自然、人与人、人与社会等关系方面有着更为突出的特点，且不同的村落在地域、生态环境、聚居人群、文化传统方面有着鲜明的个性。地方性知识是经过本土检验的有效概念，也是乡村振兴及发展建设工作中的方法论。传统村落在发展中积累了一笔宝贵的文化遗产，通过文字记录和口述记忆而保存下来，这是乡村建设工作者深入理解一个具体村落的重要依据。地方性知识在乡村振兴中的作用是多方面的。在自然生态上，地方性知识中的风水林营建观念等对乡村的生态保护起到了积极的作用；在经济上，地方性知识中的传统与现代产业的交融，使乡村经济的主体性得以呈现；在文化上，地方性知识有效地促进了村民对自身文化的认同，形成了乡村的内在约束力。党家村作为传统聚落的典型代表之一，其保护不应仅涉及物质层面，如建筑的加固修复、基础设施的完善等，更应注重的是深入挖掘村落建造的哲学智慧与文化内涵，留住可以传承当地文化的居民，留住村落生活的烟火气。

第十二章 基于文本挖掘的传统村落景观的地方性知识提取及应用

传统村落景观蕴含着丰富的地方性知识，但也会由于对传统文化景观载体缺乏有效保护，导致景观出现破碎化、孤岛化、单一化等问题，从而给其中所蕴含的地方性知识获取带来较大难度。地方性知识也具有自持而不自知的特质，难以通过常规的研究方法进行识别与提取。因此，只有充分利用具有地方性的文献资料，如地方志记、地方文学、地方艺术等，并结合实地田野调查，才能更为深入地挖掘传统村落景观的地方性知识。同时，目前全球正处于数据科学时代，大量的信息资讯充斥着人们的生活，透过表层文本数据来挖掘深层知识已成为相关研究领域的重要研究方法，如数据挖掘、深度学习、神经网络等。本章引入文本挖掘方法与技术，以《青木川》这一纪实性小说文本为核心，对陕南山区传统村落青木川镇的景观进行地方性知识提取。

一、文本挖掘方法引介

（一）基本概念

文本是指包含大量丰富信息的文字表达形式，也是知识的重要载体。文本挖掘（text mining）最早出现于 20 世纪 80 年代中期，核心要义是将文本信息转化为可以为人们所利用的知识，包含文本信息描述、选取提取模式、形成信息知识等过程。具体而言，文本挖掘是以计算机语言、统计数理分析为理论基础，结合机器学习和信息检索技术，从文本数据中发现和提取独立于用户信息的隐含知识（王丽坤等，2002）。文本挖掘被广泛应用于知识发现（knowledge discovery）领域，而知识发现的重点是在既有知识的基础上，通过信息整合与分类形成新的知识（孙吉红等，2006）。纵观国内外关于文本挖掘的研究，主要将其应用于自然科学领域，但在人文社会科学领域也具有一定优势，既可以针对海量文本进行整体趋势挖掘，也可以辅助文本内容研究得出部分结论（陆宇杰等，2012）。

文本挖掘主要是对文本集合的内容进行分析，包括预处理、特征提取、文本结构分析、文本摘要、文本分类、文本聚类、关联分析等步骤（图 12-1）。其中，预处理主要是对文本进行初步处理，包括分词、特征表示与特征提取，关键是剔除文本中无用的数据，获取文本中的实体数据，如名词、动词等。文本结构分析主要是指建构起文本内容框架，形成较为系统性的初步认知，并确定研究的最小单元为词组，较高层次为章节与段落。文本分类与本文聚类则是基于一定的文本挖掘目标，依据实体特征进行类型研究，获取实体的共现关系，再进行分布分析与关联分析。最终，基于文本挖掘的实体关系进行可视化表达，帮助人们更好地学习新的知识内容。

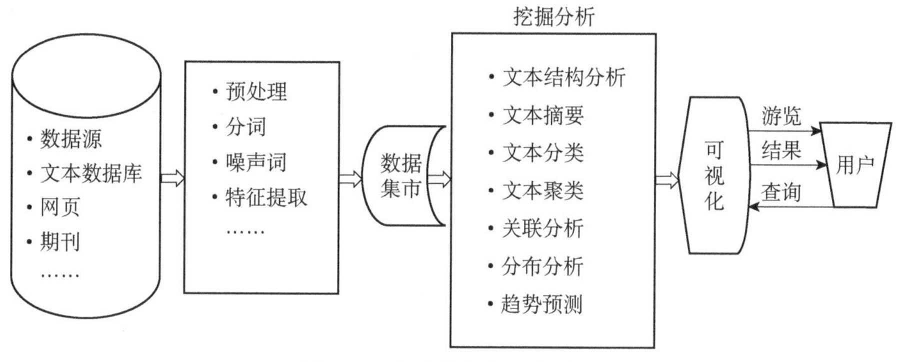

图 12-1　文本挖掘的一般过程

资料来源：袁军鹏等（2006）

（二）关键技术

文本挖掘的核心是数据挖掘，所以其关键技术主要是数据挖掘技术。依据文本挖掘对象的不同，可以将其分为基于单文档的数据挖掘和基于文档集的数据挖掘，前者不涉及其他文档，涉及的主要挖掘技术有文本摘要与信息提取（名字提取、短语提取、关系提取等）；后者是对大规模文档进行模式抽取，涉及的主要挖掘技术有文本分类、文本聚类、个性化文本过滤、文本作者归属、因素分析等（薛为民等，2005）。文本挖掘关键技术如下：①文本分类，即按照预先定义好的类别，对文档集合中的每个文档进行初步分类，主要包括文本的表达、特征选择、分类器的选择与训练、分类结果的评价与反馈等过程（米歇尔，2012）。②文本聚类，即将文档集合划分为若干聚类，使得聚类之间的相似度尽可能地小，聚类内部之间的相似度尽可能地大，并基于聚类内部文本数据的共性特征，赋予其不同的聚类主题。③关联分析，重点是寻找同一事物中不同变量同时出现的规律，便于发现文本数据的内在关联，包括简单关联、时序关联与因果关联等（Feldman et al.，1997）。④趋势预测，是指通过对已有文档的分析，推测出特定数据在将来某个时刻的取值情况，能较好地反映某一时段的文本主题变化情况，以及下一时间段的变化趋势（谌志群，2010）。

（三）应用方向

文本挖掘方法的应用领域较为广泛，核心是利用上述技术对文本进行深入分析，从而获取文本中既有知识以外的新知识。当前，国内外研究主要将文本挖掘应用于文章篇章分析、主题情感分析、人物关系分析、文本可视化分析等方面（陆宇杰等，2012）。具体内容如下：①文章篇章分析。以政治文件、案情文档、文学作品、历史资料等为文本素材，结合研究者的研究目的对其进行深入挖掘与分析，进而得出新的研究结论（臧维等，2021）。以我国公布的30份人工智能政策文本为样本，基于政策分析工具和PMC（Policy Modeling Consistency）政策评价模型，采用文本挖掘及内容分析法，对我国当前人工智能政策文本进行量化分析。②主题情感分析。以文本的书写者为研究对象，重点通过文本资料获取其背后的情感态度与内在观点，从而提取具有共通性与潜在性的情感主题（张瑜等，2015）。针对微博文本数据进行舆情监测研究，重点是通过文本分词、阈值确定、特征提取、词典构建、议题划分等手段，对微博热点事件内部的不同主题情感的变化特征进行分析。③人物关系分析。以文本中涉及的人物为基础，借助计算机相关技术对人物自身的特征、人物之间的关系以及人物在文本中出现的频率进行分析，进而揭示内在的社会网络关系（唐毅等，2018）。④文本可视化分析。利用计算机图形学和图像处理技术，将数据转换成图形或图像，在屏幕上显示出来，再进行交互处理。这一方法可以将文本挖掘的进展和结论更好地展现出来（程宇航等，2021）。在采取用户字典模式对文本数据进行分词的基础上，构建交通安全事故词向量模型，对交通行业安全事故关键词进行分类与提取，获得分别包含特征及原因的两类关键词，并利用Gephi及Neo4j对特征关键词进行可视化分析以及致因主题总结，对事故时空特征及致因关键因素进行深入挖掘。

二、研究对象与基本思路

（一）研究对象

青木川镇地处陕、甘、川三省交界处，隶属于陕西省汉中市宁强县，有“一脚踏三省”之誉（图 12-2）。青木川镇位于陕南低山丘陵地带，地势北高南低，主要地形为山区；气候属暖温带向亚热带过渡的湿润性季风气候，冬无严寒，雨量充沛；镇域境内河道属长江流域嘉陵江水系，主要河流广坪河自北而南纵贯镇境东部，金溪河穿境而过，呈环形环绕村落；依托山地地貌，青木川镇保存着丰富的自然资源，被誉为“天然动植物基因库”，原始森林保存完好，植被多达 10 科 35 属，以红豆杉、水青树及珙桐为主，大熊猫、金丝猴、羚羊、豹猫以及宁强矮马等动物分布广泛，其中宁强矮马作为区域指示性动物，尤为珍贵（赵政才，2016）。

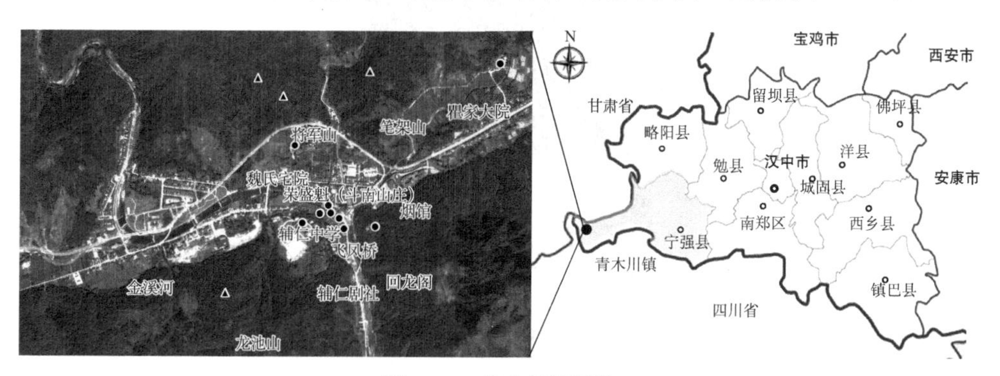

图 12-2　青木川镇区位

青木川镇历史文化源远流长，古为秦蜀咽喉，属川地羌汉杂居区，明代川陕大移民后形成村落，鼎盛于民国时期，村落发展受巴蜀文化、秦文化、陇南文化影响较大，羌族文化、乡绅文化流传至今，多元文化的集合与碰撞最终形成了青木川镇独特的地域特色，展现出人文历史的特殊魅力。青木川镇主要发展传统种植业及畜牧业，粮食作物以玉米、水稻、小麦为主，盛产木耳、核桃、蜂蜜等土特产，经济作物有油菜、中药材、食用菌，并饲养猪、羊等。近年来，青木川镇依托优良的地域资源大力推进乡村旅游，成为青木川镇经济、文化、政治中心。2011 年 11 月，青木川镇被评为全国最具潜力的十大古镇和最具潜力十大乡村游目的地，魏氏宅院、回龙场老街被国家列为第七批全国重点文物保护单位，其丰富的文化内涵与空间特色具有较高的研究价值。

《青木川》是国家一级作家叶广芩[①]以青木川镇发生的历史故事为素材所创作的纪实性长篇小说，于2007年正式出版，而后进行修订，最终成书约33万字（图12-3）。叶广芩作为知青于1968年来到陕南，而后七年的记者生涯让她对陕南的了解更加深入，对写作产生了浓厚的兴趣。2000年，叶广芩开始在西安市周至县挂职县委副书记，在考察陕南山区蜀道时到访过青木川镇，不仅被村落中的独特景观所吸引，也关注到当地民团司令魏辅唐的生平事迹。因此，她对青木川镇先后进行数次走访考察，访谈村中近百人，并查阅大量的文献史料，用文本记录下了不断流失的历史记忆。

图12-3 《青木川》（修订版）封面

小说《青木川》以魏富堂（人物原型为“魏辅唐”）的经历为主线，从冯明、钟一山、冯小羽三个引线入手，穿插现实与历史场景，讲述了魏富堂的一生与青木川镇的发展，在爱恨生死的故事脉络背后，暗含着对人生的考量。该文本在讲述故事脉络的同时，也对相关角色进行了细致的刻画，人物形象生动传神、关系清晰明朗。它通过对日常生活细节的描述，再现了青木川镇不同人物的原始生活状态，对

① 叶广芩，满族，1948年出生于北京，居住在陕西省西安市。中共党员，国家一级作家，中国作家协会会员，陕西省作家协会副主席，西安市作家协会副主席，陕西省人大代表，西安市第十届、第十一届政协委员，西安培华学院女子学院院长，曾被陕西省委省政府授予“德艺双馨”文艺工作者称号，被国务院授予“有特殊贡献专家”称号。主要作品有家庭题材的小说《本是同根生》《谁翻乐府凄凉曲》《黄连厚朴》以及长篇小说《采桑子》，日本题材的作品《黑鱼千岁》，纪实题材的作品《没有日记的罗敷河》《琢玉记》等，《红灯停绿灯行》《黄连厚朴》《谁说我不在乎》等多部作品被改编为电影。

复杂人性的剖析充分展现出了陕南人特有的性格。同时，小说着力营造了土地改革时期文化、民国时期文化及唐朝史迹三个文化空间，以现代学者的视角发掘地域文化的深度与广度，历史、地理、风物、习俗各个领域的交融，呈现出历史演变的规律，使得《青木川》成为陕南文化的缩影。最后，小说多角度展现了青木川镇自然环境和村落空间的巨大变迁，彰显了陕南乡土景观的独特魅力，也对乡土文化、建筑的保护与传承有一定的深刻思考。

《青木川》作为叶广芩的代表作，一经出版就引发热议，于2009年获得中国作家鄂尔多斯文学奖，2011年入围第八届茅盾文学奖。美国作家杰瑞·比萨（J. piasecki）评价《青木川》是一扇明亮的窗户，人们透过它可以了解和理解中国人的过去与现在（叶广芩，2021）。同时，小说也被改编成影视作品《一代枭雄》，其中的风雷镇的原型便是青木川镇，许多游客前来观光体验。青木川镇也被评为国家AAAA级景区，成功入选第一批全国特色小镇和第一批全国美丽宜居小镇，成为热门旅游目的地。由此可见，小说《青木川》与青木川镇有着千丝万缕的联系，其中不仅记录着发生在青木川镇的点点滴滴，也可以从中窥探当地丰富的传统文化景观，以及更深层的地方性知识。

（二）基本思路

本章基于文本挖掘的分类梳理、关系提取、知识挖掘等方法，以小说《青木川》文本为素材，通过实地调研、文本预处理、地方性知识提取等步骤，对青木川镇传统村落景观的地方性知识进行提取。对于常规地方性知识获取渠道——田野调查而言，具有纪实性的小说文本更具有深度，而且经过长期跟踪调查与深入访谈，虽然有一定的虚构成分，但仍有较高的可信度。因此，本章首先进行文本选择与实地调查，明确研究对象与范围，即以2021年的《青木川》（修订版，太白文艺出版社）作为文本挖掘对象，研究范围为宁强县青木川镇。其次，通过人工阅读与数据统计等方法对文本进行预处理，即对文本结构进行全面解析，包括篇章结构分析、人物关系分析与故事脉络分析，以及围绕“人-事-物”的景观记忆构成要素体系，对文本进行分类编码，建构起文本挖掘的基础数据库。最后，基于文本预处理获取的人物社会网络、事件情感态度与景观环境载体等，提取出相应的地方治理知识、地方情感知识、地方营建知识（图12-4）。

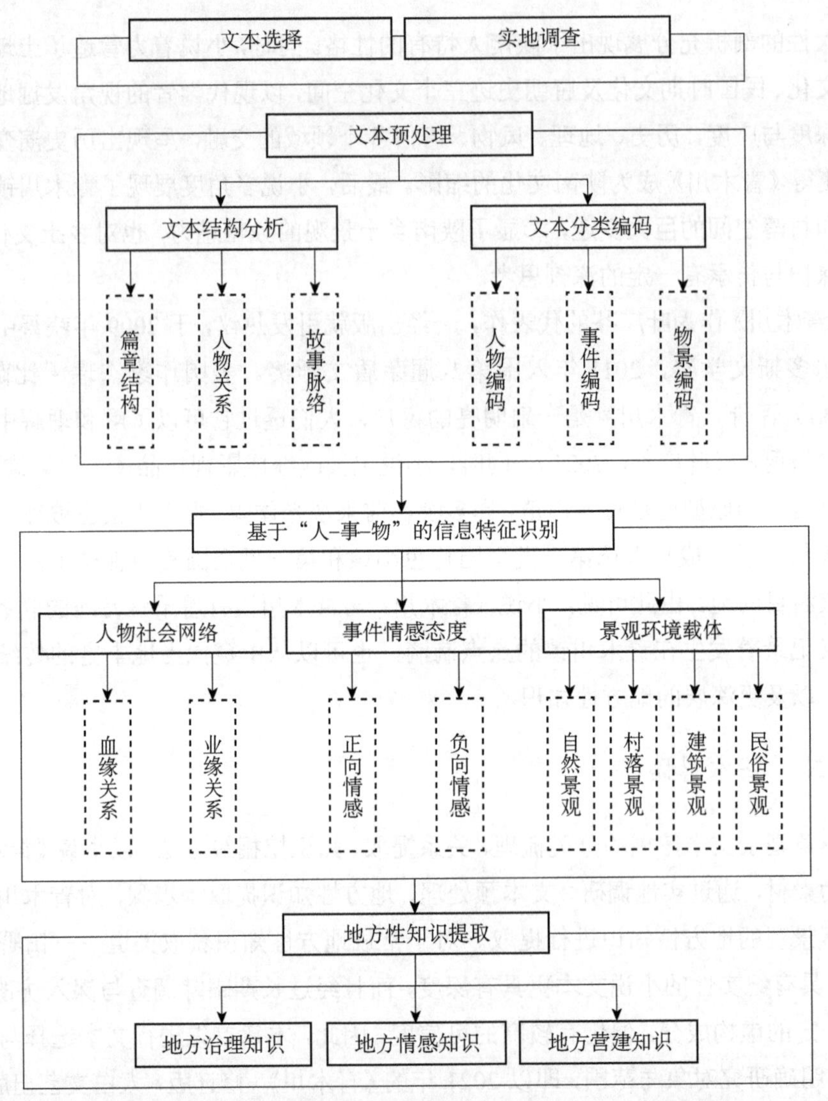

图 12-4 基于文本挖掘的青木川镇景观的地方性知识提取思路

三、《青木川》小说文本挖掘预处理

（一）文本结构分析

1. 篇章结构分析

从《青木川》文本的篇章结构来看，总体可以分为序言、小说正文与编辑手记三大部分（表 12-1）。序言主要交代了作者创作该书的动机与历程，叶广芩自发表《洞阳人物录》起，便对青木川土匪的事迹产生了浓厚的兴趣，于是她在周至县担任县委副书记期间考察了汉中，并在深度访问青木川镇后出版了《响马传》，随后同编辑韩霁虹深入探访，最终创作出《青木川》，从而带动了青木川镇的文化旅游产业，促使地方经济得以蓬勃发展（叶广芩，2021）。小说正文部分主要包括 18 个章节，内容以冯明、冯小羽、钟一山为关键人物，串联起与之相关的三条故事脉络，采用历史与现实交织穿插的写作手法，将魏富堂 50 多年来的人生经历娓娓道来，营造出浓郁的乡土氛围与历史的厚重感。同时，小说正文也对青木川镇的自然环境、历史故事、村落建筑、地方民俗等内容进行了全方位的描述，为读者描绘出一幅清新而隽永的陕南乡土风情画卷。编辑手记由上、下两部分构成，上部分是作者对青木川镇相关写作素材收集整理过程的回顾，并对小说文本中的原型人物进行了简要介绍，证实文本创作具有较强的现实基础；下部分是编辑韩霁虹对深入探访青木川镇细节的描述，进一步交代了作者叶广芩与青木川镇的不解之缘。

表 12-1　《青木川》文本篇章结构

文本篇章结构		内容简介
1	序言	从练习写作到以县委副书记身份考察汉中、驻扎青木川镇再到《青木川》的出版，通过对作者叶广芩个人经历的描写，交代了《青木川》的诞生过程
2	小说正文	讲述了主角魏富堂的传奇经历，记录了青木川镇的发展历史，描绘了民俗、建筑、自然等独特乡土景观，展现出陕南地方性知识
3	编辑手记	手记分上、下两部分。上部分交代了魏辅唐的真实人生经历，下部分以编辑自身视角讲述了同作者探访青木川镇的历程

2. 人物关系分析

从《青木川》文本的人物关系出发，通过分类识别提取小说中所有人物 144 个，将出现频次为 1 次以及没有明确姓名身份的人物剔除，并确保所剔除的人物不影响故事发展情节，从而基于获得的 75 个人物构建了《青木川》文本的主要人物关系网络图。在人物的性别构成方面，有 56 名男性，19 名女性，占比分别为 74.67% 与 25.33%，可知青木川镇具有典型的父系社会特征，男性话语权占有优势地位，在社会发展过程中扮演着重要的角色。在人物的地域特征方面，本地村民有 40 人，占比为 53.33%，外地人口有 35 人，占比为 46.67%，可知青木川镇外来人口占比较大，人口流动性较强，对外开放程度较高。

在人物的真实属性方面，结合序言与编辑手记中的信息，可得有21人存在原型，占比为28%，可知《青木川》小说文本尽管属于文学创作，但仍具有较强的真实性，蕴含着丰富的历史信息。在人物的出现频次方面，频次最高的是魏富堂，有1177次，其后排名前10的分别是冯明（702）、许忠德（446）、李青女（367）、谢静仪（264）、林岚（239）、李树敏（228）、冯小羽（193）、张保国（187）、瞿焕贞（185），可知魏富堂及其家族对青木川镇的发展影响较大（表12-2）。

表12-2 《青木川》文本的主要人物出现频次统计表

排序	姓名	频次	排序	姓名	频次	排序	姓名	频次	排序	姓名	频次
1	魏富堂	1177	20	赵大庆	88	39	魏富明	31	59	艾米丽	14
2	冯明	702	21	郑培然	85	40	罗光华	30	60	李天炳	13
3	许忠德	446	22	三老汉	77	41	胡宗南	29	61	魏漱楷	12
4	李青女	367	23	张宾	72	42	夏飞羽	28	62	霍大成	12
5	谢静仪	264	24	佘鸿雁	68	43	魏正先	28	63	赵三娃	12
6	林岚	239	25	刘二泉	68	44	魏富英	26	64	张海泉	11
7	李树敏	228	26	陈汉	64	45	黄金义	26	65	盛玉凤	9
8	冯小羽	193	27	老万	59	46	赵人民	25	66	张百顺	9
9	张保国	187	28	李天河	52	47	神父	24	67	李全实	9
10	瞿焕贞	185	29	张文鹤	52	48	曹红林	23	68	李风文	9
11	钟一山	165	30	夺尔	49	49	唐颖	21	69	魏成狄	8
12	刘小猪	121	31	魏漱孝	49	50	邓芝芳	20	70	祝少洲	8
13	小赵	121	32	刘庆福	46	51	伍夺元	20	71	周富尹	7
14	魏元林	119	33	朱彩铃	45	52	九菊	17	72	雨前	5
15	魏金玉	116	34	大赵	43	53	沈良佐	17	73	刘大成	3
16	王三春	112	35	杜国瑞	41	54	林闽觉	16	74	万至顺	3
17	老乌	112	36	于四宝	36	55	姜森	15	75	瞿沛农	2
18	刘芳	98	37	曹红萧	36	56	老施	15			
19	施喜儒	92	38	刘志飞	35	57	李体壁	14			

3. 故事脉络分析

从《青木川》文本的故事脉络来看，围绕主要人物冯明、冯小羽、钟一山形成了三条故事线索（图12-5）。虽然三条线索在现实与回忆间穿插交织后彼此互不干扰也承担着不同的叙事功能，但最终均与主要人物魏富堂的生平事迹和青木川镇的历史事件有着千丝万缕的联系。文本借用三位主要人物的不同视角来还原传说中魏辅唐的真实面貌，让读者能更为全面而客观地认识这一地方传奇人物。同时，三条线索也反映了不同的时间点，从唐朝史迹到民国故事，再到土改初期，纵向而深入地展现出青木川镇的发展脉络，揭示了其深厚的历史底蕴与文化积淀。

图12-5 《青木川》文本的故事脉络线索

线索一是政治视角下的解读，围绕退休老干部冯明展开。故事开始于他回访曾经工作的地方——青木川镇，并通过对记忆的描述，反映出青木川镇过去与当下的差别，共涉及 19 个主要事件。冯明的回访是出于对林岚的怀念，以及对青木川镇难舍的情感，在这一过程中也拜访和探望了魏元林、赵大庆、老万等青木川镇的故人，使很多人们所忘怀的人和事串联起来。中华人民共和国成立初期，冯明在青木川镇的工作性质使其对于魏富堂、谢静仪的态度具有明显的历史局限性，因而冯明的青木川镇之行也是对一段有争议的近代史的重新审视。

线索二是历史视角下的解读，围绕历史学家钟一山开展。故事开始于他对蜀道的研究兴趣，钟一山作为朋友跟随冯小羽前往青木川镇考察，深入挖掘青木川镇关于杨贵妃的历史信息，共涉及12个主要事件。钟一山到达青木川镇后先后考察了川道与傥骆古道，最终在傥骆古道老县城地界发现唐安公主坟墓，从而将青木川镇的唐朝历史文化展示在世人眼前。

线索三是女性视角下的解读，围绕作家冯小羽展开。故事开始于她跟随父亲探访青木川镇，冯小羽探访青木川镇源于对程立雪离奇命运的好奇，共涉及11个主要事件。在冯小羽深入访谈过程中，也牵扯到谢静仪、解苗子等女性人物的命运，最后引到复杂人物魏富堂的传奇命运这一主线上，从而揭开了青木川镇“土匪”文化背后民国时期地方军阀的活动轨迹。

以上三条线索综合起来便是对半乡绅半土匪的复杂人物——魏富堂传奇命运的解读，故事历时三十四载，始于1917年魏富堂入赘刘家，止于1951年魏富堂在辅仁中学被枪毙。魏富堂的故事脉络深刻反映了青木川镇特殊社会背景下的“土匪”文化，围绕其展开的事件共计32个（图12-6）。其中，关于魏富堂家庭内部事件的描述有8个，占比为25%，关于外部环境事件的描述有24个，占比为75%，可知文本更多阐述了魏富堂对青木川镇外部环境的影响作用。因此，魏富堂个人思想观念的建构也投射在青木川镇的文化脉络中，重大事件对他的影响也改变了青木川镇的历史发展进程，主要包括以下4个事件：首先是“洗劫葫芦坝教堂”事件，开启了魏富堂对西方文明的追求，促使中西方风格融合的辅仁中学建成；其次是“亲赴垦雅农场”事件，开启了魏富堂对于现代管理的追求，也为后续发展经济埋下伏笔，然后是“与施喜儒因唐颖墓碑戴令牌争吵”事件，开启了魏富堂对于家族荣誉的追求，通过迎娶瞿焕贞来彰显名门望族的身份；最后是“谢静仪提出修桥办学”事件，开启了魏富堂对于知识教育的追求，充分体现了其对教育的重视。

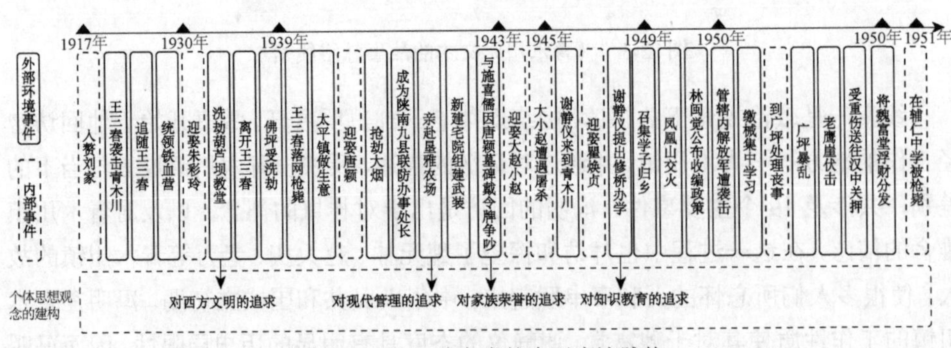

图12-6 关于魏富堂的生平事迹脉络

（二）文本分类编码

1. 分类编码思路

《青木川》属于纪实性小说，核心故事内容均是作者通过深入调查访谈获取的，大多是当事人记忆的写照，而附着于景观的记忆是由人、事、物三大基本要素构成，所以本章基于“人-事-物”的景观记忆要素结构，对文本进行分类编码（图 12-7）。首先，“事件”是记忆中最为重要的内容，主要包括开端、发展、高潮与结局，可以将每个章节分为事件的地点、起因、结果，作为文本挖掘的基本单元，编码为“章节（Ⅰ、Ⅱ、Ⅲ……）-事件（a、b、c……）”。其次，“物”主要是记忆发生场所中的物质环境与非物质习俗，可以分为自然景观、民居建筑、民俗习惯。最后，“人”是记忆中的行动者，重点考察其出现的频次。

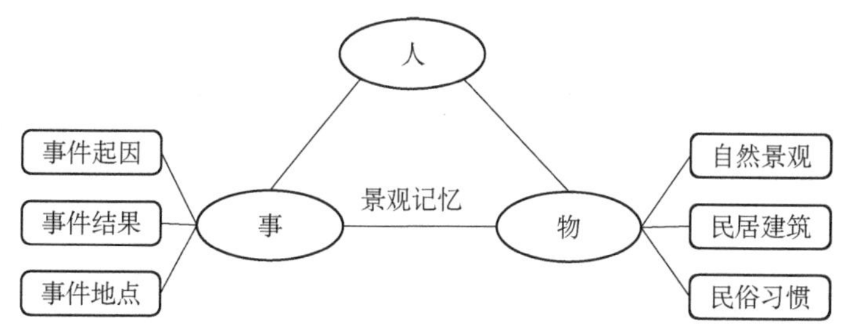

图 12-7　基于“人-事-物”的文本分类编码思路

2. 分类编码原则

文本分类编码目的是更好地获取实体数据与信息，便于后续的相关统计分析及知识推理，重点是对文本的名词、动词等进行提取，消除介词、助词等的干扰与影响，然后对其结果在 Excel 中进行分类。为保证分类的科学性、合规性和适用性，本章的文本分类遵循以下原则：①体系性原则，即分类应建立层层划分、层层隶属、从整体到部分的分类体系，体系中划分的不同类型的个体相对独立；②互斥性原则，即所分各类不能交叉重叠，每个实体词只能归入一个类别之中；③完备性原则，即所分的类别能够涵盖全部个体，总体中的任何一个个体都有一个类可以归入，而且只能有一个类可以归入，不能有遗漏；④客观性原则，即要求文本处理的结果应该准确、可靠且客观，如实反映文本叙述的故事结构，避免产生歧义。

3. 分类编码结果

通过对文本进行人工分类编码可知，共计有 18 个章节，77 个事件，事件最多

的章节为 第 17 章，平均每个章节有 4.27 个事件。在“事件”编码中，从事件发生的主要地点来看，青木川镇内部的相关事件有 56 个，青木川镇外部的相关事件有 21 个。在“物景”编码中，自然景观相关的事件主要涉及山川河流、茶园竹林等要素；民居建筑相关的事件主要涉及辅仁中学、斗南山庄、戏楼、魏家大院等要素；民俗习惯相关的事件主要涉及当地村民的饮食习惯、礼仪节庆等要素。在“人物”编码中，魏富堂的相关事件有 39 个，冯明的相关事件有 20 个，冯小羽的相关事件有 12 个，钟一山的相关事件有 6 个。

四、青木川镇景观的地方性知识提取

（一）基于人物社会网络的地方治理知识提取

基于文本预处理阶段的人物关系分析，进一步抽取《青木川》文本中的人物关系进行分类，大致可以分为以家族亲眷为核心的血缘关系，以及以生产协作为核心的业缘关系。这也充分反映出青木川镇的乡土社会是血缘关系与业缘关系共同维系的结果，分别对不同社会关系涉及的人物进行统计分析，血缘关系网络中有 8 个人物，业缘关系网络中有 22 个人物，可知青木川镇的业缘关系更为庞杂，对整个乡土社会的发展运行更具有影响力。为更加深入地揭示青木川镇复杂社会网络关系蕴含的地方性知识，本章对同一事件中共同出现的人物关系频次进行统计，充分解析人物之间的联系，探究基层治理与宗族管理的相关地方性知识。

1. 基于血缘关系网络的宗族管理知识

血缘关系是指由婚姻或生育产生的人际关系，是人先天的、与生俱来的关系，在人类社会产生之初就已存在，是最早形成的一种社会关系。青木川镇的家族正是依靠这种天然形成的“血缘关系”将人们联系在一起。《青木川》创作的时代背景是小农经济时期，传统的农耕思想和自给自足的小农经济，使得农民们从生到死都死守着脚下的土地，社会的流动性较小，形成了以血缘关系为基础的稳定的社会结构。这一时期的青木川镇生产力低下、生产资料私人占有且生产任务主要由家庭承担，因此家族结构呈现出规模较大、结构较复杂的特点（图 12-8）。

（1）血缘关系特征

青木川镇在明清时期便有赵、魏、瞿、屠四大姓氏，形成了浓厚的家族文化。民国时期，魏富堂的权威管理和统治维护着青木川镇的社会秩序，这一时期青木川

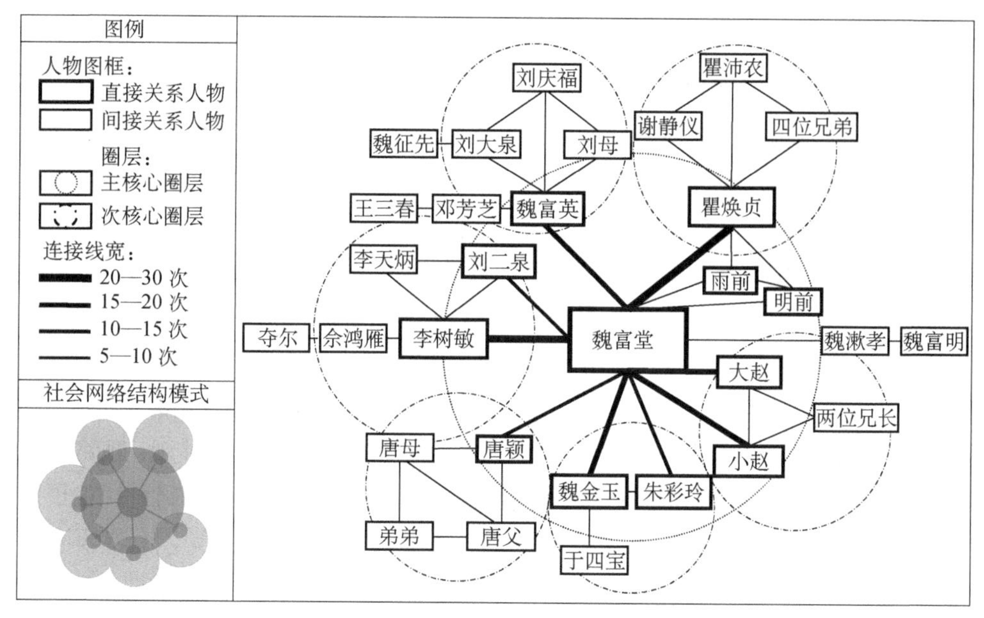

图12-8 《青木川》文本中的血缘关系网络

镇的血缘社会网络主要以魏富堂的血缘宗族关系为基础，外加魏富堂及其姻亲关系。姻亲关系使得家族在血缘关系的基础上得以将社会网络延伸，由此家族体系更加严密、完整。青木川镇的血缘社会网络以魏富堂为主核心，以其姐姐魏富英和几任妻子为次核心，呈现出主次核心相互嵌套发展的趋势。魏富堂的血亲共包括 8 人，分别为父亲、母亲、女儿魏金玉、儿子明前和雨前、外孙子（即魏金玉之子）、姐姐魏富英及外甥李树敏。魏富堂的姻亲共有五个组团，组团一以刘二泉为核心，包括父母、姐姐及姐夫；组团二以唐颖为核心，包括父母及一位弟兄；组团三以朱彩玲为核心，包括女儿魏金玉；组团四以大赵、小赵为核心，包括两位兄长；组团五以瞿焕贞为核心，包括父亲、四位弟兄及干姐妹。另外，姻亲还包括姐姐魏富英的丈夫李天炳。

通过对同一事件中同时出现的人物频次进行统计，魏富堂与妻子瞿焕贞的共现频率最高，为 22 次，其一反映出夫妻关系在生育关系的维系下更为紧密；其二同为孕育子女的妻子，由于瞿氏膝下二子与魏富堂彼此间的关系更为亲近，反映出这一时期“重男轻女”的社会思想；其三由于魏富堂与瞿氏属于同一地域，地缘关系实则是血缘关系的泛化，共同的民风民俗促使其关系密切也是重要的原因之一。魏富堂与李树敏的共现频率排第二位，为 19 次，其一反映出业缘关系发展初期，其与血缘关系的联系紧密；其二也反映出核心家庭外家族中“重男轻女”的社会现象。

（2）地方家族管理知识

父亲与子女的关系是家族管理中最主要的链条。在传统家族中，父亲与子女关系的主要表现是父亲对子女高标准的期望与严格的要求。魏富堂期望儿子有高尚的个人修养，有学识，有品位，有风度，改变魏家无知的野蛮的基因……尽管魏金玉是女儿，魏富堂仍然对其学习习惯有严格的要求，如文中所述："后来，魏富堂让魏金玉也跟着小赵学写字……魏富堂就给他的女儿下命令，每天早晨必须写十张大字，写完了才许吃早饭，他陪着一块儿练字。"（叶广芩，2021）同时，传统的父亲与儿女的伦理关系也表现在子女对于父亲的顺从上，这也契合儒家"忠孝"的观念。这种顺从在魏富堂及其父辈，以及他和子女的关系中都有所体现。魏富堂对其父亲的顺从，如原文中描述："日子没法过下去……想起了一条出路，让儿子魏富堂给镇上富裕大户刘庆福当上门女婿……老魏说是征求儿子意见，其实没有一点儿商量余地。"（叶广芩，2021）这种忠孝顺从的观念具有较强的传承性，父辈对魏富堂的影响也作用到他与子女的关系上，如文本中描述："魏金玉说她高中毕业就回来了，她爹让她给谢校长当助理，说校长一个人办学忙不过来。"（叶广芩，2021）但随着现代文明的涌入，传统的家族伦理关系受到严重的挑战与冲击，子女不再接受"三纲五常"的传统伦理，也不再认同父亲对于子女拥有绝对的权威。在新思想的影响下，魏金玉对于父亲包办式婚姻的观念做出反抗，郑重宣告她要去找于四宝，跟于四宝结婚。

婚姻关系是地方家族管理中的另一重要内容。婚姻结合是家族生育繁衍和子孙传承的基础，结合的目的是保证家族生命血脉的延续，同时也是家族与家族之间互通的一种重要手段。魏富堂的婚姻关系是典型的一夫多妻，他的一生中共与六位女性存在婚姻关系，分别为刘二泉、朱彩玲、唐颖、大赵、小赵及瞿焕贞。魏富堂与第一任妻子刘二泉结合的目的是使全家在遭受天灾的境遇下找到活路；与出自书香门第的后五位妻子的结合，目的都是盼望能有一个出息的儿子可以光宗耀祖，如原文所述："司令的心思我们都明白，娶了一房又一房，为的就是将来给自己挣个令牌。"[①]（叶广芩，2021）魏富堂与前五位妻子的结合由于妻子早逝、没有子嗣等一系列原因，婚姻都不美满。直到魏富堂遇到他的第六位妻子瞿焕贞才拥有一段融洽的婚姻关系。这段日子，也是魏富堂家庭生活最舒心的日子。魏富堂与瞿焕

① "墓碑戴令牌"：青木川镇风俗，原指凡是后人中了举人，祖先的墓碑方可加石头盖顶，后辈学问越大，盖顶越讲究。现今以儿女是否上大学为标准，儿女上大学毕了业，老家的墓才能戴令牌。

贞婚姻关系的成功，首先是因为瞿焕贞的家世与血统，文中描述："当时瞿家老爷子——贡生出身的瞿沛农还健在，那是青木川地区真正的大学问……瞿老爷四个儿子一个闺女，家族人丁兴旺……如门楣上所写，是真正的'耕读人家'。"（叶广芩，2021）其次是源于魏富堂与瞿焕贞共同孕育两个儿子，反映出生育在传统婚姻关系中的重要地位，也说明夫妻关系由于子嗣的存在更加稳定。最后是由于魏富堂与瞿焕贞在生活中各自承担一定的家庭责任，丈夫拥有把控权，妻子的主要任务则是相夫教子，包括操持家务、养育孩子、陪伴丈夫，夫妻共同营造出一种琴瑟和鸣的关系。

亲族关系是地方家族管理中的一个重要对象。亲族关系是根据生育和婚姻所发生的关系，每一个家族形成一个由私人联系所构成的网络。网络本身是一个利益共同体，个体之间形成互帮互助的合作关系。在魏富堂的亲族网络中，与魏富堂联系最为紧密的是姐姐魏富英的家庭。在魏富堂回到青木川镇之初，姐夫李天炳为其立足和发展提供了诸多帮助，通过与李天炳的私下疏通，魏富堂不但带领弟兄们堂而皇之地回到青木川镇，而且摇身一变，做上了陕南九县联防办事处长。魏富堂对李氏家族的帮助主要体现在对外甥李树敏的疼爱上，把他当作自己的儿子。

2. 基于业缘关系网络的社会治理知识

业缘关系是由于职业或行业的活动需要而结成的人际关系。业缘关系不是与生俱来的，而是在血缘和业缘关系的基础之上通过广泛的社会分工形成的复杂社会关系。魏富堂统治时期的青木川镇处于民国时期的乱世，村内在发展农业经济的同时，成立了民团组织自卫互援、兴办学校发展教育、开办集市贸易和货物运输。在小农经济的背景下，青木川镇形成了较为复杂的社会分工体系，民团组织与商业组织相互交织，形成了以地缘关系为纽带的互惠互利的稳定业缘团体（图 12-9）。

通过对同一事件中同时出现的人物频次进行统计，魏富堂与许忠德共现频率最高，为 35 次，与李青女、谢静仪、王三春共现频率分别为 27 次、20 次、19 次。对共现频率进行分析，魏富堂与许忠德为上下级关系，魏富堂与谢静仪、王三春为上下级关系，魏富堂与李青女为雇佣关系。由此可得，青木川镇业缘社会中上下级关系占主体地位。

（1）业缘关系特征

民国初年，官府责成地方组织自卫自援。1926 年，魏富堂强杀魏征先，依靠强权当上新的团总，从此青木川镇进入魏富堂统治时期。这一时期，青木川镇的业缘社会网络主要以魏富堂为核心，呈"点-线"模式向外围延伸，包括直接业缘关

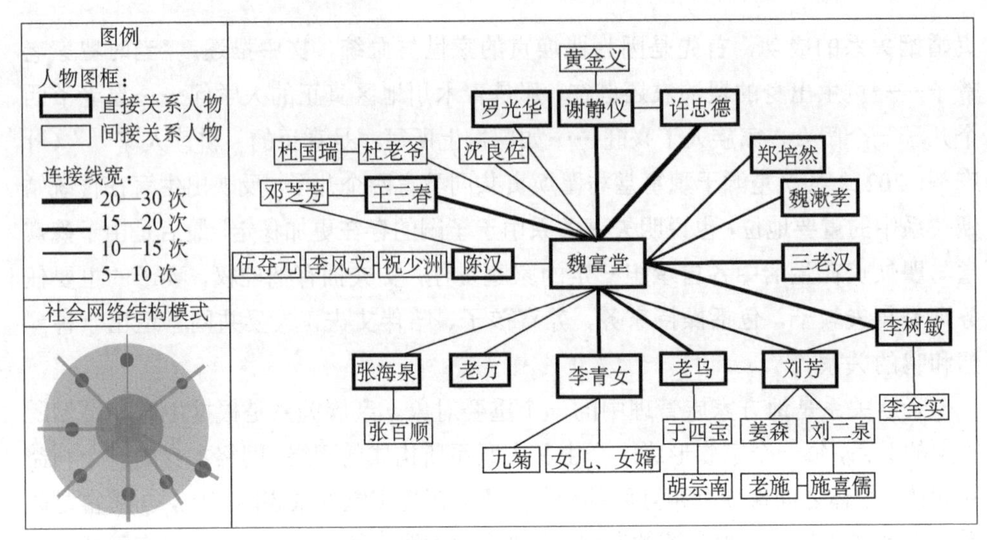

图12-9 《青木川》文本中的业缘关系网络

系 14 人、间接业缘关系 19 人。业缘关系类型包括及与李青女、老万、张海泉 3 人的雇佣关系，与许忠德、三老汉等人的上下级关系以及谢静仪与许忠德、郑培然等人的师生关系。随着青木川镇的解放，形成了以冯明为核心的村内人与村外人相结合的业缘社会网络，包括与赵大庆、张文鹤等人的上下级关系，与林岚、刘志飞等人的战友关系及干部之间的同事关系等。

（2）地方社会治理知识

民国初年，青木川劣绅徐鸿基、许家清等各方势力经常为权财而械斗纷争，周边大小流匪作乱乡野，打家劫舍，霸占钱粮，青木川镇的境遇复杂。青木川镇的社会治理面临着治内与治外的双重挑战，既要保护内部的安全、促进内部的发展，又要抵御外部的侵犯、维护社会的稳定。魏富堂在主政期间实施文治武功式的统治，并且对内谨慎使用暴力，护商恤贫，赢得人们的尊重与认可。

魏富堂在对内的社会治理中，施仁义治乡以安民众，兴教昌文，凿渠架桥，建构出独特的社会秩序。在社会风俗层面，第一，魏富堂重视知识名流，如文中所写："魏富堂说秀才说得有理……大声对众人说他最敬重的就是文化人，他的儿子将来不做大目，要当秀才，当施喜儒这样的秀才。"（叶广芩，2021）第二，魏富堂不准本地人欺负客民，并派武装力量护送过路客商安全出境，若在他管辖的地方被劫掠欺诈，都要追查到底，严惩不贷。在教育层面，魏富堂创办学校、重视教育，开办辅仁中学，聘校长，请名师，博收群秀，培植人才。同时，魏富堂制定规范，强制适龄儿童入学，实行免费教育，文中有相关记录："魏富堂知道了情况，就派了一个班……押解俘虏一样把孩子们从家里揪出来，押进教室……老师在课堂上讲课，窗户外头有兵背枪站岗，谁也不许私自走动，不许中途逃跑。”（叶广芩，2021）辅仁中学培育出多名颇有成就者，本书撰写时仍健在的历史见证者徐种德老人便是当年魏辅唐资助的就读于四川大学历史系的学生之一。在经贸商业层面，魏富堂在青木川镇大力发展茶叶、丝绸业，促进当地经济的发展，文中的描述如下：“……伴随烟馆而生的是饭馆、店铺，其中规模最大的是魏富堂和弟兄们合伙开办的‘富友社百货店’‘魏世盛绸布店’‘同济堂中药铺’‘魏富堂制革厂’等……街上，人头攒动，比肩接踵，茶馆酒铺，通宵达旦。”（叶广芩，2021）

魏富堂在对外的社会治理中，用武装护境，成立民团组织自卫自保，使人们的安全得到保障。魏富堂在青木川镇的统治具有高度的自治性质，拥有自上而下顶层设计的优势。魏富堂在青木川镇的社会治理中取得显著成就，不仅依靠魏富堂正确的价值观和治理策略，也与民众的需求有着重要的关系。在人们的生命和财产安全没有保障的乱世中，民众急需安稳的秩序，无论是谁掌权，人们需要的是维护生存与发展的最基本权利得到保障。同时，以魏富堂为核心的土匪队伍都是出生和成长于本地，自卫自保，没有与大众产生心理上的分歧。魏富堂对内对外的有效治理，使青木川镇人们的生活状态、乡风民约、农桑水利以及商贸往来都得到了极大的发展。

（二）基于事件情感态度的地方情感知识提取

基于文本处理阶段的事件提取，进一步对《青木川》文本中的 77 个事件进行再分类，大致可以分为正向情感事件及负向情感事件。事件情感态度的分析基于情感词典的分析方法，首先利用情感词典获取各事件中各语句的情感值，标准为每个正向词记为“2”分，每个负向词记为“−2”分，经计算得到每个事件中每个句子的情感值，再将每个句子的情感值进行加权计算，确定各事件的情感倾向，统计出文本整体的情感倾向。事件情感态度分析剔除 3 个中性情感事件，共选取 74 个事件进行分析。正向情感事件数量为 43 个，占比为 58%，负向情感事件数量为 31 个，占比为 42%。通过数据对比可知，青木川镇的正向情感更为深厚，对整个社会地方价值观建构更具有影响力。为更加深入地揭示青木川镇正负向情感背后所蕴含的地方性知识，本章对正向情感得分最高的 10 个事件分别按照相关人物进行再分类（表 12-3），充分挖掘情感背后的深层原因，探究关于青木川镇价值观的地方性知识。

表 12-3　《青木川》文本的正向情感事件前 10 评分统计

排序	事件编号	事件名称	重要正向词	情感得分
1	Ⅸ-2	魏富堂迎娶第六任妻子瞿焕贞	死心塌地、恬静、人丁兴旺、俊俏、别致、忙碌、灵性、祥瑞、紫气东来、清秀、大方、严密、安然、振兴、决心、勇气、胆识、诚恳、崇拜、追求、博学、敬意、清雅、秀慧、平和、细腻、开眼、过瘾、帮助、敬重、勤快、善良、优美、清澈、美好、阳光、美满、舒心、老来得子	90
2	Ⅶ-2	许忠德回村辅佐魏富堂，被任命为主任	出息、赞许、智慧、清秀、自信、人才、培育、识文断字、大度、宽厚、优待、大方举止、新鲜、厚积薄发、细水长流、支持、刮目相看、纯正、忠心耿耿、精良、宽广、高耸、典雅、教化、神圣、端庄、使命、国家栋梁、馈赠、感激	56
3	Ⅶ-1	面对魏富堂的召回，只有许忠德一人决定返回青木川镇	光灿、神圣、阳光、希望、伟大、重要、赞助、准确、头脑、精明、优美、纤细、高雅	40
4	ⅩⅢ-4	林岚到达广坪，与曹红萧一道回到乡政府	盛产、绝佳、茂密、骨干、革命、动听、热情、鼓掌、悠扬、安详、清晰、美好、静谧、生动、甘美、热情、推荐、清晰、温暖、愉快、优秀、佼佼者、勇敢、干练、年轻、机智、果断、气质、期待、成功、争取	40
5	Ⅴ-9	宁强县县长李风文到青木川镇查烟	热闹、胸有成竹、一尘不染、干干净净、欢迎、响亮、热烈、喜悦、庄重、头脑、妙不可言、绝好、事必躬亲、可嘉、游刃有余、稳固、饱满、首屈一指	37
6	Ⅵ-1	冯明、郑培然回忆青木川往事	完整、活灵活现、捐躯、支持、热血、革命、艳阳天、尽职、尽责、恭敬、出色、重要、威力、强大、一清二楚、挺拔、英气、志向、信任、勇敢、年轻、责任、期望、献身、敬佩、斗志昂扬、激情	36
7	Ⅴ-3	魏富堂迎娶第二任妻子朱彩铃	鲜活、重要、壮烈、完好、宝贵、爱情、牺牲、辉煌、光彩、热闹、俊秀、英气、阳光、魅力、英武、豪气、合理	34
8	Ⅴ-7	魏富堂迎娶第三任妻子唐颖	挂念、壮观、慷慨、头脑、灵活、红火、愉快、顺畅、书香门第、平和、简单、姣好、恬静、温顺、满意、搭救、气质、清澈、秀丽、识文断字、通情达理、贤淑、开朗、爽快、明媚、有教养、舒适、阳光、风度、官运亨通	34
9	Ⅴ-8	魏富堂从事商业贸易	能干、兴奋、收获、心安理得、丰厚、玲珑、精致、首屈一指、孝心、发展经济、热情、诚挚、清澈、秀美、茂林修竹、现代化、兴旺、震撼、细腻、明快、简单、绽放、赏心悦目、志气、成效、低廉、便捷、促进、活力、繁华、红火、敞亮、盛产	31
10	ⅩⅣ-4	广坪镇为冯明的视察做准备工作	喜爱、赞赏、敬重、尽兴、满意、舒坦、高兴、周全、精致、丰富、美观、崇敬、希望、永垂不朽、纪念碑、革命、古朴	29

1. 基于正向情感态度的地方积极情感知识

正向情感是指人对正向价值的增加或对负向价值的减少所产生的情感，如愉快、信任、感激、庆幸等，正向情感具有鲜明性和定向性，具有积极的意义。对于正向情感特征的进一步分析，是对正向情感得分最高的 10 个事件进行再分类，其中关于魏富堂娶亲的事件为3个，占30%；关于许忠德的事件为2个，占比为20%。

（1）正向情感事件

经数据统计后，“魏富堂迎娶第五任妻子瞿焕贞”事件的正向情感得分最高，为90分，正向情感关键词主要包括“人丁兴旺”“大方”“勇气”“善良”“美好”等。事件起因于李树敏让魏富堂到瞿家大院接谢静仪遇到瞿家小女儿瞿焕贞，事件结束于谢静仪留在青木川镇办学及魏福堂迎娶瞿焕贞并生育两个孩子。其中“追求”“博学”“敬意”等关键词表明魏富堂敬重瞿家“耕读人家”的家风，反映出魏富堂对于知识的崇拜与追求。同时，事件中魏富堂对于谢静仪的尊重和崇拜，实质上是对现代文明的膜拜和对外面世界的向往。魏富堂“迎娶第二任妻子朱彩玲”事件中的“魅力”“英武”“豪气”等关键词表现出了朱彩玲的社会意识和组织才能，魏富堂对于朱彩玲治理之道的认可反映出其强大的治理能力和以集体利益为基础的思想意识。魏富堂“迎娶第三任妻子唐颖”事件中的“平和”“恬静”“识文断字”“通情达理”“风度”等关键词表现出唐颖作为书香门第出身的做派和魏富堂对个人高尚修养的追求。

青木川镇商业贸易的相关事件在正向情感分析中占比为20%。“魏富堂从事商业贸易”事件中的“现代化”“震撼”“志气”“成效”“收获”“促进”“活力”“繁华”“盛产”等关键词表现出魏富堂统治时期青木川镇的繁荣景象，一系列正向情感词反映出人们对于经济发展的强烈诉求。“宁强县县长李风文到青木川镇查烟”事件中，“胸有成竹”“欢迎”“响亮”“游刃有余”“稳固”“饱满”“首屈一指”等关键词体现出魏富堂武装实力的强大与他的应变能力，反映出人们对于魏富堂处事风格的肯定。

人物许忠德的相关事件在正向情感分析中占比为20%，且两个事件的得分仅次于最高情感得分，分别为56分与40分。“面对魏富堂的召回，只有许忠德一人决定返回青木川镇”事件中的关键词“光灿”“神圣”“希望”“伟大”“准确”“头脑”“精明”，表现出许忠德的为人厚道、知恩图报与坚持原则的形象，而“贫穷”“偏僻”等关键词表达出了其他学子不愿返回青木川镇的具体原因。魏富堂在关键时刻召集外出求学的学子，反映出城乡人才回流的重要性，而其他学子拒绝返回青木川镇，也表明人才大量流失是当时农村存在的普遍现象。

（2）地方积极情感知识

地方积极情感知识是关于传统乡土社会中居民的价值观中积极的部分，具体表现为对该地方的接近倾向。基于《青木川》文本的事件情感态度分析，积极情感包括对现代文明发展和教育发展的认可、对思想观念和行为方式的认同以及对知恩图报和舍小我为大我的个人品格的肯定。

人们对于现代文明的诉求和教育的重视，反映出青木川镇“开明开放、尊师重道”的地方价值观。青木川镇在魏富堂时期对于文明进步和教育发展就进行着不懈的追寻和探索，关于文明的追寻，文中这样描述：“魏富堂去了一趟西安，带回了两个会写诗填词的媳妇，还带回了不少有现代品位的用具……这些设备配上他的枪，可以和山外任何一个司令官媲美，可以和任何一种文明抗衡。”（叶广芩，2021）魏富堂的探求对青木川镇的发展产生了深远的影响，魏富堂曾出资修建的辅仁中学在中华人民共和国成立后改名为青木川辅仁中学，至今依然存在。魏富堂创新向前的思维观念和善治善能的行为方式，对于启发当地民众的思维意识和保障民众的安全起到了重要作用。魏富堂主政时期主张发展经济，文中描述道：“闯荡几年，魏富堂得出的经验是，要牢牢占住青木川这块谁也管不着的风水宝地，必须努力发展经济，把青木川的经济和军事实力提高到谁也管不了的程度。”（叶广芩，2021）同时，魏富堂对村内进行严格的治理，制定乡规乡约，规定青木川人抽大烟者，格杀勿论！青木川镇如今经济发展所依托的历史建筑资源，如荣盛魁、荣盛昌、辅友社及魏家宅院等，都与魏富堂有着密切的关系。在家乡面临复杂局势的时候，只有许忠德一人接受魏富堂的邀请回到青木川镇，对于许忠德选择返乡的原因，文中描述道：“许忠德想得很简单，他是学历史的，他深知中国的命运走到了一个非常紧要的关口，魏富堂的身边急需一个头脑清醒、对时局有准确把握的人……”（叶广芩，2021）许忠德感恩和奉献的道德观念得到了人们的肯定。

2. 基于负向情感态度的地方消极情感知识

负向情感是人对正向价值的减少或负向价值的增加所产生的情感，如痛苦、鄙视、仇恨、嫉妒等，具有消极的意义。对于负向情感特征的进一步分析，将负向情感得分最高的10个事件进行再分类（表12-4），其中关于李树敏的事件为4个，占比为40%；关于王三春的事件为3个，占比为30%。由此可见，青木川镇整体的消极记忆与这一类大奸大恶的土匪紧密相关。

表12-4 《青木川》文本的负向情感事件前10评分统计

排序	事件编号	事件名称	重要负向词	情感得分
1	XIV-1	李树敏等人血洗广坪	匪徒、杀害、屠杀、反革命、暴乱、阴谋、血洗、血腥	−33
2	XIV-2	魏富堂中李树敏和刘芳的圈套	密谋、暴乱、沮丧、反革命、悲伤、悲哀、诡异、圈套、阴谋	−33

续表

排序	事件编号	事件名称	重要负向词	情感得分
3	XVII-10	程立雪来陕南途中被李树敏劫掠	不适、紊乱、冷酷暴戾（刘芳）、不管不顾、绝望、不堪一击、不欢而散、反动	−26
4	XIV-7	刘小猪与冯明谈话	剥削、地主、顾虑、担心	−22
5	V-1	魏富堂成亲被绑	土匪、打架、杀人放火、臭名昭著、窜扰、洗劫、复杂	−22
6	XV-2	老万跑到工作队，报告李树敏在水磨坊	暴乱、凶神恶煞、呵斥、山穷水尽、心狠手辣、杀人灭口、土匪、诱饵、阴险	−21
7	XII-4	魏富堂写信询问谢静仪的答案，谢静仪病得严重	烦躁、疲倦、憔悴、沉重、痛苦	−16
8	XI-1	钟一山寻到铜镜	丑八怪、失望、造假、可惜、凄惨、白搭	−14
9	V-5	王三春追杀魏富堂，致使佛坪城池消亡	反击、报复、残忍、狭隘、逃难、不安、阴冷、人心惶惶、偷袭、荒芜、消亡	
10	V-6	王三春落网	匪患、作恶多端、告密、屠杀、遭受、报复、家破人亡、扰乱、破坏	−12

（1）负向情感事件

经数据统计，负向情感事件得分排序中分值最高的三个事件皆与李树敏有关。“李树敏等人血洗广坪”事件起始于李树敏作为国民党与匪徒的双重身份袭击广坪镇，结束于多名干部遭遇屠杀牺牲，给广大人民群众带来极大灾难，反映出李树敏等人对一个地区的严重影响和危害；“魏富堂中李树敏和刘芳的圈套”事件起始于李树敏和刘芳为陷害魏富堂、袭击共产党设下圈套，结束于青木川镇大多数青壮年殒命于老鹰崖，魏富堂身受重伤被关押至汉中，反映出李树敏这一类人逸出社会正常轨道的言行举止、心理习性、人生信条和生存哲学。“程立雪来陕南途中被李树敏劫掠”事件起始于程立雪随霍大成前往青木川镇，结束于霍大成逃走、司机被李树敏杀害及程立雪被劫掠，体现出李树敏等人侵扰行径影响范围的广泛。与李树敏相关的事件以“匪徒”“屠杀”“杀害”“反革命”“暴乱”“阴谋”“悲伤”“圈套”“绝望”等为关键词，反映出土匪存在造成社会局势动荡。

与王三春这一人物相关的事件在负向情感分析中占比为30%。“魏富堂成亲被绑”事件起始于王三春洗劫青木川镇，结束于青木川镇一片火海，魏富堂等人被绑架。“王三春追杀魏富堂，致使佛坪城池消亡”事件起始于魏富堂与王三春分道扬镳，躲在佛坪县，结束于两任县长被杀，佛坪县从此荒废。“王三春落网”事件起始于王三春受到国民党的围捕，结束于王三春及其妻子被枪毙于西安西华门外。与王三春相关的事件关键词为“窜扰”“报复”“残忍”“狭隘”“人心惶惶”等，表现出王三春十足恶匪的形象，歹毒成性、滥抢滥杀，对于陕南地区构成了较大威胁。

（2）地方消极情感知识

地方消极情感知识是关于传统乡土社会中居民的价值观中消极的部分，具体表现为对该地方的排斥倾向。基于《青木川》文本的事件情感态度分析，消极情感包括对不稳定因素的恐惧和对暴力行径的憎恶。

人们对于民国时期充满不稳定因素的、动乱的社会的恐惧和对于暴力行径的憎恨、厌恶，反映出青木川镇"追求安稳秩序、渴望自强发展"的地方价值观。李树敏、王三春等"恶匪"的行为严重阻碍了对地方经济发展，土匪洗劫后，青木川镇一片火海，刘家大院燃烧殆尽，一片狼藉。同时，李树敏等人也对人民的生命财产安全构成了严重威胁，对百姓的身心和精神造成令人发指的摧残，如文中所述："暴乱让广坪百姓沉浸在悲哀之中，整条街上哭声不断。"（叶广芩，2021）这类"恶匪"的存在，一定程度上说明了这一特殊社会背景下以魏富堂为代表的"社会土匪"存在的合理性。魏富堂身上有匪性的一面，也有未泯的善良人性，他实行武装庇护，满足了当时民众对于生存和发展的基本权利的要求，使青木川镇的安全得到了保障。

（三）基于景观环境载体的地方营建知识提取

1. 自然景观

青木川镇的自然景观分为山体、水域、气候、特产及动植被景观，与村落的形成和发展息息相关，蕴含着丰富的风水理论知识以及资源利用知识，且山、水、气候、动植物融合发展，相辅相成，形成了良性的生态循环。青木川镇地处陕西南部秦岭山区，西临龙池山，北靠凤凰山，呈现出山地地形特征，广坪河、安乐河、金溪河由北而南，从甘肃康县发源，流过广坪，分别注入嘉陵江、白龙江，金溪河呈曲线环绕。其山水格局体现出选址的传统风水理论，村落群山围合，可阻挡冬季寒流，村民的安全得到了保障，且金溪环村而过，便于生活取水与农耕灌溉，对青木川镇的传统农业发展及林木生长起到了支撑作用，山水环抱的景观格局，使得自然景观与村落和谐发展，形成了良好的生态环境。在地形地貌及村落山水环境的影响下，村落形成了特殊的局部气候，书中对于村落的气候有这样的描写："秦岭山地有它自己独特的小气候，往往是山外大旱山内丰收，形成鲜明对比。"（叶广芩，2021）另外，冬季漫长，夏季短暂，表现出"夏无酷暑，冬日极寒""太白积雪六月天”（叶广芩，2021）的独特气候特征。依托舒适气候及土壤水系资源，青木川镇盛产香菇、木耳及天麻等，熊猫、金丝猴、羚羊、豹猫等动物资源较为丰富，且周边原始森林保存完好，山峦绵延、茂林修竹、山地广阔，植被以青冈木、灌木竹林、针叶林、金丝楠木等为主，而在建筑营建的数年演化中，丰富的林木资源成了青木川镇本地的特殊资源。青木川镇古街两侧的两层民居均是木板房，窗棂等装饰构件、屋内家具亦选用上等木材打造……走过雕着花的扇扇木窗，排排木门，走进了青木川的深沉……

2. 村落景观

青木川镇的村落景观主要包含村落选址、空间布局以及传统街巷，蕴含着丰富的风水理论知识，彰显了道家文化思想。青木川镇地处陕、甘、川三省交界，依靠龙驰山及凤凰山山体，并有金溪河环绕，村落山水交汇，体现出中国传统“负阴抱阳”的风水理论，且选址依山靠水，既便于居民日常生活取材，又兼具防御功能，自古便为历代兵家争夺之地。村落的布局是以两山及一川为基本框架，由一桥、两街形成其空间格局，整体以老碾盘为中心发展，空间高低变化、建筑错落有致，如《青木川》文本中对辅仁中学、斗南山庄以及魏氏宅院的方位描写：“这所中学叫辅仁中学……位于镇东南高高的坡上，可以俯瞰整个青木川镇……花房子离执行死刑的刑场不远，沿着山道登上几级宽展的台阶便是辅仁中学的操场……两进院落，依次升高。”（叶广芩，2021）村落中建筑的空间格局呈现出山地地形的景观特征。村落街巷空间由金溪河分为老街及新街，飞凤桥横跨金溪河两岸将新老街巷相连，街巷两侧建筑排列紧密，沿金溪河蜿蜒曲折，体现了人与自然环境和谐共生的道家思想。

我们通过对《青木川》文本中村落景观意象要素的提取，选取含有“镇东”“南坡”“街西”等方位性词语的语句，绘制村落景观格局意象图（图 12-10）。其中瞿家大院坐落在青木川镇东北方向，靠山临水、清幽宁静；辅仁中学位于古镇东南高坡，与北面的笔架山呼应，在斗南山庄沿山道登阶可到达辅仁中学的操场，前后不过百米；魏氏宅院坐落于青木川镇南坡地，茂林修竹、曲径通幽、地势良好；烟馆、戏楼、文昌宫顺次沿金溪河岸布置。

民国时期，因商贸、婚姻、亲缘、地缘关系往来，青木川镇与外界的联系广泛，主要与广坪、西安、四川、甘肃及汉中等地交流密切。首先，青木川镇与甘肃、四川的往来主要基于商贸发展。青木川镇地处陕西、甘肃、四川三省交界，三省之间保

图 12-10 《青木川》文本中的景观格局意象图

留着赶场习俗，文中描述：“一、四、七是集，逢集的时候，十里八乡的百姓都背着山货土产，从四川的青川、甘肃的郭家坝赶来。日中为市，集有大小，小市开在镇街道路两侧，叫‘市场’，卖衣物吃食，甜香细软；大市开在桥下河滩人稀之处，叫‘荒场’，出售牲畜、木板、药材……构成一幅繁荣富足的山林赶场图。”（叶广芩，2021）这加强了青木川镇与川、陕两地的联系，辅仁中学建成后，三省商业及人员往来进一步密切。在遭遇王三春追杀之时，魏富堂曾与康县武都大户魏成狄结拜，在逃亡之际于康县等地与经商势力相交，故青木川镇与甘肃康县往来更频繁。在青木川镇与广坪、汉中的往来中，魏富堂的亲缘关系成为主要媒介，文中描述道：“广坪沿河是连接川陕甘的羊肠小路，也是由青木川经阳平关到宁羌、汉中的必经之路。”（叶广芩，2021）广坪镇位于青木川东南方向约 10 公里处。姐姐魏富英早年嫁给广坪镇的李天炳，育有一子李树敏，因此两地的亲缘关系加强。青木川镇位于汉中市西南部，朱彩铃与魏富堂之女魏金玉最初被寄养在汉中米商孙泰增家中，后在汉中读书，因此在两地往来频繁。辅仁中学建成后，书籍、物资的采买皆在汉中进行。西安位于青木川镇东北方向，距离较远，村落与西安的往来是建立在魏富堂第四次婚姻的基础上。在与施秀才因戴令牌事件发生争吵之后，魏富堂明白，魏家要改换门风，需要名正言顺的继承者。1943 年，魏富堂离开青木川镇，将目标放在拥有“进士及第”匾额的赵家，魏富堂与大赵、小赵的婚姻在一定程度上加深了青木川镇与西安的往来。

3. 建筑景观

青木川镇的传统建筑地方性知识包含建筑格局、院落布局、建筑材料、建筑装饰以及建筑风格等，是南北风格杂糅及中西思想文化融合的产物，呈现出“和而不同”的地方建筑特征。村落的传统建筑多依山而建、依水而居，注重建筑及景观要素的多元结合，展现出青木川镇居民原始、自然的地方居住理念，且辅仁中学位于村落东南坡地，地势优越，文中对其选址描写道：“……门楣高耸，笔架一样直立着，对应着北面的笔架山。这是魏富堂为学校选址的用心之处。”（叶广芩，2021）可见，公共建筑的布局朝向遵循了传统的风水理论。村落内的民居建筑多为天井院落，前后两进，庭院空间“封闭”与“开放”并存，体现了“天人合一”的思想，建筑中轴对称的布局结构又蕴含着中国尊卑、长幼有序的儒家文化。在建筑材料的选择及装饰艺术上，清晰地体现出地方民居特色，建筑材料遵循“就地取材”的原则，选用青木川镇当地的木材、石材，形成了木板房及中式楼房的建筑形式，街道及院落空间采用青石铺装，硬质铺地和木材建筑主体相得益彰。建筑整体白墙青瓦、镂空木窗、石雕精致，地方建筑材料的广泛应用以及南北文化的渗透，使青木川镇展现出浓郁的地域特色。

青木川镇传统建筑的中西方文化融合更多体现在斗南山庄、辅仁中学以及魏氏宅院的营建中。作为中式建筑的代表，斗南山庄展现出四川旱船式的建筑风格。建筑分为上下两层，布局紧凑，结构严谨，除内部厅堂外，周围为带木廊的房间，如同轮船船舱，为青木川镇传统建筑的典范。相反，辅仁中学的营建中则更多体现了西洋元素，文中描写道：“迎着校门是大礼堂，礼堂内白石头立柱，巴洛克式的浮雕，高高的落地大窗，宛若一座平顶教堂。”（叶广芩，2021）辅仁中学的建筑形式实则是青木川镇新派建筑的开端。魏氏宅院的营建兼具中西文化特点，建筑分为新旧两宅，旧宅仿照五马乡宅院，前后两进，雕刻精致。后来随着西方文化的传入，魏富堂仿照西式办公建筑在老宅旁新建宅院，宅内花砖墁地、门窗高大、玻璃通透，暗藏堡垒，集军事、防御、办公、生活为一体，新旧两宅相互独立又连成一体，成为中西文化合璧的标志性建筑。

4. 民俗景观

青木川镇的文化构成复杂，明清时期的川陕移民为村落带来了不同民族、不同风俗，在长期演化的过程中，形成了“亦川亦陕亦陇南”的独特文化景观，涵盖饮食、服饰、婚丧等民俗地方知识。青木川镇的饮食文化较为独特，村民喜食米皮、菜豆腐、苞谷烧、核桃馍等，而在民国时期饮食文化发展初期，“红烧肘子”是其地方特色菜，文中青川楼大厨张海泉为魏富堂送行时曾说道："……魏老爷以往没少关照青川楼，哪回来了人，都要点我做的肘子，没有魏老爷就没有青川楼。"（叶广芩，2021）如今，青木川镇的"八大碗"菜系中依然包含这道菜，至今，大块肉、鲜鱼、丸子、条子肉、肘子、排骨等诱人的八大碗菜仍是青木川镇招待客人的上等佳肴。同时，青木川镇的茶文化也负有盛名，村落盛产老鹰茶、雀舌、茉莉花茶等茶种，其中老鹰茶明朝时候开始贡奉朝廷，产量一年不过一二十斤，使得其稀罕程度远远赛过珠宝金玉，运输途中甚至需派专门官员护送。在百年来的不断发展中，这些历史悠久的茶叶品种使得青木川镇的茶文化远近闻名。在服饰文化上，青木川镇则受到羌族文化的影响，男性多为长衫装扮，女性惯用羌绣点缀衣襟、鞋面与头帕。久而久之，有名的羌绣也成了地域特色产品，被列为当地非物质文化遗产。如今，儿童服饰还流行着用彩线绣出小动物的图案。青木川镇婚丧嫁娶的风俗习惯多受巴蜀地区的影响，在民国时期的婚嫁文化中，仍有男方入赘的习俗，且要以"十六碟二十四碗"招待女婿。在丧葬文化中，青木川镇的名门之后可为先辈坟墓戴令牌、布置石羊石马。时至今日，在青木川镇节庆活动之际，傩戏表演、秦腔汉调等曲艺文化以及逛庙会、耍社火、赶场等民俗仍旧保存完好。基于物质景观载体的青木川镇的地方性知识谱系如表 12-5 所示。

表 12-5　基于物质景观载体的青木川镇的地方性知识谱系

主类	次类	地方性知识
自然景观	山体景观	村落地处陕西南部浅山丘陵区，依托秦岭、大巴山，呈现山地地形特征
	气候景观	多表现出冬季漫长、夏季短暂的季节特征，农作物成熟时间与周边村镇不同
	水域景观	水资源丰富，广坪河、安乐河、金溪河为主要河流，其中金溪河环绕古镇
	特产资源	盛产香菇、木耳及天麻等
	植物资源	青冈木、灌木竹林、针叶林、金丝楠木、迎春花、油菜花等
	动物资源	熊猫、金丝猴、羚羊、豹猫等
村落景观	村落选址	地处陕、甘、川三省交界处，西靠龙驰山，北依凤凰山，东沿银锭寨及黄猴岭，村落选址依山靠水、顺应自然
	传统街巷	街道多为青石板铺路，沿金溪河蜿蜒曲折，不见头尾，两侧分布有明清建筑
	空间布局	建筑坐拥高地，依坡就势。辅仁中学位于镇东南高坡，对应北面的笔架山
建筑景观	建筑风格	中式为主、西式为辅，在布局上体现了巴蜀文化及秦文化内涵
	建筑材料	以木板、砖石等材料为主
	建筑装饰	中式建筑白墙青瓦、庭院宽大、飞檐斗拱、浮雕精致，院落内部以青石铺地；西式建筑门窗高大、玻璃通透，砖石材料应用较多
	院落布局	多为天井院子，前后两进，四水归堂

续表

主类	次类	地方性知识
建筑景观	特色古建	荣盛魁为四川旱船式建筑，上下两层布局紧凑；魏氏宅院是新老宅院相邻，中西文化融合
	建筑格局	包含南北轴线风水理论，体现了秦文化长幼、尊卑的哲学思想
民俗景观	饮食文化	喜食米皮、菜豆腐、苞谷烧、核桃馍，以“八大碗”待客
	茶艺文化	较多饮用宁强毛尖、老鹰茶、雀舌、茉莉花茶等
	酒席文化	来客设接风宴、喝下马酒
	服饰文化	受陇南文化的影响，男子多着长衫；女子学羌绣，衣襟绣有花边，鞋面、头帕以刺绣点缀
	婚丧嫁娶	至今仍保留纸糊高帽、墓碑戴令牌、布置石羊石马的丧葬习俗以及入赘、招待女婿十六碟二十四碗的婚嫁文化
	曲艺文化	傩戏、秦腔汉调仍是重大节日的表演形式
	日常习俗	逛庙会、正月耍社火、赶场等活动延续至今

五、青木川镇景观的地方性知识应用

（一）整合地方治理资源，重构景观保护主体

伴随着《青木川》的出版，青木川镇已成为川、陕地区热门的旅游目的地，其独特的传统景观风貌与历史人文底蕴极具吸引力。目前，就传统村落景观保护而言，参与主体极为庞杂。经实地走访调查后可知，宁强县地方政府先后进行了数次规划编制，统筹传统村落保护内容与发展方向。青木川古镇旅游景区管委会负责旅游开发相关的活动策划，以及旅游配套相关服务工作。青木川镇委员会则负责国家与地方相关政策的落实，如脱贫攻坚、乡村振兴等，以及当地村民的权利保护与协调。由此可见，在保护青木川镇景观过程中，当地村民并没有过多地参与，而多方权力博弈后也容易出现一些矛盾，从而促使景观保护受到影响，相关规划设计方案难以实施。

从《青木川》文本挖掘中获取的地方性知识可知，青木川镇具有良好的地方自治基础，也曾在有效的地方自治引导下走向兴盛。民国时期的青木川镇因地处陕、甘、川三省交界处，俗称“三不管”地带，对外有来自各方的土匪势力压制，对内有土豪劣绅实施强权暴力。魏辅唐成立地方民团组织，形成了掌控青木川镇发展的主导势力，也在其影响下形成了血缘与业缘交织的乡土社会关系网络。虽然以魏辅

唐为核心的地方保护治理属于“地方统治”，是对封建专制与男权主义的延续，并非真正意义上的“村民自治”，缺乏公平与正义，最终走向失败，但在这一过程中，青木川镇得以在动乱时代获得较为平稳的发展，最为核心的是内在的自治力量，加上法规与道德的双重约束，使得当地村民能够安居乐业。

青木川镇应当充分调动当地村民参与景观保护的积极性，重新建构传统村落景观保护主体。首先，肯定村民的主体地位，激发其主动性与积极性，将村民真实需求与文化景观保护相结合，一方面提高村民的生活标准和生活质量，另一方面增强文化自信，增强文化景观保护意识。其次，通过建构传统村落景观保护共同体，协调地方政府、景区管委会、当地村民、商户企业等多方主体的不同利益诉求，形成青木川镇景观保护的共同意识，即以青木川镇的可持续发展为核心，统筹生态环境与文化景观保护，以及旅游景区与人居环境建设等多元目标。最后，整合青木川镇地方治理资源，倡导自治、德治、法治相结合，提升地方治理效率，有效规避过度旅游开发对传统文化景观的消解作用，保证社会公平与正义。

（二）提取地方集体记忆，强化景观地方认同

小说《青木川》文本所记录的事件虽然存在部分虚构内容，但其中所承载的地方集体记忆具有较强的真实性，在一定程度上反映了青木川镇发展脉络中不同阶段的历史信息。地方集体记忆形成于当地人的长期生活实践与面对面交流，存储于地方文化景观中，可以增进当地人的地方感、归属感（孔翔等，2017）。传统村落景观保护不仅是维系其形态的完整性与内容的真实性，更重要的是要挖掘其承载的地方集体记忆，以及蕴含在其中的浓郁乡土依恋情结。目前，青木川镇的景观保护对于集体记忆的重视不足，商业氛围浓郁的传统街巷与仅供观光游览的历史建筑难以让人们感受到过去发生在青木川镇的点点滴滴。伴随着我国古镇游的热潮，陕南乃至秦巴地区开始兴起大批历史古镇，旅游产品同质化现象较为普遍，青木川镇在其中难以脱颖而出，主要是因为对地方集体记忆及景观地方认同价值的忽视。

小说《青木川》文本不仅描述了青木川镇的陈年往事，也在作者叶广芩的努力下描摹出一幅陕南地区传统村落的历史景观画卷。魏富堂的生平事迹、冯明的工作经历、冯小羽的民间采风与钟一山的历史寻访，从时间与空间双重维度反映出青木川镇的人、事、物的真实样貌。青木川镇从唐代蜀道驿站一步步走向“鸡鸣三省”的商业重镇，这个过程中不仅有当地村民价值观念的演变，即对现代生活与知识教

育的向往，也有物质景观环境的更新，融合汇聚着多元地域文化与思想。由此可知，青木川镇的文化景观承载着极为丰富的地方集体记忆，如何有效地提取并进行记忆重塑，便成为丰富景观保护内涵与意义的关键所在。

因此，青木川镇不仅要保护文化景观的完整性与真实性，强化景观所承载的传统地方集体记忆，也要帮助当地村民重新建构地方集体记忆，只有如此才能更好地提高其对于景观的地方认同感。集体记忆中功能主义视角的研究认为，纪念仪式和身体实践的行为往往成为记忆传承的重要手段。为提升青木川景观的可忆性，需对景观记忆进行挖掘。首先，对《青木川》文本中所中蕴含的地方集体记忆、地方情感知识进行整合，结合其所发生的场所空间进行重点景观提升优化，通过现代数字化手段强化记忆点，使得外来游客能体验并建构起自我与地方的情感联结。其次，丰富青木川镇的文化活动，充实当地村民的休闲娱乐生活，加强邻里间的相互交流，塑造现代的地方集体记忆，强化当地村民对地方的情感依恋。最后，加强当地村民与外来人员的融合，在新时代多元文化融合过程中，产生新的景观记忆空间，例如，举办全国性的艺术节活动，或是扶持艺术工作者进行采风与创作等。

（三）挖掘景观地方特色，明晰景观保护格局

小说《青木川》文本在叙事过程中对青木川镇的物质景观环境有着大量的描写，不仅有高山河流、珍稀动植物等自然景观，也有大量的传统建筑、民俗习惯等文化景观，它们共同构成了青木川镇景观的地方特色。传统村落景观保护的重点不仅是对核心景观节点的强化提升，更需要重视整体景观格局的保护与延续，以避免自然与文化景观呈现孤岛化、碎片化态势。当前，青木川镇的景观保护出现了较为显著的两极分化现象，使得景观保护格局的系统性不足。对此，可以以青木川古镇为核心区进行重点打造，形成集餐饮住宿、休闲娱乐、购物消费等为一体的新街，观光游览、餐饮购物为主的老街，以及回龙阁观景台与金溪河亲水岸线等。

因此，关于青木川镇景观保护，要深入挖掘地方特色，融合自然与文化，整合景观节点、廊道，结合地方性知识，明晰传统村落景观保护格局。首先，加大对青木川镇自然景观的保护力度，倡导人与自然和谐共生理念，维护青木川镇山水格局，对将军山、笔架山、凤凰山与龙池山等周围山体植被进行有效保护，严禁相关建设活动产生的破坏行为，并对金溪河等自然水体以及内部沟渠进行环境整治，确保水资源循环。其次，扩大青木川镇景观保护范围，形成由内向外的“核心保护、外围融合、边缘服务”三个圈层，并通过乡野绿道进行沟通联系。“核心保护”圈

层包括青木川镇新街、回龙场老街、辅仁中学与魏氏宅院，重点是文化景观保护与传承；“外围融合”圈层包括周围山水环境与居民生活区，强调景村融合；“边缘服务”圈层的范围更大，扩展到周边自然村，核心是通过农旅融合提供旅游服务。最后，注重有形的物质景观与无形的人文景观相结合，挖掘青木川镇的传统饮食、服饰等民俗习惯，以及传统建造技艺与手工艺术，增设民俗文化体验场所、民俗工艺体验空间、表演场所，扶持本土非物质文化遗产艺术，增强本土文化的竞争力。

六、本章小结

本章基于传统村落景观地方性知识自持而不自知的特质，立足景观载体缺乏有效保护、景观呈现破碎化等现实问题，选取具有地域特性的陕南山区传统村落青木川镇为研究案例，采用文本挖掘的方法进行景观的地方性知识提取，并将构建的地方性知识应用于规划实践。本章的结论有如下几点。

第一，青木川镇景观保护存在的核心问题是治理主体庞杂且缺少当地村民的参与，导致多方权力博弈，产生诸多矛盾。因此，传统村落景观保护应重新建构保护主体，充分调动当地居民参与景观保护的积极性，协调不同利益主体的现实诉求，形成景观保护的共同意识。

第二，青木川镇在大批兴起的历史古镇中难以突出，关键问题是对地方记忆及景观地方认同价值的忽视。在传统村落文化景观保护中，既要保证其完整性与真实性，也要对其所承载的地方集体记忆进行有效的提取与重塑，以建构外来游客与地方的情感联结，加强当地村民对地方的情感依恋。

第三，青木川镇景观保护呈现孤岛化、破碎化态势，主要问题是忽视了对整体景观格局的保护和延续，使得景观保护格局的系统性不足。因而，传统村落景观保护要强调深入挖掘地方特色，整合景观节点、廊道，结合地方性知识，明晰传统村落景观保护格局。

参考文献

阿·德芒戎. 1993. 人文地理学问题. 葛以德译. 北京：商务印书馆.

爱德华·雷尔夫. 2021. 地方与无地方. 刘苏，相欣奕译. 北京：商务印书馆.

白占全. 2006. 陕北定仙焉娘娘庙花会调查. 吕梁高等专科学校学报，(4)：31-35.

班固. 1962. 汉书·沟洫志第九. 北京：中华书局.

保罗·索莱里，程绪珂，苏雪痕等. 2010. 生产性景观访谈. 景观设计学，(1)：70.

彼得·伯克. 2016. 知识社会史（上卷）：从古登堡到狄德罗. 陈志宏，王婉旎译. 杭州：浙江大学出版社.

布鲁诺·拉图尔，史蒂夫·伍尔加. 2004. 实验室生活——科学事实的建构过程. 张伯霖，刁小英译. 北京：东方出版社.

蔡运龙，Wyckoff B. 2011. 地理学思想经典解读. 北京：商务印书馆.

曹明明，邱海军. 2018. 陕西地理. 北京：北京师范大学出版社.

昌切，伍英姿. 2005. 中学西渐与浪漫主义——《浪漫主义的中国根源》述评. 云南大学学报（社会科学版），(4)：78-88，96.

陈亚利. 2018. 珠江三角洲传统水乡聚落景观特征研究. 华南理工大学.

陈烨. 2009. 城市景观的语境及研究溯源. 中国园林，(8)：28-30.

陈勇越. 2018. 基于治水节水的传统村落空间模式研究——以黄土高原区若干村落为例. 吉林建筑大学.

陈植. 1935. 造园学概论. 上海：商务印书馆.

陈植. 2009. 造园学概论. 北京：中国建筑工业出版社.

谌志群. 2010. 文本趋势挖掘综述. 情报科学，(2)：316-320.

程俊，何昉，刘燕. 2009. 岭南村落风水林研究进展. 中国园林，(11)：93-96.

程宇航，张健钦，李江川等. 2021. 交通行业事故文本数据的可视化挖掘分析方法. 计算机工程与应用，(21)：116-122.

辞海编辑委员会. 2019. 辞海. 7版. 上海：上海辞书出版社.

大卫・布鲁尔. 2014. 知识和社会意象. 霍桂桓译. 北京：中国人民大学出版社.

大卫・利文斯通. 2017. 科学知识的地理. 孟锴译. 北京：商务印书馆.

旦却加，高建源. 2021. 地方性知识与村落社会治理模式研究——基于青海省 L 村与 G 村的田野考察. 青藏高原论坛，(2)：46-51.

邓洪武，邓裴，雷平. 2007. 钓源古村“风水玄机”中的生态环境理念——江西古村落群建筑特色研究之四. 南昌大学学报（人文社会科学版），(3)：88-93.

丁佳. 2010. 民与歌——从“信天游”看地理文化背景与音乐本体的关系. 南阳师范学院学报，(4)：81-84.

丁锐. 2020. 陕南地区乡风文明建设研究. 云南师范大学.

窦海萍. 2017. 文化人类学视角下的安多藏区藏族传统村落保护模式探究——以甘南尼巴村为例. 兰州理工大学.

杜春兰，林立揩. 2021. 依托自然资源的西南彝族聚居环境生态智慧研究. 中国园林，(7)：13-18.

杜佳，王佳蕾. 2017. 生存与适应视角下的布依族聚落营建——以贵州安顺镇宁高荡村为例. 建筑与文化，(11)：93-95.

段改芳. 2022. 中国民间面花艺术浅析. 民艺，(4)：72-79.

段进，邱国潮. 2008. 国外城市形态学研究的兴起与发展. 城市规划学刊，(5)：34-42.

段进，殷铭，陶岸君等. 2021.“在地性”保护：特色村镇保护与改造的认知转向、实施路径和制度建议. 城市规划学刊，(2)：25-32.

段亚鹏. 2017. 抚河流域地区传统聚落空间形态研究. 北京：中国建筑工业出版社.

段义孚. 2017. 空间与地方：经验的视角. 王志标译. 北京：中国人民大学出版社.

方美清. 2013. 农田景观设计构想研究. 湖南工业大学.

费孝通. 1985. 乡土中国. 北京：生活・读书・新知三联书店.

冯骥才. 2013. 传统村落的困境与出路——兼谈传统村落是另一类文化遗产. 民间文化论坛，(1)：7-12.

冯淑华. 2002. 古村落旅游客源市场分析与行为模式研究. 旅游学刊，(6)：45-48.

高茜. 2015. 传统村落空间形态特色研究. 西安科技大学学报，35（4)：519-523.

高瑞. 2015. 川西嘉绒藏族传统聚落景观研究. 西安建筑科技大学.

戈登・卡伦. 2009. 简明城镇景观设计. 王珏译. 北京：中国建筑工业出版社.

葛剑雄. 2021. 河流与人类文明. 民俗研究，(6)：5-13，158.

葛荣玲. 2014. 景观人类学的概念、范畴与意义. 国外社会科学，(4)：108-117.

龚胜生，李孜沫，胡娟等. 2017. 山西省古村落的空间分布与演化研究. 地理科学，(3)：

416-425.

郭海. 2017. 陕南传统村落地理研究. 陕西师范大学.

郭齐勇. 2018. 王阳明的生命关怀与生态智慧. 深圳大学学报（人文社会科学版），（1）：134-140.

海德格尔. 2004. 海德格尔存在哲学. 孙周兴等译. 北京：九州出版社.

韩萌. 2021. 商洛云镇村传统村落的地方特色挖掘及旅游开发策略研究. 西安建筑科技大学.

韩萌，张沛，张中华. 2021. 地方性知识视角下的传统村落旅游开发策略——以陕南云镇村为例. 城市建筑，（1）：75-78，82.

何颖. 2010. 对《庄子》的深层生态学解读. 当代文坛，（3）：156-159.

河合洋尚，周星. 2015. 景观人类学的动向和视野. 广西民族大学学报（哲学社会科学版），（4）：44-59.

贺红星，汤慧琍. 2012. 论波兰尼的隐性知识概念. 中国电化教育，（8）：26-29.

贺雪峰. 论熟人社会的竞选——以广东L镇调查为例. 广东社会科学，（5）：189-196.

侯晓蕾，郭巍. 2015. 场所与乡愁——风景园林视野中的乡土景观研究方法探析. 城市发展研究，22（4）：80-85.

胡彬彬，吴灿. 2018. 中国传统村落文化概论. 北京：中国社会科学出版社.

胡彬彬，李向军，王晓波. 2017. 中国传统村落蓝皮书：中国传统村落保护调查报告（2017）. 北京：社会科学文献出版社.

黄华，张晨，肖大威. 2016. 试论村落生态单元景观要素的形态模式. 中国园林，（8）：71-74.

黄淑娉，龚佩华. 2004. 文化人类学理论方法研究. 广州：广东高等教育出版社.

黄昕珮. 2009. 论“景观”的本质——从概念分裂到内涵统一. 中国园林，（4）：26-29.

黄震方，黄睿. 2018. 城镇化与旅游发展背景下的乡村文化研究：学术争鸣与研究方向. 地理研究，（2）：233-249.

霍恩比. 1997. 牛津高阶英汉双解词典. 李兆达译. 北京：商务印书馆.

霍耀中，刘沛林. 2013. 黄土高原聚落景观与乡土文化. 北京：中国建筑工业出版社.

纪元. 2021. 安康汉阴县传统村落民俗节庆空间环境改造与设计研究. 西安建筑科技大学.

冀亚哲. 2013. 基于最佳分析粒度的市域乡村聚落景观格局及其优化模式研究. 南京师范大学.

佳县地方志编纂委员会. 2008. 佳县志. 西安：陕西旅游出版社.

贾宝全，杨洁泉. 1999. 景观生态学的起源与发展. 干旱区研究，（3）：12-18.

蒋雨婷，郑曦. 2015. 浙江富阳县乡土景观演变与空间格局探析. 风景园林，（12）：66-73.

金其铭. 1982. 农村聚落地理研究——以江苏省为例. 地理研究，（3）：11-20.

金其铭. 1988. 我国农村聚落地理研究历史及近今趋向. 地理学报，(4)：311-317.

金涛，张小林，金飚. 2002. 中国传统农村聚落营造思想浅析. 人文地理，(5)：45-48.

金炜鑫. 2019. 基于人居环境影响下的乡村聚落景观格局研究——以山西大禹渡村景观规划设计实践为例. 陕西师范大学.

靳亦冰，侯俐爽，王嘉运等. 2020. 清涧河流域传统村落空间形态特征及其与地域环境的关联性解析. 南方建筑，(3)：78-85.

荆宁宁，程俊瑜. 2005. 数据、信息、知识与智慧. 情报科学，(12)：1786-1790.

角媛梅，杨有洁，胡文英等. 2006. 哈尼梯田景观空间格局与美学特征分析. 地理研究，(4)：624-632，756.

喀喇沁左翼蒙古族自治县科委. 1978. 保留熟土修梯田. 新农业，(Z1)：25-26.

卡林・诺尔-塞蒂纳. 2001. 制造知识——建构主义与科学的与境性. 王善博等译. 北京：东方出版社.

凯文・林奇. 2001. 城市意象. 方益萍，何晓军译. 北京：华夏出版社.

康泽恩. 2011. 城镇平面格局分析：诺森伯兰郡安尼克案例研究. 宋峰等译. 北京：中国建筑工业出版社.

克利福德・吉尔兹. 2000. 地方性知识——阐释人类学论文集. 王海龙，张家瑄译. 北京：中央编译出版社.

孔翔，卓方勇. 2017. 文化景观对建构地方集体记忆的影响——以徽州呈坎古村为例. 地理科学，(1)：110-117.

雷凌华. 2007. 乡村聚落景观生态研究进展. 安徽农业科学，(21)：6524-6527.

雷茜. 2015. 传统村落人居环境中的儒家生态哲学意蕴——以韩城党家村为例. 西安建筑科技大学.

雷振东. 2005. 整合与重构——关中乡村聚落转型研究. 西安建筑科技大学.

黎琴. 2021. 玛曲生态治理实践中本土知识与科学知识的协同研究. 兰州大学.

黎小清，蔡晴. 2012. 论乡土文化景观保护观念和方法的演进. 农业考古，(3)：172-177.

李国庆，张勇. 2021. 协同视阈下古村落资源开发困境与发展模式研究. 农业经济，(12)：64-65.

李和平，肖竞. 2009. 我国文化景观的类型及其构成要素分析. 中国园林，(2)：90-94.

李慧敏，王树声. 2012. 古村落人居环境构建原型及文化景观环境营造——以国家历史文化名村夏门为例. 西北大学学报（自然科学版），(5)：849-852.

李稷，张沛，张中华. 2022. 地方性知识在可持续空间规划中的应用初探. 国际城市规划，(4)：131-138.

李军环，李冬雪，夏勇. 2019. 文化整体论视角下的传统村落保护规划探析：以合然村为例. 西安建筑科技大学学报（自然科学版），（4）：559-568.

李乾文. 2005. 日本的“一村一品”运动及其启示. 世界农业，（1）：32-35.

李树华. 2004. 景观十年、风景百年、风土千年——从景观、风景与风土的关系探讨我国园林发展的大方向. 中国园林，（12）：32-35.

李树华. 2011. 基于“天地人三才之道”的植物景观营造理论体系构建——基于“天地人三才之道”的风景园林设计论研究（二）. 中国园林，（7）：51-56.

李仙娥，王树声，徐红梅等. 2016. 黄河流域古村落生态发展模式与政策评价研究. 西安建筑科技大学.

李献英，华承军，李占祥. 2019. 陕南传统村落空间秩序的有机表达初探——以云镇村为例. 建筑与文化，（6）：212-213.

李小明. 2018. 关中地区乡村人居环境整治规划策略研究. 西安建筑科技大学.

李晓峰，谢超. 2015. 地域性如何塑造——以汉江上游移民村营建为例. 华中建筑，（1）：149-155.

李晓峰，周乐. 2019. 礼仪观念视角下宗族聚落民居空间结构演化研究——以鄂东南地区为例. 建筑学报，（11）：77-82.

李旭旦. 1985. 人文地理学论丛. 北京：人民教育出版社.

李燕. 2015. Topophilia：恋“地”情结——评《地方：记忆、想象与认同》. 地理科学研究，（1）：9-15

李振鹏. 2004. 乡村景观分类的方法研究. 中国农业大学.

梁鹤年. 2001. 可读必不用之书（三）——顺谈“法”与“字”. 城市规划，（11）：60-67.

梁园芳，吴欢，马文琼. 2019. 地域文化背景下的关中渭北台塬传统村落的空间特色及保护方法探析——以韩城清水村为例. 城市发展研究，（S1）：116-124.

林广思. 2006. 景观词义的演变与辨析（1）. 中国园林，（6）：42-45.

林志森. 2009. 基于社区结构的传统聚落形态研究. 天津大学.

林祖锐，仝凤先，周维楠. 2017. 文化线路视野下岩崖古道传统村落历史演进研究. 现代城市研究，（11）：18-24.

刘浩之，金其铭. 1999. 试论乡村文化景观的类型及其演化. 南京师大学报（自然科学版），（4）：120-123.

刘滨谊. 1996. 人类聚居环境学引论. 城市规划汇刊，（4）：5-11，65.

刘滨谊. 2010. 现代景观规划设计. 南京：东南大学出版社.

刘滨谊，陈威. 2000. 中国乡村景观园林初探. 城市规划汇刊，（6）：66-68，80.

刘滨谊，王云才. 2002. 论中国乡村景观评价的理论基础与指标体系. 中国园林，(5)：77-80.

刘红梅，廖邦洪. 2014. 国内外乡村聚落景观格局研究综述. 现代城市研究，(11)：30-35，74.

刘晖. 2010. 珠江三角洲城市边缘传统聚落的城市化. 北京：中国建筑工业出版社.

刘骥，肖隽，姜楠等. 2019. 盐城地区带状乡村聚落的田园景观营造探究. 江苏城市规划，(4)：26-29.

刘黎明，李振鹏，张虹波. 2004. 试论我国乡村景观的特点及乡村景观规划的目标和内容. 生态环境，(3)：445-448.

刘沛林. 1998a. 古村落——独特的人居文化空间. 人文地理，(1)：38-41.

刘沛林. 1998b. 近年来我国文化地理学研究的进展. 地理科学进展，(2)：92-98.

刘沛林. 2003. 古村落文化景观的基因表达与景观识别. 衡阳师范学院学报（社会科学），(4)：1-8.

刘沛林. 2011. 中国传统聚落景观基因图谱的构建与应用研究. 北京大学.

刘沛林. 2014. 家园的景观与基因：传统聚落景观基因图谱的深层解读. 北京：商务印书馆.

刘沛林，董双双. 1998. 中国古村落景观的空间意象研究. 地理研究，(1)：31-38.

刘沛林，刘春腊，邓运员等. 2010. 中国传统聚落景观区划及景观基因识别要素研究. 地理学报，(12)：1496-1506.

刘嫔. 2014. 安塞农民画艺术研究. 延安大学.

刘淑虎，樊海强，王艳虎等. 2019. 闽江流域传统村落空间特征及相关性分析. 现代城市研究，(9)：17-25.

刘万春. 2018. 论生态博物馆在传统村落保护中的作用. 南京师范大学.

刘悦来. 2001. 我国城市景观政策初探. 规划师，(5)：91-96.

刘植惠. 2000. 知识经济中知识的界定和分类及其对情报科学的影响. 情报学报，(2)：104-109.

刘仲林. 1983. 认识论的新课题——意会知识——波兰尼学说评介. 天津师大学报，(5)：18-22.

龙彬，张菁. 2020. 乡村景观遗产构成与演化机制研究——以渝东南传统村落为例. 新建筑，(4)：128-133.

龙彬，赵耀. 2019. 传统村落遗产热的表征、机制及影响. 小城镇建设，(7)：5-12.

楼庆西. 2012. 乡土景观十讲. 北京：生活·读书·新知三联书店.

卢荣轩，童辉波. 1993. 试论村落文化的基本特征及历史性变革. 社会主义研究，(1)：58-61.

卢天喜. 2015. 陕西手工印染艺术特征与技艺研究. 西安工程大学.

芦原义信. 1985. 外部空间设计. 尹培桐译. 北京：中国建筑工业出版社.

芦原义信. 2006. 街道的美学. 尹培桐译. 天津：百花文艺出版社.

鲁鹏. 2013. 史前聚落地理研究综述. 地理科学进展，(8)：1286-1295.

陆叶，储蓉. 2011. 乡村景观研究现状及展望. 福建林业科技，(1)：159-162.

陆宇杰，许鑫，郭金龙. 2012. 文本挖掘在人文社会科学研究中的典型应用述评. 图书情报工作，(8)：18-25.

陆元鼎. 2005. 从传统民居建筑形成的规律探索民居研究的方法. 建筑师，(3)：5-7.

罗伯特•迪金森. 1980. 近代地理学创建人. 葛以德，林尔蔚，陈江等译. 北京：商务印书馆.

罗素. 1983. 人类的知识——其范围与限度. 张金言译. 北京：商务印书馆.

洛克. 1959. 人类理解论. 关文运译. 北京：商务印书馆.

马佰莲. 2009. 适度坚持科学知识的地方性. 哲学研究，(1)：103-109.

马云肖. 2019. 地域文化影响下的陕南地区传统乡村聚落选址特征研究. 西安建筑科技大学.

毛峰. 2019. 乡村全域旅游：新时代乡村振兴的路与径. 农业经济，(1)：46-48.

蒙本曼. 2016. 知识地方性与地方性知识. 北京：中国社会科学出版社.

米歇尔. 2012. 机器学习. 曾华军等译. 北京：机械工业出版社.

牛丽云. 2018. 青藏高原藏区社会治理的本土资源及其价值. 西藏大学学报（社会科学版），(3)：138-144.

裴保杰，谢丹，张贝等. 2015. 海南乡村聚落景观类型和空间形态浅析. 海南大学学报（自然科学版），(1)：69-77，92.

彭一刚. 1992. 传统村镇聚落景观分析. 北京：中国建筑工业出版社.

浦欣成. 2013. 传统乡村聚落平面形态的量化方法研究. 南京：东南大学出版社.

祁嘉华，张婉瑶，王慧娟. 2019. 陕西传统村落地域文化探究. 西安：陕西旅游出版社.

钱乐祥，许叔明，秦奋. 2000. 流域空间经济分析与西部发展战略. 地理科学进展，(3)：266-272.

任亚鹏，王江萍. 2018. 关于西南地区苗族传统聚落中自然要素的考察. 风景园林，(11)：117-122.

任艳妍. 2012. 岭南乡村聚落景观空间形态研究——以广东番禺大岭村为例.中南林业科技大学.

阮仪三，邵甬，林林. 2002. 江南水乡城镇的特色、价值及保护. 城市规划汇刊，(1)：1-4，79-84.

陕西省城乡规划设计研究院. 2015. 陕西古村落：记忆与乡愁（一、二）. 北京：中国建筑工业出版社.

陕西省地方志办公室. 2021. 陕西年鉴（2021）. 陕西年鉴编辑部.

陕西省文物局. 2003. 陕西文物古迹大观：全国重点文物保护单位巡礼之一. 西安：三秦出版社.

单霁翔. 2010. 走进文化景观遗产的世界. 天津：天津大学出版社.

单军，吴艳. 2010. 地域性应答与民族性传承——滇西北不同地区藏族民居调研与思考. 建筑学报，(8)：6-9.

佘正荣. 1996. 生态智慧论. 北京：中国社会科学出版社.

盛晓明. 2000. 地方性知识的构造. 哲学研究，(12)：36-44，76-77.

辻村太郎. 1936. 景观地理学. 曹沉思译. 上海：商务印书馆.

石中英. 2001. 本土知识与教育改革. 教育研究，(8)：13-18.

石中英. 2001. 波兰尼的知识理论及其教育意义. 华东师范大学学报（教育科学版），(2)：36-45.

司马迁. 1959. 史记（卷一）. 北京：中华书局.

斯皮罗·科斯托夫. 2008. 城市的组合——历史进程中的城市形态的元素. 邓东译. 北京：中国建筑工业出版社.

苏珊·朗格. 1986. 情感与形式. 刘大基，傅志强，周发祥译. 北京：中国社会科学出版社.

孙华. 2015. 传统村落的性质与问题——我国乡村文化景观保护与利用刍议之一. 中国文化遗产，(4)：50-57.

孙吉红，焦玉英. 2006. 知识发现及其发展趋势研究. 情报理论与实践，(5)：527-530.

孙俊. 2016. 知识地理学：空间与地方间的叙事转型与重构. 北京：科学出版社.

孙艺惠. 2009. 传统乡村地域文化景观演变及其机理研究——以徽州地区为例. 中国科学院地理科学与资源研究所.

孙艺惠，陈田，王云才. 2008. 传统乡村地域文化景观研究进展. 地理科学进展，(6)：90-96.

汤茂林，金其铭. 1998. 文化景观研究的历史和发展趋向. 人文地理，(2)：45-49，83.

唐毅，王硕，胡桓. 2018.《水浒传》人物关系网络的文本挖掘. 社科纵横，(4)：117-120.

汪菊，赵翔. 2021. 地方性知识视域下西南民族地区生态法文化解析. 环境保护，(19)：45-49.

王邦虎. 2007. “典范”的危机——徽州古村落生态文化的现代缺陷. 学术界，(3)：163-167.

王凤慧. 1987. 国外现代景观地理研究的主要发展趋势. 地理研究，(3)：81-90.

王娟，王军. 2005. 中国古代农耕社会村落选址及其风水景观模式. 西安建筑科技大学学报（社会科学版），(3)：17-21.

王乐全. 2021. “三治融合”视域下乡村治理体系重构——基于对徽州地方性知识的考察. 中

州学刊，(4)：92-97.

王丽坤，王宏，陆玉昌. 2002. 文本挖掘及其关键技术与方法. 计算机科学，(12)：12-19.

王路. 1999. 农村建筑传统村落的保护与更新——德国村落更新规划的启示. 建筑学报，(11)：16-21.

王树声. 2006. 黄河晋陕沿岸历史城市人居环境营造研究. 西安建筑科技大学.

王向荣，林箐. 2002. 西方现代景观设计的理论与实践. 北京：中国建筑工业出版社.

王永帅，张中华. 2022. 传统村落景观地方性知识提取及体系构建研究——以关中地区为例. 中国园林，(8)：78-83.

王云才. 2003. 现代乡村景观旅游规划设计. 青岛：青岛出版社.

王云才. 2009. 传统地域文化景观之图式语言及其传承. 中国园林，(10)：73-76.

王云才，刘滨谊. 2003. 论中国乡村景观及乡村景观规划. 中国园林，(1)：55-58.

王志芳，沈楠. 2018. 综述地方知识的生态应用价值. 生态学报，(2)：371-379.

韦诗誉. 2018. 人类学视野下的乡村聚落景观研究——以龙脊村和弗林村为例. 风景园林，(12)：110-115.

魏唯一. 2019. 陕西传统村落保护研究. 西北大学.

文斌. 2020. 湘西州传统村落景观及形成机制研究. 北京林业大学.

乌丙安. 2010. 非物质文化遗产保护理论与方法. 北京：文化艺术出版社.

吴国栋. 2002. 金线油塔. 美食，(6)：34.

吴良镛. 2001. 人居环境科学导论. 北京：中国建筑工业出版社.

吴彤. 2007. 两种“地方性知识”——兼评吉尔兹和劳斯的观点. 自然辩证法研究，(11)：87-94.

吴彤. 2020. 地方性知识与生态文明建设. 北京林业大学学报（社会科学版），(2)：1-5.

吴岩岩. 2012. 从地理环境看中西方法制文化差异. 法制与社会，(7)：3-4.

吴宇凡. 2016. 贵州镇宁县布依族传统村落景观空间形态研究. 华南农业大学.

吴致远. 2017. 英美应用人类学视角下的本土知识研究. 中央民族大学学报（哲学社会科学版），(6)：73-85.

伍国正，周红. 2014. 永州乡村传统聚落景观类型与特点研究. 华中建筑，(9)：167-170.

习近平. 2014. 从延续民族文化血脉中开拓前进 推进各种文明交流交融互学互鉴——在纪念孔子诞辰2565周年国际学术研讨会暨国际儒学联合会第五届会员大会开幕会上的讲话. 党建，(10)：4-7.

向勇. 2015. 特色文化资源的价值评估与开发模式研究. 北京联合大学学报（人文社会科学

版），（2）：44-51.

向远林，曹明明，闫芳等. 2019. 陕西传统村落的时空特征及其保护策略. 城市发展研究，（12）：27-32.

肖竞，曹珂. 2016. 基于景观“叙事语法”与“层积机制”的历史城镇保护方法研究. 中国园林，32（6）：20-26.

肖竞，曹珂，李和平. 2018. 城镇历史景观的演进规律与层积管理. 城市发展研究，（3）：59-69.

谢花林，刘黎明. 2003. 乡村景观评价研究进展及其指标体系初探. 生态学杂志，（6）：97-101.

谢花林，刘黎明，赵英伟. 2003. 乡村景观评价指标体系与评价方法研究. 农业现代化研究，（2）：95-98.

谢煜林，刘雪华. 2005. 婺源古村落“乡村园林”研究. 中国园林，（9）：18-21.

邢启顺. 2006. 乡土知识与社区可持续生计. 贵州社会科学，（3）：76-77.

熊梅. 2014. 四川省传统村落的景观特征与保护思路. 中国名城，（5）：62-68.

徐桐. 2021. 景观研究的文化转向与景观人类学. 风景园林，（3）：10-15.

薛达元，郭泺. 2009. 论传统知识的概念与保护. 生物多样性，（2）：135-142.

薛为民，陆玉昌. 2005. 文本挖掘技术研究. 北京联合大学学报（自然科学版），（4）：59-63.

薛颖，权东计，张园林等. 2014. 农村社区重构过程中公共空间保护与文化传承研究——以关中地区为例. 城市发展研究，（5）：117-124.

闫启文，许薇. 2013. 景观雕塑基本概念辨析的再认识. 青年文学家，（1）：144，146.

颜培. 2015. 保护中华文明之“根”——以第三次全国传统村落调查谈陕西省传统村落保存概况. 建筑与文化，（8）：162-163.

晏昌贵，梅莉. 1996.“景观”与历史地理学. 湖北大学学报（哲学社会科学版），（2）：103-106.

央广网. 2017-12-11. 每天消失 1.6 个 抢救濒危中国传统古村落迫在眉睫. http://www.cnr.cn/newscenter/dj/20171211/t20171211_524057300.shtml.

央视网. 2012-03-17. 别让古村落成为记忆（时事点评）. http://news.cntv.cn/20120317/120711.shtml.

杨大禹. 1997. 云南少数民族住屋——形式与文化研究. 天津：天津大学出版社.

杨念群. 2004.“地方性知识”、“地方感”与“跨区域研究”的前景. 天津社会科学，（6）：119-125.

杨庭硕. 2004. 论地方性知识的生态价值. 吉首大学学报（社会科学版），（3）：23-29.

杨庭硕，田红. 2010. 本土生态知识引论. 北京：民族出版社.

杨吾扬. 1989. 地理学思想简史. 北京：高等教育出版社.

杨宇亮. 2014. 滇西北村落文化景观的时空特征研究. 清华大学.

叶广芩. 2021. 青木川（修订版）. 西安：太白文艺出版社.

叶继元，陈铭，谢欢等. 2017. 数据与信息之间逻辑关系的探讨——兼及 DIKW 概念链模式. 中国图书馆学报，（3）：34-43.

叶舒宪. 2002. 人类学与后现代认识论札记. 吉首大学学报（社会科学版），（3）：63-67.

伊利尔・沙里宁. 1986. 城市：它的发展 衰败与未来. 顾启源译. 北京：中国建筑工业出版社.

尹铁山. 2002. 我对土著知识的理解和评价. 云南农业科技，（5）：24-25.

尤海涛. 2015. 基于城乡统筹视角的乡村旅游可持续发展研究. 青岛大学.

游承俐，孙学权. 2000. “土著知识”研究. 中国农业大学学报（社会科学版），（1）：36-41，45.

于荟. 2021. 安康营梁村传统村落的地方特色挖掘及保护规划策略研究. 西安建筑科技大学.

余英. 2001. 中国东南系建筑区系类型研究. 北京：中国建筑工业出版社.

余英，陆元鼎. 1996. 东南传统聚落研究——人类聚落学的架构. 华中建筑，（4）：42-47.

俞孔坚. 1998. 景观：文化、生态与感知. 北京：科学出版社.

俞孔坚，李迪华，韩西丽等. 2006. 新农村建设规划与城市扩张的景观安全格局途径——以马岗村为例. 城市规划学刊，（5）：38-45.

玉凯元. 2019. 1990 年以前日本建筑师的世界聚落研究. 建筑与装饰，（15）：24.

袁敬，林箐. 2018. 乡村景观特征的保护与更新. 风景园林，（5）：12-20.

袁军鹏，朱东华，李毅等. 2006. 文本挖掘技术研究进展. 计算机应用研究，（2）：1-4.

约翰・布林克霍夫・杰克逊. 2016. 发现乡土景观. 俞孔坚，陈义勇等译. 北京：商务印书馆.

臧维，张延法，徐磊. 2021. 我国人工智能政策文本量化研究——政策现状与前沿趋势. 科技进步与对策，（15）：125-134.

曾卫，朱雯雯. 2018. 传统村落空间营建的生态思想及智慧内涵. 小城镇建设，（10）：79-84，91.

翟洲燕. 2018. 新型城镇化进程中传统村落的统筹性响应机理与发展路径研究——以陕西省传统村落为例. 西北大学.

翟洲燕，常芳，李同昇等. 2018. 陕西省传统村落文化遗产景观基因组图谱研究. 地理与地理信息科学，（3）：87-94，113.

张兵. 2014. 关系、网络与知识流动. 北京：中国社会科学出版社.

张弛. 2003. 长江中下游地区史前聚落研究. 北京：文物出版社.

张德丽. 2009. 西安文化论稿. 西安：西安出版社.

张鸽娟，杨豪中. 2012. 古村落的保护更新与文化传承——以城固县原公镇韩家巷为例. 安徽农业科学，（8）：4680-4684，4784.

张光直. 1991. 聚落//中国历史博物馆考古部. 当代国外考古学理论与方法. 西安：三秦出版社，67-82.

张光直. 2002. 考古学中的聚落形态. 胡鸿保，周燕译. 华夏考古，（1）：61-84.

张海. 2010. 景观考古学——理论、方法与实践. 南方文物，（4）：8-17.

张鸿雁，房冠辛. 2016. 传统村落"精准保护与开发一体化"模式创新研究——特色文化村落保护规划与建设成功案例解析. 中国名城，（1）：10-26.

张琳，张佳琪，刘滨谊. 2017. 基于游客行为偏好的传统村落景观情境感知价值研究. 中国园林，（8）：92-96.

张漫宇，董雅. 2002. 浅谈空间设计的全球性，现代性，本土性. 河北建筑工程学院学报，（4）：64-68.

张文奎. 1987. 人文地理学概论. 长春：东北师范大学出版社.

张晓萍，李鑫. 2010. 基于文化空间理论的非物质文化遗产保护与旅游化生存实践. 学术探索，（6）：105-109.

张效通，钱学陶，曹永圣. 2011. 应用中国环境风水原则规划"山水城市". 城市发展研究，（1）：18-24.

张雄. 1999. 哲学理性概念与经济学理性概念辨析. 江海学刊，（6）：81-87.

张永宏. 2009. 本土知识概念的界定. 思想战线，（2）：1-5.

张瑜，李兵，刘晨玥. 2015. 面向主题的微博热门话题舆情监测研究——以"北京单双号限行常态化"舆情分析为例. 中文信息学报，（5）：143-151，159.

张中华. 2017. 传统乡村聚落景观"地方性知识"的构成及其应用——以陕西为例. 社会科学家，（7）：112-117.

张中华，董格，王永帅. 2021. 韩城党家村传统村落景观的地方性知识图谱研究. 城市发展研究，（12）：25-31.

张中华，韩蕾. 2018. 传统聚落景观地方性知识的挖掘与传承——以陕南柞水县凤凰古镇为例. 中国园林，（8）：50-55.

张纵，高圣博，李若南. 2007. 徽州古村落与水口园林的文化景观成因探颐. 中国园林，（6）：23-27.

赵士英，洪晓楠. 2001. 显性知识与隐性知识的辩证关系. 自然辩证法研究，(10)：20-23，33.

赵旭东. 2017. 流域文明的民族志书写——中国人类学的视野提升与范式转换. 社会科学战线，(2)：15-24.

赵勇，张捷，章锦河. 2005. 我国历史文化村镇保护的内容与方法研究. 人文地理，(1)：68-74.

赵越云，樊志民. 2018. 传统与现代：一个普米族村落的百年生计变迁史. 西南边疆民族研究，(3)：18-25.

赵载光. 2006. 天人合一的文化智慧：中国传统生态文化与哲学. 北京：文化艺术出版社.

赵政才. 2016. 中华人民共和国政区大典 • 陕西省卷. 北京：中国社会出版社.

郑国华，李果，吕品磊等. 2019. 衡阳盆地乡村聚落景观格局演变规律探究及相似性分析. 南华大学学报（自然科学版），(5)：90-96.

中国历史博物馆考古部. 1991. 当代国外考古学理论与方法. 西安：三秦出版社.

中国社会科学院语言研究所词典编辑室. 2019. 现代汉语词典. 7 版. 北京：商务印书馆.

周国祥. 2008. 陕北古代史纪略. 西安：陕西人民出版社.

周敏. 2017. 景观人类学视角下的湘南地区历史村镇空间肌理保护研究. 湖南师范大学.

周若祁，张光. 1999. 韩城村寨与党家村民居. 西安：陕西科学技术出版社.

周心琴. 2007. 西方国家乡村景观研究新进展. 地域研究与开发，(3)：85-90.

周心琴，陈丽，张小林. 2005. 近年我国乡村景观研究进展. 地理与地理信息科学，(2)：77-81.

周莹. 2015. 陕西民间手编技艺研究——以竹、棕编技艺为例. 西安工程大学.

朱静，沈华恒，孔繁磊. 2016. 中国古典园林与传统村落的意境营造. 怀化学院学报，(11)：70-72.

朱启臻. 2016. 从生态文明视角发现乡村价值. 中国生态文明，(1)：69-71.

朱晓明. 1999. 论传统村落中聚居环境的变迁. 同济大学学报（社会科学版），(1)：21-24.

朱晓明. 2001. 试论古村落的评价标准. 古建园林技术，(4)：28，53-55.

朱昕. 2019. 基于文化人类学的湘中传统村落空间研究. 湖南科技大学.

朱雪忠. 2004. 传统知识的法律保护初探. 华中师范大学学报（人文社会科学版），(3)：28，31-40.

宗路平，角媛梅，李石华等. 2014. 哈尼梯田遗产区乡村聚落景观及其演变——以云南元阳全福庄中寨为例. 热带地理，(1)：66-75.

邹君，刘媛，谭芳慧等. 2018. 传统村落景观脆弱性及其定量评价——以湖南省新田县为例. 地理科学，（8）：1292-1300.

D. 德迈克. 1982. 景观是一个地理系统. 张莉译. 地理译报，（6）：28-32.

E. 马卓尔. 1982. 景观综合——复杂景观管理的地生态学基础. 王凤慧译. 地理译报，（3）：1-5.

M. 盖奇，M. 凡登堡. 1985. 城市硬质景观设计. 张仲一译. 北京：中国建筑工业出版社.

R. J. 约翰斯顿. 1999. 地理学与地理学家——1945 年以来的英美人文地理学. 唐晓峰，李平，叶兵等译. 北京：商务印书馆.

R. J. 约翰斯顿. 2004. 人文地理学词典. 柴彦威等译. 北京：商务印书馆.

W. G. 霍斯金斯. 2020. 英格兰景观的形成. 梅雪芹，刘梦霏译. 北京：商务印书馆.

Bauer M W. 2015. Making science in global，science culture remains local. Journal of Scientific Temper，（1）：44-55.

Bourdieu P. 1977. Outline of a Theory of Practice. Cambridge：Cambridge University Press.

Britton G W. 2005. "Improving" the middle landscape：Conservation and social change in rural southern Michigan，1890 to 1940. University of California.

Clark A N，Audrey N.1985. Longman Dictionary of Geography：Human and Physical. London：Geographical Publications Limited.

Cosgrove D E. 1998. Social Formation and Symbolic Landscape. Madison：University of Wisconsin Press.

Cresswell T. 2004. Place：A Short Introduction. Oxford：Blackwell Publishing.

Feldman R，Hirsh H. 1997. Finding associations in collections of text. Machine Learning & Data Mining，223-240.

Frampton K.1983.Towards a Critical Regionalism：Six Points for Architecture of Resistance. Seattle：Bay Press.

Gregory D，Johnston R，Pratt G，et al. 2009. The Dictionary of Human Geography. Hoboken：Wiley.

Heidegger M. 1962. Bing and Time. New York：Basil Blackwell.

Hirsch E，O'Hanlon M. 1995. The Anthropology of Landscape：Perspectives on Place and Space. Oxford：Oxford University Press.

Jackson J B. 1984. Discovering the Vernacular Landscape. London：Yale University Press.

Jacobs J. 1992. The Death and Life of Great American Cities. London：Vintage.

Kong L. 2012. Sustainable Cultural Space in the Global City：Cultural Clusters in Heritage Sites，Hong Kong and Singapore. New York：John Wiley & Sons.

Leighly J. 1963. Land and Life：A Selection from the Writings of Carl Ortwin Saue. Los Angeles：University of California Press.

Livingstone D N. 1995. The Space of Knowledge：Contributions Towards a Historical Geography of Science. New York：Sage.

Livingstone D N. 2013. Putting Science in Its Place. Chicago：University of Chicago Press.

Mander U，Jongman R H G. 1998. Human impact on rural landscapes in central and northern Europe. Landscape and Urban Planning，41（3-4）：149-153.

McCorkle C M. 1989. Toward a knowledge of local knowledge and its importance for agricultural RD&E. Agriculture and Human Values，（3）：4-12.

Monkhouse F J，Small J. 1983. Dictionary of Geography and the Natural Environment. London：Edward Arnold Pubs，Ltd.

Morgan L H. 2007. House and House—Life of the American Aborigines. Chicago：University of Chicago Press.

Motloch J L. 2000. Introduction to Landscape Design. Hoboken：John Wiley & Sons.

Naess A. 1995. The deep ecology movement：Some philosophical aspects. In Sessions G. Deep Ecology for the 21st Century. Boston：Shambhala Publications Inc，82-87.

Olwig K R. 1996. Recovering the substantive nature of landscape. Annals of the Association of American Geographers，（4）：630-653.

Relph E. 1976. Place and Blamelessness. London：Pion.

Roberts B K. 1996. Landscape of Settlement：Prehistory to the Present. London：Rutledge.

Ruda G. Rural buildings and environment. Landscape and Urban Planning，（2）：93-97.

Sauer C O. 1925. The Morphology. Berkeley：University of California Press.

Sauer C O. 1941. Foreword to historial gegography. Annals of the Association of American in Geographers，31（1）：1-24.

Simpson J. 1989. The Oxford English Dictionary. Oxford：Clarendon Press.

Tuan Y F. 1971. Geography，phenomenology and the study of human nature. Canadian Geographer，15：181-192.

Tuan Y F. 1979. Space and Place. Twin Cities：University of Minnesota Press.

Wolfe R I，Doxiadis C A. 1968. Ekistics：An introduction to the science of human settlements. Geographical Review，60（1）：147.

Wright J K. 1926. A plea for the history of geography. In Agnew J. Human Geography：An Essential Anthology. Oxford：Blackwell.